Técnicas
Estadísticas
Multivariantes
con **SPSS**

César Pérez López

Instituto de Estudios Fiscales (IEF)
Universidad Complutense de Madrid

Técnicas
Estadísticas
Multivariantes
con SPSS

Garceta
grupo editorial

Técnicas estadísticas multivariantes con SPSS

César Pérez López
ISBN: 978-84-9281-200-4
IBERGARCETA PUBLICACIONES, S.L., Madrid 2009

Edición: 1.ª
Impresión: 1.ª
N.º de páginas: 390
Formato: 17 × 24 cm

Materia CDU: Ciencia estadística. Teoría de la estadística. 311

Técnicas estadísticas multivariantes con SPSS

César Pérez López

1.ª edición, 1.ª impresión
OI: 14-2009
ISBN: 978-84-9281-200-4

Deposito Legal: M-34546-2009
Imagen de cubierta: © AwD-fotolia.com

Impresión:
PRINT HOUSE, S.A.

IMPRESO EN ESPAÑA - PRINTED IN SPAIN

A María, principiante en la Universidad

ÍNDICE

CAPÍTULO 1

INTRODUCCIÓN A LAS TÉCNICAS ESTADÍSTICAS MULTIVARIANTES

TÉCNICAS EMERGENTES DE ANÁLISIS MULTIVARIANTE

La disponibilidad de grandes volúmenes de datos y el uso generalizado de herramientas informáticas ha transformado el análisis datos orientándolo hacia determinadas técnicas estadísticas multivariantes especializadas.

Las técnicas estadísticas multivariantes persiguen el descubrimiento automático del conocimiento contenido en la información almacenada de modo ordenado en grandes bases de datos. Estas técnicas tienen como objetivo descubrir patrones, perfiles y tendencias a través del análisis de los datos utilizando técnicas estadísticas avanzadas de análisis multivariante de datos.

La clasificación inicial de las técnicas estadísticas multivariantes distingue entre técnicas del análisis de la dependencia (métodos explicativos) en las que las variables pueden clasificarse inicialmente en dependientes e independientes y técnicas del análisis de la interdependencia (métodos descriptivos), en las que todas las variables tienen inicialmente el mismo estatus.

Las *técnicas del análisis de la dependencia* especifican el modelo para los datos en base a un conocimiento teórico previo. El modelo supuesto para los datos debe contrastarse después del proceso de ajuste antes de aceptarlo como válido. Formalmente, la aplicación de todo modelo debe superar las fases de *identificación objetiva* (a partir de los datos se aplican reglas que permitan identificar el mejor modelo posible que ajuste los datos), *estimación* (proceso de cálculo de los parámetros del modelo elegido para los datos en la fase de identificación), *diagnosis* (proceso de contraste de la validez del modelo estimado) y *predicción* (proceso de utilización del modelo identificado, estimado y validado para predecir valores futuros de las variables dependientes). Podemos incluir entre estas técnicas todos los tipos de regresión y asociación, análisis de la varianza y covarianza, análisis discriminante y series temporales.

En las *técnicas del análisis de la interdependencia* no se asigna ningún papel predeterminado a las variables. No se supone la existencia de variables dependientes ni independientes y tampoco se supone la existencia de un modelo previo para los datos. Los modelos se crean automáticamente partiendo del reconocimiento de patrones. El modelo se obtiene como mezcla del conocimiento obtenido antes y después del proceso y también debe contrastarse antes de aceptarse como válido. Por ejemplo, las *técnicas de clasificación* extraen perfiles de comportamiento o clases, siendo el objetivo construir un modelo que permita clasificar cualquier nuevo dato. Asimismo, los *árboles de decisión* permiten dividir datos en grupos basados en los valores de las variables. Esta técnica permite determinar las variables significativas para un elemento dado. El mecanismo de base consiste en elegir un atributo como raíz y desarrollar el árbol según las variables más significativas. Por otra parte, las *técnicas de reducción de la dimensión* (factorial, componentes principales, correspondencias, etc.), las técnicas de escalamiento óptimo y multidimensional y el análisis conjunto permiten simplificar con criterio el número de variables que intervienen en un proceso con la finalidad de interpretarlo adecuadamente.

A continuación se muestra una *clasificación simple de las técnicas estadísticas multivariantes*.

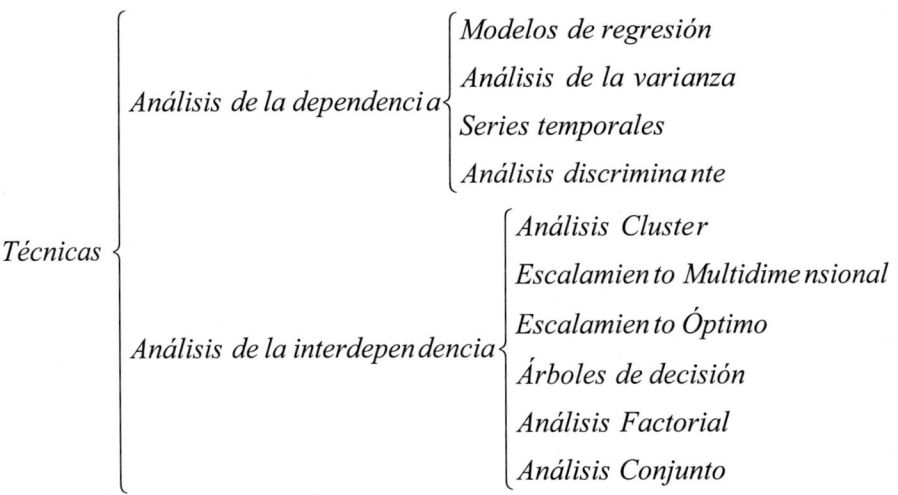

En este libro nos ocuparemos especialmente de las técnicas del análisis de la interdependencia con pinceladas metodológicas que aclaren el tratamiento práctico de los datos.

El software a utilizar es SPSS, muy adecuado para llevar a la práctiac este tipo de técnicas estadísticas.

TÉCNICAS DEL ANÁLISIS DE LA INTERDEPENDENCIA

La clasificación global de las técnicas de análisis multivariante discriminaba entre la existencia o no de variables explicativas y explicadas. Hemos visto en el apartado anterior que suponiendo que no existía una dependencia entre las variables explicadas y las variables explicativas, estábamos ante los denominados *métodos descriptivos o técnicas estadísticas del análisis de la interdependencia*. Precisamente estas técnicas son las que se tratarán a fondo en este libro.

Con la intención de clarificar un poco más ese tipo de técnicas de análisis de la interdependencia se presenta el cuadro siguiente, que las clasifica en función de la naturaleza métrica o no métrica de las variables que intervienen.

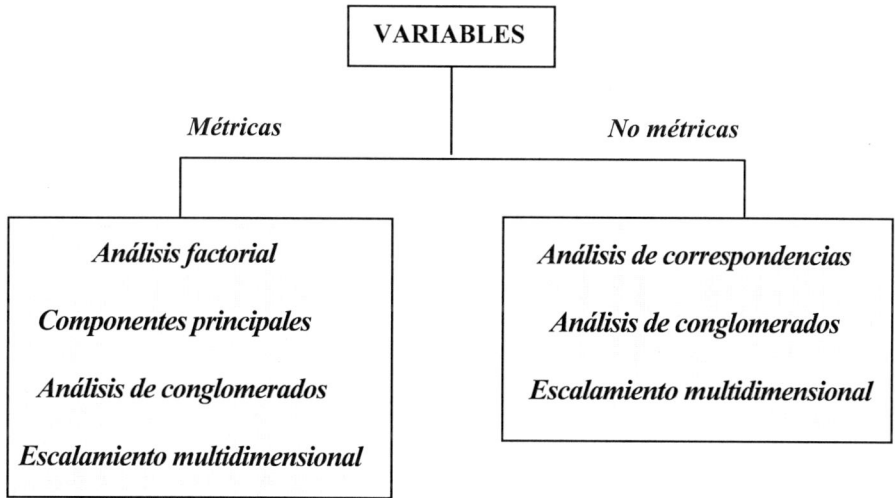

Análisis en componentes principales

El análisis en componentes principales es una técnica multivariante que persigue *reducir la dimensión de una tabla de datos excesivamente grande* por el elevado número de variables que contiene $x_1, x_2, \ldots, x_n$ y quedarse con unas cuantas variables $C_1, C_2, \ldots, C_p$ combinación de las iniciales (*componentes principales*) **perfectamente calculables** y que sinteticen la mayor parte de la información contenida en sus datos. Inicialmente se tienen tantas componentes como variables:

$$C_1 = a_{11}x_1 + a_{12}x_2 + \cdots + a_{1n}x_n)$$
$$\vdots$$
$$C_n = a_{n1}x_1 + a_{n2}x_2 + \cdots + a_{nn}x_n)$$

Pero sólo se retienen las p componentes (componentes principales) que explican un porcentaje alto de la variabilidad de las variables iniciales (C_1, C_2,..., C_p).

Será necesario tener en cuenta el tipo de variables que se maneja. En el análisis en componentes principales las variables tienen que ser cuantitativas. Las componentes deben de ser suficientes para resumir la mayor parte de la información contenida en las variables originales.

Asimismo cada variable original podrá expresarse en función de las componentes principales, de modo que la varianza de cada variable original se explica completamente por las componentes cuya combinación lineal la determinan.

$$x_1 = r_{11}C_1 + r_{12}x_2 + \cdots + r_{1p}C_p$$
$$\vdots \qquad\qquad r_{ij} = \sqrt{\lambda_i}\, a_{ij}$$
$$x_n = r_{n1}C_1 + r_{n2}C_2 + \cdots + r_{np}C_p$$

Se demuestra que r_{ij} es el coeficiente de correlación entre la componente C_i y la variable x_j y se calcula multiplicando el peso a_{ij} de la variable en esa componente por la raíz cuadrada de su valor propio λ_i (cada componente principal C_i se asocia con el valor propio i-ésimo (en magnitud) de la matriz (a_{ij}).

Análisis factorial

El análisis factorial, al igual que el análisis en componentes principales, es una técnica multivariante que persigue *reducir la dimensión de una tabla de datos excesivamente grande* por el elevado número de variables que contiene y quedarse con unas cuantas **variables ficticias** que, aunque **no observadas**, sean combinación de las reales y sinteticen la mayor parte de la información contenida en sus datos.

Aquí también será necesario tener en cuenta el tipo de variables que se maneja. En el análisis factorial las variables tienen que ser cuantitativas. Los factores deben de ser suficientes para resumir la mayor parte de la información contenida en las variables originales.

La diferencia entre análisis en componentes principales y análisis factorial radica en que en el análisis factorial se trata de encontrar variables sintéticas latentes, inobservables y aún no medidas cuya existencia se sospecha en las variables originales y que permanecen a la espera de ser halladas, mientras que en el análisis en componentes principales se obtienen variables sintéticas combinación de las originales y cuyo cálculo es posible basándose en aspectos matemáticos independientes de su interpretabilidad práctica.

En el análisis en componentes principales la varianza de cada variable original se explica completamente por las variables cuya combinación lineal la determinan, sus componentes. Pero esto no ocurre en el análisis factorial.

En el análisis factorial sólo una parte de la varianza de cada variable original se explica completamente por las variables cuya combinación lineal la determinan (*factores comunes F_1, F_2, ...,F_p*). Esta parte de la variabilidad de cada variable original explicada por los factores comunes se denomina *comunalidad*, mientras que la parte de varianza no explicada por los factores comunes se denomina *unicidad* (*comunalidad + unicidad* = 1) y representa la parte de variabilidad propia f_i de cada variable x_i.

$$x_1 = r_{11}F_1 + r_{12}x_2 + \cdots + r_{1p}F_p + f_1$$
$$\vdots$$
$$x_n = r_{n1}F_1 + r_{n2}F_2 + \cdots + r_{np}F_p + f_n$$

Cuando la comunalidad es unitaria (unicidad nula) el análisis en componentes principales coincide con el factorial. Es decir, el análisis en componentes principales es un caso particular del análisis factorial en el que los factores comunes explican el 100% de la varianza total.

Análisis de correspondencias

El análisis factorial, al igual que el análisis en componentes principales, es una técnica multivariante que persigue *reducir la dimensión de una tabla de datos* formada por *variables cuantitativas*. Si las variables fuesen *variables cualitativas*, estaríamos ante el análisis de correspondencias.

Cuando se estudia conjuntamente el comportamiento de dos variables cualitativas estamos ante el *Análisis de correspondencias simples*, pero este análisis puede ser generalizado para el caso en que se dispone de un número de variables cualitativas mayor que dos, en cuyo caso estamos ante el *Análisis de correspondencias múltiples*. En el caso de correspondencias simples los datos de las dos variables cualitativas pueden representarse en una tabla de doble entrada, denominada *tabla de contingencia*. En el caso de las correspondencias múltiples la tabla de contingencia de doble entrada pasa a ser una hipertabla en tres o más dimensiones, difícil de representar y que suele sintetizarse en la denominada *tabla de Burt*.

El objetivo del análisis de correspondencias es establecer relaciones entre variables no métricas enriqueciendo la información que ofrecen las tablas de contingencia, que sólo comprueban si existe alguna relación entre las variables (test de la chi-cuadrado, etc.) y la intensidad de dicha relación (test V de Cramer, etc.). El análisis de correspondencias revela además en qué grado contribuyen a esa relación detectada los distintos valores de las variables, información que suele ser proporcionada en modo gráfico (valores asociados próximos).

Podríamos sintetizar diciendo que el análisis de correspondencias busca como objetivo el estudio de la asociación entre las categorías de múltiples variables no métricas, pudiendo obtenerse un mapa perceptual que ponga de manifiesto esta asociación en modo gráfico.

Análisis de conglomerados (análisis clúster)

El análisis de conglomerados es una técnica estadística multivariante de clasificación automática de datos, que a partir de una tabla de casos-variables, trata de situar todos los casos en grupos homogéneos (conglomerados o clusters) no conocidos de antemano pero sugeridos por la propia esencia de los datos, de manera que individuos que puedan ser considerados similares sean asignados a un mismo cluster, mientras que individuos diferentes (disimilares) se sitúen en clusters distintos.

La creación de grupos basados en similaridad de casos exige una definición de similaridad o de su complementario (distancia entre individuos). Existen muchas formas de medir estas distancias y diferentes reglas matemáticas para asignar los individuos a distintos grupos, dependiendo del fenómeno estudiado y del conocimiento previo de posible agrupamiento que se tenga.

El análisis de conglomerados suele comenzar estimando las similitudes entre los individuos (u objetos) a través de correlación (distancia o asociación) de las distintas variables (métricas o no métricas) de que se dispone. A continuación se establece un procedimiento que permite comparar los grupos en virtud de las similitudes. Por último se decide cuántos grupos se construyen, teniendo en cuenta que cuanto menor sea el número de grupos, menos homogéneos serán los elementos que integran cada grupo. Se perseguirá formar el mínimo número de grupos lo más homogéneos posibles dentro de sí y lo más heterogéneos posibles entre sí.

El análisis cluster se diferencia del análisis factorial en que en el análsisi factorial se constituyen los factores agrupando variables, mientras que en el análisis cluster se constituyen los conglomerados agrupando individuos (objetos) o también variables. Al aplicar análisis factorial en un factor determinado se incluyen variables que están relacionadas con él (positiva y negativamente), pero en el análisis cluster, las variables relacionadas positivamente forman parte de un conglomerado distinto del de las variables relacionadas negativamente.

El análisis factorial, al igual que el análisis en componentes principales, es una técnica multivariante que persigue *reducir la dimensión de una tabla de datos* formada por *variables cuantitativas*. Si las variables fuesen *variables cualitativas*, estaríamos ante el análisis de correspondencias. Un análisis cluster puede complementarse con un análisis discriminante que, una vez identificados los conglomerados, verifique si existe una relación causal o no entre la pertenencia a un conglomerado determinado y los valores de las variables.

Escalamiento multidimensional

El escalamiento multidimensional tiene como finalidad crear una representación gráfica (*mapa perceptual*) que permita conocer la situación de los individuos en un conjunto de objetos por posicionamiento de cada uno en relación a los demás. Dicha situación será producto de las percepciones y preferencias o similitudes entre los objetos apreciadas por los sujetos. Estas percepciones (preferencias o similitudes) son la entrada del análisis, y pueden ser variables métricas o no métricas. El escalamiento multidimensional transforma estas variables en distancias entre los objetos en un espacio de dimensiones múltiples, de modo que objetos que aparecen situados más próximos entre sí son percibidos como más similares por los sujetos.

Existe una diferencia clave entre el escalamiento multidimensional y el análisis clúster. En el escalamiento multidimensional se desconocen los elementos de juicio de los encuestados y no se conocen las variables que implícitamente están considerando éstos para realizar su evaluación de las preferencias por los objetos. En el análisis cluster las similitudes entre objetos se obtienen a partir de una combinación de variables estudiadas.

El escalamiento multidimensional es de más fácil aplicación que el análisis factorial, ya que no requiere supuestos de linealidad, ni que las variables sean métricas, ni un tamaño mínimo de muestra.

Resumiendo, podríamos definir el escalamiento multidimensional como una técnica cuyo fin es elaborar una representación gráfica que permita conocer la imagen que los individuos se crean de un conjunto de objetos por posicionamiento de cada uno en relación a los demás (mapa perceptual).

Podríamos tabular los *métodos del análisis multivariante de la interdependencia, según la naturaleza de sus variables y los grupos que se forman*, como sigue:

TÉCNICA	*Variables*	*Se forman grupos de*
COMPONENTES PRINCIPALES	Métricas	Variables
ANÁLISIS FACTORIAL	Métricas	Variables
ANÁLISIS DE CORRESPONDENCIAS	No métricas	Categorías de variables
ANÁLISIS DE CONGLOMERADOS	Métricas y no métricas	Objetos
ESCALAMIENTO MULTIDIMENSIONAL	Métricas y no métricas	Objetos

SPSS Y LAS TÉCNICAS ESTADÍSTICAS MULTIVARIANTES

SPSS es un programa muy adecuado para el tratamiento de las técnicas estadísticas multivariantes. Al iniciar SPSS se obtiene la pantalla de la Figura 1-1 que nos ofrece las opciones: ejecutar el tutorial, introducir datos directamente en el *Editor de datos*, ejecutar una consulta de base de datos creada anteriormente, crear una consulta mediante el *Asistente de base de datos*, abrir un archivo de datos ya utilizado anteriormente o abrir otro tipo de archivo. Se selecciona la opción adecuada y se hace clic en *Aceptar*. Si no se quiere utilizar ninguna de las opciones anteriores, se hace clic en *Cancelar* y se obtiene el editor de datos vacío (Figura 1-2).

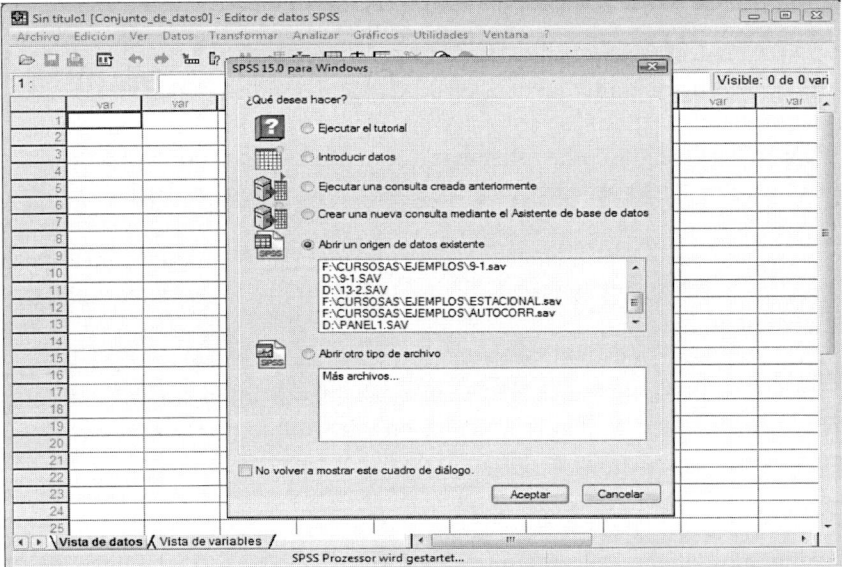

Figura 1-1

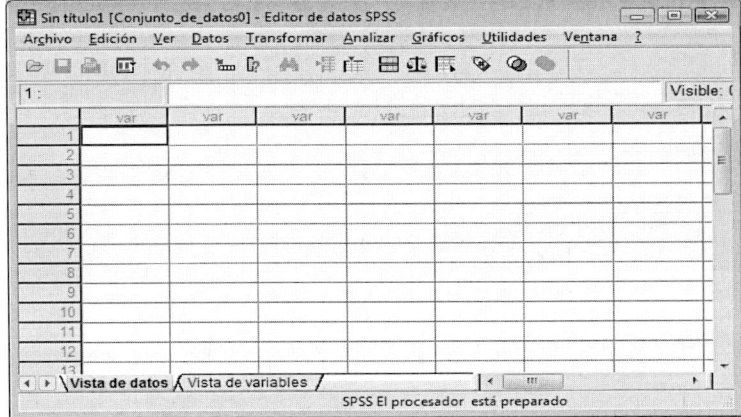

Figura 1-2

La opción *Analizar* de la barra de menú principal presenta la mayoría de los procedimientos de SPSS mediante las siguientes opciones (Figura 1-3):

- *Informes* (cubos OLAP, resúmenes de casos e informes de estadísticos)
- *Estadísticos descriptivos* (estadísticos, frecuencias y tablas de contingencia)
- *Tablas* (tablas de frecuencias y otros tipos de tablas)
- *Comparar medias* (ANOVA, prueba T, etc.)
- *Modelo lineal general* (modelos univariantes y multivariantes)
- *Modelos lineales generalizados* (modelos GLM)
- *Modelos mixtos* (modelos lineales mixtos y modelos con datos de panel)
- *Correlaciones* (correlaciones parciales, bivariadas y distancias)
- *Regresión* (regresión lineal, no lineal, curvilínea, logística, ordinal, probit, etc.)
- *Loglineal* (modelos logaritmo lineales)
- *Clasificar* (análisis discriminante, conglomerados y árboles de decisión)
- *Reducción de datos* (análisis de correspondencias, factorial y escalamiento óptimo)
- *Escalas* (escalamiento multidimensional y análisis de la fiabilidad)
- *Pruebas no paramétricas* (chi-cuadrado, binomial, rachas y K-S)
- *Series temporales* (modelos ARIMA, autorregresión, suavizado y descomposición estacional)
- *Supervivencia* (tablas de mortalidad, Kaplan-Meier y Regresión de Cox)
- *Respuestas múltiples* (definir conjuntos, frecuencias y tablas de contingencia)
- *Análisis de valores perdidos* (tratamiento e imputación de valores *missing*)
- *Muestras complejas* (tratamiento de métodos complejos de muestreo)
- *Control de calidad* (gráficos de control de calidad)
- *Curvas COR* (curvas características de operación)

La opción *Gráficos* de la barra de menú principal (Figura 1-4) presenta las opciones de construcción de gráficos mediante generador (*Generador de gráficos*), gráficos interactivos de barras, puntos, líneas, bandas, líneas verticales, áreas, sectores, diagramas de caja, barras de error, histogramas y diagramas de dispersión (*Interactivos*). La opción *Cuadros de diálogo antiguos* permite realizar gráficos de barras, barras 3D, líneas, áreas, sectores, máximos y mínimos, diagramas de caja y bigotes, barras de error, pirámide de población, dispersión e histogramas. La opción *Mapa* permite realizar diferentes gráficos de mapas.

Figura 1-3   Figura 1-4

REDUCCIÓN DE LA DIMENSIÓN CON VARIABLES CUANTITATIVAS: COMPONENTES PRINCIPALES Y ANÁLISIS FACTORIAL

INTRODUCCIÓN A LAS TÉCNICAS DE REDUCCIÓN DE LA DIMENSIÓN

Es habitual en el trabajo estadístico disponer de muchas variables medidas u observadas en una colección de individuos y pretender estudiarlas conjuntamente, para lo cual se suele acudir al análisis estadístico multivariante de datos. Entonces se dispone de una diversidad de técnicas y debe seleccionarse la más adecuada a los datos y al objetivo científico. Al observar muchas variables sobre una muestra es presumible que una parte de la información recogida pueda ser redundante o que sea excesiva, en cuyo caso los *métodos multivariantes de reducción de la dimensión* (análisis en componentes principales, factorial, correspondencias, escalamiento óptimo y multidimensional, etc.) tratan de eliminarla. Estos métodos combinan muchas variables observadas para obtener pocas variables ficticias que las representen con la mínima pérdida de información.

Estos métodos de reducción de la dimensión son *métodos multivariantes de la interdepedencia* en el sentido de que todas sus variables tienen una importancia equivalente, es decir, si ninguna variable destaca como dependiente principal en el objetivo de la investigación.

En este caso también deberá tener en cuenta el tipo de variables que se maneja. Si son variables cuantitativas, las técnicas de reducción de la dimensión pueden ser el *Análisis de Componentes Principales* y el *Análisis Factorial*, si son variables cualitativas, puede acudirse al *Análisis de Correspondencias* y al *Escalamiento Óptimo*, y si son variables cualitativas ordinales se acude al *Escalamiento Multidimensional*.

Los métodos de la interdependencia se contraponen a los denominados *métodos multivariantes de la dependencia* en los cuales no es aceptable una importancia equivalente en las variables, porque alguna se destaca como dependiente principal. En este caso habrá de utilizar técnicas multivariantes analíticas o inferenciales considerando la variable dependiente como explicada por las demás variables independientes explicativas, y tratando de relacionar todas las variables por medio de una posible ecuación o modelo que las ligue. El método elegido podría ser entonces la Regresión Lineal, generalmente con todas las variables cuantitativas. Una vez conFigurado el modelo matemático se podrá llegar a predecir el valor de la variable dependiente conocido el perfil de todas las demás. Si la variable dependiente fuera cualitativa dicotómica (1,0; sí o no) podrá usarse como clasificadora, estudiando su relación con el resto de variables clasificativas a través de la Regresión Logística. Si la variable dependiente cualitativa observada constatara la asignación de cada individuo a grupos previamente definidos (dos, o más de dos), puede ser utilizada para clasificar nuevos casos en que se desconozca el grupo a que probablemente pertenecen, en cuyo caso estamos ante el Análisis Discriminante, que resuelve el problema de asignación en función de un perfil cuantitativo de variables clasificativas. Si la variable dependiente es cuantitativa y las explicativas son cualitativas estamos ante los modelos del análisis de la varianza, que puede extenderse a los modelos loglineales para el análisis de tablas de contingencia de dimensión elevada. Si la variable dependiente puede ser cualitativa o cuantitativa y las independientes cualitativas, estamos ante la Segmentación.

Por otra parte, las técnicas de reducción de la dimensión juegan un papel muy importante dentro de las *técnicas emergentes de análisis multivariante* de datos. La disponibilidad de grandes volúmenes de datos y el uso generalizado de herramientas informáticas ha transformado el análisis multivariante orientándolo hacia determinadas técnicas especializadas englobadas bajo el nombre de *Minería de datos* o *Data Mining*.

Las técnicas de *Data Mining* persiguen el descubrimiento automático del conocimiento contenido en la información almacenada de modo ordenado en grandes bases de datos. Estas técnicas tienen como objetivo descubrir patrones, perfiles y tendencias a través del análisis de los datos utilizando tecnologías de reconocimiento de patrones, redes neuronales, lógica difusa, algoritmos genéticos y otras técnicas estadísticas avanzadas de análisis multivariante de datos. Estas técnicas son tan antiguas como la estadística misma. De hecho, las técnicas estadísticas que utiliza el *Data Mining* coinciden en su mayoría con las técnicas estadísticas de análisis multivariante de datos.

La clasificación inicial de las técnicas de *Data Mining* distingue entre *técnicas de modelado originado por la teoría* en las que las variables pueden clasificarse inicialmente en dependientes e independientes (similares a las técnicas del análisis de la dependencia del análisis multivariante), *técnicas de modelado originado por los datos* en las que todas las variables tienen inicialmente el mismo estatus (similares a las técnicas del análisis de la interdependencia o métodos descriptivos del análisis multivariante) y técnicas auxiliares.

En las técnicas de modelado originado por los datos no se asigna ningún papel predeterminado a las variables. No se supone la existencia de variables dependientes ni independientes y tampoco se supone la existencia de un modelo previo para los datos. Podemos incluir en este grupo las técnicas de reducción de la dimensión (factorial, componentes principales, correspondencias, escalamiento óptimo y multidimensional, etc.).

ANÁLISIS EN COMPONENTES PRINCIPALES

El análisis en componentes principales es una técnica de análisis estadístico multivariante que se clasifica entre los métodos de interdependencia. Se trata de un método multivariante de simplificación o reducción de la dimensión y que se aplica cuando se dispone de un conjunto elevado de variables con datos cuantitativos correlacionadas entre sí persiguiendo obtener un menor número de variables, combinación lineal de las primitivas e incorrelacionadas, que se denominan componentes principales o factores, que resumen lo mejor posible a las variables iniciales con la mínima pérdida de información y cuya posterior interpretación permitirá un análisis más simple del problema estudiado. Esta reducción de muchas variables a pocas componentes puede simplificar la aplicación sobre estas últimas de otras técnicas multivariantes (regresión, clusters, etc.).

El elevado número de variables iniciales x_1, x_2,...,x_p se resumen en unas pocas variables C_1, C_2,...,C_k (*componentes principales*) *perfectamente calculables* y que sintetizan la mayor parte de la información contenida en sus datos. Inicialmente se tienen tantas componentes como variables:

$$C_1 = a_{11}x_1 + a_{12}x_2 + \cdots + a_{1p}x_p)$$
$$\vdots$$
$$C_p = a_{n1}x_1 + a_{n2}x_2 + \cdots + a_{pp}x_p)$$

Pero sólo se retienen las p componentes principales que explican un porcentaje alto de la variabilidad de las variables iniciales (C_1, C_2,..., C_p).

Como medida de la cantidad de información incorporada en una componente se utiliza su varianza. Es decir, cuanto mayor sea su varianza mayor es la información que lleva incorporada dicha componente. Por esta razón se selecciona como primera componente aquella que tenga mayor varianza, mientras que, por el contrario, la última es la de menor varianza.

En general, la extracción de componentes principales se efectúa sobre variables *tipificadas* para evitar problemas derivados de escala, aunque también se puede aplicar sobre variables expresadas en *desviaciones* respecto a la media.

Cuando las variables originales están muy correlacionadas entre sí, la mayor parte de su variabilidad se puede explicar con muy pocas componentes. Si las variables originales estuvieran completamente incorrelacionadas entre sí, entonces el análisis de componentes principales carecería por completo de interés, ya que en ese caso las componentes principales coincidirían con las variables originales.

Cálculo de las componentes principales

En el análisis en componentes principales se dispone de una muestra de tamaño n acerca de p variables $X_1, X_2,...,X_p$ (tipificadas o expresadas en desviaciones respecto de su media) inicialmente correlacionadas, para posteriormente obtener a partir de ellas un número $k \leq p$ de variables incorrelacionadas $C_1, C_2,...,C_k$ que sean combinación lineal de las variables iniciales y que expliquen la mayor parte de su variabilidad. *La primera componente principal*, al igual que las restantes, se expresa como combinación lineal de las variables originales como sigue:

$$C_{1i} = u_{11}X_{1i} + u_{12}X_{2i} + \cdots + u_{1p}X_{pi} \quad i=1,..,n$$

Para el conjunto de las n observaciones muestrales y para todas las componentes tenemos:

$$\begin{bmatrix} C_{11} \\ C_{12} \\ \vdots \\ C_{1n} \end{bmatrix} = \begin{bmatrix} X_{11} & X_{21} & \cdots & X_{p1} \\ X_{12} & X_{22} & \cdots & X_{p2} \\ & & \vdots & \\ X_{1n} & X_{2n} & \cdots & X_{pn} \end{bmatrix} \begin{bmatrix} u_{11} \\ u_{12} \\ \vdots \\ u_{1p} \end{bmatrix}$$

En notación abreviada tendremos: $C_1 = X u_1$ y:

$$V(C_1) = \frac{\sum_{i=1}^{n} C_{1i}^2}{n} = \frac{1}{n} C_1' C_1 = \frac{1}{n} u_1' X' X u_1 = u_1' \left[\frac{1}{n} X'X \right] u_1 = u_1' V u_1$$

La primera componente C_1 se obtiene de forma que su varianza sea máxima sujeta a la restricción de que la suma de los pesos u_{1j} al cuadrado sea igual a la unidad, es decir, la variable de los pesos o ponderaciones $(u_{11}, u_{12},...,u_{1p})'$ se toma normalizada. Se trata entonces de hallar C_1 maximizando $V(C_1) = u_1'Vu_1$, sujeta a la restricción:

$$\sum_{j=1}^{p} u_{1i}^2 = u_1'u_1 = 1$$

Se demuestra que, para maximizar $V(C_1)$ se toma el mayor valor propio λ de la matriz V. Sea λ_1 el citado mayor valor propio de V y tomando u_1 como su vector propio asociado normalizado ($u_1'u_1=1$), ya tenemos definido el vector de ponderaciones que se aplica a las variables iniciales para obtener la primera componente principal, componente que vendrá definida como:

$$C_1 = u_1 X = u_{11}X_1 + u_{12}X_2 + \cdots + u_{1p}X_p$$

Para maximizar $V(C_2)$ hemos de tomar el segundo mayor valor propio λ de la matriz V (el mayor ya lo había tomado al obtener la primera componente principal) .

Tomando λ_2 como el segundo mayor valor propio de V y tomando u_2 como su vector propio asociado normalizado ($u_2'u_2=1$), ya tenemos definido el vector de ponderaciones que se aplica a las variables iniciales para obtener la segunda componente principal, componente que vendrá definida como:

$$C_2 = u_2 X = u_{21}X_1 + u_{22}X_2 + \cdots + u_{2p}X_p$$

De forma similar, la componente principal h-ésima se define como $C_h = Xu_h$ donde u_h es el vector propio de V asociado a su h-ésimo mayor valor propio. Suele denominarse también a u_h eje factorial h-ésimo.

Se demuestra que la proporción de la variabilidad total recogida por la componente principal h-ésima (*porcentaje de inercia explicada por la componente principal h-ésima*) vendrá dada por:

$$\frac{\lambda_h}{\sum_{h=1}^{p} \lambda_h} = \frac{\lambda_h}{traza(V)}$$

Si las variables están tipificadas, $traza(V) = p$, con lo que la proporción de la componente h-esima en la variabilidad total será λ_h/p. También se define el *porcentaje de inercia explicada por las k primeras componentes principales (o ejes factoriales)* como:

$$\frac{\sum_{h=1}^{k} \lambda_h}{\sum_{h=1}^{p} \lambda_h} = \frac{\sum_{h=1}^{k} \lambda_h}{traza(V)}$$

PUNTUACIONES O MEDICIÓN DE LAS COMPONENTES

El análisis en componentes principales es en muchas ocasiones un paso previo a otros análisis, en los que se sustituye el conjunto de variables originales por las componentes obtenidas. Por ejemplo en el caso de estimación de modelos afectados de multicolinealidad o correlación serial (autocorrelación). Por ello, es necesario conocer los valores que toman las componentes en cada observación.

Una vez calculados los coeficientes u_{hj} (componentes del vector propio normalizado asociado al valor propio h-ésimo de la matriz $V = X'X/n$ relativo a la componente principal Z_h), se pueden obtener las puntuaciones Z_{hj}, es decir, los valores de las componentes correspondientes a cada observación, a partir de la siguiente relación:

$$Z_{hi} = u_{h1}X_{1i} + u_{h2}X_{2i} + \cdots + u_{hp}X_{pi} \quad h = 1,\dots,p \quad i = 1,\dots,n$$

NÚMERO DE COMPONENTES PRINCIPALES A RETENER

En general, el objetivo de la aplicación de las componentes principales es reducir las dimensiones de las variables originales, pasando de p variables originales a $m<p$ componentes principales. El problema que se plantea es cómo fijar m, o, dicho de otra forma, ¿qué número de componentes se deben retener? Aunque para la extracción de las componentes principales no hace falta plantear un modelo estadístico previo, algunos de los criterios para determinar cuál debe ser el número óptimo de componentes a retener requieren la formulación previa de hipótesis estadísticas.

Criterio de la media aritmética

Según este criterio se seleccionan aquellas componentes cuya raíz característica λ_j excede de la media de las raíces características. Recordemos que la raíz característica asociada a una componente es precisamente su varianza. Analíticamente este criterio implica retener todas aquellas componentes en que se verifique que:

$$\lambda_h > \overline{\lambda} = \frac{\sum_{j=1}^{p} \lambda_h}{p}$$

Si se utilizan variables tipificadas, entonces, como ya se ha visto, se verifica que $\sum_{j=1}^{p} \lambda_h = p$, con lo que para variables tipificadas se retiene aquellas componentes tales que $\lambda_h > 1$.

Criterio del gráfico de sedimentación

El **gráfico de sedimentación** se obtiene al representar en ordenadas las raíces características y en abscisas los números de las componentes principales correspondientes a cada raíz característica en orden decreciente. Uniendo todos los puntos se obtiene una Figura que, en general, se parece al perfil de una montaña con una pendiente fuerte hasta llegar a la base, formada por una meseta con una ligera inclinación. Continuando con el símil de la montaña, en esa meseta es donde se acumulan los guijarros caídos desde la cumbre, es decir, donde se sedimentan. Por esta razón, a este gráfico se le conoce con el nombre de gráfico de sedimentación. Su denominación en inglés es *scree plot*. De acuerdo con el criterio gráfico se retienen todas aquellas componentes previas a la zona de sedimentación.

MATRIZ DE CARGAS FACTORIALES, COMUNALIDAD Y CÍRCULOS DE CORRELACIÓN

La dificultad en la interpretación de los componentes estriba en la necesidad de que tengan sentido y midan algo útil en el contexto del fenómeno estudiado. Por tanto, es indispensable considerar el peso que cada variable original tiene dentro del componente elegido, así como las correlaciones existentes entre variables y factores. Un componente es una función lineal de todas las variables, pero puede estar muy bien correlacionado con algunas de ellas, y menos con otras. Ya hemos visto que el coeficiente de correlación entre una componente y una variable se calcula multiplicando el peso de la variable en esa componente por la raíz cuadrada de su valor propio:

$$r_{jh} = u_{hj}\sqrt{\lambda_h}$$

Se demuestra también que estos coeficientes r representan la parte de varianza de cada variable que explica cada factor. De este modo, cada variable puede ser representada como una función lineal de los k componentes retenidos, donde los pesos o cargas de cada componente o factor (*cargas factoriales*) en la variable coinciden con los coeficientes de correlación.

El cálculo matricial permite obtener de forma inmediata la tabla de coeficientes de correlación variables-componentes (*pxk*), que se denomina *matriz de cargas factoriales*. Las ecuaciones de las variables en función de las componentes (factores), traspuestas las inicialmente planteadas, son de mayor utilidad en la interpretación de los componentes, y se expresan como sigue:

$$Z_1 = r_{11} X_1 + \cdots + r_{1p} X_p \qquad X_1 = r_{11} Z_1 + \cdots + r_{k1} Z_k$$
$$Z_2 = r_{21} X_1 + \cdots + r_{2p} X_p \quad \Rightarrow \quad X_2 = r_{12} Z_1 + \cdots + r_{k2} Z_k$$
$$\vdots \qquad\qquad\qquad\qquad \vdots$$
$$Z_k = r_{k1} X_1 + \cdots + r_{kp} X_p \qquad X_p = r_{1p} Z_1 + \cdots + r_{kp} Z_k$$

Para la primera variable, la comunalidad será $r^2{}_{11} + ... + r^2{}_{k1} = V(X_1) = h_1^2$. Por consiguiente, la suma de las comunalidades de todas las variables representa la parte de inercia global de la nube original explicada por los k factores retenidos, y coincide con la suma de los valores propios de estas componentes.

La comunalidad proporciona un criterio de calidad de la representación de cada variable, de modo que, variables totalmente representadas tienen de comunalidad la unidad.

También se demuestra que la suma en vertical de los cuadrados de las cargas factoriales de todas las variables en un componente es su valor propio. Por ejemplo, el valor propio del primer componente será $r^2{}_{11} + ... + r^2{}_{1p.} = \lambda_1$.

Es evidente que, al ser las cargas factoriales los coeficientes de correlación entre variables y componentes, su empleo hace comparables los pesos de cada variable en la componente y facilita su interpretación. En este mismo sentido, su representación gráfica puede orientar al investigador en una primera aproximación a la interpretación de los componentes. Como es lógico, esta representación sobre un plano sólo puede contener los factores de dos en dos, por lo que se pueden realizar tantos gráficos como parejas de factores retenidos. Estos gráficos se denominan *círculos de correlación*, y están formados por puntos que representan cada variable por medio de dos coordenadas que miden los coeficientes de correlación de dicha variable con los dos factores o componentes considerados. Todas las variables estarán contenidas dentro de un círculo de radio unidad.

Componente 1

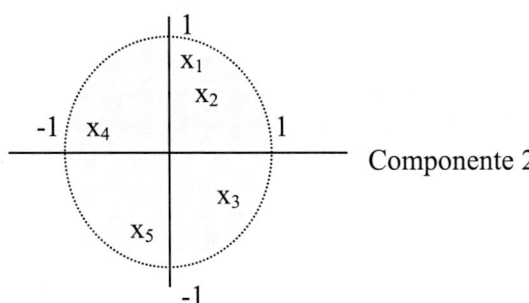

ROTACIÓN DE LAS COMPONENTES

Es frecuente no encontrar interpretaciones verosímiles a los factores (componentes) obtenidos. Sería deseable, para una más fácil interpretación, que cada componente estuviera relacionada muy bien con pocas variables (coeficientes de correlación r próximos a 1 ó -1) y mal con las demás (r próximos a 0). Esta optimización se obtiene por una adecuada *rotación de los ejes* que definen los componentes principales.

Rotar un conjunto de componentes no cambia la proporción de inercia total explicada, como tampoco cambia las comunalidades de cada variable, que no son sino la proporción de varianza explicada por todos ellos. Las rotaciones más utilizadas son la rotación VARIMAX y la QUARTIMAX (ortogonales) y PROMAX (oblicua).

Sin embargo, los coeficientes, que dependen directamente de la posición de los componentes respecto a las variables originales (cargas factoriales y valores propios), se ven alterados por la rotación.

ANÁLISIS FACTORIAL

El *análisis factorial* tiene como objeto simplificar las múltiples y complejas relaciones que puedan existir entre un conjunto de variables observadas X_1, X_2,...,X_p. Para ello trata de encontrar dimensiones comunes o *factores* que ligan a las aparentemente no relacionadas variables. Concretamente, se trata de encontrar un conjunto de $k<p$ *factores no directamente observables* F_1, F_2,...,F_k que expliquen suficientemente a las variables observadas perdiendo el mínimo de información, de modo que sean fácilmente interpretables (*principio de interpretabilidad*) y que sean los menos posibles, es decir, k pequeño (*principio de parsimonia*). Además, los factores han de extraerse de forma que resulten independientes entre sí, es decir, que sean ortogonales. En consecuencia, el análisis factorial es una técnica de reducción de datos que examina la interdependencia de variables y proporciona conocimiento de la estructura subyacente de los datos.

El aspecto más característico del análisis factorial lo constituye su capacidad de reducción de datos. Las relaciones entre las variables observadas X_1 X_2,...,X_p vienen dadas por su matriz de correlaciones, cuyo determinante ha de ser pequeño (hay relación entre ellas).

El análisis de componentes principales y el análisis factorial tienen en común que son técnicas de reducción de la dimensión para examinar la interdependencia de variables, pero difieren en su objetivo, sus características y su grado de formalización.

La diferencia entre análisis en componentes principales y análisis factorial radica en que en el análisis factorial trata de encontrar variables sintéticas latentes, inobservables y aún no medidas cuya existencia se sospecha en las variables originales y que permanecen a la espera de ser halladas, mientras que en el análisis en componentes principales se obtienen variables sintéticas combinación de las originales y cuyo cálculo es posible basándose en aspectos matemáticos independientes de su interpretabilidad práctica.

En el análisis en componentes principales la varianza de cada variable original se explica completamente por las variables cuya combinación lineal la determinan (sus componentes). Pero esto no ocurre en el análisis factorial.

En el análisis factorial sólo una parte de la varianza de cada variable original se explica completamente por las variables cuya combinación lineal la determinan (*factores comunes F_1, F_2,...,F_p*). Esta parte de la variabilidad de cada variable original explicada por los factores comunes se denomina *comunalidad*, mientras que la parte de varianza no explicada por los factores comunes se denomina *unicidad* (*comunalidad + unicidad* = 1) y representa la parte de variabilidad propia f_i de cada variable x_i.

$$x_1 = r_{11}F_1 + r_{12}x_2 + \cdots + r_{1p}F_p + f_1$$
$$\vdots$$
$$x_n = r_{n1}F_1 + r_{n2}F_2 + \cdots + r_{np}F_p + f_n$$

Cuando la comunalidad es unitaria (*unicidad nula*) el análisis en componentes principales coincide con el factorial. Es decir, el análisis en componentes principales es un caso particular del análisis factorial en el que los factores comunes explican el 100% de la varianza total.

Entre los métodos para obtener los factores destacan los siguientes:

- *Método de las componentes principales.*
- *Métodos MINRES (minimización residual), ULS (mínimos cuadrados no ponderados) y GLS (mínimos cuadrados generalizados).*
- *Método de máxima verosimilitud.*
- *Método de componentes principales iteradas o ejes principales.*
- *Método del factor principal.*
- *Método alfa.*
- *Método de factorización imagen.*
- *Método del centroide.*
- *Método de Turstone.*

A continuación se presentan las características de los métodos más importantes de extracción de los factores.

- *Método de las componentes principales*. Método de extracción de factores utilizado para formar combinaciones lineales no correlacionadas de las variables observadas. La primera componente tiene la varianza máxima. Las componentes sucesivas explican progresivamente proporciones menores de la varianza y no están correlacionadas las unas con las otras. El análisis de componentes principales se utiliza para obtener la solución factorial inicial. Puede utilizarse cuando una matriz de correlaciones es singular.

- *Método de mínimos cuadrados no ponderados*. Método de extracción factorial que minimiza la suma de los cuadrados de las diferencias entre las matrices de correlaciones observada y reproducida, ignorando las diagonales.

- *Método de mínimos cuadrados generalizados*. Método de extracción de factores que minimiza la suma de los cuadrados de las diferencias entre las matrices de correlación observada y reproducida. Las correlaciones se ponderan por el inverso de su unicidad, de manera que las variables que tengan un valor alto de unicidad reciban un peso menor que las que tengan un valor bajo de unicidad.

- *Método de máxima verosimilitud*. Método de extracción factorial que proporciona las estimaciones de los parámetros que con mayor probabilidad han producido la matriz de correlaciones observada, si la muestra procede de una distribución normal multivariada. Las correlaciones se ponderan por el inverso de la unicidad de las variables y se emplea un algoritmo iterativo.

- *Factorización de ejes principales*. Método de extracción de factores que parte de la matriz de correlaciones original con los cuadrados de los coeficientes de correlación múltiple insertados en la diagonal principal como estimaciones iniciales de las comunalidades. Las saturaciones factoriales resultantes se utilizan para estimar de nuevo las comunalidades y reemplazan a las estimaciones previas en la diagonal de la matriz. Las iteraciones continúan hasta que los cambios en las comunalidades, de una iteración a la siguiente, satisfagan el criterio de convergencia para la extracción.

- *Alfa*. Método de extracción factorial que considera a las variables incluidas en el análisis como una muestra del universo de las variables posibles. Este método maximiza el Alfa de Cronbach para los factores.

- *Factorización imagen*. Método de extracción de factores, desarrollado por Guttman y basado en la teoría de las imágenes. La parte común de una variable, llamada la imagen parcial, se define como su regresión lineal sobre las restantes variables, en lugar de ser una función de los factores hipotéticos.

CONTRASTES EN EL MODELO FACTORIAL

En el modelo factorial pueden realizarse varios tipos de contrastes. Estos contrastes suelen agruparse en dos bloques, según se apliquen previamente a la extracción de los factores o que se apliquen después. Con los contrastes aplicados previamente a la extracción de los factores trata de analizarse la pertinencia de la aplicación del análisis factorial a un conjunto de variables observables. Con los contrastes aplicados después de la obtención de los factores se pretende evaluar el modelo factorial una vez estimado.

Dentro del grupo de *contrastes que se aplican previamente a la extracción de los factores* tenemos el contraste de esfericidad de Barlett y la medida de adecuación muestral de Kaiser, Meyer y Olkin.

Evidentemente, antes de realizar un análisis factorial nos plantearemos si las p variables originales están correlacionadas entre sí o no lo están. Si no lo estuvieran no existirían factores comunes y, por lo tanto, no tendría sentido aplicar el análisis factorial. Esta cuestión suele probarse utilizando el contraste de esfericidad de Barlett que se basa en que la matriz de correlación poblacional R_p recoge la relación entre cada par de variables mediante sus elementos ρ_{ij} situados fuera de la diagonal principal. Los elementos de la diagonal principal son unos, ya que toda variable está totalmente relacionada consigo misma. En caso de que no existiese ninguna relación entre las p variables en estudio, la matriz R_p sería la identidad, cuyo determinante es la unidad. Por lo tanto, para decidir la ausencia o no de relación entre las p variables puede plantearse el siguiente contraste:

$$H_0 : \mid R_p \mid = 1$$
$$H_1 : \mid R_p \mid \neq 1$$

Barlett introdujo un estadístico para este contraste basado en la matriz de correlación muestral R, que bajo la hipótesis H_0 tiene una distribución *Chi-cuadrado* con $p(p-1)/2$ grados de libertad. La expresión de este estadístico es la siguiente:

$$-[n-2-(2p+5)/6]Ln\mid R \mid$$

Por otro lado, Kaiser-Meyer y Olkin definen la medida *KMO* de adecuación muestral global al modelo factorial basada en los coeficientes de correlación observados de cada par de variables y en sus coeficientes de correlación parcial mediante la expresión siguiente:

$$KMO = \frac{\displaystyle\sum_j \sum_{h \neq j} r_{jh}^2}{\displaystyle\sum_j \sum_{h \neq j} r_{jh}^2 + \sum_j \sum_{h \neq j} a_{jh}^2}$$

r_{jh} son los coeficientes de correlación observados entre las variables X_j y X_h
a_{jh} son los coeficientes de correlación parcial entre las variables X_j y X_h

En el caso de que exista adecuación de los datos a un modelo de análisis factorial, el término del denominador, que recoge los coeficientes a_{jh}, será pequeño y, en consecuencia, la medida *KMO* será próxima a la unidad. Valores de *KMO* por debajo de 0,5 no serán aceptables, considerándose inadecuados los datos a un modelo de análisis factorial. Para valores superiores a 0,5 se considera aceptable la adecuación de los datos a un modelo de análisis factorial. Mientras más cercas estén de 1 los valores de *KMO* mejor es la adecuación de los datos a un modelo factorial, considerándose ya excelente la adecuación para valores de *KMO* próximos a 0,9.

También existe una medida de adecuación muestral individual para cada una de las variables basada en la medida *KMO*. Esta medida se denomina *MSA* (*Measure of Sampling Adequacy*), se define de la siguiente forma:

$$MSA_j = \frac{\sum_{h \neq j} r_{jh}^2}{\sum_{h \neq j} r_{jh}^2 + \sum_{h \neq j} a_{jh}^2}$$

Si el valor de MSA_j se aproxima a la unidad, la variable X_j será adecuada para su tratamiento en el análisis factorial con el resto de las variables.

También en el modelo factorial pueden realizarse *contrastes después de la obtención de los factores con los que se pretende evaluar el modelo factorial una vez estimado*. Entre ellos tenemos el contraste para la bondad de ajuste del método de máxima verosimilitud y el contraste para la bondad de ajuste del método MINRES.

ROTACIÓN DE LOS FACTORES

El trabajo en el análisis factorial persigue que los factores comunes tengan una interpretación clara, porque de esa forma se analizan mejor las interrelaciones existentes entre las variables originales. Sin embargo, en muy pocas ocasiones resulta fácil encontrar una interpretación adecuada de los factores, iniciales, con independencia del método que se haya utilizado para su extracción. Precisamente los procedimientos de **rotación de factores** se han ideado para obtener, a partir de la solución inicial, unos factores que sean fácilmente interpretables.

Rotaciones ortogonales

- *Método Varimax.*

- *Método Quartimax.*

- *Métodos Ortomax: Ortomax general, Biquartimax y Equamax.*

A continuación se presentan las características de los métodos más importantes de rotación ortogonal.

- *Método varimax*. Método de rotación ortogonal que minimiza el número de variables que tienen saturaciones altas en cada factor. Simplifica la interpretación de los factores.

- *Método quartimax*. Método de rotación que minimiza el número de factores necesarios para explicar cada variable. Simplifica la interpretación de las variables observadas.

- *Método equamax*. Método de rotación que es combinación del método varimax, que simplifica los factores, y el método quartimax, que simplifica las variables. Se minimiza tanto el número de variables que saturan alto en un factor como el número de factores necesarios para explicar una variable.

Rotaciones oblicuas

- *Método Oblimax y método Quartimin.*
- *Métodos Oblimin: Covarimin, Oblimin directo (o general) y Biquartimin.*
- *Método Oblimin directo: Rotación Promax.*

A continuación se presentan las características de los métodos más importantes de rotación oblícua.

- *Criterio Oblimin directo*. Método para la rotación oblicua (no ortogonal). Cuando delta es igual a cero (el valor por defecto) las soluciones son las más oblicuas. A medida que delta se va haciendo más negativo, los factores son menos oblicuos. Para anular el valor por defecto 0 para delta, introduzca un número menor o igual que 0,8.

- *Rotación promax*. Rotación oblicua que permite que los factores estén correlacionados. Puede calcularse más rápidamente que una rotación oblimin directa, por lo que es útil para conjuntos de datos grandes.

INTERPRETACIÓN GRÁFICA DE LOS FACTORES

A continuación se presenta un gráfico relativo a cuatro variables X_1, X_2, X_3 y X_4 representadas por dos factores F_1 y F_2.

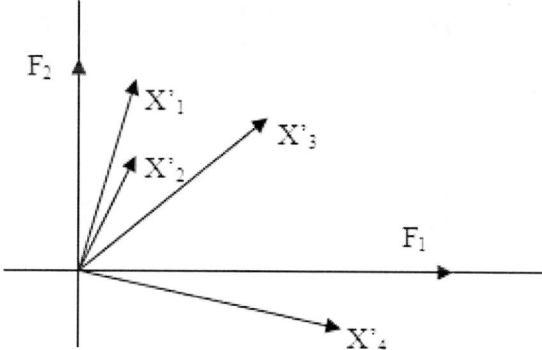

Como las saturaciones, pesos o cargas factoriales de cada variable en cada factor (elementos de la matriz factorial), se representan por las proyecciones ortogonales de cada variable en cada factor, la cuarta variable se explica fuertemente y de forma positiva por el primer factor (proyección positiva grande de X'_4 sobre F_1), mientras que se representa poco y en sentido negativo por el segundo factor (proyección negativa pequeña de X'_4 sobre F_2). De la misma forma, la primera y segunda variables se explican fuertemente y de forma positiva por el segundo factor, y se explican poco y de forma positiva por el primer factor. La tercera variable se explica de igual forma por el primero y segundo factor.

Si la representación geométrica resulta difusa, se puede realizar una rotación de los factores que clarifique las proyecciones de las variables sobre ellos. Con una rotación factorial se transforma una solución factorial inicial en otro tipo de solución preferida. Tal transformación va encaminada a poner de manifiesto la solución de la manera más convincente y clara para su interpretación científica.

PUNTUACIONES O MEDICIÓN DE LOS FACTORES

El análisis factorial es en muchas ocasiones un paso previo a otros análisis, en los que se sustituye el conjunto de variables originales por los factores obtenidos. Por ejemplo en el caso de estimación de modelos afectados de multicolinealidad. Por ello, es necesario conocer los valores que toman los factores en cada observación (puntuaciones factoriales). Sin embargo, es importante hacer constar que, salvo el caso de que se haya aplicado el análisis de componentes principales para la extracción de factores, no se obtienen unas puntuaciones exactas para los factores.

En su lugar, es preciso realizar estimaciones para obtenerlas. Estas estimaciones se pueden realizar por distintos métodos. Los procedimientos más conocidos, y que aparecen implementados en los paquetes de software son los de *mínimos cuadrados, regresión, Anderson-Rubin y Barlett.*

Las características de los métodos más importantes de obtención de las componentes se presentan a continuación.

- **Método de regresión.** Método de estimación de los coeficientes de las puntuaciones factoriales. Las puntuaciones resultantes tienen de media 0 y varianza igual al cuadrado de la correlación múltiple entre las puntuaciones factoriales estimadas y los valores factoriales verdaderos. Las puntuaciones pueden estar correlacionadas incluso cuando los factores son ortogonales.

- **Puntuaciones de Bartlett.** Método de estimación de los coeficientes para las puntuaciones factoriales. Las puntuaciones resultantes tienen una media de 0. Se minimiza la suma de cuadrados de los factores únicos sobre el rango de las variables.

- **Método de Anderson-Rubin.** Método de estimación de los coeficientes para las puntuaciones factoriales. Es una modificación del método de Bartlett, que asegura la ortogonalidad de los factores estimados. Las puntuaciones resultantes tienen una media 0, una desviación típica de 1 y no están correlacionadas.

COMPONENTES PRINCIPALES Y ANÁLISIS FACTORIAL CON SPSS

El procedimiento de análisis factorial de SPSS ofrece un alto grado de flexibilidad. Existen siete métodos de extracción factorial disponibles (*Componentes principales, Mínimos cuadrados no ponderados, Mínimos cuadrados generalizados, Máxima verosimilitud, factorización de ejes principales, factorización Alfa* y *factorización Imagen*) y cinco métodos de rotación (*varimax, equamax, quartimax, oblimin directo* y *promax*), entre ellos el *oblimin directo* y el *promax* son para rotaciones no ortogonales. También existen tres métodos disponibles para calcular las puntuaciones factoriales (*Regresión, Bartlett* y *Anderson-Rubin*) y las puntuaciones pueden guardarse como variables para análisis adicionales.

Uno de los métodos de extracción de los factores es precisamente el método de componentes principales, con lo cual SPSS considera el análisis en componentes principales como un caso particular del análisis factorial.

En cuanto a los estadísticos que ofrece el procedimiento tenemos para cada variable el número de casos válidos, la media y desviación típica. Para cada análisis factorial se obtiene la matriz de correlaciones de variables (incluidos niveles de significación, determinante e inversa), matriz de correlaciones reproducida que incluye anti-imagen, solución inicial (comunalidades, autovalores y porcentaje de varianza explicada), estadístico *KMO* (medida de la adecuación muestral de Kaiser-Meyer-Olkin) y prueba de esfericidad de Bartlett, solución sin rotar (incluye saturaciones factoriales, comunalidades y autovalores), solución rotada (incluye la matriz de conFiguración rotada y la matriz de transformación), rotaciones oblicuas (incluye las matrices de estructura y de conFiguración rotadas), matriz de coeficientes para el cálculo de las puntuaciones factoriales y matriz de covarianzas entre los factores. En cuanto a gráficos se obtiene el gráfico de sedimentación y el gráfico de las saturaciones de los dos o tres primeros factores.

En cuanto a los supuestos para poder aplicar análisis factorial, las variables deben ser cuantitativas. Los datos categóricos (como la religión o el país de origen) no son adecuados para el análisis factorial. Los datos para los cuales razonablemente se pueden calcular los coeficientes de correlación de Pearson, deberían ser adecuados para el análisis factorial. También se exige que el determinante de la matriz de los datos iniciales sea muy pequeño para que realmente exista la opción de poder reducir la dimensión.

Los datos han de tener una distribución normal bivariada para cada pareja de variables, y las observaciones deben ser independientes. El modelo de análisis factorial especifica que las variables vienen determinadas por los factores comunes (los factores estimados por el modelo) y por factores únicos (los cuales no se superponen entre las distintas variables observadas). Las estimaciones calculadas se basan en el supuesto de que ningún factor único está correlacionado con los demás, ni con los factores comunes.

Ejemplo de análisis en componentes principales con SPSS

Realizaremos un análisis en componentes principales de todas las variables del fichero *empresas.sav* que contiene información sobre empresas por países sectores de actividad con la finalidad de reducirlas a un conjunto menor de variables con la menor pérdida de información posible.

Comenzamos cargando en memoria el fichero de nombre *empresas.sav* mediante *Archivo → Abrir → Datos* (Figuras 2-1 a 2-3). A continuación elegimos en los menús *Analizar → Reducción de datos → Análisis factorial* (Figura 2-4) y seleccionamos las variables y las especificaciones para el análisis (Figura 2-5). Se incluyen todas las variables en el análisis.

Las pantallas de los botones *Descriptivos, Extracción, Rotación, Puntuaciones* y *Opciones* se rellenan como se indica en las Figuras 2-6 a 2-10. Al pulsar *Continuar* y *Aceptar* se obtiene la salida del procedimiento.

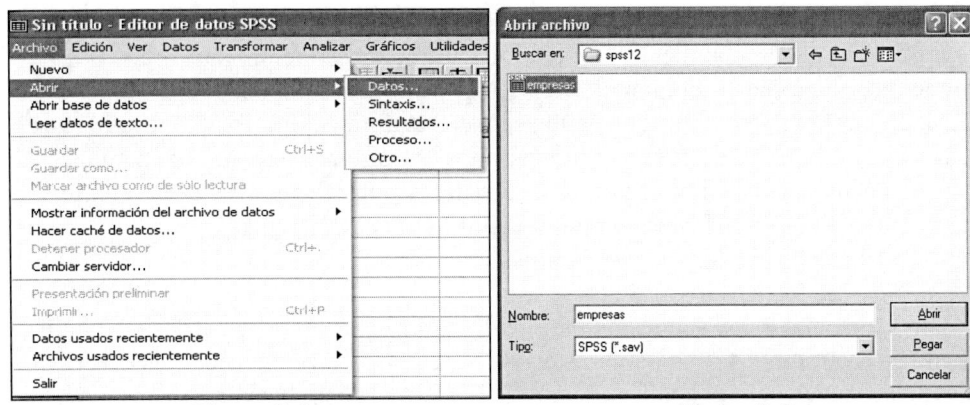

Figura 2-1   Figura 2-2

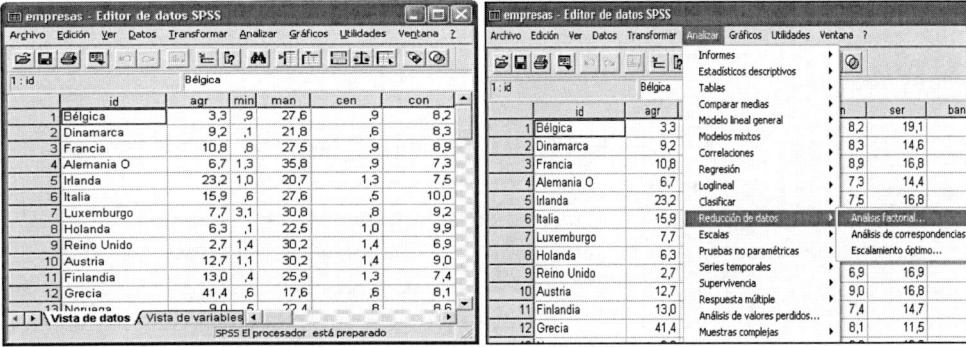

Figura 2-3   Figura 2-4

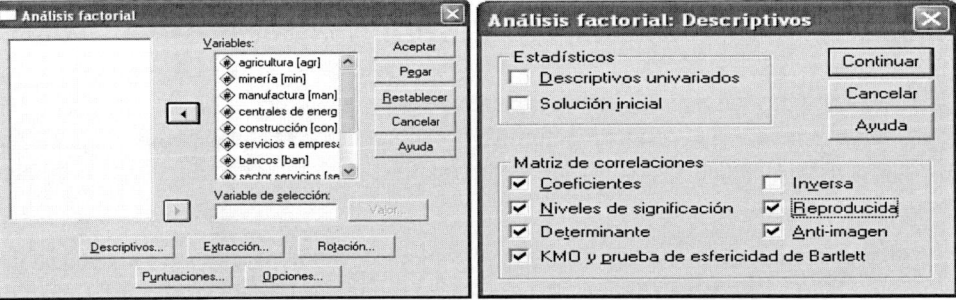

Figura 2-5   Figura 2-6

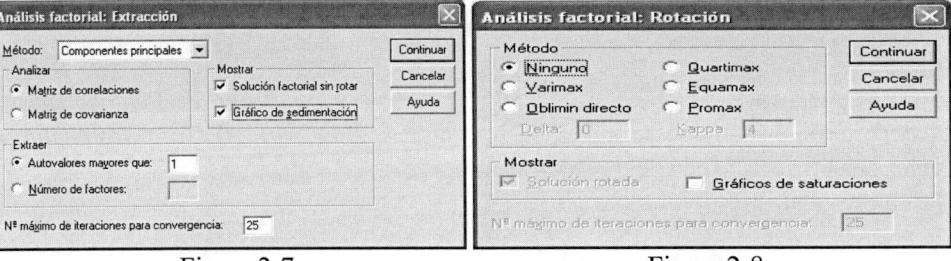

Figura 2-7   Figura 2-8

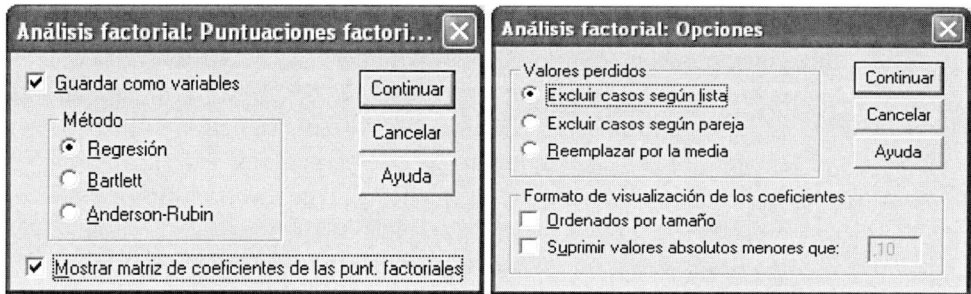

Figura 2-9   Figura 2-10

En la pantalla *Descriptivos* (Figura 2-6) el campo *Estadísticos* permite elegir los descriptivos *univariados* para el análisis incluyendo la media, la desviación típica y el número de casos válidos para cada variable. La *solución inicial* permite mostrar las comunalidades iniciales, los autovalores y el porcentaje de varianza explicada. El campo *Matriz de correlaciones* permite elegir coeficientes de correlación de la matriz, niveles de significación, determinante, inversa, reproducida, anti-imagen y estadísticos *KMO* y prueba de esfericidad de Bartlett.

En la pantalla *Extraccion* (Figura 2-7) el campo *Método* permite especificar el método de extracción factorial. El campo *Analizar* permite especificar o una matriz de correlaciones o una matriz de covarianza. En el campo *Extraer* es posible retener todos los factores cuyos autovalores excedan un valor especificado o retener un número específico de factores. El campo *Mostrar* permite solicitar la solución factorial sin rotar y el gráfico de sedimentación de los autovalores. El campo *Nº máximo de iteraciones para convergencia* permite especificar el número máximo de pasos que el algoritmo puede seguir para estimar la solución.

En la pantalla *Rotación* (Figura 2-8) el campo *Método* permite seleccionar el método de rotación factorial. El campo *Mostrar* permite incluir los resultados de la solución rotada, así como los gráficos de las saturaciones para los dos o tres primeros factores. El campo *Nº máximo de iteraciones para convergencia* permite especificar el número máximo de pasos que el algoritmo puede seguir para llevar a cabo la rotación.

En la pantalla *Puntuaciones factoriales* (Figura 2-9) el campo *Guardar como variables* crea una nueva variable para cada factor en la solución final. Seleccione uno de los siguientes métodos alternativos para calcular las puntuaciones factoriales: Regresión, Bartlett o Anderson-Rubin. El campo *Mostrar matriz de coeficientes de las puntuaciones factoriales* muestra los coeficientes por los cuales se multiplican las variables para obtener puntuaciones factoriales. También muestra las correlaciones entre las puntuaciones factoriales.

En la pantalla *Opciones* (Figura 2-10) el campo *Valores perdidos* permite especificar el tratamiento que reciben los valores perdidos. Las alternativas disponibles son: *excluir casos según lista* (excluye los casos que tienen valores perdidos en cualquiera de las variables utilizadas en cualquiera de los análisis), *excluir casos según pareja* (excluye del análisis los casos que tengan valores perdidos en cualquiera o en ambas de las variables de una pareja implicada en el cálculo de un estadístico específico) y reemplazar por la media (sustituye cada valor peridodo por la media de la variable). El campo *Formato de visualización de los coeficientes* permite controlar aspectos de las matrices de resultados. Los coeficientes se ordenan por tamaño y se suprimen aquéllos cuyos valores absolutos sean menores que el valor especificado.

Una vez elegidas las opciones adecuadas en cada pantalla anterior, se pulsa en *Continuar*. Por último, para obtener la salida del análisis, se pulsa *Aceptar* en la Figura 2-5.

El primer elemento que se observa en la salida del procedimiento es la *matriz de correlaciones* cuyo *determinante* es $2,382.10^{-6}$, que al ser muy pequeño indica que el grado de intercorrelación entre las variables es muy alto, condición inicial que debía cumplir el análisis en componentes principales.

Matriz de correlaciones[a]

		agricultura	minería	manufactura	centrales de energía	construcción	servicios a empresas	bancos	sector servicios	transporte y comunicaciones
Correlación	agricultura	1,000	,036	-,671	-,400	-,538	-,737	-,220	-,747	-,565
	minería	,036	1,000	,445	,405	-,026	-,397	-,443	-,281	,157
	manufactura	-,671	,445	1,000	,385	,494	,204	-,156	,154	,351
	centrales de energía	-,400	,405	,385	1,000	,060	,202	,110	,132	,375
	construcción	-,538	-,026	,494	,060	1,000	,356	,016	,158	,388
	servicios a empresas	-,737	-,397	,204	,202	,356	1,000	,366	,572	,188
	bancos	-,220	-,443	-,156	,110	,016	,366	1,000	,108	-,246
	sector servicios	-,747	-,281	,154	,132	,158	,572	,108	1,000	,568
	transporte y comunicaciones	-,565	,157	,351	,375	,388	,188	-,246	,568	1,000
Sig. (Unilateral)	agricultura		,431	,000	,021	,002	,000	,140	,000	,001
	minería	,431		,011	,020	,451	,022	,012	,082	,222
	manufactura	,000	,011		,026	,005	,159	,224	,226	,040
	centrales de energía	,021	,020	,026		,386	,161	,297	,260	,029
	construcción	,002	,451	,005	,386		,037	,469	,220	,025
	servicios a empresas	,000	,022	,159	,161	,037		,033	,001	,179
	bancos	,140	,012	,224	,297	,469	,033		,300	,113
	sector servicios	,000	,082	,226	,260	,220	,001	,300		,001
	transporte y comunicaciones	,001	,222	,040	,029	,025	,179	,113	,001	

a. Determinante = 2,382E-06

El segundo elemento que se observa en la salida del procedimeinto es el *test de esfericidad de Barlett* que permite contrastar formalmente la existencia de correlación entre las variables. Como su p-valor es 0,000, se puede concluir que existe correlación significativa entre las variables.

También se observa el estadístico *KMO*, cuyo valor tan pequeño (alejado de la unidad) indica una mala adecuación de la muestra a este análisis.

KMO y prueba de Bartlett

Medida de adecuación muestral de Kaiser-Meyer-Olkin.		,134
Prueba de esfericidad de Bartlett	Chi-cuadrado aproximado	274,053
	gl	36
	Sig.	,000

El siguiente elemento a analizar es la *matriz de correlaciones anti-imagen* formada por los coeficientes de correlación parcial entre cada par de variables cambiada de signo. Estos coeficientes deben ser bajos para que las variables compartan factores comunes. Los elementos de la diagonal de esta matriz son similares al estadístico *KMO* para cada par de variables e interesa que estén cercanos a la unidad. Observando la matriz vemos que no obtenemos buenos resultados.

Matrices anti-imagen

		agricultura	minería	manufactura	centrales de energía	construcción	servicios a empresas	bancos	sector servicios	transporte y comunicaciones
Covarianza anti-imagen	agricultura	7,016E-05	,001	,000	,002	,001	,000	,000	,000	,001
	minería	,001	,018	,002	,035	,011	,004	,006	,003	,012
	manufactura	,000	,002	,000	,005	,001	,001	,001	,000	,002
	centrales de energía	,002	,035	,005	,096	,023	,008	,013	,005	,024
	construcción	,001	,011	,001	,023	,007	,002	,004	,002	,007
	servicios a empresas	,000	,004	,001	,008	,002	,001	,001	,001	,003
	bancos	,000	,006	,001	,013	,004	,001	,002	,001	,004
	sector servicios	,000	,003	,000	,005	,002	,001	,001	,000	,002
	transporte y comunicaciones	,001	,012	,002	,024	,007	,003	,004	,002	,009
Correlación anti-imagen	agricultura	,235[a]	,975	1,000	,892	,993	,999	,998	,999	,987
	minería	,975	,101[a]	,972	,826	,971	,977	,978	,975	,963
	manufactura	1,000	,972	,140[a]	,890	,991	,998	,998	,999	,987
	centrales de energía	,892	,826	,890	,100[a]	,903	,884	,879	,895	,847
	construcción	,993	,971	,991	,903	,099[a]	,990	,990	,994	,971
	servicios a empresas	,999	,977	,998	,884	,990	,155[a]	,997	,998	,989
	bancos	,998	,978	,998	,879	,990	,997	,060[a]	,997	,989
	sector servicios	,999	,975	,999	,895	,994	,998	,997	,151[a]	,983
	transporte y comunicaciones	,987	,963	,987	,847	,971	,989	,989	,983	,136[a]

a. Medida de adecuación muestral

Ahora analizaremos el número de componentes con el que nos quedaremos, que normalmente son las relativas a valores propios mayores que la unidad. Observando la tabla de la varianza total explicada vemos que la primera componente explica un 38,7% de la varianza total y las dos siguientes un 23,6% y un 12,2% (un 74,6% entre las tres). El *gráfico de sedimentación* (Figura 2-11) muestra que sólo hay tres componentes con autovalor mayor que 1.

Varianza total explicada

Componente	Sumas de las saturaciones al cuadrado de la extracción		
	Total	% de la varianza	% acumulado
1	3,487	38,746	38,746
2	2,130	23,669	62,415
3	1,099	12,211	74,625

Método de extracción: Análisis de Componentes principales.

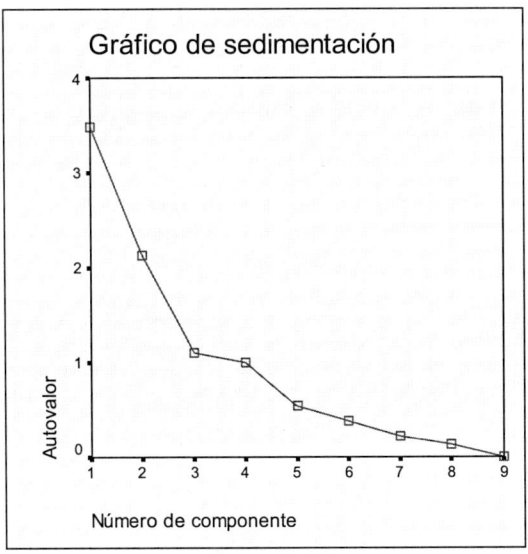

Figura 2-11

Ahora nos preocupamos de un tema tan importante como es el utilizar las variables que se agrupan en torno a cada componente y cuya combinación lineal define la componente. Para ello representamos cada una de las nueve variables por medio de los tres factores extraídos utilizando la matriz de componentes. Podemos escribir lo siguiente:

```
Agricultura =            -0,978F1+0,078F2-0,510F3
Minería =                -0,020F1+0,902F2+0,211F3
.                               .
.                               .
T. y comunicaciones =  0,685F1+0,296F2-0,393F3
```

Para ver qué variables se agrupan en cada componente (factor) hay que observar las variables cuyas cargas sean altas en un factor y bajas en los otros (valores menores que 0,25 suelen considearse bajos).

En la primera componente está representada claramente *agricultura* y en la segunda *minería* (sus valores en la matriz de componentes son muy altos). *Sector servicios* y *transporte y comunicaciones* están representadas en las tres componentes, lo mismo que *centrales de energía*. *Servicios a empresas* y *Manufacturas* están representadas en la primera y segunda componentes y *bancos* en la segunda y la tercera. Se observa entonces que es difícil agrupar las variables en componentes con lo que procedería realizar una rotación, que se realizará posteriormente.

Matriz de componentes[a]

	Componente		
	1	2	3
agricultura	-,978	,078	-,051
minería	-,002	,902	,211
manufactura	,649	,518	,158
centrales de energía	,478	,381	,588
construcción	,607	,075	-,161
servicios a empresas	,708	-,511	,121
bancos	,139	-,662	,616
sector servicios	,723	-,323	-,327
transporte y comunicaciones	,685	,296	-,393

Método de extracción: Análisis de componentes principales.

a. 3 componentes extraídos

Es importante observar que las suma de los cuadrados de los elementos de las columnas de la matriz de componentes es igual a los valores propios significativos

A continuación se analiza la comunalidad de cada variable (suma de los cuadrados de sus cargas factoriales definidas en la matriz de componentes) después de la extracción de los factores (componentes). La comunalidad es la parte de variabilidad de cada variable explicada por los factores. Antes de la extracción de los factores la comunalidad de cada variable es la unidad, e interesa que después de la extracción siga siendo alta.

Comunalidades

	Extracción
agricultura	,965
minería	,858
manufactura	,714
centrales de energía	,719
construcción	,400
servicios a empresas	,776
bancos	,837
sector servicios	,735
transporte y comunicaciones	,711

Método de extracción: Análisis de Componentes principales.

Es posible calcular los coeficientes de correlación entre cada dos variables después de que estén en función de las componentes, denominados *coeficientes de correlación reproducidos*. Estos coeficientes de correlación reproducidos no tienen porqué coincidir con los de la matriz de correlaciones inicial, pero no deben diferenciarse en más de 0,05 (residuos menores que 0,05), porque entonces la bondad del modelo factorial será discutible. A continuación se presenta la *matriz de correlaciones reproducidas* en la que se observa que un 61% de los errores son mayores que 0,05, lo que indica que la bondad del modelo es discutible.

Correlaciones reproducidas

		agricultura	minería	manufactura	centrales de energía	construcción	servicios a empresas	bancos	sector servicios	transporte y comunicaciones
Correlación reproducida	agricultura	,965[b]	,062	-,602	-,467	-,580	-,738	-,219	-,716	-,627
	minería	,062	,858[b]	,499	,466	,032	-,437	-,468	-,362	,182
	manufactura	-,602	,499	,714[b]	,600	,407	,213	-,156	,250	,536
	centrales de energía	-,467	,466	,600	,719[b]	,224	,214	,176	,030	,208
	construcción	-,580	,032	,407	,224	,400[b]	,372	-,064	,468	,501
	servicios a empresas	-,738	-,437	,213	,214	,372	,776[b]	,511	,638	,286
	bancos	-,219	-,468	-,156	,176	-,064	,511	,837[b]	,113	-,343
	sector servicios	-,716	-,362	,250	,030	,468	,638	,113	,735[b]	,529
	transporte y comunicaciones	-,627	,182	,536	,208	,501	,286	-,343	,529	,711[b]
Residual[a]	agricultura		-,026	-,069	,067	,042	,001	-,001	-,031	,062
	minería	-,026		-,054	-,061	-,058	,041	,025	,081	-,025
	manufactura	-,069	-,054		-,215	,087	-,010	6,926E-05	-,096	-,185
	centrales de energía	,067	-,061	-,215		-,164	-,012	-,066	,102	,167
	construcción	,042	-,058	,087	-,164		,016	,080	-,309	-,114
	servicios a empresas	,001	,041	-,010	-,012	-,016		-,145	-,066	-,099
	bancos	-,001	,025	6,926E-05	-,066	,080	-,145		-,006	,097
	sector servicios	-,031	,081	-,096	,102	-,309	-,066	-,006		,039
	transporte y comunicaciones	,062	-,025	-,185	,167	-,114	-,099	,097	,039	

Método de extracción: Análisis de Componentes principales.

a. Los residuos se calculan entre las correlaciones observadas y reproducidas. Hay 22 (61,0%) residuales no redundantes con valores absolutos mayores que 0,05.

b. Comunalidades reproducidas

Ahora calcularemos las *puntuaciones factoriales*, que no son más que los valores que toman cada uno de los individuos en las tres componentes seleccionadas. Serán entonces tres variables sustitutas de las iniciales que representan su reducción y que recogen el 74,6% de la variabilidad total. Estas variables son las que se utilizarán como sutitutas de las iniciales para análisis posteriores tales como el análisis de la regresión con problemas de multicolinealidad y el análisis cluster. SPSS incorpora estas variables al conjunto de datos si así se le pide.

Matriz de coeficientes para el cálculo de las puntuaciones en las componentes

	Componente		
	1	2	3
agricultura	-,280	,037	-,046
minería	-,001	,423	,192
manufactura	,186	,243	,144
centrales de energía	,137	,179	,535
construcción	,174	,035	-,146
servicios a empresas	,203	-,240	,110
bancos	,040	-,311	,560
sector servicios	,207	-,152	-,298
transporte y comunicaciones	,196	,139	-,358

Método de extracción: Análisis de componentes principales.
Puntuaciones de componentes.

De la matriz de coeficientes de las puntuaciones en las componentes anteriores podemos deducir la siguiente relación entre componentes y variables:

```
C1  = -2,800 Agricultura - 0,010 Minería + ... + 0,196 T. y comunic.
C2  =  0,037 Agricultura + 0,423 Minería + ... + 0,139 T. y comunic.
C3  = -0,046 Agricultura + 0,192 Minería + ... - 0,358 T. y comunic.
```

Cuando se realizó el análisis de la matriz de componentes se observó que es difícil agrupar las variables en componentes, con lo que procedería realizar una rotación. Realizaremos una *rotación Varimax* que tiene la propiedad de que los factores siguen siendo incorrelados. Para ello hacemos clic en el botón *Rotación* de la pantalla de entrada del Análisis factorial y rellenamos la pantalla *Análisis factorial: Rotación* como se indica en la Figura 2-12.

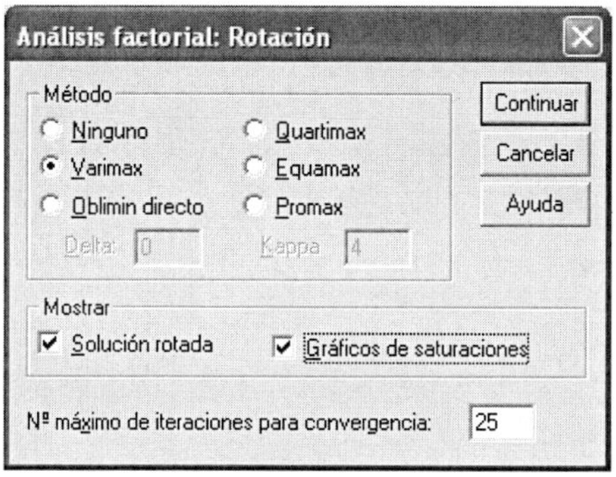

Figura 2-12

Al hacer clic en *Continuar* y *Aceptar*, se obtiene la *Matriz de componentes rotados*, que muestra cómo la variable *servicios a empresas* se sitúa en la primera componente, la variable *centrales de energía* se sitúa en la segunda componente y la variable *construcción* se sitúa en la primera componente. A pesar de la rotación, no se ven claros los grupos de variables.

Matriz de componentes rotados[a]

	Componente		
	1	2	3
agricultura	-,871	-,343	-,299
minería	-,186	,743	-,520
manufactura	,465	,692	-,136
centrales de energía	,146	,809	,207
construcción	,607	,174	-,030
servicios a empresas	,643	-,006	,602
bancos	-,060	-,005	,913
sector servicios	,824	-,157	,177
transporte y comunicaciones	,751	,205	-,325

Método de extracción: Análisis de componentes principales.
Método de rotación: Normalización Varimax con Kaiser.
a. La rotación ha convergido en 5 iteraciones.

El gráfico de componentes en el espacio rotado (Figura 2-13) tampoco ayuda mucho a la detección de los grupos de variables. En este gráfico, dos variables correladas positivamente forman un ángulo desde el origen de 0 grados, de 180 si lo están negativamente y de 90 si están incorreladas.

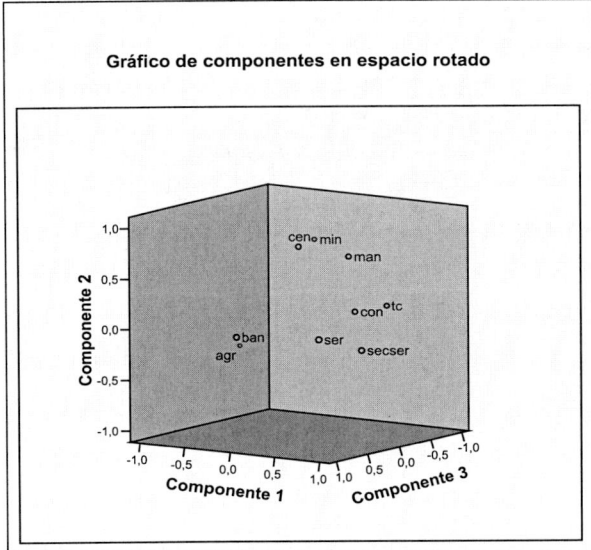

Figura 2-13

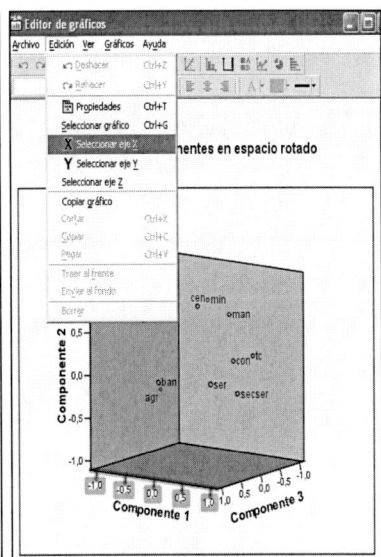

Figura 2-14

Este gráfico se puede descomponer en varios gráficos bidimensionales haciendo doble clic sobre él y eligiendo *Edición → Seleccionar eje X* en el *Editor de gráficos* (Figura 2-14). A continuación se selecciona la solapa *Rotación 2-D* y se sitúan los valores del campo *Ángulo de visión y distancia* como se indica en la Figura 2-15. Al hacer clic en *Aplicar* se obtiene el gráfico bidimensional de las dos primeras componentes (Figura 2-16). Para obtener los restantes gráficos bidimensionales (Figuras 2-18 y 2-20) se sitúan los valores del campo *Ángulo de visión y distancia* como se indica en las Figuras 2-17 y 2-19).

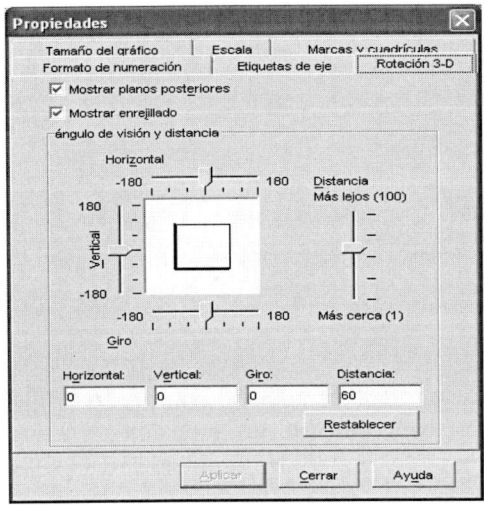

Figura 2-15

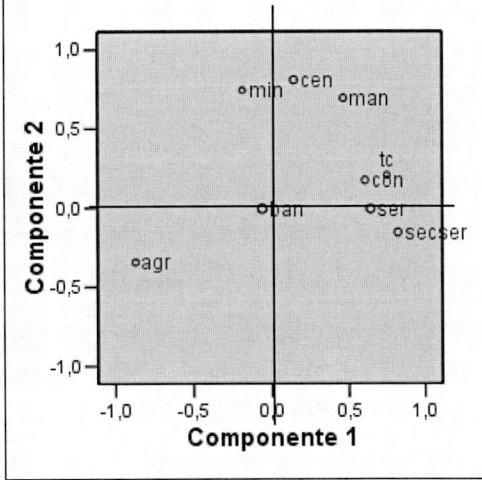

Figura 2-16

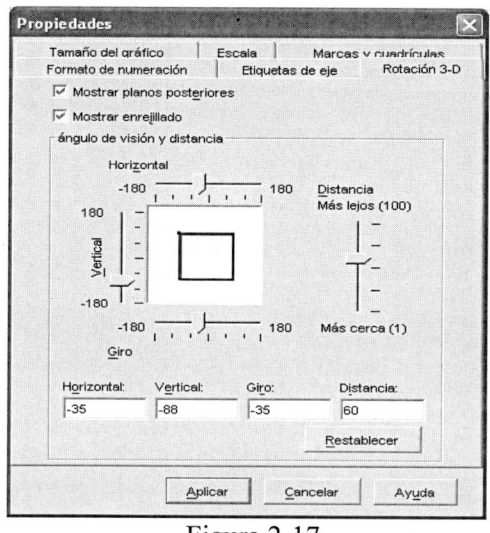

Figura 2-17

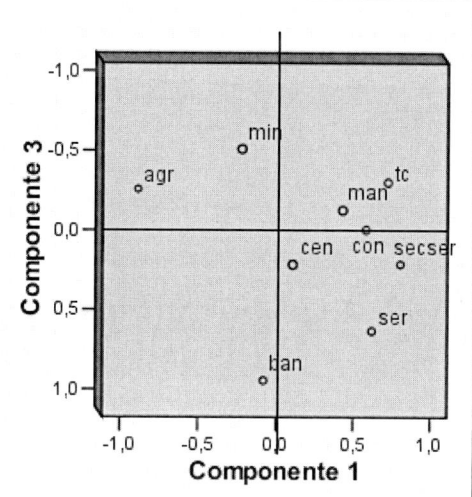

Figura 2-18

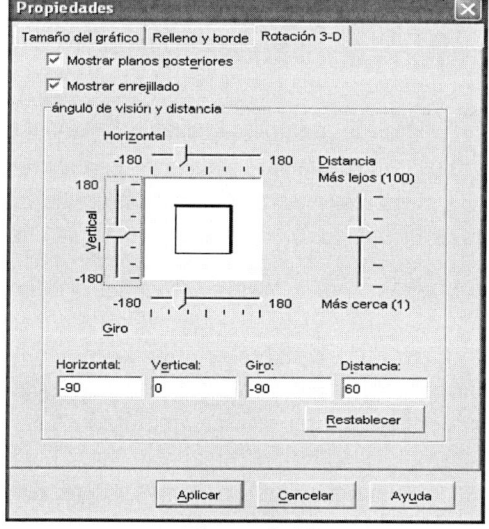

Figura 2-19

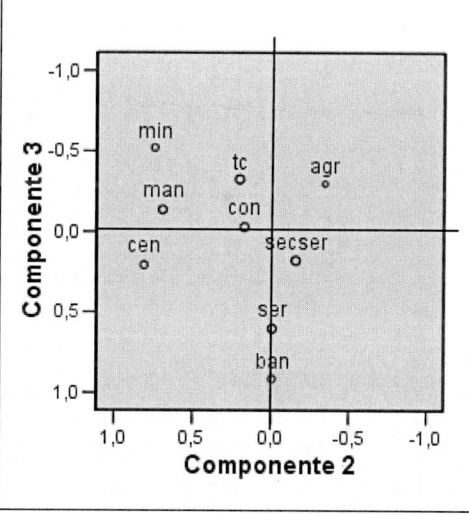

Figura 2-20

En el primer gráfico bidimensional (Figura 2-16) está clara la asociación de las variables a las componentes. *Agricultura, bancos, sector servicios, servicios a empresas, construcción* y *tansportes y comunicaciones* se asocian a la primera componete porque están más cerca del eje *X*. *Minería, centrales de energía* y *manufactura* se asocian mejor a la segunda componente, ya que están más cerca del eje *Y*. De forma similar se interpretan el restos de los gráficos bidimensionales.

Al hacer la rotación se obtiene una nueva matriz de componentes que se presenta en la tabla siguiente:

Matriz de coeficientes para el cálculo de las puntuaciones en las componentes

	Componente		
	1	2	3
agricultura	-,238	-,109	-,117
minería	-,125	,408	-,184
manufactura	,083	,325	-,044
centrales de energía	-,118	,512	,247
construcción	,214	-,004	-,084
servicios a empresas	,163	-,017	,290
bancos	-,164	,160	,600
sector servicios	,327	-,215	-,039
transporte y comunicaciones	,311	-,060	-,292

Método de extracción: Análisis de componentes principales.
Método de rotación: Normalización Varimax con Kaiser.
Puntuaciones de componentes.

Ejemplo de análisis factorial con SPSS

Realizaremos un análisis factorial de todas las variables del fichero *ratios.sav* que contiene ratios relativos a las ventas de las empresas españolas. Concretamente los ratios son beneficios/recursos propios ($R1$), cash-flow/ventas ($R2$), inmovilizado/activos totales ($R3$), ventas/activos totales ($R4$), ventas/plantilla ($R5$), beneficios/capital social ($R6$) y beneficios/ventas ($R7$) que caraterizan a las empresas españolas con mayores ventas. Se trata de resumir estos ratios por un número menor de factores con mínima pérdida de información que tengan la suficiente calidad para seguir agrupando a las empresas según sus ventas. Se trata de estudiar si sería coherente identificar un factor financiero, un factor estructural y un factor de rentabilidad.

Comenzamos cargando en memoria el fichero de nombre *ratios.sav* mediante *Archivo → Abrir → Datos*. A continuación elegimos en los menús *Analizar → Reducción de datos → Análisis factorial* y seleccionamos las variables y las especificaciones para el análisis (Figura 2-21). Se incluyen todas las variables en el análisis.

Las pantallas de los botones *Descriptivos, Extracción, Puntuaciones factoriales* y *Rotación* se rellenan como se indica en las Figuras 2-22 a 2-25. Al pulsar *Continuar* y *Aceptar* se obtiene la salida del procedimiento. Como descriptivos se elige la solución inicial, el determinante de la matriz de correlaciones y el estadístico *KMO* con la prueba de esfericidad de Barlett (Figura 2-22). Para extraer los factores se elige el método Alfa, se extraen los tres primeros factores y se muestran la solución inicial sin rotar y el *gráfico de sedimentación* (Figura 2-23). Las puntuaciones factoriales se guardarán como variables, se muestra su matriz de coeficientes y se calculan mediante el método de Regresión (Figura 2-24). Inicialmente no se realiza rotación y se muestran los *gráficos de saturaciones* (Figura 2-25).

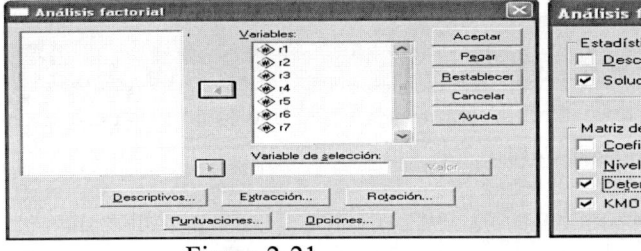

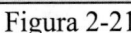

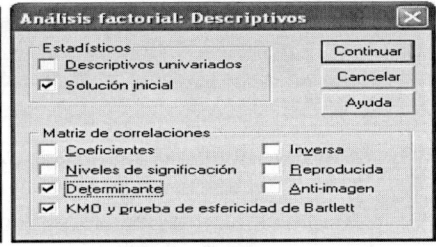

Figura 2-21   Figura 2-22

Figura 2-23   Figura 2-24

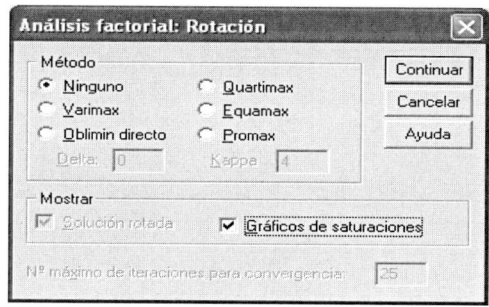

Figura 2-25

Si observamos la salida, vemos que la Figura 2-26 presenta el determinante de la matriz de correlaciones muy bajo, un estadístico *KMO* alto (0,676) y un p-valor muy pequeño para la prueba de Barlett, lo que corrobora una adecuación muestral alta de los datos para el análisis factorial.

El gráfico de sedimentación tiene sólo 2 valores propios mayores que uno con un tercero muy próximo (Figura 2-27) y los dos primeros factores sólo explican el 64,8% de la varianza (Figura 2-28). En la Figura 2-28 también se observa que los tres primeros factores explican un 79,042% de la varianza total. Una posición conservadora sería tomar los tres primeros factores. Por esta razón, en la Figura 2-23 se ha desechado la opción *Autovalores mayores que 1* y se ha elegido *Número de factores* igual a 3.

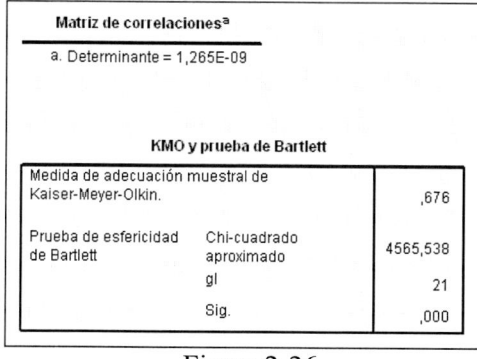

Figura 2-26

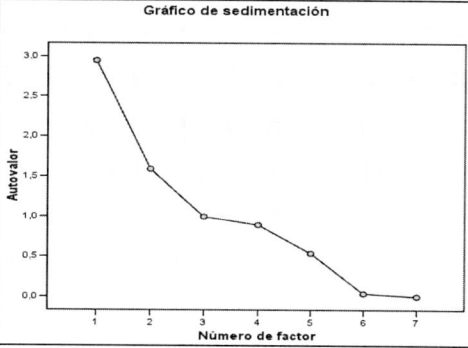

Figura 2-27

Varianza total explicada

Factor	Autovalores iniciales			Sumas de las saturaciones al cuadrado de la extracción		
	Total	% de la varianza	% acumulado	Total	% de la varianza	% acumulado
1	2,946	42,092	42,092	1,636	23,370	23,370
2	1,591	22,727	64,819	2,381	34,014	57,384
3	,996	14,223	79,042	,125	1,790	59,174
4	,892	12,740	91,782			
5	,538	7,682	99,464			
6	,038	,536	100,000			
7	1,506E-08	2,151E-07	100,000			

Método de extracción: Factorización Alfa.

Figura 2-28

Comunalidades

	Inicial	Extracción
R1	,004	,004
R2	,944	,964
R3	,420	,459
R4	,292	,601
R5	,093	,124
R6	1,000	,995
R7	1,000	,995

Método de extracción: Factorización Alfa.

Figura 2-29

Matriz factorial

	Factor		
	1	2	3
R1	,054	-,025	-,020
R2	,389	,901	-,012
R3	-,512	,381	,226
R4	,659	-,385	,139
R5	,280	-,056	,207
R6	,595	,797	-,075
R7	,595	,797	-,075

Método de extracción: Factorización Alfa.
a. 3 factores extraídos. Requeridas 10 iteraciones.

Figura 2-30

La Figura 2-29 muestra las comunalidades y la Figura 2-30 muestra las cargas factoriales. La comunalidad es la parte de variabilidad de cada variable explicada por los factores. Antes de la extracción de los factores la comunalidad de cada variable debe de ser alta, e interesa que después de la extracción siga siendo alta. Por otro lado, cargas factoriales altas en valor absoluto de una variable sobre un factor indican que hay mucho en común entre la variable y el factor. Hay autores que sostienen que cargas mayores que 0,6 asocian a la variable con el factor, mientras que otros sostienen que es suficiente un valor superior a 0,4. En nuestro caso no hay forma clara de asociar nuestras variables a los factores, por lo que haremos una rotación. Además, el gráfico tridimensional de factores no despeja las dudas (Figura 2-31).

Gráfico de factores

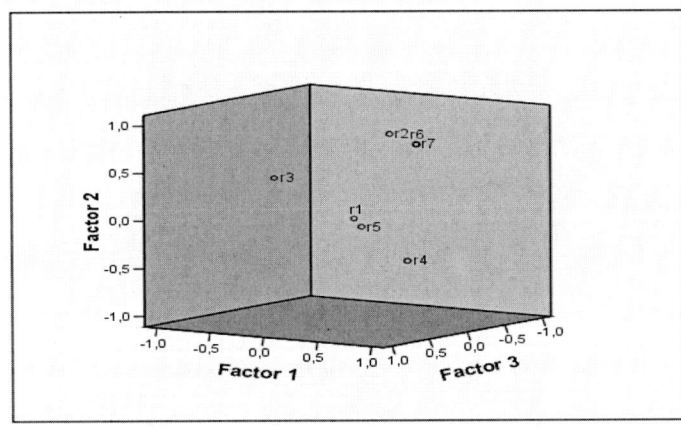

Figura 2-31

Si ahora realizamos la rotación de los factores por el método Varimax haciendo clic en el botón *Rotación* de la Figura 2-21 y marcando *Varimax* en la pantalla resultante (Figura 2-32), al hacer clic en *Continuar* y *Aceptar*, obtenemos las cargas factoriales de la matriz factorial rotada (Figura 2-33).

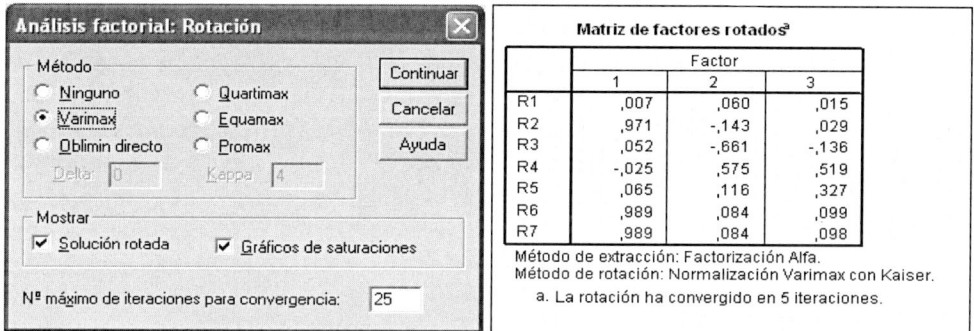

Figura 2-32   Figura 2-33

La matriz de factores rotados muestra claramente que al primer factor se asocian las variables $R2$, $R6$ y $R7$ con cargas factoriales mayores que 0,9. Al segundo factor se asocia $R3$ y al tercero se asocian $R4$ y $R5$. Como nos queda suelta $R1$, la asociamos al factor para el que presenta mayor carga, es decir, a $R2$. También podía haberse asociado $R4$ al segundo factor, pero esta asociación está más clara para el tercer factor, ya que es su única carga realmente alta. A estas mismas conclusiones puede llevarnos el gráfico de saturaciones en el espacio factorial rotado (Figura 2-34).

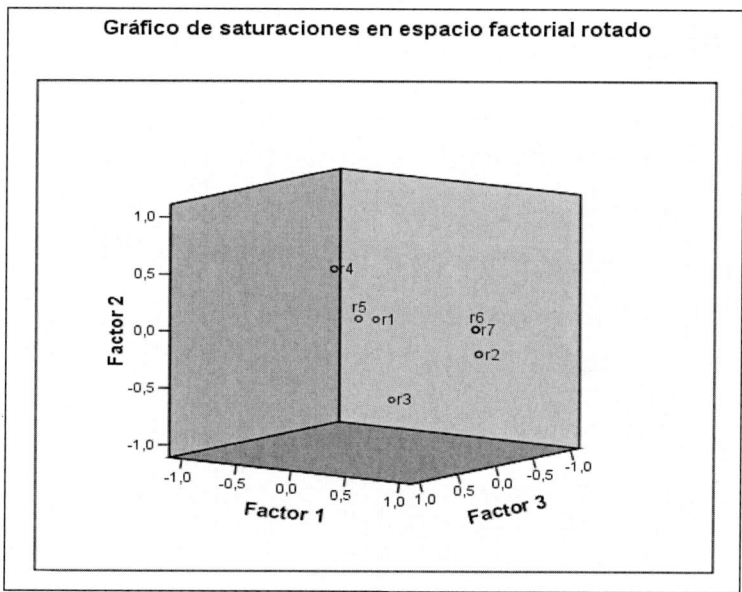

Figura 2-34

Dada la naturaleza de las variables, podemos decir que el primer factor ($R2$, $R6$ y $R7$) es un *factor financiero* relativo a la distribución de los beneficios y flujo de caja, el segundo factor ($R1$ y $R3$) es un *factor estructural* relativo a recursos propios, inmovilizado y activos totales y el tercer factor ($R4$ y $R5$) es un factor de rentabilidad relativo a la distribución de las ventas.

Ejercicio 2-1. Para estudiar las zonas de Madrid según ciertos fenómenos de discriminación social se consideran 13 variables. Concretamente las variables son: barrio (B), población total (PT) población menor de 14 años (P14), población mayor de 65 años (P65), población mayor de 10 años (P10), porcentaje de analfabetos (ANAL), nivel de educación superior (NES), ocupados (OCU), ocupados en la industria (OCUIN), ocupados en el sector servicios (OCUSER), técnicos (TEC), personal directivo (PD) y trabajadores manuales (TM) que caraterizan a sus habitantes. Se trata de establecer una diferenciación social de Madrid mediante factores sintéticos que agrupen al elevado número de indicadores del que se dispone. Clasificar las 18 zonas de Madrid consideradas según los factores hallados. El fichero 2-1.sav contiene la información de las variables.

Estamos ante una aplicación típica de los métodos factoriales. La diferenciación social de Madrid mediante factores sintéticos se llevará a cabo a través de análisis factorial. Para ello, comenzamos cargando en memoria el fichero de nombre 2-1.*sav* mediante *Archivo → Abrir → Datos*. A continuación elegimos en los menús *Analizar → Reducción de datos → Análisis factorial* (Figura 2-35) y rellenamos la pantalla de entrada del procedimiento como se indica en la Figura 2-36. Se incluyen todas las variables en el análisis.

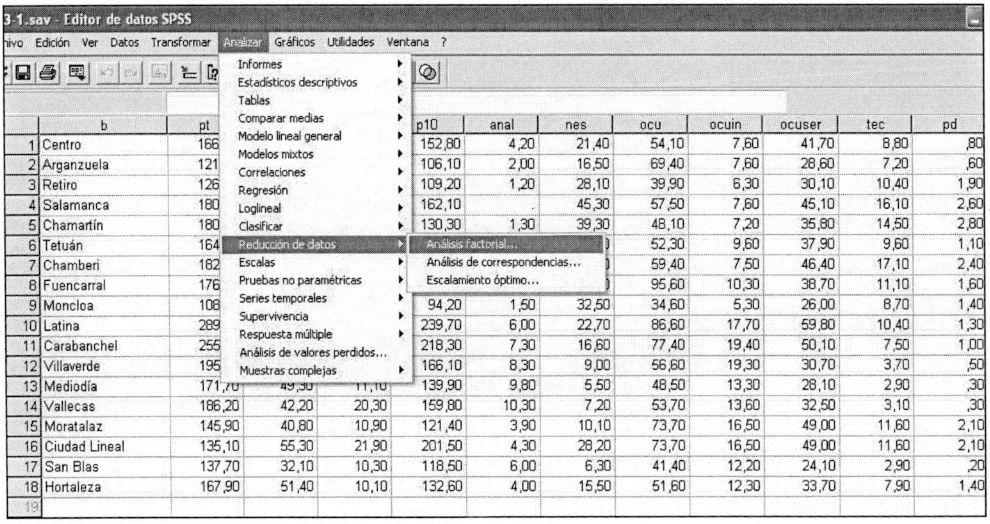

Figura 2-35

Las pantallas de los botones *Descriptivos, Extracción, Puntuaciones factoriales* y *Rotación* se rellenan como se indica en las Figuras 2-37 a 2-40. Como descriptivos se elige la solución inicial, el determinante de la matriz de correlaciones y el estadístico *KMO* con la prueba de esfericidad de Barlett (Figura 2-37). Se utiliza el método factorial *Mínimos cuadrados no ponderados* para extraer los factores con autovalores mayores que la unidad y se muestran la solución inicial sin rotar y el gráfico de sedimentación (Figura 2-38). Las puntuaciones factoriales se guardan como variables, se calculan mediante el método de Regresión y se muestra su matriz de coeficientes (Figura 2-39). Inicialmente no se realiza rotación y se muestran los gráficos de saturaciones (Figura 2-40).

Al pulsar *Continuar* y *Aceptar* se obtienen los resultados. El determinante de la matriz de correlaciones es muy bajo, lo mismo que el p-valor de la prueba deesfericidad de Barlett. Además, el estadístico *KMO* tiene valor no demasiado alto, pero suficiente para indicar una buena adecuación muestral al análisis factorial (Figura 2-41). Las tres primeras componentes explican el 85,496% de la varianza (Figura 2-42) y el gráfico de sedimentación tiene tres valores propios mayores que uno (Figura 2-43) y

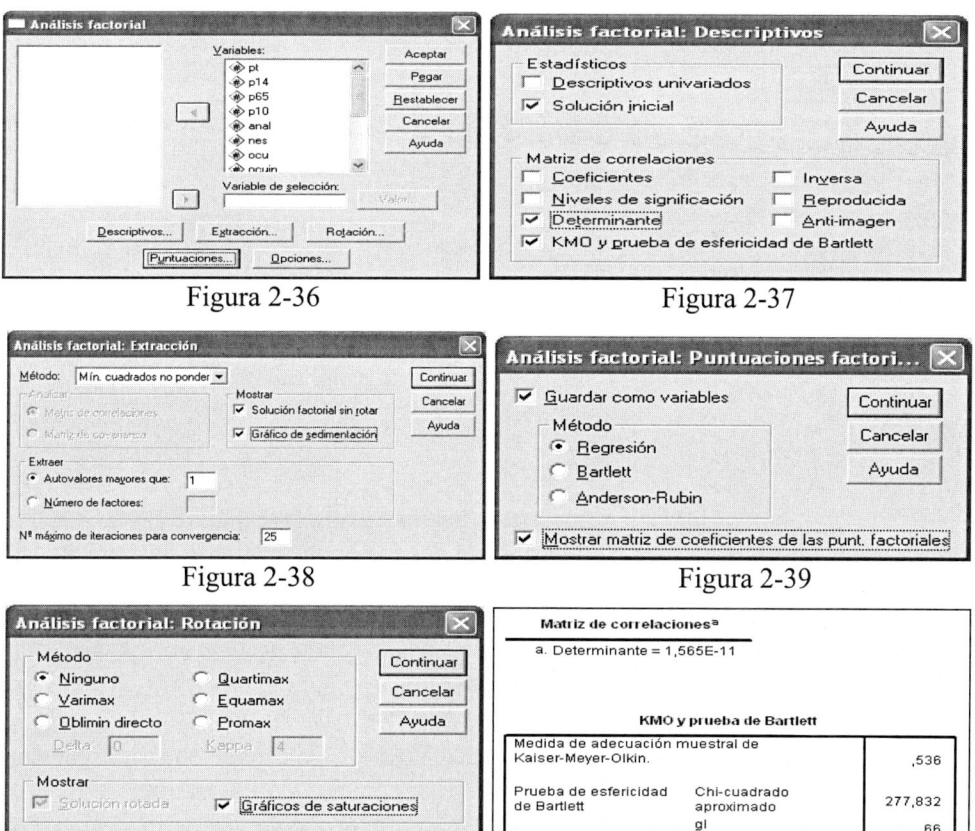

Figura 2-36

Figura 2-37

Figura 2-38

Figura 2-39

Figura 2-40

Figura 2-41

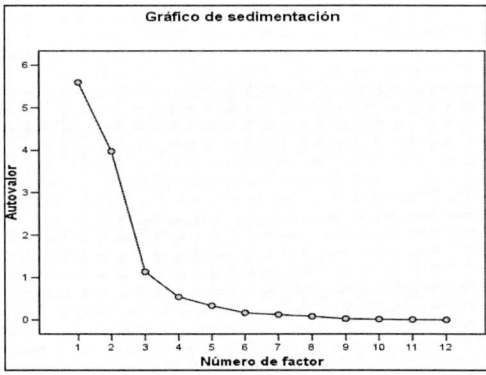

	Varianza total explicada					
	Autovalores iniciales			Sumas de las saturaciones al cuadrado de la extracción		
Factor	Total	% de la varianza	% acumulado	Total	% de la varianza	% acumulado
1	5,596	46,629	46,629	5,469	45,571	45,571
2	3,977	33,144	79,773	3,860	32,164	77,735
3	1,138	9,485	89,258	1,051	8,761	86,496
4	,542	4,513	93,771			
5	,333	2,778	96,549			
6	,164	1,367	97,916			
7	,121	1,005	98,921			
8	,082	,684	99,605			
9	,027	,223	99,829			
10	,014	,114	99,942			
11	,006	,050	99,992			
12	,001	,008	100,000			

Método de extracción: Mínimos cuadrados no ponderados.

Figura 2-42   Figura 2-43

La Figura 2-44 muestra las comunalidades y la Figura 2-45 muestra las cargas factoriales o correlaciones entre las variables y los factores. La comunalidad es la parte de variabilidad de cada variable explicada por los factores. Antes de la extracción de los factores la comunalidad de cada variable debe de ser alta, e interesa que después de la extracción siga siendo alta.

Comunalidades[a]

	Inicial	Extracción
PT	,788	,694
P14	,964	,897
P65	,959	,957
P10	,986	,947
ANAL	,988	,864
NES	,979	,839
OCU	,873	,518
OCUIN	,994	,871
OCUSER	,986	,901
TEC	,993	,999
PD	,974	,883
TM	,998	,999

Método de extracción: Mínimos cuadrados no ponderados

a. Se han encontrado una o más estimaciones de comunalidad mayores que 1 durante las iteraciones. La solución resultante deberá ser interpretada con precaución.

Matriz factorial[b]

	Factor		
	1	2	3
PT	,715	,408	,130
P14	,859	,283	-,281
P65	-,019	,581	,787
P10	,773	,554	,206
ANAL	,804	-,426	,191
NES	-,576	,708	,082
OCU	,505	,488	-,156
OCUIN	,911	,027	-,202
OCUSER	,460	,830	-,017
TEC	-,439	,887	-,167
PD	-,427	,740	-,390
TM	,986	-,151	-,073

Método de extracción: Mínimos cuadrados no ponderados

a. 3 factores extraídos. Requeridas 6 iteraciones.

Figura 2-44   Figura 2-45

Para agrupar las variables en factores hemos de observar que cargas factoriales altas en valor absoluto de una variable sobre un factor indican que hay mucho en común entre la variable y el factor. En nuestro caso no hay forma demasiado clara de asociar nuestras variables a los factores, pero al observar las cargas factoriales de la matriz factorial se intuye la presencia de un factor con variables de población u ocupación (*PT, P14, P10, OCU, OCUIN y TM*), un segundo factor con variables de nivel educativo y categoría laboral (*ANAL, NES, TEC, PD y OCUSER*) y un tercer factor con la población jubilada (*P65*). Realizaremos una rotación para intentar clarificar la agrupación de variables en factores. La rotación de los factores se lleva a cabo por el método Varimax haciendo clic en el botón *Rotación* y marcando *Varimax* en la pantalla resultante (Figura 2-46), al hacer clic en *Continuar* y *Aceptar*, obtenemos las cargas factoriales de la matriz factorial rotada (Figura 2-47).

Ahora ya está clara la agrupación de las variables en factores. El primer factor incluye claramente variables de población u ocupación (*PT, P*14, *P*10, *OCU, OCUIN, OCUSER* y *TM*), el segundo factor incluye variables de nivel educativo y categoría laboral (*ANAL, NES, TEC* y *PD*) y el tercer factor incluye la población jubilada (*P*65).

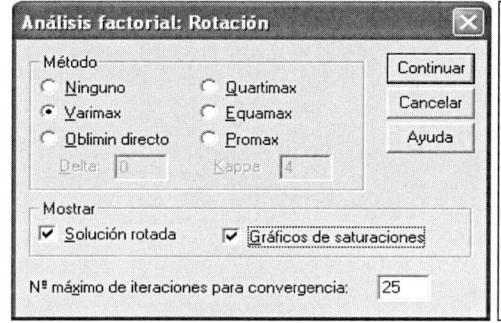

Figura 2-46

Matriz de factores rotados[a]

	Factor 1	Factor 2	Factor 3
PT	,783	-,124	,256
P14	,916	-,166	-,175
P65	,137	,200	,948
P10	,893	-,068	,380
ANAL	,413	-,833	-,003
NES	-,127	,834	,356
OCU	,704	,147	,027
OCUIN	,811	-,416	-,199
OCUSER	,818	,389	,285
TEC	,126	,978	,189
PD	,102	,931	-,072
TM	,757	-,637	-,149

Método de extracción: Mínimos cuadrados no ponderados

Método de rotación: Normalización Varimax con Kaiser.
a. La rotación ha convergido en 5 iteraciones.

Figura 2-47

Además, el gráfico tridimensional de factores despeja las dudas (Figura 2-48). No obstante, es posible realizar un gráfico de dispersión simple para cada par de factores. Para ello hacemos doble clic sobre el gráfico tridimensional en el visor de resultados y elegimos *Edición → Seleccionar eje X* en el *Editor de gráficos* (Figura 2-49). A continuación se selecciona la solapa *Rotación 2-D* y se sitúan los valores del campo *Ángulo de visión y distancia* como se indica en la Figura 2-50. Al hacer clic en *Aplicar* se obtiene el gráfico bidimensional de las dos primeras componentes (Figura 2-51). Para obtener los restantes gráficos bidimensionales (Figuras 2-53 y 2-55) se sitúan los valores del campo *Ángulo de visión y distancia* como se indica en las Figuras 2-52 y 2-54. Los gráficos bidimensionales representan la situación de las variables respecto de las componentes de modo que variables más asociadas con un factor se sitúan más cerca de él en el gráfico de saturaciones.

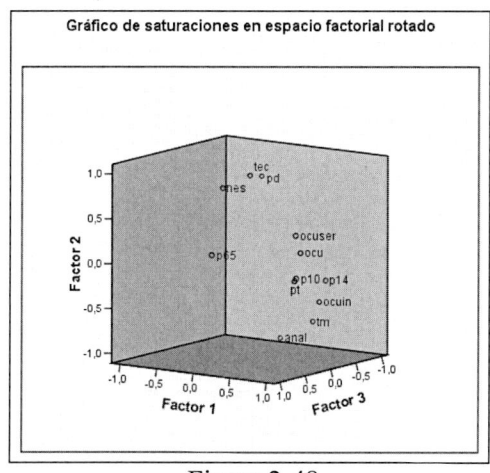

Figura 2-48

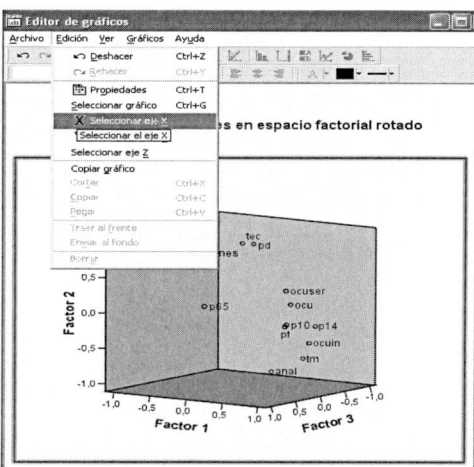

Figura 2-49

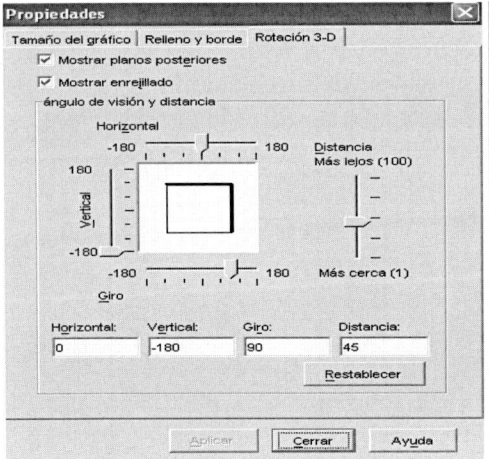

Figura 2-50

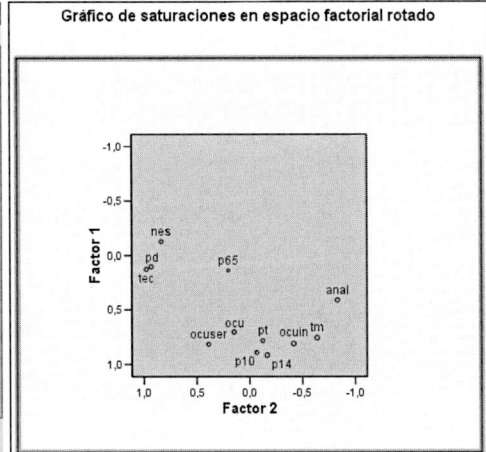

Figura 2-51

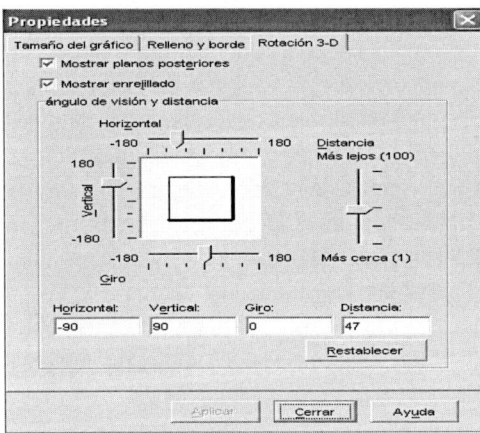

Figura 2-52

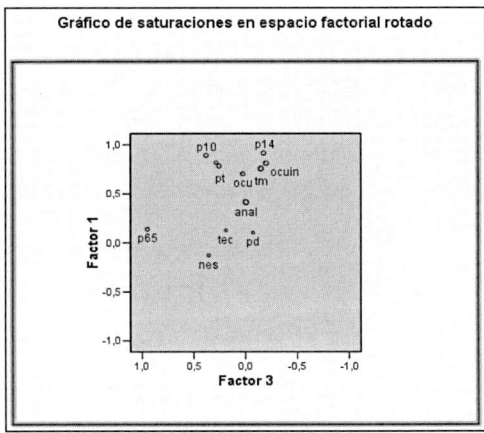

Figura 2-53

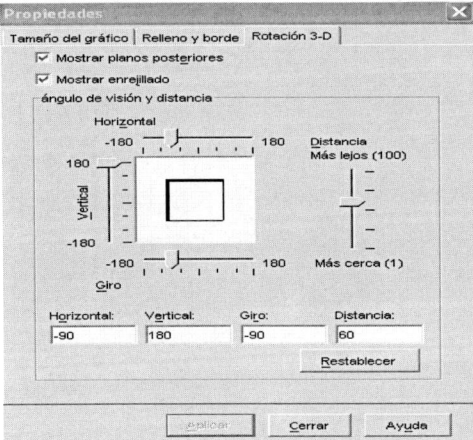

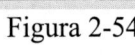

Figura 2-54

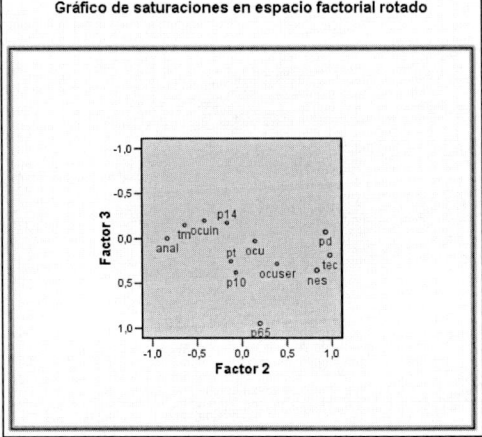

Figura 2-55

La Figura 2-56 presenta la matriz de coeficientes para el cálculo de las puntuaciones factoriales y la matriz de covarianzas de las puntuaciones factoriales. Las propias puntuaciones factoriales como variables se guardan en el editor de SPSS (Figura 2-57).

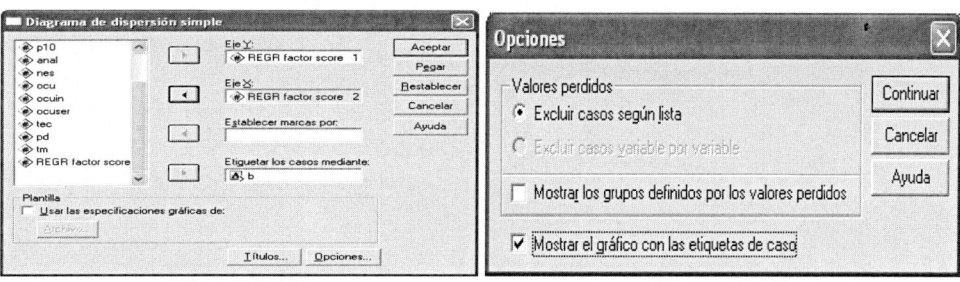

Matriz de coeficientes para el cálculo de las puntuaciones factoriales

	Factor		
	1	2	3
PT	-,411	-,192	,154
P14	-,874	,125	,425
P65	,870	-1,019	,966
P10	2,846	1,328	-,503
ANAL	-5,064	,823	1,098
NES	-3,193	-,991	,601
OCU	-1,288	-,389	,276
OCUIN	-7,654	1,315	1,643
OCUSER	-4,527	-,149	,834
TEC	6,265	3,236	-1,788
PD	,639	-1,679	,114
TM	15,191	-3,135	-3,508

Método de extracción: Mínimos cuadrados no ponderados.

Método de rotación: Normalización Varimax con Kaiser.
Método de puntuaciones factoriales: Regresión.

Matriz de covarianza de las puntuaciones factoriales

Factor	1	2	3
1	1,388	,012	-,090
2	,012	1,131	-,002
3	-,090	-,002	,993

Método de extracción: Mínimos cuadrados no ponderados.

Método de rotación: Normalización Varimax con Kaiser.
Método de puntuaciones factoriales: Regresión.

FAC1_1	FAC2_1	FAC3_1
-,75144	-,60614	2,55292
-2,11113	,01111	,21500
-1,20232	,62496	-,06570
.	.	.
-,99095	1,61640	-,34893
-,46705	,74921	,48566
,62364	1,97021	1,43572
,85855	,32938	-,68086
-1,67770	-,38557	-,54390
1,87469	,39069	,35570
2,03785	-1,12329	,41817
-,46500	-1,29168	,03905
-,56819	-1,07713	-,55208
-,09244	-1,97560	,50797
,45201	,66942	-1,63828
1,07590	,71527	,09319
,84269	-,90958	-1,19111
,56090	,29237	-1,08250

Figura 2-56   Figura 2-57

Para clasificar las 18 zonas de Madrid consideradas según los factores hallados *F*1, *F*2 y *F*3, utilizamos *Gráficos → Dispersión → Simple* y rellenamos la pantalla de entrada como se indica en la Figura 2-58. En los ejes se introduce cada par de factores (variables consistentes en las puntuaciones previamente guardadas en el *Editor de datos* y que pueden renombrarse como *F*1, *F*2 y *F*3) y la variable para etiquetar es la que contiene los nombres de los barrios (B). Se hace clic en el botón *Opciones* y en la Figura 2-59 se activa la opción *Mostrar el gráfico con las etiquetas de caso*. Se pulsa *Continuar* y *Aceptar* y se obtiene el gráfico *F*2-*F*2 de la Figura 2-60 que sitúa en el plano los barrios de Madrid respecto de estos dos factores. El mismo camino se sigue para situar los barrios de Madrid en los planos *F*2-*F*3 (Figura 2-61) y *F*2-*F*3 (Figura 2-62).

Figura 2-58   Figura 2-59

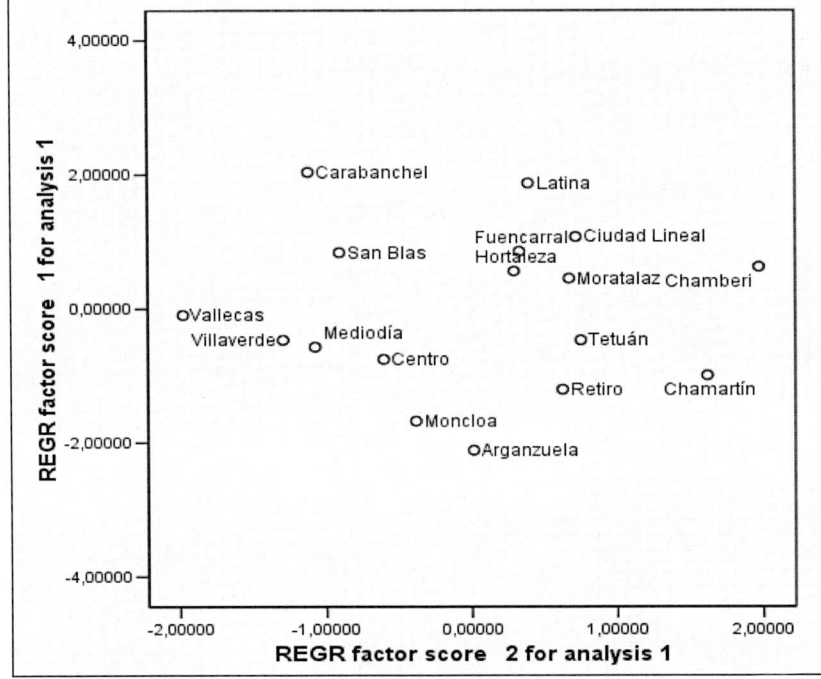

Figura 2-60

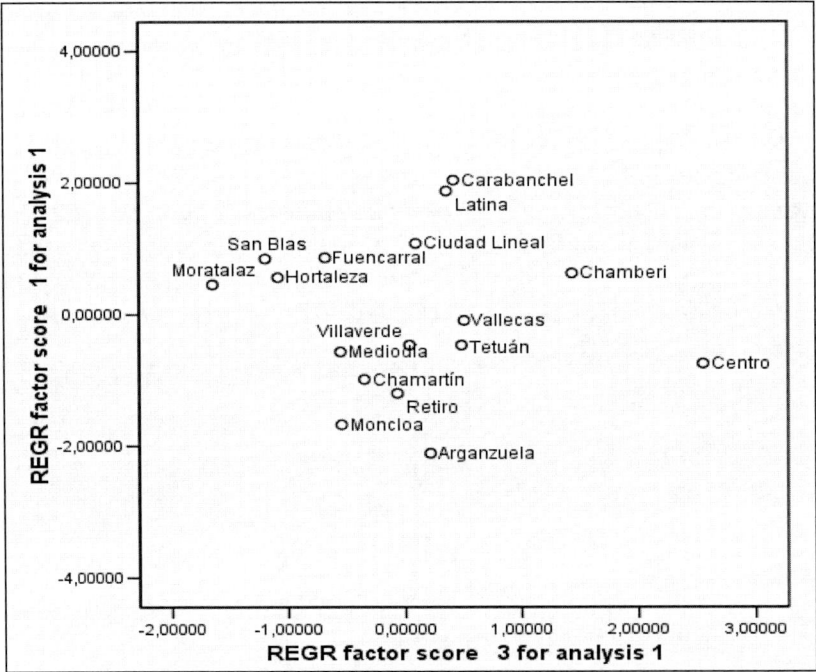

Figura 2-61

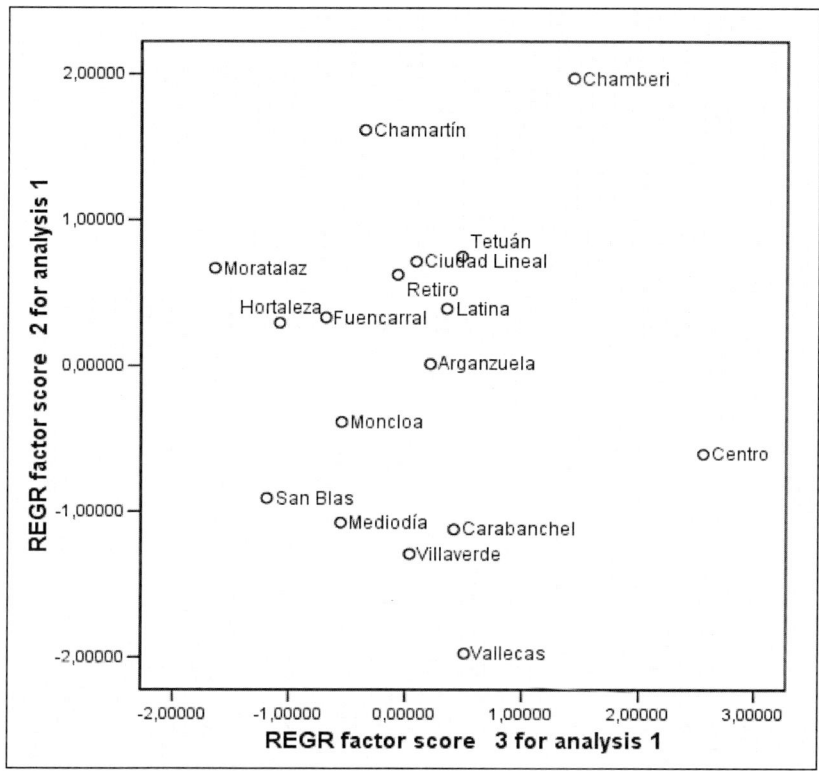

Figura 2-62

Comentando un poco los resultados de este análisis, podríamos decir que el primer factor $F1$ corresponde a la clase obrera, cuyo trabajo está basado en los sectores servicio e industria y otros trabajos manuales. El segundo factor $F2$ representa dos características completamente opuestas. Por un lado la población analfabeta (carga factorial negativa) y por el otro a aquella población dedicada al servicio técnico y al personal directivo (cargas factoriales positivas). El tercer factor $F3$ representa a la población mayor de 65 años y en genral a aquella población cuya vida social es media-alta sin apenas problemas económicos.

Respecto a la calasificación de las 18 zonas de Madrid según los tres factores $F1$, $F2$ y $F3$, la observación de los gráficos de dispersión de las puntuaciones factoriales respecto a los factores, nos lleva a hacer la clasificación siguiente:

- Zona 1: Latina, Carabanchel, Villaverde, Moratalaz, Ciudad Lineal, San Blas
- Zona 2: Mediodía, Vallecas, Chamartín, Arganzuela, Retiro, Tetuán, Fuencarral
- Zona 3: Hortaleza, Centro, Salamanca, Chamberí, Moncloa

Ejercicio 2-2. Consideremos los datos correspondientes a 14 países relativos a siete variables socioeconómicas que se presentan en la tabla siguiente:

Países	X_1	X_2	X_3	X_4	X_5	X_6	X_7
Australia	2	6	8,4	10,1	12	5,2	36
Francia	97	9	10,7	9,2	10	3,7	28
Alemania	247	6	12,4	9,1	15	4,6	33
Grecia	72	31	4,1	8,1	19	1,7	12
Islandia	2	13	11	6,6	11	5,8	25
Italia	189	15	5,7	7,9	15	2,5	22
Japón	311	11	8,7	10,9	8	3,3	24
Nueva Zelanda	12	10	6,8	8	14	3,4	26
Portugal	107	31	2,1	5,5	39	1,1	9
España	74	19	5,3	6,9	15	2	21
Suecia	18	6	12,8	7,2	7	6,3	37
Turquía	56	61	1,6	8,8	153	0,7	5
Reino Unido	229	3	7,2	9,3	13	3,9	39
Estados Unidos	24	4	10,6	7,3	13	8,7	62

Las variables tienen el siguiente significado: X_1=DEPO=densidad de población, X_2=EMAG= Porcentaje de personas empleadas en la agricultura, X_3=INNA= ingresos nacionales per cápita, X_4=INRC=inversiones de rendimiento de capital, X_5=MOIN=tasa de mortalidad infantil, X_6=ENER=consumo de energía por cien habitantes y X_7=APTV= aparatos de televisión por cien habitantes.

Se trata de aplicar una técnica de análisis multivariante que resuma estas variables clasificadores del desarrollo económico de los países en un grupo menor de variables clasificadoras basadas en ellas con la pérdida mínima de eficiencia en la clasificación.

Según el enunciado del problema estamos ante un caso de aplicación de la técnica de componentes principales. Comenzamos introduciendo las variables en un fichero de nombre *2-2.sav*, eligiendo *Analizar* → *Reducción de datos* → *Análisis factorial* (Figura 2-63) y rellenando la pantalla de entrada del procedimiento *Análisis factorial* como se indica en la Figura 2-64. Las pantallas de los botones *Extracción, Descriptivos, Puntuaciones factoriales* y *Rotación* se rellenan como se indica en las Figuras 2-65 a 2-68. Se utiliza el método *Componentes principales* para extraer las componentes asociadas a valores propios mayores que la unidad (Figura 2-65). Al pulsar *Continuar* y *Aceptar* se obtienen los resultados.

Las dos primeras componentes explican el 78,58% de la varianza (la Figura 2-69 muestra los autovalores relativos a cada componente y el porcentaje de varianza explicado por cada componente) y el *gráfico de sedimentación* tiene dos valores propios mayores que uno (Figura 2-72), lo que induce a tomar las dos componentes como resumen de las 7 variables. El determinante de la matriz de correlaciones es muy bajo y el estadístico KMO tiene valor no demasiado alto, pero suficiente para indicar una buena adecuación muestral al análisis factorial (Figura 2-70).

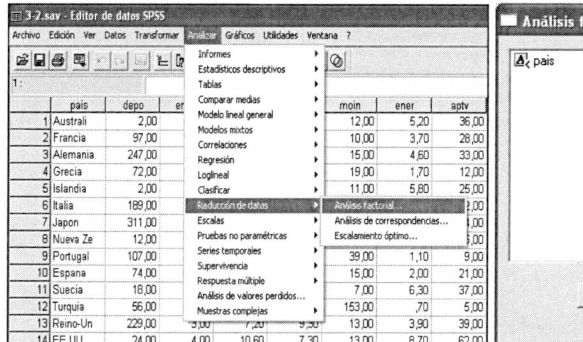

Figura 2-63

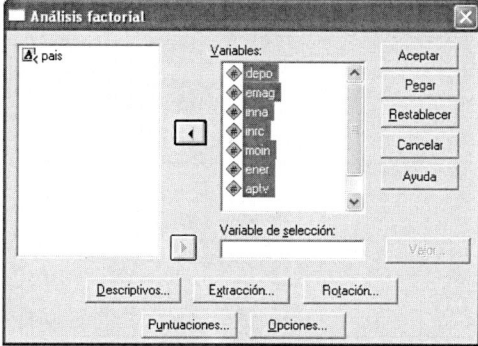

Figura 2-64

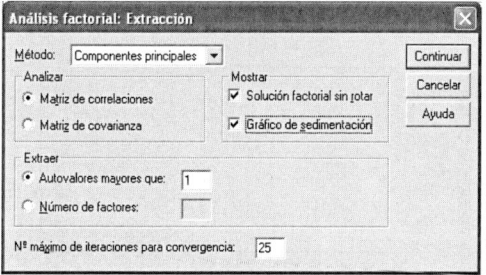

Figura 2-65

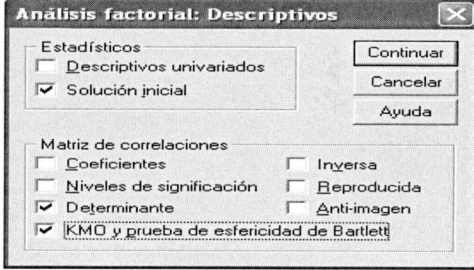

Figura 2-66

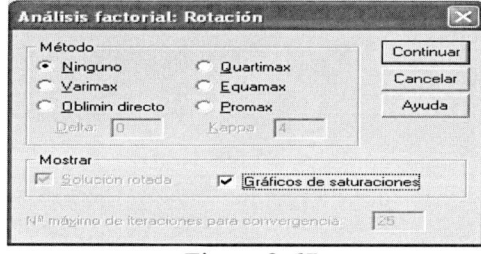

Figura 2-67

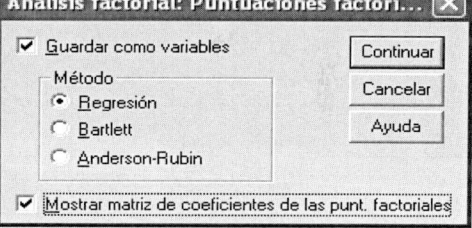

Figura 2-68

Varianza total explicada						
		Autovalores iniciales		Sumas de las saturaciones al cuadrado de la extracción		
Componente	Total	% de la varianza	% acumulado	Total	% de la varianza	% acumulado
1	3,937	56,238	56,238	3,937	56,238	56,238
2	1,564	22,342	78,580	1,564	22,342	78,580
3	,810	11,571	90,151			
4	,357	5,102	95,253			
5	,270	3,861	99,114			
6	,045	,644	99,759			
7	,017	,241	100,000			
Método de extracción: Análisis de Componentes principales.						

Figura 2-69

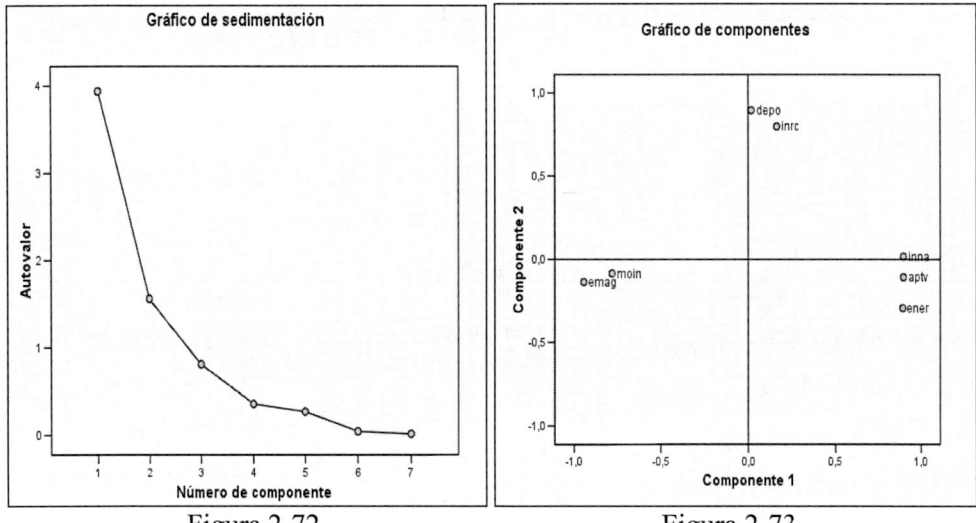

Matriz de correlaciones[a]

a. Determinante = ,000

KMO y prueba de Bartlett

Medida de adecuación muestral de Kaiser-Meyer-Olkin.		,562
Prueba de esfericidad de Bartlett	Chi-cuadrado aproximado	77,787
	gl	21
	Sig.	,000

Figura 2-70

Matriz de componentes[a]

	Componente	
	1	2
DEPO	,018	,896
EMAG	-,944	-,135
INNA	,897	,018
INRC	,165	,799
MOIN	-,781	-,084
ENER	,893	-,293
APTV	,897	-,106

Método de extracción: Análisis de componentes principales.

a. 2 componentes extraídos

Figura 2-71

Figura 2-72

Figura 2-73

Observando la matriz de componentes (Figura 2-71) y el gráfico de componentes (Figura 2-73) se ve que la primera componente está correlacionada fuerte y positivamente con las variables *INNA, ENER* y *APTV* y negativamente con las variables *EMAG* y *MOIN*, lo que indica que estas cinco variables son las que más aportan a la formación de esa componente. Dada la naturaleza de estas tres variables, podría considerarse esta primera componente indicativa del desarrollo como la *componente económica y de empleo*. De forma similar, se observa que la segunda componente está correlacionada fuerte y positivamente con las variables *DEPO* e *INRC*, lo que indica que estas dos variables son las que más aportan a la formación de esa componente. Dada la naturaleza de estas dos variables, podría considerarse esta segunda componente indicativa del desarrollo como la *componente demográfica e industrial*. Esta segunda componente puede explicarse en la práctica por el hecho de que la mentalidad industrial de determinados países les conduce a invertir gran parte de su capital en bienes de producción, lo cual redunda frecuentemente en grandes concentraciones de población provocadas por fenómenos migratorios, sobre todo en países de gran superficie.

Matriz de coeficientes para el cálculo de las puntuaciones en las componentes		
	Componente	
	1	2
DEPO	,005	,573
EMAG	-,240	-,087
INNA	,228	,012
INRC	,042	,511
MOIN	-,198	-,053
ENER	,227	-,187
APTV	,228	-,068

Método de extracción: Análisis de componentes principales.

Puntuaciones de componentes.

fac1_1	fac2_1
,60240	,00412
,40991	,38541
,71182	1,11358
-,87954	-,05024
,45184	-1,24672
-,27384	,52521
,21801	2,22778
,02745	-,50339
-1,29255	-,73068
-,46100	-,45072
,95210	-,99570
-2,39311	-,14101
,46877	1,11533
1,45773	-1,25299

Figura 2-74   Figura 2-75

La Figura 2-74 presenta la matriz de coeficientes para el cálculo de las puntuaciones en las componentes. Estas puntuaciones se presentan como dos variables en la Figura 2-75 (se guardan como variables en la hoja de datos de SPSS si se ha elegido previamente la opción *Guardar como variables* de la Figura 2-68) y podrían sustituir como 2 nuevas variables a las 7 variables iniciales para sintetizarlas en aplicaciones posteriores, como por ejemplo en un modelo de regresión con multicolinealidad. Observando las puntuaciones se ve que países como Grecia, Portugal o Turquía, que están en fuerte desarrollo económico, tienen puntuaciones fuertes negativas en la primera componente (económica y de empleo), mientras que Australia, Suecia y Estados Unidos tienen fuertes puntuaciones positivas en la primera componente, hecho que concuerda con su nivel de desarrollo económico y de empleo. Asimismo, la segunda componente (demográfica) se caracteriza por las puntuaciones negativas del grupo Islandia, Suecia y Estados Unidos por su baja densidad de población, frente a Japón, Reino Unido y Alemania, de elevados valores en ambas variables.

Para clasificar los países considerados según los factores hallados $F1$ y $F2$, utilizamos *Gráficos → Dispersión → Simple* y rellenamos la pantalla de entrada como se indica en la Figura 2-76. En los ejes se introduce las puntuaciones factoriales (variables consistentes en las puntuaciones previamente guardadas en el *Editor de datos* y renombradas como $F1$ y $F2$) y la variable para etiquetar es la que contiene los nombres de los países (*PAIS*). Se hace clic en el botón *Opciones* y en la Figura 2-77 se activa la opción *Mostrar el gráfico con las etiquetas de caso*. Se pulsa *Continuar* y *Aceptar* y se obtiene el gráfico $F2$-$F2$ de la Figura 2-78 que sitúa en el plano los países respecto de estos dos factores. Este gráfico aclara la agrupación de países como Grecia, Portugal y Turquía por los parecidos valores que toman en las variables que definen ambos ejes, en especial empleo agrícola (*EMAG*) y mortalidad infantil (*MOIN*) y el reducido valor que en éstas toman EE.UU., Reino Unido y Alemania, que sería la causa de su alejamiento. El mismo razonamiento, pero en sentido opuesto, nos llevaría a explicar el alejamiento de Turquía, Portugal y Grecia, de variables tales como aparatos de TV (*APTV*), energía (*ENER*) e ingresos nacionales (*INNA*), próximas al otro grupo de países desarrollados. La relación de densidad de población (*DEPO*) e inversiones de capital (*INRC*), que básicamente define el segundo eje, queda patente, puesto que en esta muestra particular de países, los de mayor densidad (Japón, Alemania, Reino Unido e Italia) son también los de más elevada mentalidad industrial inversora (*INRC*).

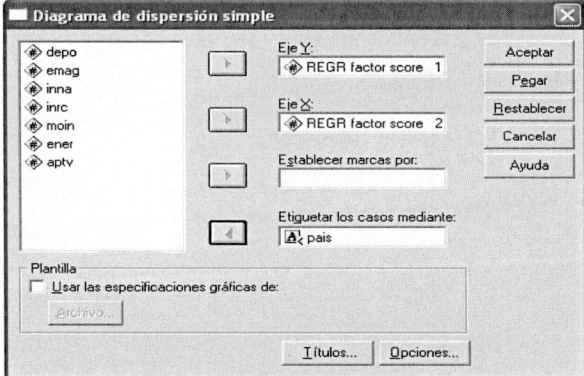

Figura 2-76

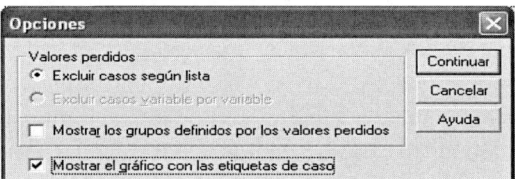

Figura 2-77

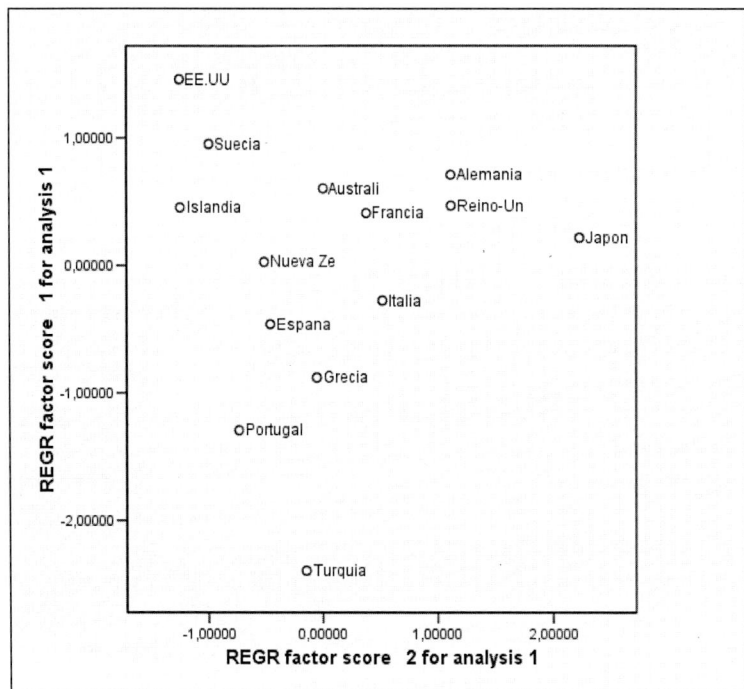

Figura 2-78

REDUCCIÓN DE LA DIMENSIÓN CON VARIABLES CUALITATIVAS: CORRESPONDENCIAS SIMPLES Y MÚLTIPLES

ANÁLISIS DE CORRESPONDENCIAS

Hemos visto en el capítulo anterior que el análisis factorial, al igual que el análisis en componentes principales, son técnicas multivariantes que persiguen *reducir la dimensión de una tabla de datos* formada por *variables cuantitativas*. Si las variables fuesen *variables cualitativas*, estaríamos ante el análisis de correspondencias.

Cuando se estudia conjuntamente el comportamiento de dos variables cualitativas estamos ante el ***análisis de correspondencias simples***, pero este análisis puede ser generalizado para el caso en que se dispone de un número de variables cualitativas mayor que dos, en cuyo caso estamos ante el ***análisis de correspondencias múltiples***. En el caso de correspondencias simples los datos de las dos variables cualitativas pueden representarse en una tabla de doble entrada, denominada *tabla de contingencia*. En el caso de las correspondencias múltiples la tabla de contingencia de doble entrada pasa a ser una hipertabla en tres o más dimensiones, difícil de representar y que suele sintetizarse en la denominada *tabla disyuntiva completa* o en la *tabla de Burt*.

El objetivo del análisis de correspondencias es establecer relaciones entre variables no métricas enriqueciendo la información que ofrecen las tablas de contingencia, que sólo comprueban si existe alguna relación entre las variables (test de la *Chi-cuadrado*, etc.) y la intensidad de dicha relación (test *V* de Cramer, etc.). El análisis de correspondencias revela además en qué grado contribuyen a esa relación detectada los distintos valores de las variables, información que suele ser proporcionada en modo gráfico (valores asociados próximos).

Podríamos sintetizar diciendo que el análisis de correspondencias busca como objetivo el estudio de la asociación entre las categorías de múltiples variables no métricas, pudiendo obtenerse un mapa perceptual que ponga de manifiesto esta asociación en modo gráfico.

Análisis de correspondencias simples ACS

El *análisis factorial de correspondencias simples* está particularmente adaptado para tratar tablas de contingencia, representando los efectivos existentes en las múltiples modalidades (categorías) combinadas de dos caracteres (variables cualitativas).

En el análisis de correspondencias simples se parte de una tabla de contingencia en la que se cruza el carácter I con modalidades desde $i = 1$ hasta $i = n$ (en filas), con el carácter J con modalidades desde $j = 1$ hasta $j = p$ (en columnas). Se representa el número de unidades estadísticas que pertenecen simultáneamente a la modalidad i del carácter I y a la modalidad j del carácter J mediante k_{ij}. En este caso, la distinción entre observaciones y variables en el cuadro de doble entrada es artificial, pero, por similitud con componentes principales, suele hablarse a veces de individuos u observaciones cuando nos refiramos al conjunto de las modalidades del carácter I (filas), y de variables cuando nos referimos al conjunto de las modalidades del carácter J (columnas).

La tabla de datos (k_{ij}) es una matriz K de orden (n, p) donde k_{ij} representa la frecuencia absoluta de asociaciones entre los elementos i y j, es decir el número de veces que se presentan simultáneamente las modalidades i y j de los caracteres I y J. El método buscado para el análisis factorial de correspondencias simple deberá ser simétrico con relación a las líneas y columnas de la tabla de contingencia (para estudiar las relaciones en el interior de los conjuntos I y J) y deberá permitir comparar las distribuciones de frecuencias de las dos características (para estudiar las relaciones entre los conjuntos I y J).

En cuanto a los objetivos generales del análisis de correspondencias simple, esencialmente se trata de estudiar las relaciones existentes en el interior del conjunto de modalidades del carácter I y las relaciones existentes en el interior del conjunto de modalidades del carácter J. Simultáneamente, también hay que estudiar las relaciones existentes entre las modalidades del carácter I y las modalidades del carácter J.

Para comparar dos líneas entre sí (filas o columnas) en una tabla de contingencia, no interesan los valores brutos sino los porcentajes o distribuciones condicionadas. En una tabla de contingencia, el análisis buscado debe trabajar no con los valores brutos k_{ij} sino con *perfiles* o porcentajes. No interesa poner de manifiesto las diferencias absolutas que existen entre dos líneas, sino que los elementos i,i' (j,j') se consideran semejantes si presentan la misma distribución condicionada.

Una primera caracterización de las modalidades i del carácter I (variables i) puede hacerse a partir del peso relativo (expresado en tanto por uno) de cada modalidad del carácter J en la modalidad i denominado *perfil de la variable i* o distribución de frecuencias condicionada del carácter J para $I = i$:

$$\frac{k_{i1}}{k_{i.}}, \frac{k_{i2}}{k_{i.}}, \cdots, \frac{k_{ip}}{k_{i.}} \quad k_{i.} = \sum_{j=1}^{p} k_{ij} = \text{efectivo total de la fila } i.$$

De modo análogo la caracterización de las modalidades j del carácter J (observaciones j) puede hacerse a partir del peso relativo (expresado en tanto por uno) de cada modalidad del carácter I en la modalidad j denominado **perfil de la observación j** o distribución de frecuencias condicionada del carácter I para $J = j$:

$$\frac{k_{1j}}{k_{.j}}, \frac{k_{2j}}{k_{.j}}, \cdots, \frac{k_{nj}}{k_{.j}} \quad k_{.j} = \sum_{i=1}^{n} k_{ij} = \text{efectivo total de la columna } j.$$

El método buscado para el análisis factorial de correspondencias simple deberá ser simétrico con relación a las líneas y columnas de K (para estudiar las relaciones en el interior de los conjuntos I y J) y deberá permitir comparar las distribuciones de frecuencias de las dos características (para estudiar las relaciones entre los conjuntos I y J).

En R^p tomaremos la nube de n puntos i (n filas de la tabla de perfiles de las variables i) cuyas coordenadas son $\dfrac{k_{i1}}{k_{i.}}, \dfrac{k_{i2}}{k_{i.}}, \cdots, \dfrac{k_{ip}}{k_{i.}}$ $i = 1,...,n$

En R^n se forma la nube de p puntos j (p columnas de la tabla de perfiles de las observaciones j) cuyas coordenadas son $\dfrac{k_{1j}}{k_{.j}}, \dfrac{k_{2j}}{k_{.j}}, \cdots, \dfrac{k_{nj}}{k_{.j}}$ $j = 1,...,p$

Las transformaciones realizadas son idénticas en los dos espacios R^p y R^n. Sin embargo, ello va a llevar a transformaciones analíticas diferentes. Los nuevos datos en R^n no son la traspuesta de la matriz en R^p. Esto nos conduce a *realizar dos análisis factoriales diferentes, uno en cada espacio*. Pero es posible encontrar relaciones entre los factores que permitirán reducir los cálculos a una sola factorización facilitando además la interpretación.

A partir de ahora se trabajará con la *tabla de contingencia en frecuencias relativas* $f_{ij} = \dfrac{k_{ij}}{k}$ con $k = \sum_{i=1}^{n} \sum_{j=1}^{p} k_{ij}$.

Tendremos el siguiente esquema:

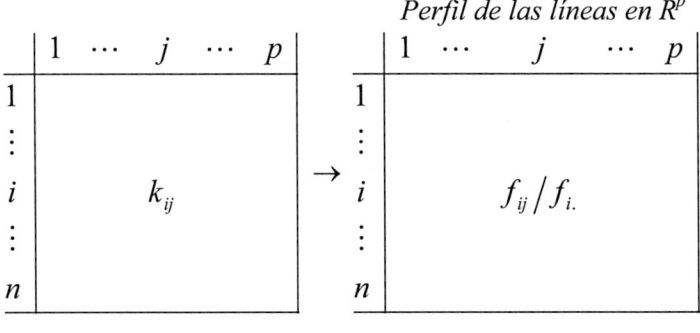

Perfil de las líneas en R^p

$$f_{i.} = \frac{k_{i.}}{k} \qquad f_{.j} = \frac{k_{.j}}{k}$$

$$\frac{k_{ij}}{k_{i.}} = \frac{f_{ij}}{f_{i.}} \qquad \frac{k_{ij}}{k_{.j}} = \frac{f_{ij}}{f_{.j}}$$

El análisis factorial de correspondencias trabaja con perfiles, pero no olvida las diferencias entre los efectivos de cada línea o columna, sino que les asigna un peso proporcional a su importancia en el total. En R^p cada punto i está afectado por un peso $f_{i.}$ y en R^n cada punto j está afectado por un peso $f_{.j}$ con lo que, de esta forma, se evita que al trabajar con perfiles se privilegie a las clases de efectivos pequeños.

El hecho de trabajar con perfiles, en vez de con los valores absolutos iniciales nos lleva a utilizar la distancia *Chi-cuadrado* (distancia entre distribuciones) en vez de la euclídea. Partiendo de la definición de distancia *Chi-cuadrado*, en el análisis de correspondencias la distancia entre los individuos (puntos fila) i e i' en R^p vendrá definida como:

$$d_{ii'}^2 = \sum_{j=1}^{p} \frac{1}{k_{.j}/k} \left(\frac{k_{ij}}{k_{i.}} - \frac{k_{i'j}}{k_{i'.}} \right)^2 = \sum_{j=1}^{p} \frac{1}{k_{.j}/k} \left(\frac{k_{ij}/k}{k_{i.}/k} - \frac{k_{i'j}/k}{k_{i'.}/k} \right)^2 = \sum_{j=1}^{p} \frac{1}{f_{.j}} \left(\frac{f_{ij}}{f_{i.}} - \frac{f_{i'j}}{f_{i'.}} \right)^2$$

De forma similar, en el análisis de correspondencias la distancia entre las variables (puntos columna) j y j' en R^n vendrá definida como:

$$d_{jj'}^2 = \sum_{i=1}^{n} \frac{1}{k_{i.}/k} \left(\frac{k_{ij}}{k_{.j}} - \frac{k_{ij'}}{k_{.j'}} \right)^2 = \sum_{i=1}^{n} \frac{1}{k_{i.}/k} \left(\frac{k_{ij}/k}{k_{.j}/k} - \frac{k_{ij'}/k}{k_{.j'}/k} \right)^2 = \sum_{i=1}^{n} \frac{1}{f_{i.}} \left(\frac{f_{ij}}{f_{.j}} - \frac{f_{ij'}}{f_{.j'}} \right)^2$$

El uso de la distancia *Chi-cuadrado* estabiliza los datos, hasta el punto de que, por el principio de la equivalencia distribucional, dos líneas (filas o columnas) con el mismo perfil pueden ser sustituidas por una sola afectada por una masa igual a la suma de las masas, sin que se alteren las distancias entre los demás pares de puntos en R^p o R^n.

Como el análisis es simétrico para filas y columnas, en el análisis factorial de correspondencias suele elegirse para columnas la dimensión más pequeña ($p<n$).

Para el análisis en R^p el objetivo es obtener una representación simplificada de los puntos fila cuyas coordenadas son $f_{ij}/f_{i\cdot}$, $j=1,...,p$. Estos puntos están afectados de un peso o masa $f_{i\cdot}$ y la distancia entre ellos se mide a través de la distancia *Chi-cuadrado*. Las coordenadas del centro de gravedad de la nube de puntos son $g_j = \sqrt{f_{\cdot j}}$.

La proyección de un punto sobre un nuevo eje de vector unitario u_α viene dada por el producto escalar del punto y el vector u_α, es decir:

$$F_\alpha(i) = \sum_{j=1}^{p}\left(\frac{f_{ij}}{f_{i\cdot}\sqrt{f_{\cdot j}}} - \sqrt{f_{\cdot j}} \right) u_{\alpha j}$$

Para hallar el factor α, se trata de buscar u_α que maximice la **inercia de la nube proyectada**, es decir, la suma de los cuadrados de las proyecciones cada una multiplicada por su peso ($m\acute{a}x\sum_{i=1}^{n} f_i.F_\alpha^2(i)$), problema equivalente a diagonalizar (vectores propios) la matriz Z de término general:

$$z_{jj'} = \sum_{i=1}^{n} f_i\left(\frac{f_{ij}}{f_{i\cdot}\sqrt{f_{\cdot j}}} - \sqrt{f_{\cdot j}} \right)\left(\frac{f_{ij'}}{f_{i\cdot}\sqrt{f_{\cdot j'}}} - \sqrt{f_{\cdot j'}} \right) = \sum_{i=1}^{n}\left(\frac{f_{ij} - f_{i\cdot}f_{\cdot j}}{\sqrt{f_{i\cdot}}\sqrt{f_{\cdot j}}} \right)\left(\frac{f_{ij'} - f_{i\cdot}f_{\cdot j'}}{\sqrt{f_{i\cdot}}\sqrt{f_{\cdot j'}}} \right)$$

Esta matriz se puede expresar como $Z=X'X$ siendo X la matriz de término general $x_{ij}=\dfrac{f_{ij} - f_{i\cdot}f_{\cdot j}}{\sqrt{f_{i\cdot}}\sqrt{f_{\cdot j}}}$.

Por lo tanto, el análisis factorial de correspondencias relativo a la tabla inicial k_{ij}, es equivalente al análisis en componentes principales para la matriz de término general x_{ij}. De todas formas, se pueden realizar algunas simplificaciones, basadas en el hecho de que el vector u_p director del eje p que tiene de coordenadas ($\sqrt{f_{\cdot 1}},\sqrt{f_{\cdot 2}},...,\sqrt{f_{\cdot p}}$) es un vector propio de $Z = X'X$ asociado al valor propio 0.

Tenemos que todos los vectores propios de $Z=X'X$, $\forall\alpha\neq p$ son también vectores propios de $S=X^{*'}X^{*}$ siendo $x_{ij}^{*}=\dfrac{f_{ij}}{\sqrt{f_{i\cdot}}\sqrt{f_{\cdot j}}}$.

El vector u_p es también vector propio de S, pero asociado al valor propio 1, por lo que el análisis puede realizarse sobre la tabla X^{*} no centrada. Esto conlleva que la proyección del punto i sobre el eje α (**coordenada factorial de la fila i**) vale:

$$F_\alpha(i) = \sum_{j=1}^{p}\left(\frac{f_{ij}}{f_{i\cdot}\cdot\sqrt{f_{\cdot j}}} - \sqrt{f_{\cdot j}}\right)u_{\alpha j} = \sum_{j=1}^{p}\left(\frac{f_{ij}}{f_{i\cdot}\cdot\sqrt{f_{\cdot j}}}\right)u_{\alpha j}$$

Para el análisis en R^n tendremos que las coordenadas de los puntos j serán $f_{ij}/f_{\cdot j}$, su peso será $f_{\cdot j}$, el centro de gravedad G tendrá de coordenadas $g_i = \sqrt{f_{i\cdot}}$ y la proyección de un punto j sobre el eje α cuyo vector director es v_α es:

$$G_\alpha(j) = \sum_{i=1}^{n}\left(\frac{f_{ij}}{f_{\cdot j}\sqrt{f_{i\cdot}}} - \sqrt{f_{i\cdot}}\right)v_{\alpha i}$$

Para hallar el factor α, se trata de buscar v_α que maximice la inercia de la nube proyectada, es decir, la suma de los cuadrados de las proyecciones cada una multiplicada por su peso ($máx\sum_{j=1}^{p}f_{\cdot j}\,G_\alpha^2(j)$), problema equivalente a diagonalizar (vectores propios) la matriz W de término general:

$$w_{ii'} = \sum_{j=1}^{p}f_{\cdot j}\left(\frac{f_{ij}}{f_{\cdot j}\sqrt{f_{i\cdot}}} - \sqrt{f_{i\cdot}}\right)\left(\frac{f_{i'j}}{f_{\cdot j}\sqrt{f_{i'\cdot}}} - \sqrt{f_{i'\cdot}}\right) = \sum_{j=1}^{p}\left(\frac{f_{ij} - f_{i\cdot}\cdot f_{\cdot j}}{\sqrt{f_{i\cdot}}\cdot\sqrt{f_{\cdot j}}}\right)\left(\frac{f_{i'j} - f_{i'\cdot}\cdot f_{\cdot j}}{\sqrt{f_{i'\cdot}}\cdot\sqrt{f_{\cdot j}}}\right)$$

Además, el vector v_p director del eje p de coordenadas $(\sqrt{f_{1\cdot}},\sqrt{f_{2\cdot}},...,\sqrt{f_{n\cdot}})$ es un vector propio de $W=XX'$ asociado al valor propio 0, y todos los vectores propios v_α de $W=XX'$ $\forall\alpha\neq p$ son también vectores propios de $W^{*}=X^{*}X^{*'}$ siendo v_p el vector propio asociado al valor propio 1. Esto conlleva a que la proyección del punto j sobre el eje α (**coordenada factorial de la columna j**) toma la expresión:

$$G_\alpha(j) = \sum_{i=1}^{n}\left(\frac{f_{ij}}{f_{\cdot j}\sqrt{f_{i\cdot}}} - \sqrt{f_{i\cdot}}\right)v_{\alpha i} = \sum_{i=1}^{n}\left(\frac{f_{ij}}{f_{\cdot j}\sqrt{f_{i\cdot}}}\right)v_{\alpha i}$$

Pero como los valores propios λ_α no nulos de las matrices $X'X$ y XX' son los mismos y los vectores propios u_α de $X'X$ y v_α de XX' están relacionados, *es posible representar simultáneamente los puntos línea y los puntos columna sobre los mismos gráficos*, lo que favorece la interpretación de los resultados. Tenemos:

- La proyección de los puntos j sobre el eje α puede expresarse en función de la proyección de los puntos i (utilizando que $v_{\alpha i} = \dfrac{1}{\sqrt{\lambda_\alpha}} F_\alpha(i) \sqrt{f_{i\cdot}}$) como sigue:

$$G_\alpha(j) = \sum_{i=1}^{n} \left(\frac{f_{ij}}{f_{\cdot j}\, \sqrt{f_{i\cdot}}} \right) v_{\alpha i} = \frac{1}{\sqrt{\lambda_\alpha}} \sum_{i=1}^{n} \left(\frac{f_{ij}}{f_{\cdot j}\, \sqrt{f_{i\cdot}}} \right) F_\alpha(i) \sqrt{f_{i\cdot}} = \frac{1}{\sqrt{\lambda_\alpha}} \sum_{i=1}^{n} \left(\frac{f_{ij}}{f_{\cdot j}} \right) F_\alpha(i)$$

- La proyección de los puntos i sobre el eje α puede expresarse en función de la proyección de los puntos j (utilizando que $u_{\alpha j} = \dfrac{1}{\sqrt{\lambda_\alpha}} G_\alpha(j) \sqrt{f_{\cdot j}}$) como sigue:

$$F_\alpha(i) = \sum_{j=1}^{p} \left(\frac{f_{ij}}{f_{i\cdot}\, \sqrt{f_{\cdot j}}} \right) u_{\alpha j} = \frac{1}{\sqrt{\lambda_\alpha}} \sum_{j=1}^{p} \left(\frac{f_{ij}}{f_{i\cdot}\, \sqrt{f_{\cdot j}}} \right) G_\alpha(j) \sqrt{f_{\cdot j}} = \frac{1}{\sqrt{\lambda_\alpha}} \sum_{i=1}^{n} \left(\frac{f_{ij}}{f_{i\cdot}} \right) G_\alpha(j)$$

Según las expresiones anteriores resultan las relaciones siguientes:

- La proyección de un punto i sobre el eje α, $F_\alpha(i)$, es el baricentro (salvo el coeficiente $1/\sqrt{\lambda_\alpha}$) de las proyecciones de los puntos j sobre el mismo eje, cada punto afectado del peso $fij/fi.$ que es su importancia relativa en i.

- La proyección de un punto j sobre el eje α, $G_\alpha(j)$, es el baricentro (salvo el coeficiente $1/\sqrt{\lambda_\alpha}$) de las proyecciones de los puntos i sobre el mismo eje, cada punto afectado del peso $fij/f.j$ que es su importancia relativa en j.

Las relaciones anteriores, llamadas *relaciones baricéntricas, permiten pasar de un espacio a otro y representar simultáneamente sobre el mismo plano los puntos fila y columna, permitiendo así clarificar las relaciones entre filas y columnas.*

En cuanto a las *contribuciones*, centraremos la atención en las modalidades que más claramente se asocian a un factor. Éstas son normalmente las que ocupan un lugar próximo al eje que representa el factor y que además están lejanas del origen de coordenadas factoriales. Son las modalidades que más inercia tienen las que definen el factor, y en esto interviene, además de las coordenadas factoriales de las modalidades, su masa. Si se denomina contribución absoluta de todas las modalidades de I al factor α a la expresión:

$$\lambda_\alpha = C_\alpha(I) = \sum_{i=1}^{n} C_\alpha(i) = \sum_{i=1}^{n} f_i . F_\alpha^2(i), \quad i \in I$$

se tiene que $C_\alpha(i) = f_i . F_\alpha^2(i)$ es la ***contribución de la fila i a la inercia del eje α***.

De forma análoga, si se denomina contribución absoluta de todas las modalidades de J al factor α a:

$$\lambda_\alpha = C_\alpha(J) = \sum_{j=1}^{p} C_\alpha(j) = \sum_{j=1}^{p} f_{.j} \, G_\alpha^2(j), \quad j \in J$$

se tiene que $C_\alpha(j) = f_{.j} \, G_\alpha^2(j)$ es la ***contribución de la fila i a la inercia del eje α***.

Las contribuciones absolutas no representan adecuadamente la importancia de un punto en la construcción de un eje factorial. Es necesario acudir a las ***contribuciones relativas de las modalidades a los factores***.

Se denomina ***contribución relativa de la modalidad i al factor α*** al valor:

$$R(i/\alpha) = \frac{C_\alpha(i)}{C_\alpha(I)} = \frac{f_i . F_\alpha^2(i)}{\sum_{i=1}^{n} f_i . F_\alpha^2(i)} = \frac{f_i . F_\alpha^2(i)}{\lambda_\alpha}$$

Se denomina ***contribución relativa de la modalidad j al factor α*** al valor:

$$R(j/\alpha) = \frac{C_\alpha(j)}{C_\alpha(J)} = \frac{f_{.j} G_\alpha^2(j)}{\sum_{j=1}^{p} f_{.j} G_\alpha^2(j)} = \frac{f_{.j} G_\alpha^2(j)}{\lambda_\alpha}$$

La suma de las contribuciones relativas de las filas es la unidad y lo mismo ocurre con las contribuciones relativas de las columnas.

Pero también es posible evaluar cómo está representada una fila o una columna por los distintos factores a través de las contribuciones relativas de lo factores sobre las modalidades.

Se denomina ***contribución relativa del factor α sobre la modalidad de fila i*** al valor:

$$R(\alpha/i) = \frac{C_\alpha(i)}{C(i)} = \frac{f_i.F_\alpha^2(i)}{\sum_{\alpha=1}^{N} f_i.F_\alpha^2(i)} = \frac{F_\alpha^2(i)}{\sum_{\alpha=1}^{N} F_\alpha^2(i)}$$

Se denomina *contribución relativa sobre el factor α de la modalidad de columna j* al valor:

$$R(\alpha/j) = \frac{C_\alpha(j)}{C(j)} = \frac{f_{.j}G_\alpha^2(j)}{\sum_{\alpha=1}^{N} f_{.j}G_\alpha^2(j)} = \frac{G_\alpha^2(j)}{\sum_{\alpha=1}^{N} G_\alpha^2(j)}$$

Para interpretar un factor es conveniente elegir un reducido número de modalidades cuya contribución a la inercia del factor sea fuerte. Para ello conviene buscar los puntos para los que la contribución relativa de modalidad a factor es elevada.

El examen de las contribuciones relativas de factor modalidad permite saber, para cada punto, si se encuentra alejado o no de la dirección del subespacio considerado.

Se entiende por calidad de la reconstrucción de una modalidad por medio de los primeros *m* ejes como la suma de las contribuciones relativas de esos *m* ejes sobre tal modalidad.

Puede concluirse que el análisis de correspondencias simple consiste en realizar un doble análisis de componentes principales sobre las nubes de puntos fila y de puntos columna, ponderando cada punto de la nube por su masa y utilizando la métrica de la distancia *Chi-cuadrado* en el cálculo de las distancias.

Las nubes de puntos fila y puntos columna se representan en los planos de proyección formados por los primeros ejes factoriales tomados de dos en dos. Estos gráficos se interpretan de acuerdo a los valores propios, porcentajes de inercia y coeficientes relativos de las coordenadas factoriales.

Puede decirse que *dos variables son independientes si los perfiles de sus modalidades son idénticos a los perfiles medios*. En este caso, los puntos de las nubes se concentran alrededor del centro de gravedad adoptando una forma esférica. Mientras menor sea el valor de la inercia total, más concentrada estará la nube alrededor del centro de gravedad y más parecidos serán los perfiles al perfil medio (independencia). La *inercia λ_α de cada eje factorial* indica si existen o no direcciones privilegiadas en la nube. La existencia de grandes diferencias entre las tasas de inercia de unos ejes y otros indica direcciones privilegiadas en la tabla y nube no esférica (no independencia).

En general, se define el *porcentaje de inercia explicada por los k primeros ejes factoriales* como:

$$\tau_k = \frac{\sum\limits_{h=1}^{k} \lambda_h}{\sum\limits_{h=1}^{p} \lambda_h} = \frac{\sum\limits_{h=1}^{k} \lambda_h}{traza(X'X)}$$

La *inercia total de la nube de puntos fila respecto a su centro de gravedad* es una medida de la dispersión de la nube y se calcula como la suma ponderada de las distancias entre los puntos fila y el centro de gravedad de la nube usando como ponderación la masa de cada punto fila y como métrica la distancia *Chi-cuadrado*. Su valor es:

$$I = \sum_{i=1}^{n} f_{i\cdot}.d^2(i,G) = \sum_{i=1}^{n} f_{i\cdot}.\sum_{j=1}^{p} \frac{1}{f_{\cdot j}} \left(\frac{f_{ij}}{f_{i\cdot}} - f_{\cdot j} \right)^2 = \sum_{i,j}^{n,p} \frac{(f_{ij} - f_{i\cdot}.f_{\cdot j})^2}{f_{i\cdot}.f_{\cdot j}}$$

De modo similar, la *inercia total de la nube de puntos columna respecto a su centro de gravedad* es:

$$J = \sum_{i=1}^{n} f_{\cdot j} d^2(j,G) = \sum_{j=1}^{p} f_{\cdot j} \sum_{i=1}^{n} \frac{1}{f_{i\cdot}} \left(\frac{f_{ij}}{f_{\cdot j}} - f_{i\cdot} \right)^2 = \sum_{i,j}^{n,p} \frac{(f_{ij} - f_{i\cdot}.f_{\cdot j})^2}{f_{i\cdot}.f_{\cdot j}}$$

Se observa que las inercias totales de las nubes de puntos fila y columna coinciden y su valor es idéntico al del estadístico de la *Chi-cuadrado* para la independencia en una tabla de contingencia 2x2.

Se pueden ilustrar los planos factoriales obtenidos por análisis de correspondencias mediante informaciones (filas y columnas) que no han tomado parte en la construcción de tales planos que se denominan *filas y columnas suplementarias*.

Los elementos (filas y columnas) utilizadas para calcular los planos factoriales se denominan elementos activos y deben de formar un conjunto homogéneo y exhaustivo para que las distancias entre los elementos sea fácilmente interpretables, es decir, deben referirse a un mismo tema. Suelen analizarse como elementos suplementarios observaciones recogidas bajo condiciones poco claras o distintas de las del resto (elementos aberrantes o casos nuevos). También se tratan como suplementarios los elementos recogidos después de la realización del análisis.

Análisis de correspondencias múltiples ACM

El análisis de correspondencias simples o sencillamente análisis factorial de correspondencias se aplica cuando disponemos de dos caracteres o variables cualitativas, cada una de las cuales puede presentar varias modalidades o categorías. Pero el método es generalizable al caso de un número de variables o caracteres cualitativos mayor de dos, en cuyo caso estamos ante el **análisis de correspondencias múltiples**. Esta técnica permite describir grandes tablas lógicas con ceros y unos, como por ejemplo las que resultan de la codificación de una encuesta. Las filas de estas tablas suelen ser individuos u observaciones y las columnas son las modalidades de las variables nominales (modalidades de respuesta a cada una de las preguntas de una encuesta). El análisis de correspondencias múltiples puede considerarse como un análisis de correspondencias simples aplicado a una tabla disyuntiva completa, en lugar de a una tabla de contingencia.

En el *análisis de correspondencias múltiples* se ordenan los datos iniciales en una tabla Z denominada *tabla disyuntiva completa* que consta de un conjunto de individuos $I=1,...,i,...n$ (en filas), un conjunto de variables o caracteres cualitativos $J_1,...,J_k...J_Q$ (en columnas) y un conjunto de modalidades excluyentes $1,...,m_k$ para cada carácter cualitativo. El número total de modalidades será entonces $J=\sum_{k=1}^{Q} m_k$.

La tabla disyuntiva completa Z de dimensión IxJ tiene el siguiente aspecto:

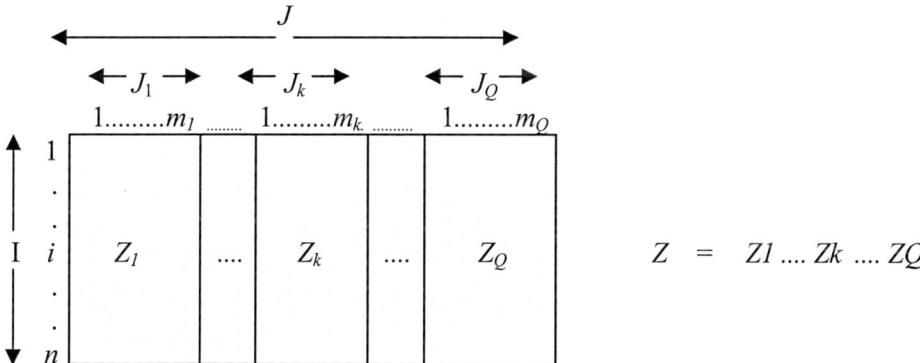

El elemento z_{ij} de la tabla toma el valor 0 ó 1 según que el individuo i haya elegido (esté afectado por) la modalidad j o no. Por lo tanto, cada rectángulo de la tabla disyuntiva completa puede considerarse, aunque no lo sea, como una tabla de contingencia cuyos elementos son 0 ó 1. La tabla disyuntiva completa Z consta entonces de Q subtablas yuxtapuestas, con la finalidad de obtener una representación simultánea de todas las modalidades (columnas) de todos los individuos (filas). Si las modalidades son excluyentes, cada subtabla tiene un único 1 en cada una de sus filas.

A continuación se presenta un ejemplo de tabla disyuntiva completa Z generada a partir de una tabla inicial de datos T.

$$T = \begin{pmatrix} 2 & 2 & 4 \\ 2 & 1 & 3 \\ 3 & 1 & 2 \\ 1 & 2 & 4 \\ 1 & 2 & 3 \\ 3 & 2 & 3 \\ 3 & 1 & 1 \\ 1 & 1 & 1 \end{pmatrix} \Rightarrow Z = \begin{pmatrix} 0 & 1 & 0 & 0 & 1 & 0 & 0 & 0 & 1 \\ 0 & 1 & 0 & 1 & 0 & 0 & 0 & 1 & 0 \\ 0 & 0 & 1 & 1 & 0 & 0 & 1 & 0 & 0 \\ 1 & 0 & 0 & 0 & 1 & 0 & 0 & 0 & 1 \\ 1 & 0 & 0 & 0 & 1 & 0 & 0 & 1 & 0 \\ 0 & 0 & 1 & 0 & 1 & 0 & 0 & 1 & 0 \\ 0 & 0 & 1 & 1 & 0 & 1 & 0 & 0 & 0 \\ 1 & 0 & 0 & 1 & 0 & 1 & 0 & 0 & 0 \end{pmatrix}$$

Si conservamos la notación que hemos manejado hasta ahora tenemos:

$z_{ij} = k_{ij} = 0$ ó 1.

$k_{i.} = \sum_j k_{ij} = Q$ = número de modalidades (cada subtabla tiene un único 1 en cada fila).

$k_{.j} = \sum_i k_{ij}$ = número de individuos que poseen la modalidad j.

$f_{ij}/f_{i.} = k_{ij}/k_{i.} = 1/Q$ = inverso del número de modalidades (0 si el individuo no elige j).

Para obtener los factores es necesario diagonalizar la matriz $V=D^{-1}B/Q$ donde **$B=Z'Z$ es la tabla de contingencia de Burtz,** matriz simétrica formada por Q^2 bloques, de modo que sus bloques de la diagonal Z'_kZ_k son tablas diagonales que cruzan una variable con ella misma, siendo los elementos de la diagonal los efectivos de cada modalidad $k_{.j}$. Los bloques fuera de la diagonal son tablas de contingencia obtenidas cruzando las características de dos en dos Z'_kZ_k cuyos elementos son las frecuencias de asociación de las dos modalidades correspondientes. La matriz D es una matriz diagonal cuyos elementos diagonales son los de la matriz de Burtz, siendo nulos el resto de los elementos. La matriz Z es la tabla disyuntiva completa. El aspecto de la tabla de Burt es el siguiente:

	J_1	J_2	$\cdots$	J_Q
J_1	$0\cdot\cdot0$	C_{12}	$\cdots$	C_{1Q}
J_2	C_{21}	$0\cdot\cdot0$	$\cdots$	C_{2Q}
$\vdots$	$\vdots$	$\vdots$	$\ddots$	$\vdots$
J_Q	C_{Q1}	C_{Q2}	$\cdots$	$0\cdot\cdot0$

Las fórmulas de transición que **permiten representar simultáneamente los puntos línea y los puntos columna sobre los mismos gráficos relacionando así los resultados en los dos subespacios** tomarán ahora las siguientes expresiones:

$$F_\alpha(i) = \frac{1}{\sqrt{\lambda_\alpha}} \sum_{j=1}^{p} \left(\frac{f_{ij}}{f_{i\cdot}} \right) G_\alpha(j) = \frac{1}{\sqrt{\lambda_\alpha}} \frac{1}{Q} \sum_{j=1}^{p} k_{ij} G_\alpha(j)$$

$$G_\alpha(j) = \frac{1}{\sqrt{\lambda_\alpha}} \sum_{i=1}^{n} \left(\frac{f_{ij}}{f_{\cdot j}} \right) F_\alpha(i) = \frac{1}{\sqrt{\lambda_\alpha}} \frac{1}{k_{\cdot j}} \sum_{i=1}^{n} k_{ij} F_\alpha(i)$$

Si tenemos en cuenta que $k_{ij}=1$ cuando el individuo i posee la modalidad j y cero cuando no, la **proyección de un punto individuo i sobre el eje α**, $F_\alpha(i)$, es el baricentro (salvo un coeficiente de dilatación $1/\sqrt{\lambda_\alpha}$) de las proyecciones de los puntos modalidades sobre el eje, $G_\alpha(j)$. Todas las modalidades están afectadas del mismo peso $1/Q$. Análogamente, la **proyección de un punto modalidad j sobre el eje α, $G_\alpha(j)$**, es el baricentro (salvo un coeficiente de dilatación $1/\sqrt{\lambda_\alpha}$) de las proyecciones de los puntos individuos que poseen esa modalidad sobre el eje, $F_\alpha(i)$, todos ellos afectados del mismo peso $k_{\cdot j}$.

El **centro de gravedad de la nube de puntos variables** $N(j)$ en análisis factorial de correspondencias (*ACM*) es $\sqrt{f_{i\cdot}}$, que en este caso puede equipararse a una distribución uniforme $1/\sqrt{n}$, ya que $k_{i\cdot} = \sum_j k_{ij} = Q \Rightarrow \sum_i k_{i\cdot} = nQ \Rightarrow f_{i\cdot}=1/n$.

El **centro de gravedad de las modalidades de cada variable**, cada una ponderada por su peso, es el mismo que el de la nube de modalidades $N(J)$, es decir, $1/\sqrt{n}$, ya que el centro de gravedad de la subtabla $I x J_k$ se obtiene a partir de su distribución marginal. Como sólo recoge una variable, la suma de cada línea es 1 y el total de la tabla es n, de dónde $f_{i\cdot}=1/n$.

Como el análisis factorial de correspondencias es centrado y el centro de gravedad de las modalidades de una variable coincide con el del conjunto J, y con el origen, las modalidades de cada variable están centradas en torno al origen, no pudiendo tener todas el mismo signo.

Al igual que en cualquier análisis factorial de correspondencias, se calculan las **ayudas a la interpretación para cada fila y columna**, definiendo la contribución de una variable J_k al factor α, como la suma de las contribuciones de las modalidades de la variable:

$$CTA_\alpha(J_k) = \sum_{j \in J_k} CTA_\alpha(j)$$

La parte de inercia debida a una modalidad j es mayor cuanto menor sea el efectivo de esa modalidad. Si G representa el centro de gravedad, la *inercia debida a la modalidad j* viene dada por:

$$I(j) = f_{.j} \cdot d^2(G,j) = f_{.j} \sum_{i=1}^{n} \left(\frac{f_{ij}}{f_{.j}\sqrt{f_{i.}}} - \sqrt{f_{i.}} \right)^2 = \frac{k_{.j}}{nQ} \sum_{i=1}^{n} \left(\frac{k_{ij}/nQ}{k_{.j} \cdot 1/n} - 1 \middle/ \sqrt{n} \right)^2 = \frac{1}{Q} \left(1 - \frac{k_{.j}}{n} \right)$$

Por lo tanto, es aconsejable eliminar las modalidades elegidas muy pocas veces, construyendo otra modalidad uniéndola a la más próxima.

La parte de *inercia debida a una variable* es función creciente del número de modalidades de respuesta que tiene, ya que la inercia de una variable es la suma de las inercias de sus modalidades:

$$I(J_k) = \sum_{j \in J_k}^{n} I(j) = \sum_{j \in J_k}^{n} \frac{1}{Q} \left(1 - \frac{k_{.j}}{n} \right) = \frac{1}{Q} (m_k - 1)$$

Si una variable tiene un número de modalidades demasiado grande, al igual que en el caso de que su efectivo sea muy pequeño, conviene reagrupar las modalidades en un número que sea razonable y mantenga el sentido, para evitar así influencias extremas.

La *inercia total* es la suma de las inercias de todas las modalidades:

$$I = \sum_k I(J_k) = \sum_k \frac{1}{Q} (m_k - 1) = \frac{J}{Q} - 1$$

J/Q es el número medio de modalidades por variable cualitativa o carácter. En consecuencia, la inercia total sólo depende del número de modalidades y del de preguntas.

Si el número de variables es dos, y cada una tiene dos modalidades, los resultados se pueden analizar tanto por análisis factorial de correspondencias (AFC) como por análisis de correspondencias múltiples (ACM). En el primer caso obtendríamos un único factor que recoge el 100% de la inercia total. Esta inercia dependerá del grado de relación que exista entre las modalidades, de modo que, si están poco relacionadas, la inercia será próxima a cero, y si están muy relacionadas, la inercia tenderá a un valor alto.

Si la misma información la analizamos mediante análisis de correspondencias múltiples, obtendremos siempre la misma inercia (J/Q-1=1), pero obtendremos dos ejes. En el caso en que existe mucha relación entre las variables, el primer eje recogerá gran parte de la inercia (casi 1) y el segundo muy poca, mientras que en el caso de total independencia entre las dos variables ambos factores recogerán la misma cantidad de inercia, es decir, 1/2 cada uno.

El análisis en correspondencias múltiples pone en evidencia tipos de individuos que tienen perfiles semejantes en cuanto a los atributos que los describen. Teniendo en cuenta las distancias entre los elementos de la tabla disyuntiva completa y las relaciones baricéntricas puede decirse que dos individuos son próximos si presentan globalmente las mismas modalidades. La proximidad entre modalidades de variables en términos de asociación va referida a los puntos medios de los individuos que las presentan. Las modalidades son próximas porque les corresponden globalmente los mismos individuos o individuos semejantes. En cuanto a la proximidad entre modalidades de una misma variable, hay que tener en cuenta que las modalidades de una misma variable se excluyen. Su proximidad se interpreta en términos de semejanza entre los grupos de individuos que las presentan, respecto del resto de las variables activas del análisis.

A partir de la descomposición de la inercia de la nube de las modalidades, se calcula la contribución de una variable al factor α sumando las contribuciones de sus modalidades a ese factor. Así, además de las modalidades responsables de los ejes factoriales, se encuentran variables que han participado en la definición del factor. Se obtiene así un indicador de la relación entre la variable y el factor.

Las reglas de interpretación de los resultados (contribuciones) relativos a los elementos de un análisis en correspondencias múltiples son prácticamente iguales que las de un análisis de correspondencias simples, siendo posible calcular la contribución y la calidad de la representación de cada modalidad y de cada individuo.

EJEMPLO DE ANÁLISIS DE CORRESPONDENCIAS SIMPLES

Partimos de los datos recogidos en una encuesta realizada a 105 personas. El cuestionario preguntaba por las características principales asociadas a una serie de productos de consumo muy habitual.

La finalidad del estudio es identificar con qué características se asocian los distintos productos para posicionarlos en función de su aceptabilidad. También se busca encontrar asociaciones entre productos en virtud de la valoración de sus características por los encuestados.

En el cuestionario se consideraron 12 productos, y para cada uno de ellos se presentaron 12 características, pidiendo al encuestado que reflejara para cada producto las características que consideraba adecuadas al mismo. Los resultados obtenidos se presentan en la tabla siguiente:

PRODUCTO	CARACTERÍSTICA											
	MODERNO	AMIGABLE	SOLIDARIO	JUVENIL	EXPORTABLE	ELEGANTE	CONFIABLE	CREATIVO	ECONÓMICO	DIVERTIDO	CLÁSICO	DIFERENTE
LEVIS	56	13	4	51	74	8	31	26	0	10	20	13
LOIS	31	9	5	58	17	4	11	17	18	21	13	21
BENNETTON	35	25	59	31	61	21	9	38	10	17	13	25
ZARA	52	23	6	45	29	30	16	18	65	12	15	5
OPEL	12	4	3	14	40	23	23	8	29	2	25	3
VOLKSWAGEN	27	1	5	15	56	29	47	21	9	4	24	9
SEAT	18	19	4	27	22	8	19	16	50	12	22	6
AUDI	35	0	2	6	56	64	55	16	3	1	44	12
COCACOLA	32	41	23	50	81	7	19	35	19	31	35	16
KAS	19	25	12	36	10	1	9	16	32	23	13	14
PEPSICOLA	31	19	25	38	49	3	11	13	26	21	13	22
CASERA	3	19	7	5	3	1	16	9	37	9	53	28
SUPLEMENTO(a)	44	59	28	55	20	24	37	30	33	49	19	28

La última fila de la tabla de datos presenta una categoría suplementaria introducida en el cuestionario y que no se considerará activa en el análisis.

Como buscamos asociaciones y dependencias entre las categorías de dos variables cualitativas, podemos asociar nuestro problema con un análisis de correspondencias simples. Para llevarlo a cabo comenzamos introduciendo los datos como se indica en la Figura 3-1. A continuación se etiquetan adecuadamente para que el conjunto de datos tenga el aspecto de la Figura 3-2. La siguiente tarea es ponderar los casos por las frecuencias absolutas. Para ello se elige en los menús de SPSS *Datos →Ponderar casos* (Figura 3-3), se rellena la pantalla del procedimiento como se indica en la Figura 3-4 y se pulsa *Aceptar*.

	CORRESPS - Editor de datos SPSS		
	PRODUCTO	CARACTERÍSTICA	FRECUENCIA
1	1	1	56
2	2	1	31
3	3	1	35
4	4	1	52
5	5	1	12
6	6	1	27
7	7	1	18
8	8	1	35
9	9	1	32
10	10	1	19
11	11	1	31
12	12	1	3
13	13	1	44
14	1	2	13
15	2	2	9
16	3	2	25
17	4	2	23
18	5	2	4

	CORRESPS - Editor de datos SPSS		
	PRODUCTO	CARACTERÍSTICA	FRECUENCIA
1	LEVIS	MODERNO	56
2	LOIS	MODERNO	31
3	BENNETTON	MODERNO	35
4	ZARA	MODERNO	52
5	OPEL	MODERNO	12
6	VOLKSWAGEN	MODERNO	27
7	SEAT	MODERNO	18
8	AUDI	MODERNO	35
9	COCACOLA	MODERNO	32
10	KAS	MODERNO	19
11	PEPSICOLA	MODERNO	31
12	CASERA	MODERNO	3
13	SUPLEMENTO	MODERNO	44
14	LEVIS	AMIGABLE	13
15	LOIS	AMIGABLE	9
16	BENNETTON	AMIGABLE	25
17	ZARA	AMIGABLE	23
18	OPEL	AMIGABLE	4

Figura 3-1   Figura 3-2

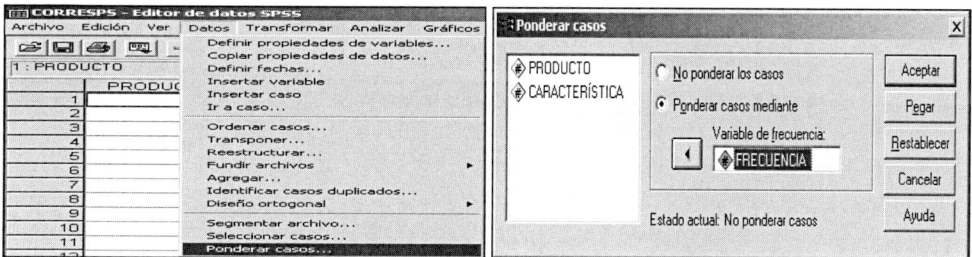

Figura 3-3   Figura 3-4

Para realizar un análisis de correspondencias simples, elija en los menús *Analizar → Reducción de datos → Análisis de correspondencias* (Figura 3-5) y seleccione las variables y las especificaciones para el análisis (Figura 3-6). Previamente es necesario cargar en memoria el fichero de nombre *corresps* mediante *Archivo → Abrir → Datos*. Este fichero contiene los datos sobre determinados productos del mercado y las variables a analizar son la marca del producto (*producto*) y sus características (*característica*). En nuestro caso hemos introducido una categoría suplementaria de nombre *suplemento* para la variable *producto*.

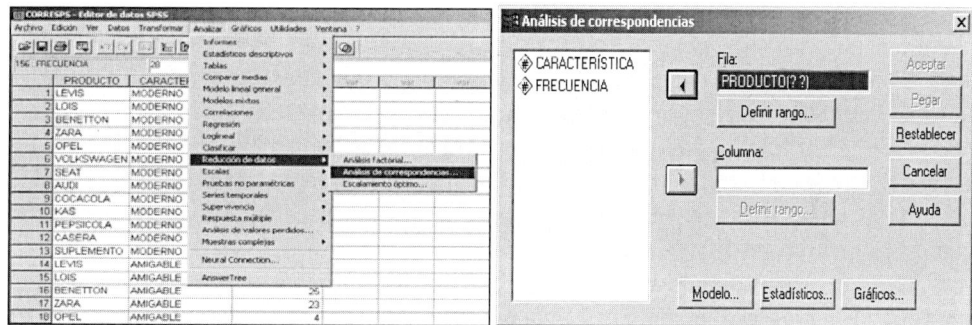

Figura 3-5   Figura 3-6

En cuanto a los datos, las variables categóricas que se van a analizar se encuentran escaladas a nivel nominal. Para los datos agregados o para una medida de correspondencia distinta de las frecuencias, utilice una variable de ponderación con valores de similaridad positivos. De manera alternativa, para datos tabulares, utilice la sintaxis para leer la tabla.

En cuanto a los supuestos, el máximo número de dimensiones utilizado en el procedimiento depende del número de categorías activas de fila y de columna y del número de restricciones de igualdad. Si no se utilizan criterios de igualdad y todas las categorías son activas, la dimensionalidad máxima es igual al número de categorías de la variable con menos categorías menos uno. Por ejemplo, si una variable dispone de cinco categorías y la otra de cuatro, el número máximo de dimensiones es tres.

Las categorías suplementarias no son activas. Por ejemplo, si una variable dispone de cinco categorías, dos de las cuales son suplementarias, y la otra variable dispone de cuatro categorías, el número máximo de dimensiones es dos. Considere todos los conjuntos de categorías con restricción de igualdad como una única categoría. Por ejemplo, si una variable dispone de cinco categorías, tres de las cuales tienen restricción de igualdad, dicha variable se debe tratar como si tuviera tres categorías en el momento de calcular la dimensionalidad máxima. Dos de las categorías no tienen restricción y la tercera corresponde a las tres categorías restringidas. En nuestro caso las dos variables tienen 12 categorías activas (y una de ellas tiene una suplementaria) con lo que el máximo número de dimensiones será 11. Si se especifica un número de dimensiones superior al máximo, se utilizará el valor máximo.

En los campos *Fila* y *Columna* de la Figura 3-6 se introducen las dos variables a cruzar en la tabla de contingencia. En los botones *Definir rango* debe definir un rango para las variables de filas (Figura 3-7) y columnas (Figura 3-8). Los valores mínimo y máximo especificados deben ser números enteros. En el análisis, se truncarán los valores de los datos fraccionarios. Se ignorará en el análisis cualquier valor de categoría que esté fuera del rango especificado. Inicialmente, todas las variables estarán sin restringir y activas. Puede restringir las categorías de fila para igualarlas a otras categorías de fila (campo *Restricciones para las categorías*) o puede definir cualquier categoría de fila como suplementaria. *Las categorías deben ser iguales* es una restricción que indica que las puntuaciones de las categorías deben ser iguales. Utilice las restricciones de igualdad si el orden obtenido para las categorías no es el deseado o si no se corresponde con lo intuitivo. El máximo número de categorías de fila que se puede restringir para que sean consideradas iguales es el número total de categorías de fila activas menos 1. Utilice la sintaxis para imponer restricciones de igualdad a diferentes conjuntos de categorías. Por ejemplo, utilice la sintaxis para imponer la restricción de que sean consideradas iguales las categorías 1 y 2 y, por otra parte, que sean consideradas iguales las categorías 3 y 4.

La categoría es suplementaria es una restricción que indica que las categorías suplementarias no influyen en el análisis pero se representan en el espacio definido por las categorías activas. Las categorías suplementarias no juegan ningún papel en la definición de las dimensiones. El número máximo de categorías de fila suplementarias es el número total de categorías de fila menos 2.

Al pulsar *Continuar* en la Figura 3-8, ya tenemos definidas las variables y sus categorías para el análisis (Figura 3-9).

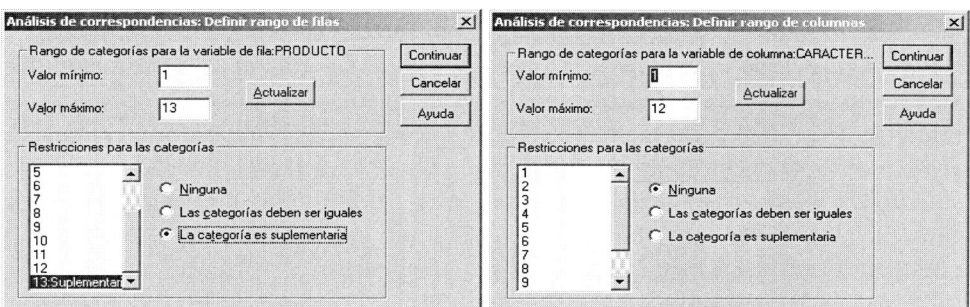

Figura 3-7   Figura 3-8

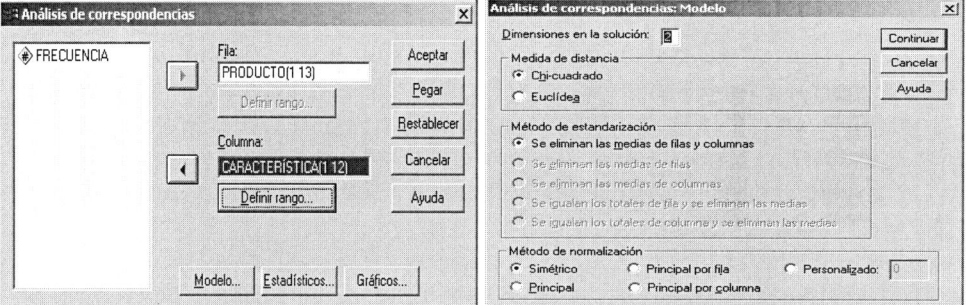

Figura 3-9   Figura 3-10

El botón *Modelo* de la Figura 3-9 nos lleva al cuadro de diálogo *Modelo* (Figura 3-10), que permite especificar el número de dimensiones, la medida de distancia, el método de estandarización y el método de normalización. En la opción *Dimensiones en la solución* especifique el número de dimensiones. En general, seleccione el menor número de dimensiones que necesite para explicar la mayor parte de la variación. El máximo número de dimensiones depende del número de categorías activas utilizadas en el análisis y de las restricciones de igualdad. El máximo número de dimensiones es el menor entre el número de categorías de fila activas menos el número de categorías de fila con restricción de igualdad, más el número de conjuntos de categorías de fila que se han restringido y el número de categorías de columna activas menos el número de categorías de columna con restricción de igualdad, más el número de conjuntos de categorías de columna que se han restringido.

En el cuadro *Medida de distancia* puede seleccionar la medida de distancia entre las filas y columnas de la tabla de correspondencias. Seleccione *Chi-cuadradro* (utiliza una distancia ponderada entre los perfiles, donde la ponderación es la masa de las filas o de las columnas siendo una distancia necesaria para el análisis de correspondencias típico) o *Euclídea* (utiliza la raíz cuadrada de la suma de los cuadrados de las diferencias entre los pares de filas y entre los pares de columnas).

En el cuadro *Método de estandarización* seleccione la opción *Se eliminan las medias de filas y columnas* para centrar las filas y las columnas (este método es necesario para el análisis de correspondencias típico), seleccione *Se eliminan las medias de filas* sólo para centrar las filas, seleccione *Se eliminan las medias de columnas* sólo para centrar las columnas, seleccione *Se igualan los totales de fila y se eliminan las medias* para igualar los márgenes de fila antes de centrar las filas. Seleccione *Se igualan los totales de columna y se eliminan las medias* para igualar los márgenes de columna antes de centrar las columnas.

En el cuadro *Método de normalización* seleccione una de las siguientes opciones:

- *Simétrico:* Para cada dimensión, las puntuaciones de fila son la media ponderada de las puntuaciones de columna divididas por el valor propio coincidente y las puntuaciones de columna son la media ponderada de las puntuaciones de fila divididas por el valor propio coincidente. Utilice este método si desea examinar las diferencias o similaridades entre las categorías de las dos variables.

- *Principal:* Las distancias entre los puntos de fila y los puntos de columna son aproximaciones de las distancias en la tabla de correspondencias de acuerdo con la medida de distancia seleccionada. Utilice este método si desea examinar las diferencias entre las categorías de una o de ambas variables en lugar de las diferencias entre las dos variables.

- *Principal por fila:* Las distancias entre los puntos de fila son aproximaciones de las distancias en la tabla de correspondencias de acuerdo con la medida de distancia seleccionada. Las puntuaciones de fila son la media ponderada de las puntuaciones de columna. Utilice este método si desea examinar las diferencias o similaridades entre las categorías de la variable de filas.

- *Principal por columna:* Las distancias entre los puntos de columna son aproximaciones de las distancias en la tabla de correspondencias de acuerdo con la medida de distancia seleccionada. Las puntuaciones de columna son la media ponderada de las puntuaciones de fila. Utilice este método si desea examinar las diferencias o similaridades entre las categorías de la variable de columnas.

- *Personalizado:* Debe especificar un valor entre −1 y 1. El valor −1 corresponde a *Principal por columna*. El valor 1 corresponde a *Principal por fila*. El valor 0 corresponde a *Simétrico*. Todos los demás valores dispersan la inercia entre las puntuaciones de columna y de fila en diferentes grados. Este método es útil para generar diagramas de dispersión biespaciales a medida.

El botón *Estadísticos* de la Figura 3-9 nos lleva al cuadro de diálogo *Estadísticos* (Figura 3-11), que permite especificar los resultados numéricos producidos. Las opciones posibles son: *Tabla de correspondencias*, que ofrece la tabla de contingencia de las variables de entrada con los totales marginales de fila y columna; *Inspección de los puntos de fila*, que ofrece para cada categoría de fila las puntuaciones, la masa, la inercia, la contribución a la inercia de la dimensión y la contribución de la dimensión a la inercia del punto; *Inspección de los puntos de columna*, que ofrece para cada categoría de columna las puntuaciones, la masa, la inercia, la contribución a la inercia de la dimensión y la contribución de la dimensión a la inercia del punto; *Perfiles de fila*, que ofrece para cada categoría de fila la distribución a través de las categorías de la variable de columna; *Perfiles de col.*, que ofrece para cada categoría de columna la distribución a través de las categorías de la variable de fila y *Permutaciones de la tabla de correspondencias*, que ofrece la tabla de correspondencias reorganizada de tal manera que las filas y las columnas estén en orden ascendente de acuerdo con las puntuaciones en la primera dimensión.

Si lo desea, puede especificar el número de la dimensión máxima para el que se generarán las tablas permutadas. Se generará una tabla permutada para cada dimensión desde 1 hasta el número especificado. La opción *Estadísticos de confianza para puntos de fila* incluye la desviación típica y las correlaciones para todos los puntos de fila no suplementarios y la opción *Estadísticos de confianza para puntos de columna* incluye la desviación típica y las correlaciones para todos los puntos de columna no suplementarios.

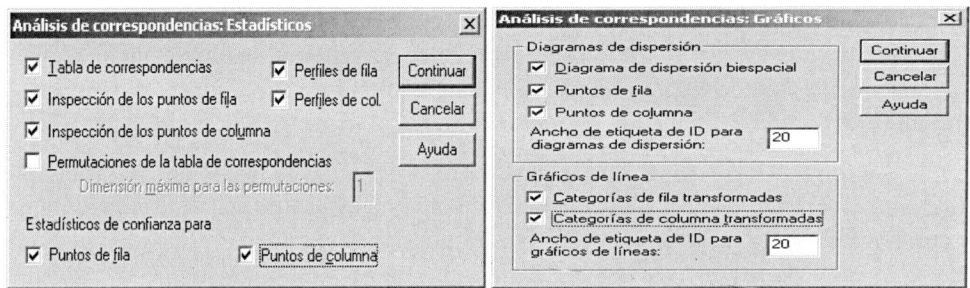

Figura 3-11   Figura 3-12

El botón *Gráficos* de la Figura 3-9 nos lleva al cuadro de diálogo *Gráficos* de la Figura 3-12 que permite especificar qué gráficos se van a generar. La opción *Diagramas de dispersión* produce una matriz de todos los gráficos por parejas de las dimensiones.

Los diagramas de dispersión disponibles incluyen: *Diagrama de dispersión biespacial* (produce una matriz de diagramas conjuntos de los puntos de fila y de columna y si está seleccionada la normalización principal, el diagrama de dispersión biespacial no estará disponible), *Puntos de fila* (produce una matriz de diagramas de los puntos de fila), *Puntos de columna* (produce una matriz de diagramas de los puntos de columna). Si lo desea, puede especificar el número de caracteres de etiqueta de valor que se va a utilizar al etiquetar los puntos. Este valor debe ser un entero no negativo menor o igual que 20.

La opción *Gráfico de líneas* produce un gráfico para cada dimensión de la variable seleccionada. Los gráficos de líneas disponibles incluyen: *Categorías de fila transformadas* (produce un gráfico de los valores originales para las categorías de fila frente a las puntuaciones de fila correspondientes) y *Categorías de columna transformadas* (produce un gráfico de los valores originales para las categorías de columna frente a las puntuaciones de columna correspondientes). Si lo desea, puede especificar el número de caracteres de etiqueta de valor que se va a utilizar al etiquetar los ejes de categorías. Este valor debe ser un entero no negativo menor o igual que 20.

En todas las Figuras el botón *Restablecer* permite restablecer todas las opciones por defecto del sistema y elimina del cuadro de diálogo todas las asignaciones hechas con las variables.

Una vez elegidas las especificaciones, se pulsa el botón *Aceptar* en la Figura 3-9 para obtener los resultados del análisis de correspondencias según se muestra en la Figura 3-13. En la parte izquierda de la Figura podemos ir seleccionando los distintos tipos de resultados haciendo clic sobre ellos. También se ven los resultados desplazándose a lo largo de la pantalla.

En las Figuras 3-14 a 3-17 se presentan varias salidas tabulares de entre las múltiples que ofrece el procedimiento y en las Figuras 3-18 a 3-20 se presentan varias salidas gráficas de entre las múltiples que ofrece el procedimiento.

La Figura 3-13 muestra la tabla de contingencia para las dos variables con sus marginales. La Figura 3-14 muestra los perfiles de fila y columna, que son las proporciones en cada fila y columna de cada celda basadas en los totales marginales. Los gráficos de puntos fila y columna de las Figuras 3-18 a 3-20 representan estas proporciones para la localización geométrica de los puntos.

La Figura 3-15 muestra un cuadro resumen con la solución factorial que representa la relación entre las variables fila y columna en tan pocas dimensiones como es posible. En nuestro caso las dos primeras dimensiones explican un 66,4 de la inercia total de la nube de puntos. La primera dimensión presenta un valor propio $\sqrt{\lambda}$ de valor 0,403 (inercia = λ = 0,163), que expresada en relación a la inercia total de la nube 0,395, representa un 41,2%. La segunda dimensión presenta una inercia de 0,1, lo que supone un 25,2% de la inercia total de la nube, lo que la hace menos importante que la primera. Los valores propios pueden interpretarse como la correlación entre las puntuaciones de filas y columnas. Para cada dimensión, el cuadrado del valor propio es igual a la inercia y por tanto es otra medida de la importancia de esa dimensión. Como los dos primeros ejes explican sólo el 66,4% de la inercia total de la nube, podría ser conveniente considerar también el tercero para alcanzar el 81,2% (el 90,4% con el cuarto).

En la Figura 3-15 también aparece el valor del estadístico *Chi-cuadrado* con un p-valor menor que 0,01, lo que nos lleva a **rechazar la hipótesis nula de independencia entre las dos variables** al 99%. Para los dos ejes retenidos también se ve su desviación típica y el coeficiente de correlación entre ellos.

En el examen de los puntos fila y columna (Figuras 3-16 y 3-17) se ofrecen las contribuciones a la inercia total de cada punto fila y columna. Los puntos fila y columna que contribuyen sustancialmente a la inercia de una dimensión son importantes para esa dimensión. La primera columna de las tablas de examen presenta las etiquetas de las modalidades de las variables. La segunda columna presenta las masas (frecuencia marginal relativa). La dos columnas siguientes presentan las coordenadas de cada punto en los dos factores retenidos (puntuaciones en la dimensión). La columna siguiente muestra inercia de cada punto. Las cuatro columnas siguientes presentan las contribuciones absolutas y relativas a los ejes retenidos. La última columna presenta la calidad de la representación en el subespacio considerado (plano de los dos primeros ejes).

A la hora de interpretar los ejes factoriales hay que determinar qué puntos son los que los generan buscando aquellas filas y columnas que presenten contribuciones absolutas más importantes. Las modalidades de las variables mejor representadas en cada eje se determinan a través de las contribuciones relativas.

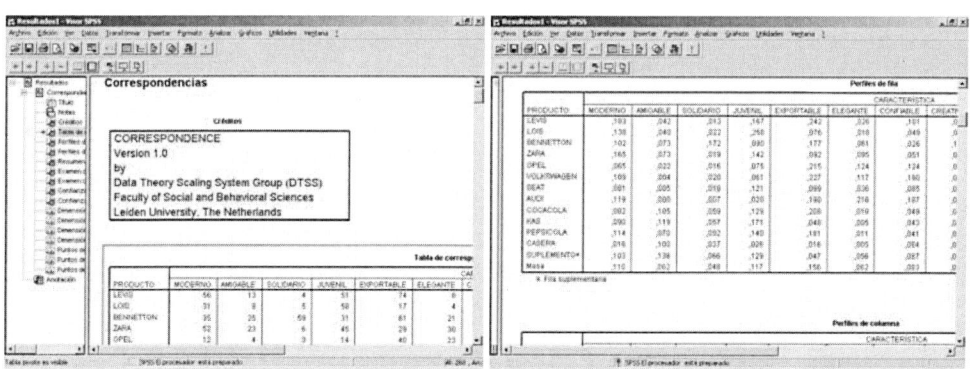

Figura 3-13   Figura 3-14

Dimensión	Valor propio	Inercia	Chi-cuadrado	Sig.	Proporción de inercia		Confianza para el Valor propio	
					Explicada	Acumulada	Desviación típica	Correlación 2
1	,403	,163			,412	,412	,015	,005
2	,316	,100			,252	,664	,016	
3	,242	,059			,148	,812		
4	,190	,036			,092	,904		
5	,135	,018			,046	,950		
6	,088	,008			,020	,969		
7	,074	,006			,014	,983		
8	,064	,004			,010	,994		
9	,048	,002			,006	1,000		
10	,010	,000			,000	1,000		
11	,002	,000			,000	1,000		
Total		,395	1264,165	,000ª	1,000	1,000		

Resumen

a. 121 grados de libertad

Figura 3-15

Examen de los puntos de fila[b]

| | | Puntuación en la dimensión | | | Contribución | | | | |
| | | | | | De los puntos a la inercia de la dimensión | | De la dimensión a la inercia del punto | | |
PRODUCTO	Masa	1	2	Inercia	1	2	1	2	Total
LEVIS	,096	-,193	,591	,027	,009	,106	,052	,386	,438
LOIS	,070	,537	,089	,025	,050	,002	,322	,007	,329
BENNETTON	,107	,313	,828	,050	,026	,233	,085	,466	,551
ZARA	,099	,118	-,457	,030	,003	,065	,019	,220	,239
OPEL	,058	-,639	-,474	,019	,059	,041	,516	,222	,738
VOLKSWAGEN	,077	-,919	,150	,030	,162	,005	,887	,018	,905
SEAT	,070	,282	-,735	,019	,014	,119	,120	,638	,758
AUDI	,092	-1,428	-,071	,080	,465	,001	,945	,002	,947
COCACOLA	,122	,311	,324	,018	,029	,040	,262	,223	,484
KAS	,066	,838	-,265	,023	,114	,015	,815	,064	,879
PEPSICOLA	,085	,498	,303	,014	,052	,025	,592	,172	,764
CASERA	,059	,338	-1,357	,061	,017	,347	,045	,567	,612
SUPLEMENTO[a]	,133	,476	,012	,038	,000	,000	,317	,000	,317
Total activo	1,000			,395	1,000	1,000			

a. Punto suplementario

b. Normalización Simétrica

Figura 3-16

Examen de los puntos columna[a]

| | | Puntuación en la dimensión | | | Contribución | | | | |
| | | | | | De los puntos a la inercia de la dimensión | | De la dimensión a la inercia del punto | | |
CARACTERÍSTICA	Masa	1	2	Inercia	1	2	1	2	Total
MODERNO	,110	-,086	,310	,015	,002	,033	,021	,215	,236
AMIGABLE	,062	,806	-,167	,022	,100	,005	,730	,024	,754
SOLIDARIO	,048	,718	,971	,050	,062	,145	,202	,289	,490
JUVENIL	,117	,521	,229	,032	,079	,019	,406	,061	,467
EXPORTABLE	,156	-,371	,548	,031	,053	,148	,276	,472	,748
ELEGANTE	,062	-1,433	-,106	,064	,316	,002	,808	,003	,811
CONFIABLE	,083	-,952	-,201	,035	,187	,011	,858	,030	,888
CREATIVO	,073	,098	,345	,006	,002	,028	,049	,483	,532
ECONÓMICO	,093	,513	-1,210	,064	,061	,432	,156	,677	,832
DIVERTIDO	,051	,844	,102	,019	,090	,002	,780	,009	,788
CLÁSICO	,091	-,338	-,773	,037	,026	,172	,112	,459	,571
DIFERENTE	,054	,409	-,132	,020	,023	,003	,183	,015	,198
Total activo	1,000			,395	1,000	1,000			

a. Normalización Simétrica

Figura 3-17

De la observación de las tablas de las Figuras 3-16 y 3-17 y los gráficos de las Figuras 3-18 a 3-20, se infiere que el **_primer eje factorial_** viene generado por la oposición de las característics *elegante* y *confiable*, que se sitúan en el extremo negativo (Figura 3-19) y que contribuyen conjuntamente a un 50,3% de la inercia explicada para el primer eje, frente a los atributos *amigable, divertida* y *juvenil*, situados en el extremo positivo y que aportan el 26,9% de la inercia del eje (Figura 3-17).

En cuanto a los productos, un 68,6% de la inercia procede de *Audi, Volkswagen* y *Opel* (situadas en el extremo negativo según las Figuras 3-18 y 3-20), frente a las marcas *Kas, Pepsicola* y *Lois*, situadas en el extremo positivo y que contribuyen conjuntamente con un 21,6% de la inercia del eje (Figura 3-16).

En cuanto a los productos y características que mejor están representados sobre este primer eje factorial, que serán las de contribuciones relativas más elevadas, se observa que se corrobora lo expuesto en los párrafos anteriores. Los productos más importantes son *Audi* (94,5%), *Volkswagen* (88,7%), *Kas* (81,5%), *Pepsicola* (59,2%) y *Opel* (51,6%). Las características más importantes son: *confiable* (85,8%), *elegante* (80,8%), *divertido* (78%) y *amigable* (73%).

Este primer eje factorial identifica conceptos más serios (*elegancia, fiabilidad*, etc.) con los automóviles extranjeros, e identifica conceptos más lúdicos (*diversión, amistad*, etc.) con los refrescos.

En cuanto al **segundo eje factorial** observamos que las características económico y clásico se sitúan en el extremo negativo y contribuyen conjuntamente a un 60,4% de la inercia del eje, frente a las características *solidario* y *exportable*, que se sitúan en el extremo positivo y aportan un 29,3% de la inercia del eje. En cuanto a los productos, destacan por su contribución negativa *Casera* y *Seat* (46,6% entre ambas), y por su contribución positiva *Levis* y *Bennetton* (33,9% conjuntamente) que tienen las mayores contribuciones absolutas. Los puntos que mejor están representados en este segundo eje factorial corresponden a los productos *Seat* (63,8%), *Casera* (56,7%) y *Bennetton* (46,6%) y a las características económicas (67,7%), *creativo* (48,3%), *exterior* (47,2%) y *clásico* (49,5%). Por tanto, este segundo eje factorial identifica productos nacionales (*Casera, Seat*, etc.) con carcaterísticas como *clásico* y *económico*. Por otro lado, asocia los productos de ropa *Bennetton* y *Levis* con carcaterísticas como *solidario, exterior* o *creativo*.

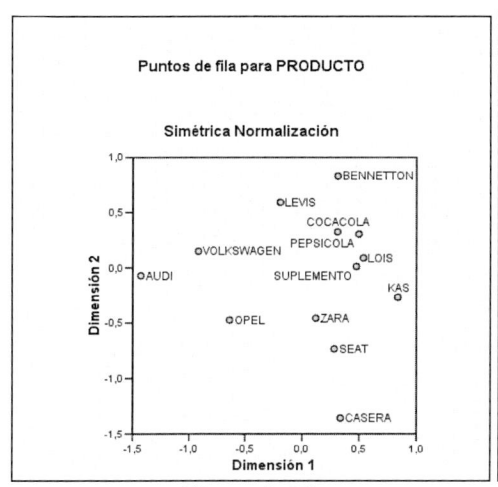

Figura 3-18

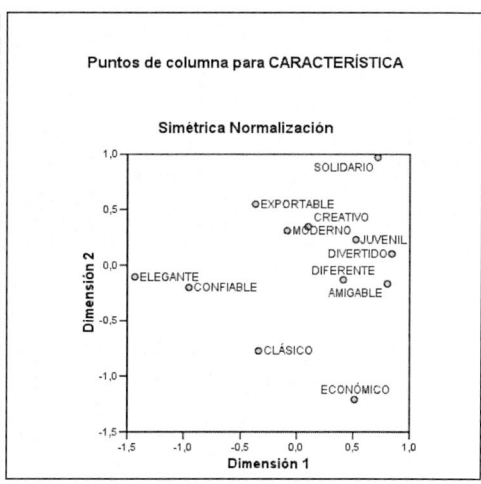

Figura 3-19

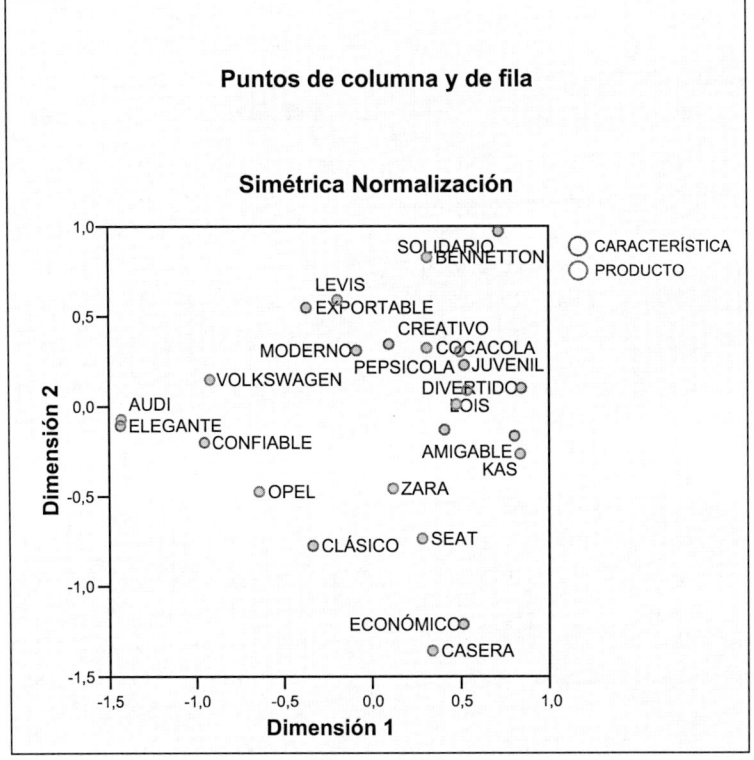

Figura 3-20

En cuanto al **primer plano factorial**, que forman los dos primeros ejes factoriales, están bien representadas casi todas los marcas (salvo acaso *Zara* y *Lois*) destacando *Audi, Volkswagen, Kas, Pepsicola* y *Seat* (calidad de representación superior al 75%). Las características están también bien representadas en el primer plano factorial (salvo acaso *diferente* y *moderno*) destacando *confiable, económico, elegante, divertido* y *amigable* (representación superior al 75%).

Si observamos la situación de las modalidades sobre el plano (Figura 3-20) vemos que los productos extranjeros de automóviles (*Audi, Volkswagen* y *Opel*) se asocian a las características de fiabilidad y elegancia. *Casera* y *Seat* se carcaterizan por ser productos clásicos y económicos. Las marcas de refrescos (*Kas* y *Pepsicola*) se identifican con los conceptos de diversión, amistad o juventud. A esta zona también pertenece la modalidad suplementaria y tendría estas mismas características. Los productos de moda *Benetton* y *Levis* se asocian con carcterísticas como la creatividad, la solidaridad o el carácter internacional (exterior). El producto *Cocacola* se asocia con carcaterísticas propias de los dos grupos antes citados.

EJEMPLO DE ANÁLISIS DE CORRESPONDENCIAS MÚLTIPLES

Partimos de las puntuaciones dadas a 24 automóviles en 9 características consideradas. Cada característica tiene 4 modalidades (*Mal* = 1, *Regular* = 2, *Bien* = 3 y *Excelente* = 4). La tabla siguiente recoge los resultados (fichero *correspm.sav*):

Modelo	Motor	Estabilidad	Habitabilidad	Comodidad	Equipamiento	Prestaciones	Consumo	Seguridad	Precio
Alfa Romeo 147	4	4	2	3	4	3	3	4	1
Audi A3/S3	4	3	2	4	4	4	4	4	1
BMW Serie 3 Compact	3	2	2	3	2	3	3	3	1
Citröen Xsara	3	3	3	3	2	3	3	2	2
Chrysler Neon	2	2	2	2	2	2	2	1	1
Daewoo Lanos	2	1	2	1	1	1	1	1	2
Fiat Bravo/Brava	3	3	3	2	2	2	3	1	2
Fiat Palio Weekend	2	2	3	2	1	2	2	1	2
Ford Focus	3	4	4	3	3	3	3	3	2
Honda Civic	2	3	4	2	3	2	2	3	1
Hyundai Accent	2	2	2	2	1	2	2	1	3
Kai Rio	2	1	2	2	1	2	2	1	3
Mazda 323	4	4	2	2	1	2	3	2	2
Nissan Almera	3	3	2	3	2	2	3	2	3
Opel Astra	4	3	3	3	3	3	3	3	2
Peugeot 306	3	3	3	3	2	3	3	2	3
Renault Mégane	3	3	3	3	3	3	3	3	3
Rover 25	2	2	2	2	2	2	3	2	3
Seat Córdoba	4	2	2	2	1	3	4	2	2
Seat León	4	3	2	3	2	4	4	2	2
Toyota Corolla	3	3	1	2	2	2	3	3	2
Toyota Prius	2	1	3	3	2	1	4	2	1
Volkswagen New Beetle	2	3	1	2	3	2	3	4	1
Volkswagen Golf	4	3	2	3	3	3	3	4	1

El objetivo es, por un lado, encontrar relaciones entre las modalidades de las distintas variables, y por otro, posicionar los distintos modelos de automóvil según las valoraciones que han recibido. Como tenemos un cuadro de individuos por variables cualitativas (las calificaciones se expresan en escala ordinal), lo adecuado es utilizar un análisis de las correspondencias múltiples.

Para llevarlo a cabo el análisis de correspondencias múltiples con SPSS comenzamos introduciendo los datos como se indica en la Figura 3-21. A continuación se etiquetan adecuadamente para que el conjunto de datos tenga el aspecto de la Figura 3-22. La siguiente tarea es elegir en los menús *Analizar* → *Reducción de datos* → *Escalamiento óptimo* (Figura 3-23).

En el cuadro de diálogo *Escalamiento óptimo* de la Figura 3-24, seleccione *Todas las variables son nominales múltiples*. A continuación seleccione *Un conjunto*, pulse en *Definir*, y en la Figura 3-25 seleccione dos o más variables para el análisis. Se seleccionan todas menos *modelo*. Defina los rangos para las variables con el botón *Definir rango* (Figura 3-26). En nuestro caso todos los rangos varían de 1 a 4. Si lo desea, tiene la posibilidad de seleccionar una o más variables para proporcionar etiquetas de punto en los gráficos de las puntuaciones de objeto (campo *Etiquetar gráficos de las puntuaciones de objeto con*). La Figura 3-27 muestra la pantalla con las variables y sus rangos.

Cada variable genera un gráfico diferente, con los puntos etiquetados mediante los valores de dicha variable. Debe definir un rango para cada una de las variables de etiquetado de los gráficos. Mediante el cuadro de diálogo, no se puede utilizar una misma variable en el análisis y como variable de etiquetado. Si se desea etiquetar el gráfico de las puntuaciones de objeto con una variable utilizada ya en el análisis, utilice la función *Calcular* en el menú *Transformar* para crear una copia de dicha variable. Utilice la nueva variable para etiquetar el gráfico. Alternativamente, se puede utilizar la sintaxis de comandos. En el botón *Dimensiones en la solución* especifique el número de dimensiones que desea en la solución. En general, seleccione el menor número de dimensiones que necesite para explicar la mayor parte de la variación. Si el análisis incluye más de dos dimensiones, SPSS genera gráficos tridimensionales de las tres primeras dimensiones. Si se edita el gráfico, se pueden representar otras dimensiones.

	MODELO	MOTOR	ESTABILIDAD	HABITABILIDAD	COMODIDAD
1	1	4	4	2	3
2	2	4	3	2	4
3	3	3	2	2	3
4	4	3	3	3	3
5	5	2	2	2	2
6	6	2	1	2	1
7	7	3	3	3	2
8	8	2	2	3	2
9	9	3	4	4	3
10	10	2	3	4	2
11	11	2	2	2	2
12	12	2	1	2	2
13	13	4	4	2	2
14	14	3	3	2	3
15	15	4	3	3	3
16	16	3	3	3	3

Figura 3-21

	MODELO	MOTOR	ESTABILIDAD	HABITABILIDAD
1	ALFA-ROMEO	EXCELENTE	EXCELENTE	REGULAR
2	AUDI	EXCELENTE	BIEN	REGULAR
3	BMW	BIEN	REGULAR	REGULAR
4	CITROEN	BIEN	BIEN	BIEN
5	CHRYSLER	REGULAR	REGULAR	REGULAR
6	DAEWOO	REGULAR	MAL	REGULAR
7	FIAT-BRAVO	BIEN	BIEN	BIEN
8	FIAT-PALIO	REGULAR	REGULAR	BIEN
9	FORD-FOCUS	BIEN	EXCELENTE	EXCELENTE
10	HONDA-CIVIC	REGULAR	BIEN	EXCELENTE
11	HYUNDAI	REGULAR	REGULAR	REGULAR
12	KIA	REGULAR	MAL	REGULAR
13	MAZDA	EXCELENTE	EXCELENTE	REGULAR
14	NISSAN	BIEN	BIEN	REGULAR
15	OPEL	EXCELENTE	BIEN	BIEN
16	PEUGEOT	BIEN	BIEN	BIEN

Figura 3-22

Figura 3-23

Figura 3-24

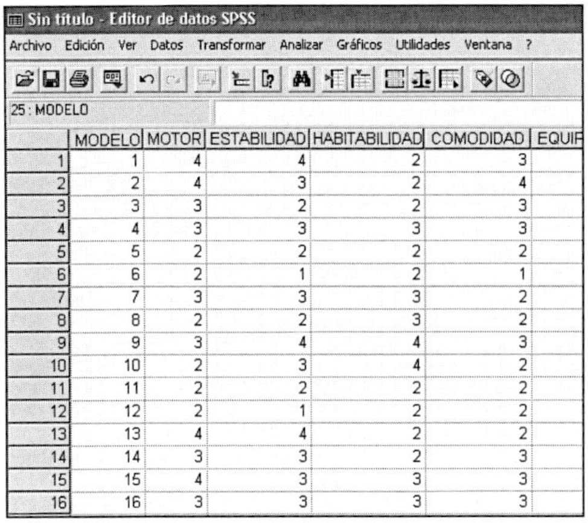

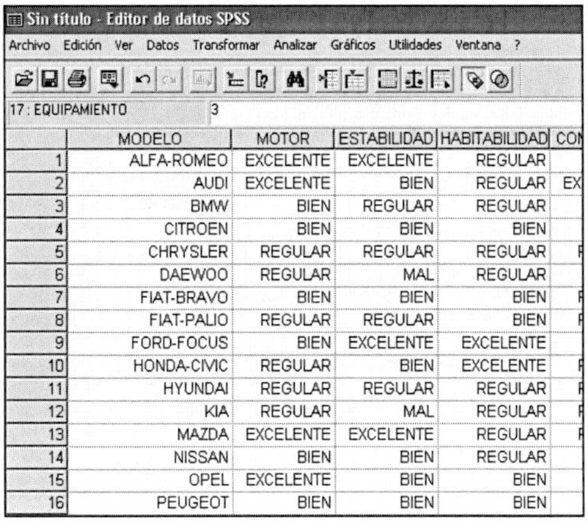

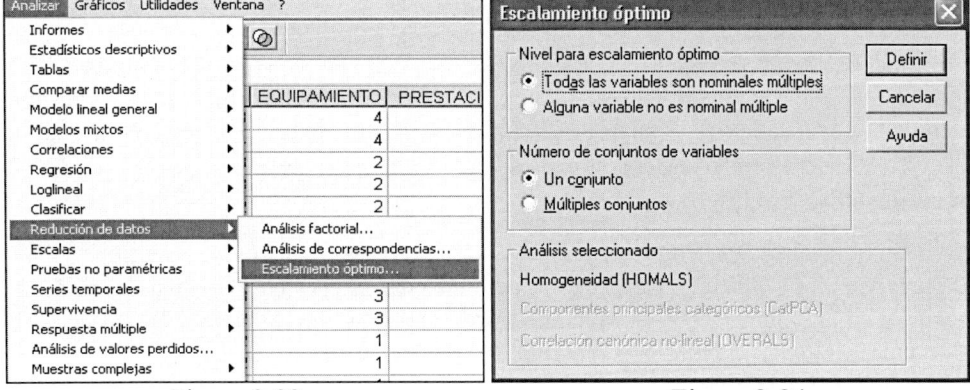

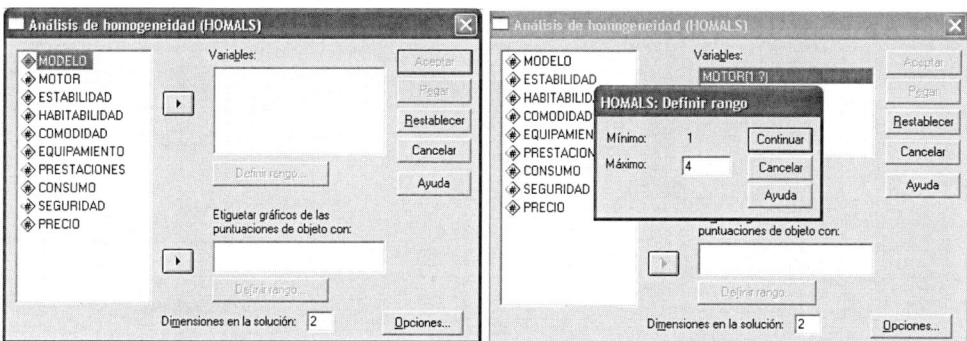

Figura 3-25   Figura 3-26

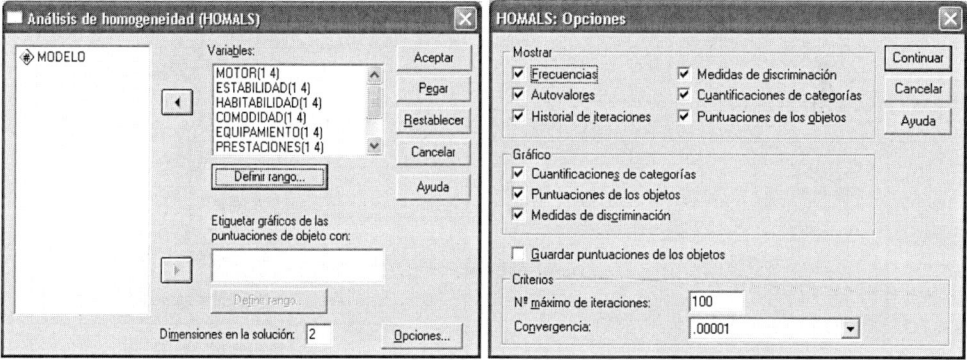

Figura 3-27   Figura 3-28

El botón *Opciones* (Figura 3-28) permite seleccionar estadísticos y gráficos opcionales, guardar en el archivo de datos de trabajo las puntuaciones de los objetos como nuevas variables y, por último, especificar los criterios de iteración y de convergencia. En cuanto a estadísticos y gráficos se obtienen: frecuencias, autovalores, historial de iteraciones, puntuaciones de objeto, cuantificaciones de categoría, medidas de discriminación, gráficos de las puntuaciones de objeto, gráficos de las cuantificaciones de categoría y gráficos de las medidas de discriminación.

Una vez elegidas las especificaciones (que se aceptan con el botón *Continuar*), se pulsa el botón *Aceptar* en la Figura 3-27 para obtener los resultados del análisis de correspondencias múltiples según se muestra en la Figura 3-29. En la parte izquierda de la Figura podemos ir seleccionando los distintos tipos de resultados haciendo clic sobre ellos. También se ven los resultados desplazándose a lo largo de la pantalla. En las ~~Figuras 17~~ Figuras 3-29 y 3-30 se muestran resúmenes de casos y tablas de frecuencias marginales representando cada uno de los valores para cada una de las variables. En la Figura 3-31 aparece la historia del proceso de homogeneización a través de las distintas iteraciones que el procedimiento considera necesarias para llegar a una solución de convergencia que refleje el ajuste total

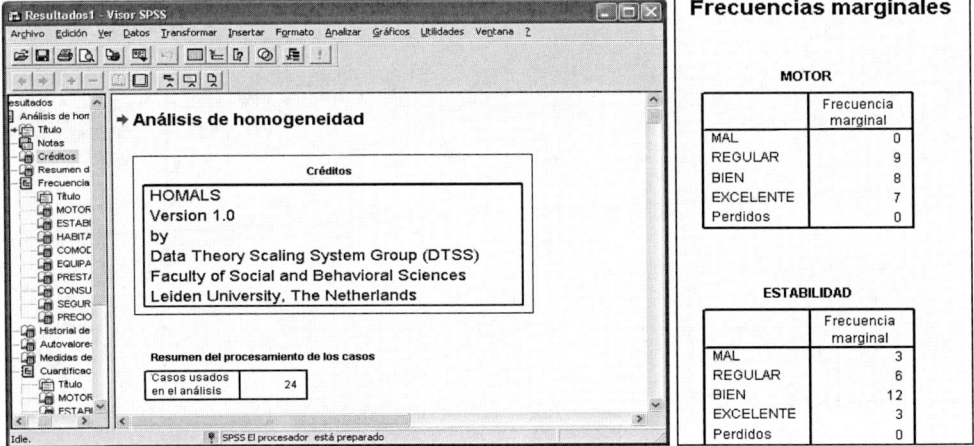

Figura 3-29

Frecuencias marginales

MOTOR

	Frecuencia marginal
MAL	0
REGULAR	9
BIEN	8
EXCELENTE	7
Perdidos	0

ESTABILIDAD

	Frecuencia marginal
MAL	3
REGULAR	6
BIEN	12
EXCELENTE	3
Perdidos	0

Figura 3-30

Historial de iteraciones

Iteración	Ajuste	Diferencia desde la iteración anterior
1	0,306765	0,306765
2	0,674115	0,367350
3	0,836218	0,162103
4	0,887658	0,051440
5	0,909617	0,021959
6	0,922178	0,012561
7	0,930503	0,008325
8	0,936225	0,005722
9	0,940130	0,003905
10	0,942748	0,002618
11	0,944476	0,001728
12	0,945602	0,001126
13	0,946330	0,000728
14	0,946798	0,000468
15	0,947098	0,000300
16	0,947289	0,000191
17	0,947411	0,000122
18	0,947489	0,000078
19	0,947538	0,000050
20	0,947570	0,000032
21	0,947590	0,000020
22	0,947603	0,000013
23	0,947611	0,000008
a. Se ha detenido el proceso de iteración debido a que se ha alcanzado el valor		

Figura 3-31

Autovalores

Dimensión	Autovalores
1	,526
2	,421

Medidas de discriminación

	Dimensión	
	1	2
MOTOR	,619	,507
ESTABILIDAD	,629	,100
HABITABILIDAD	,041	,330
COMODIDAD	,707	,544
EQUIPAMIENTO	,623	,509
PRESTACIONES	,621	,554
CONSUMO	,702	,603
SEGURIDAD	,724	,453
PRECIO	,072	,189

Figura 3-32

En la Figura 3-32 se muestra la tabla de autovalores para cada dimensión del análisis. Como el análisis se realiza sobre los dos primeros ejes o dimensiones, se muestra en cada una de ellas la medida de la varianza explicada por cada dimensión. La magnitud de esta varianza es una muestra del grado de importancia de dicha dimensión en la solución global. Se observa que las dos dimensiones son casi igual de importantes ya que los dos valores propios están muy próximos, con ligera dominancia de la primera. En esta Figura también aparecen una serie de medidas de discriminación para cada variable y dimensión, de modo que cuanto más alto sea el valor de la medida de discriminación de una variable determinada en una dimensión dada, más alta será la importancia de dicha variable dentro de esa dimensión. *Seguridad* y *comodidad* son las variables más importantes en la primera dimensión y *consumo* y *prestaciones* en la segunda.

Además, cada medida de discriminación coincide con la varianza de las coordenadas sobre cada eje de las modalidades de cada variable, de modo que aquellas variables cuyas modalidades tengan coordenadas sobre un eje muy diferentes entre sí, presentarán sobre dicho eje factorial elevadas medidas de discriminación.

En las Figuras 3-33 a 3-37 se muestra para cada modalidad de cada variable su frecuencia marginal y sus coordenadas factoriales sobre los dos ejes factoriales retenidos.

MOTOR

	Frecuencia marginal	Cuantificaciones de categorías	
		Dimensión	
		1	2
MAL	0	,000	,000
REGULAR	9	1,008	-,079
BIEN	8	-,488	,887
EXCELENTE	7	-,738	-,912
Perdidos	0		

HABITABILIDAD

	Frecuencia marginal	Cuantificaciones de categorías	
		Dimensión	
		1	2
MAL	2	-,237	,602
REGULAR	13	,176	-,524
BIEN	7	-,147	,555
EXCELENTE	2	-,393	,861
Perdidos	0		

ESTABILIDAD

	Frecuencia marginal	Cuantificaciones de categorías	
		Dimensión	
		1	2
MAL	3	1,545	-,810
REGULAR	6	,684	,156
BIEN	12	-,558	,147
EXCELENTE	3	-,680	-,091
Perdidos	0		

COMODIDAD

	Frecuencia marginal	Cuantificaciones de categorías	
		Dimensión	
		1	2
MAL	1	2,516	-1,589
REGULAR	11	,572	,258
BIEN	11	-,669	,166
EXCELENTE	1	-1,456	-3,081
Perdidos	0		

Figura 3-33   Figura 3-34

EQUIPAMIENTO

	Frecuencia marginal	Cuantificaciones de categorías	
		Dimensión	
		1	2
MAL	6	1,216	-,321
REGULAR	10	-,080	,359
BIEN	6	-,637	,437
EXCELENTE	2	-1,336	-2,142
Perdidos	0		

CONSUMO

	Frecuencia marginal	Cuantificaciones de categorías	
		Dimensión	
		1	2
MAL	1	2,516	-1,589
REGULAR	5	1,155	,212
BIEN	13	-,429	,529
EXCELENTE	5	-,541	-1,271
Perdidos	0		

PRESTACIONES

	Frecuencia marginal	Cuantificaciones de categorías	
		Dimensión	
		1	2
MAL	2	1,481	-1,162
REGULAR	11	,536	,370
BIEN	9	-,739	,262
EXCELENTE	2	-1,105	-2,057
Perdidos	0		

SEGURIDAD

	Frecuencia marginal	Cuantificaciones de categorías	
		Dimensión	
		1	2
MAL	6	1,384	-,057
REGULAR	8	-,131	,045
BIEN	6	-,548	,849
EXCELENTE	4	-,991	-1,277
Perdidos	0		

Figura 3-35   Figura 3-36

PRECIO			
		Cuantificaciones de categorías	
		Dimensión	
	Frecuencia marginal	1	2
MAL	8	-,349	-,574
REGULAR	10	,077	,138
BIEN	6	,337	,535
EXCELENTE	0	,000	,000
Perdidos	0		

Figura 3-37

El *gráfico de medidas de discriminación* de la Figura 3-38 ilustra los resultados de la tabla de medidas de discriminación. De esta manera, la variable consumo es la variable líder en el *ranking* de variables explicativas de la varianza del modelo homogeneizador, siendo también muy explicativas las variables *prestaciones, comodidad, motor, equipamiento* y *seguridad*. Las variables menos explicativas son *habitabilidad, precio* y *estabilidad*. Por otra parte, medidas de discriminación similares de una variable en todas las dimensiones reflejan dificultades de asignación de la misma a una dimensión dada. Es ideal que una variable tenga un valor alto en una sola dimensión y bajo en la otra (el caso de la *estabilidad*, la *habitabilidad* y el *precio*, que son puntos muy cercanos a los ejes en el gráfico de medidas discriminantes).

El *gráfico de cuantificaciones* de la Figura 3-39 muestra las cuantificaciones de las categorías etiquetadas con etiquetas de los valores. Las cuantificaciones de las categorías son el promedio de las puntuaciones de los objetos de la misma categoría. Se trata de la representación del plano factorial formado por los dos ejes retenidos en el que se representan las modalidades de las distintas variables con sus etiquetas correspondientes.

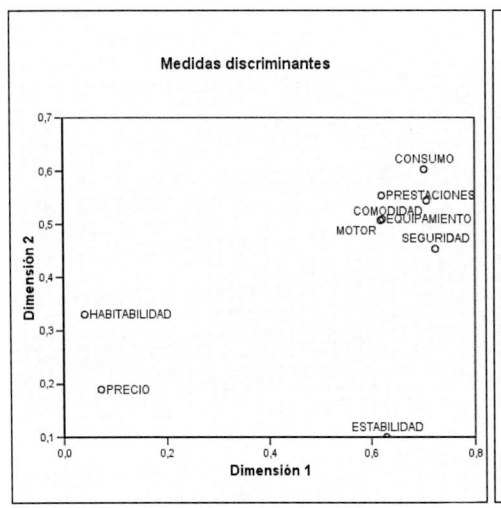

Figura 3-38

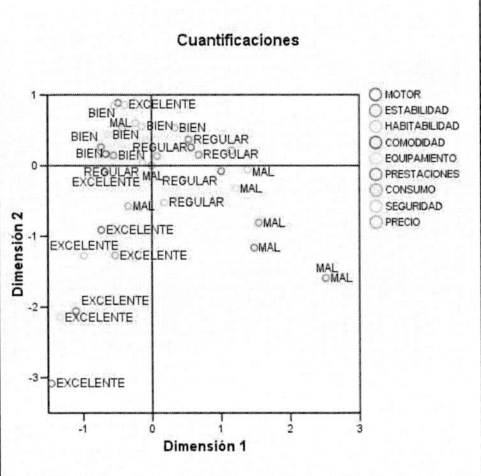

Figura 3-39

Si en la pantalla de entrada del procedimiento (Figura 3-25) se introduce una variable (*modelo*) para etiquetar los gráficos de las puntuaciones de objeto (Figura 3-40), se obtiene el *gráfico de puntuaciones de los objetos etiquetados* de la Figura 3-41. El gráfico de puntuaciones de objeto muestra las citadas puntuaciones, que son medidas representativas de la varianza asignada a cada objeto dentro de cada variable en el contexto de una dimensión particular. Las puntuaciones tienden a valer cero en posiciones de equilibrio, es decir, cuando el objeto no ejerce ningún papel claro en ninguna dirección. A medida que el valor es más alto hay mayor tendencia en el objeto a estar representado por el análisis de homogeneidades realizado siguiendo sus pautas.

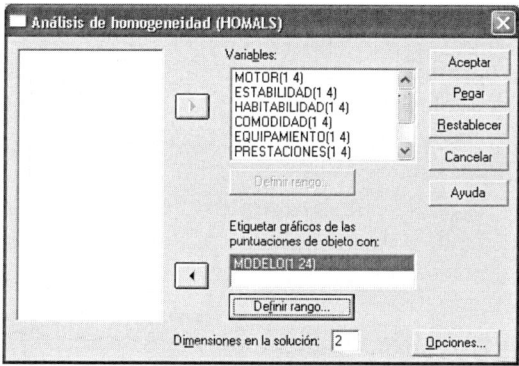

Figura 3-40

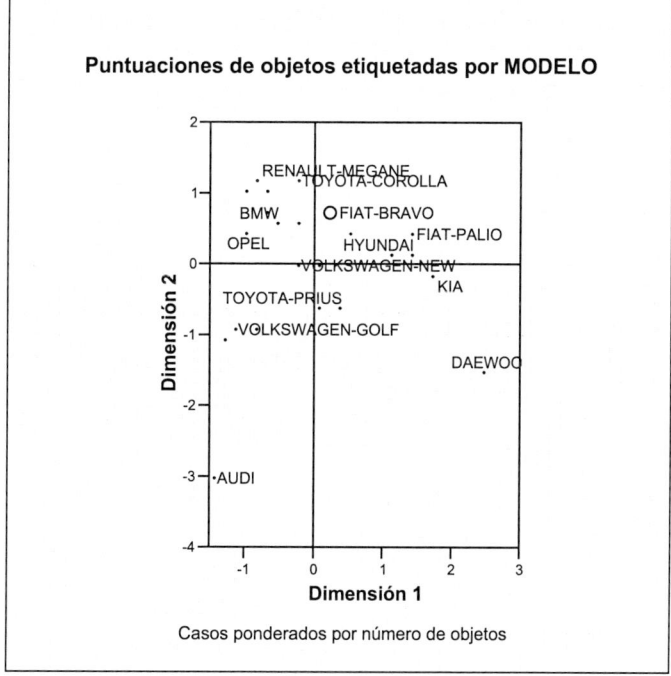

Figura 3-41

El gráfico de puntuaciones de los objetos etiquetados es muy útil para mostrar objetos que constituyen valores atípicos. Por otra parte, en este gráfico se observa si caen juntos muchos objetos. El eje horizontal de este gráfico se corresponde con la primera dimensión y el gráfico sirve para ver si por encima y por debajo del eje horizontal hay alguna agrupación de objetos homogéneos tales que el eje los discrimine bien. El eje vertical del gráfico se corresponde con la segunda dimensión y el gráfico sirve para ver si a la izquierda y a la derecha del eje vertical hay alguna agrupación de objetos homogéneos tales que el eje los discrimine bien.

Resumiendo la información anterior podemos decir que para el ***primer eje factorial***, casi todas las variables, salvo *precio* y *habitabilidad*, presentan importantes varianzas o medidas de discriminación sobre este eje, con valores que oscilan entre 0,619 y 0,724. Salvo las dos variables citadas, el resto presentan sus modalidades colocadas de forma ordenada según la secuencia *Excelente* (extremo negativo), *Bien, Regular* y *Mal* (extremo positivo). Hay cierta consistencia entre las variables *motor, estabilidad, comodidad, equipamiento, prestaciones, consumo* y *seguridad*. Este primer eje factorial ordena los modelos de mejor a peor según las puntuaciones que obtienen en las siete variables citadas anteriormente, siendo el mejor *Audi* y el peor *Daewoo*.

Para el ***segundo eje factorial***, las varianzas o medidas de discriminación son más bajas que sobre el primer eje. Salvo *precio* y *habitabilidad* destacan las mismas que sobre el primer eje factorial, pero sus valores oscilan ahora entre 0,330 y 0,603. Al igual que en primer eje factorial, las modalidades *Excelente* y *Mal* se sitúan en la parte negativa, y *Bien* y *Regular*, en la parte positiva. Este segundo eje factorial diferencia entre los modelos con características más comunes (situados en la parte positiva) de los que tienen un perfil más peculiar (situados en la parte negativa). Los modelos *Renault Megane, Peugeot* y *Citroen* presentan un perfil con valoraciones intermedias, y los modelos *Audi* y *Daewoo* presentan valoraciones extremas.

En cuanto al ***primer plano factorial***, si observamos la distribución de modelos y modalidades, podemos distinguir cuatro categorías de automóviles que coinciden aproximadamente con los cuatro cuadrantes del plano y con las cuatro modalidades de las variables. En el primer cuadrante se sitúa la modalidad *Regular* de la mayor parte de las variables y los modelos que se sitúan en esta zona (*Fiat Palio, Hyundai, Rover* 25 o *Chrysler*) tienen la valoración *Regular* en la mayoría de las variables. En el segundo cuadrante se sitúa la modalidad *Mal* de muchas variables y destaca *Daewoo* por sus malas valoraciones. En el tercer cuadrante se sitúa la modalidad *Excelente* de la mayoría de las variables y la modalidad *Mal* de la variable *Precio*. Aquí se sitúan los modelos que presentan mejores valoraciones, salvo en el precio (*Audi, Alfa Romeo, Volkswagen Golf* y *Seat León*). En el cuarto cuadrante se sitúa la modalidad *Bien* de la mayoría de las variables. En esta zona se situarán aquellos modelos que presenten la valoración *Bien* en la mayoría de las variables (*Renault Megane, Peugeot, Citroen, Ford Focus* y *Opel*).

Ejercicio 3-1. En el fichero 3-1.sav se almacena un conjunto de datos referentes al gasto medio por hogar en 1991 en las diferentes Comunidades Autónomas según los 9 conceptos de gasto que incluye la Encuesta de Presupuestos Familiares EPF (alimentación, vestido, vivindas, muebles, sanidad, transportes, esparcimiento, otros bienes y otros gastos). A partir de esta información se trata de elaborar una tipología de las Comunidades Autónomas según sus patrones de gasto. ¿Qué Comunidades Autónomas tienen pautas similares o diferenciadas de gasto? ¿Qué grupos de gasto tienen una distribución semejante en las Comunidades? ¿Qué gastos explican las similitudes o diferencias entre las Comunidades? ¿Qué Comunidades explican la similitud o diferencia en los patrones de gasto?

Como se trata de analizar el gasto cruzando grupos de gastos con las diferentes Comunidades Autónomas utilizaremos análisis de correspondencias simples, ya que tenemos dos variables de clasificación que son cualitativas. Los datos se introducen en SPSS tal y como se indican en la Figura 3-43, pero han de etiquetarse tal y como se indica en la Figura 3-42.

	grupo	ccaa	gasto
1	Alimentos	Andalucía	604906,0
2	Vestido	Andalucía	222072,0
3	Vivienda	Andalucía	183773,0
4	Muebles	Andalucía	120660,0
5	Sanidad	Andalucía	50308,00
6	Transporte	Andalucía	255114,0
7	Esparcimie	Andalucía	114433,0
8	Otros.biene	Andalucía	281153,0
9	Otros.servi	Andalucía	83027,00
10	Alimentos	Aragón	547436,0
11	Vestido	Aragón	255127,0
12	Vivienda	Aragón	201639,0
13	Muebles	Aragón	125630,0
14	Sanidad	Aragón	50268,00
15	Transporte	Aragón	246867,0
16	Esparcimie	Aragón	110719,0
17	Otros.biene	Aragón	262864,0
18	Otros.servi	Aragón	81832,00
19	Alimentos	Asturias	586561,0

Figura 3-42

	grupo	ccaa	gasto
1	1	1	604906,0
2	2	1	222072,0
3	3	1	183773,0
4	4	1	120660,0
5	5	1	50308,00
6	6	1	255114,0
7	7	1	114433,0
8	8	1	281153,0
9	9	1	83027,00
10	1	2	547436,0
11	2	2	255127,0
12	3	2	201639,0
13	4	2	125630,0
14	5	2	50268,00
15	6	2	246867,0
16	7	2	110719,0
17	8	2	262864,0
18	9	2	81832,00
19	1	3	586561,0

Figura 3-43

Para realizar un análisis de correspondencias simple, elija en los menús *Analizar → Reducción de datos → Análisis de correspondencias* (Figura 3-44). Previamente es necesario cargar en memoria el fichero de nombre *3-1.sav* mediante *Archivo → Abrir → Datos*. Como la variable *gasto* es una variable de frecuencias, será necesario ponderar los casos mediante los valores de esta variable eligiendo *Datos → Ponderar casos* (Figura 3-45) y rellenando la pantalla *Ponderar casos* como se indica en la Figura 3-46. A continuación, en la pantalla de entrada del procedimiento *Análisis de correspondencias simples* (Figura 3-47) seleccione las variables y las especificaciones para el análisis.

En los campos *Fila* y *Columna* de la Figura 3-47 se introducen las dos variables a cruzar en la tabla de contingencia. En los botones *Definir rango* debe definir un rango para las variables de filas (Figura 3-48) y columnas (Figura 3-49 y 3-50). Puede restringir las categorías de fila para igualarlas a otras categorías de fila (campo *Restricciones para las categorías*) o puede definir cualquier categoría de fila como suplementaria (en nuestro caso la última). *Las categorías deben ser iguales* es una restricción que indica que las puntuaciones de las categorías deben ser iguales. La Figura 3-51 presenta la pantalla de entrada del procedimiento una vez elegidas y completadas las variables a cruzar.

A continuación se hace clic en el cuadro de diálogo *Modelo* (Figura 3-52) para especificar el numero de dimensiones, la medida de distancia, el método de estandarización y el método de normalización. En la opción *Dimensiones en la solución* se especifica el número de dimensiones. En general, seleccione el menor número de dimensiones que necesite para explicar la mayor parte de la variación. El máximo número de dimensiones depende del número de categorías activas utilizadas en el análisis y de las restricciones de igualdad. En nuestro caso tomamos 5. En el cuadro *Medida de distancia* se selecciona *Chi-cuadradro* (utiliza una distancia ponderada entre los perfiles, donde la ponderación es la masa de las filas o de las columnas siendo una distancia necesaria para el análisis de correspondencias típico). En el cuadro *Método de estandarización* seleccionamos la opción *Se eliminan las medias de filas y columnas* para centrar las filas y las columnas (este método es necesario para el análisis de correspondencias típico en el cuadro *Método de normalización* seleccionamos *Simétrico*).

Por haber seleccionado el método de normalización *Simétrico,* para cada dimensión, las puntuaciones de fila son la media ponderada de las puntuaciones de columna divididas por el valor propio coincidente y las puntuaciones de columna son la media ponderada de las puntuaciones de fila divididas por el valor propio coincidente. Utilizamos este método si deseamos examinar las diferencias o similaridades entre las categorías de las dos variables.

El botón *Estadísticos* de la Figura 3-47 nos lleva al cuadro de diálogo *Estadísticos* (Figura 3-53), que permite especificar los resultados numéricos producidos. Seleccionamos todas las opciones posibles. Se generará una tabla permutada para cada dimensión desde 1 hasta el número especificado en *Dimensión máxima para las permutaciones* (en nuestro caso, 5).

El botón *Gráficos* de la Figura 3-47 nos lleva al cuadro de diálogo *Gráficos* de la Figura 3-54 que permite especificar qué gráficos se van a generar. Seleccionamos todas las opciones para obtener la mejor salida gráfica.

Al pulsar *Aceptar* en la Figura 3-47, se obtiene toda la salida tabular y gráfica para el análisis de correspondencias simples.

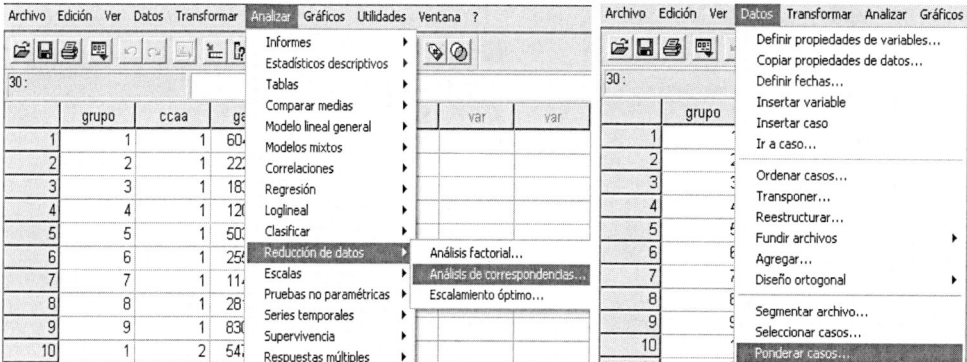

Figura 3-44   Figura 3-45

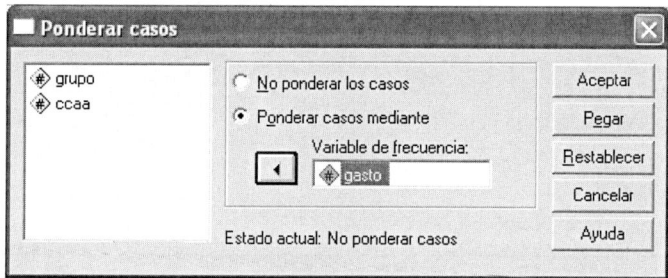

Figura 3-46

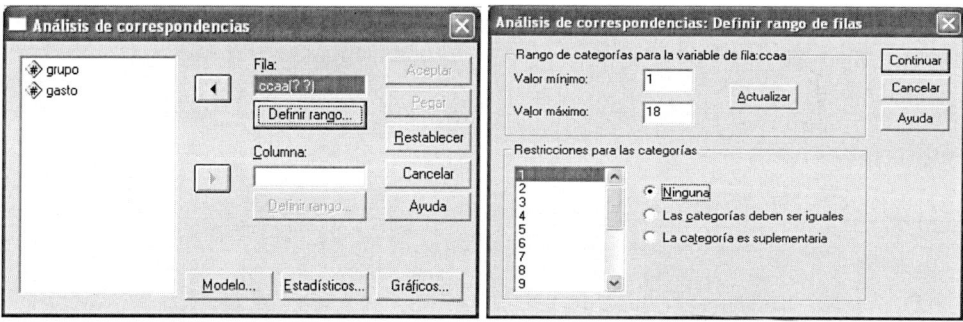

Figura 3-47   Figura 3-48

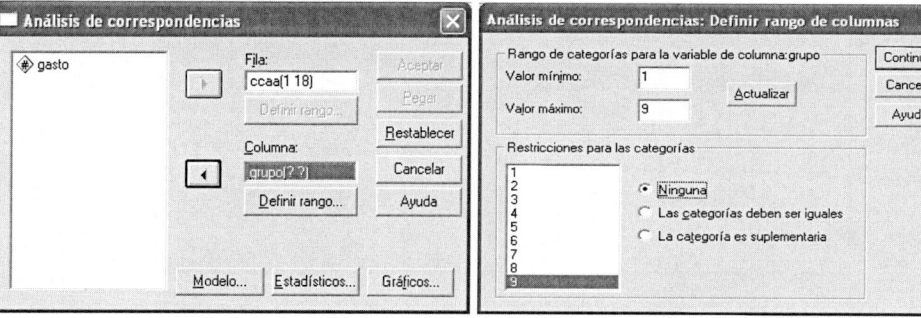

Figura 3-49   Figura 3-50

Figura 3-51   Figura 3-52

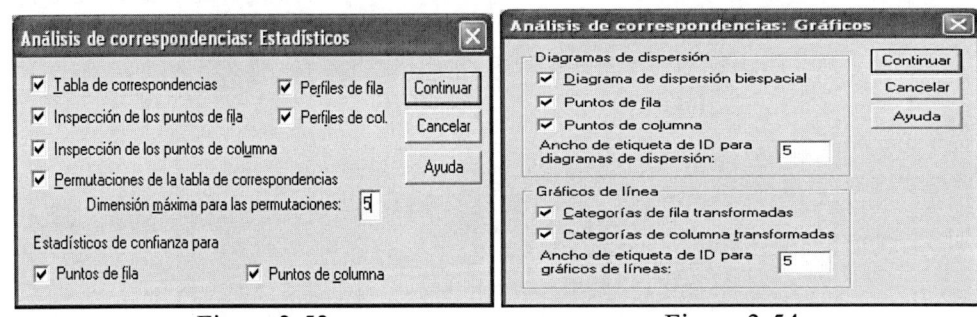

Figura 3-53   Figura 3-54

El primer elemento que se obtiene en la salida es la tabla de correspondencias (Figura 3-55) seguida de los perfiles de fila y columna (Figuras 3-56 y 3-57).

Tabla de correspondencias

CCAA	Alimentos	Vestido	Vivienda	Muebles	Sanidad	Transporte	Esparcimiento	Otros.bienes	Otros.servicios	Margen activo
						GRUPO				
Andalucía	604906	222072	183773	120660	50308	255114	114433	281153	83027	1915446
Aragón	547436	255127	201639	125630	50268	246867	110719	262864	81832	1882382
Asturias	586561	280510	232693	130525	57682	336226	150503	310705	120725	2206130
Baleares	549567	227004	205880	143722	87284	357122	151111	333944	131271	2186905
Canarias	572256	185538	179574	134070	74322	305326	159185	279855	98012	1988138
Cantabria	587826	288598	261429	118398	63395	302423	116816	276978	105707	2121570
Castilla.Mancha	546618	217780	191246	119423	41204	251981	109661	259545	107719	1845177
Castilla.León	543406	220646	210043	125781	53318	243869	96367	252823	101476	1847729
Cataluña	685925	262378	282701	162944	92869	360872	227525	362571	107370	2545155
C.Valenciana	541577	217826	177228	132318	61803	280136	122874	281020	99310	1914092
Extremadura	469635	211088	137556	100379	43829	207527	86593	222698	71039	1550344
Galicia	615209	247874	198830	131660	51307	291052	128064	255713	104412	2024121
Madrid	673620	253666	252591	145747	86853	369559	215523	432997	0	2430556
Murcia	603683	210393	189394	127725	46726	318856	103650	310354	243540	2154321
Navarra	643258	324500	251319	220787	80939	406681	185658	408892	154978	2677012
País.Vasco	636443	267178	232181	157854	64959	342386	174320	394733	121880	2391934
Rioja	602255	209670	196262	127146	54824	262629	126054	313107	127721	2019668
Ceuta.Melila	683373	193283	133987	81436	27191	141950	84439	234961	64365	1644985
Margen activo	10693554	4295131	3718326	2406205	1089081	5280576	2463495	5474913	1924384	37345665

Figura 3-55

Perfiles de columna

CCAA	Alimentos	Vestido	Vivienda	Muebles	Sanidad	Transporte	Esparcimiento	Otros.bienes	Otros.servicios	Masa
Andalucía	,057	,052	,049	,050	,046	,048	,046	,051	,043	,051
Aragón	,051	,059	,054	,052	,046	,047	,045	,048	,043	,050
Asturias	,055	,065	,063	,054	,053	,064	,061	,057	,063	,059
Baleares	,051	,053	,055	,060	,080	,068	,061	,061	,068	,059
Canarias	,054	,043	,048	,056	,068	,058	,065	,051	,051	,053
Cantabria	,055	,067	,070	,049	,058	,057	,047	,051	,055	,057
Castilla.Mancha	,051	,051	,051	,050	,038	,048	,045	,047	,056	,049
Castilla.León	,051	,051	,056	,052	,049	,046	,039	,046	,053	,049
Cataluña	,064	,061	,076	,068	,085	,068	,092	,066	,056	,068
C.Valenciana	,051	,051	,048	,055	,057	,053	,050	,051	,052	,051
Extremadura	,044	,049	,037	,042	,040	,039	,035	,041	,037	,042
Galicia	,058	,058	,053	,055	,047	,055	,052	,047	,054	,054
Madrid	,063	,059	,068	,061	,080	,070	,087	,079	,000	,065
Murcia	,056	,049	,051	,053	,043	,060	,042	,057	,127	,058
Navarra	,060	,076	,068	,092	,074	,077	,075	,075	,081	,072
País.Vasco	,060	,062	,062	,066	,060	,065	,071	,072	,063	,064
Rioja	,056	,049	,053	,053	,050	,050	,051	,057	,066	,054
Ceuta.Melila	,064	,045	,036	,034	,025	,027	,034	,043	,033	,044
Margen activo	1,000	1,000	1,000	1,000	1,000	1,000	1,000	1,000	1,000	

Figura 3-56

No olvidemos que los perfiles son las proporciones de cada celdilla en función de la distribución marginal de la fila y la columna correspondiente. Además, en el análsis de correspondencias la distancia entre las modalidades se mide a través de las distribuciones marginales, de modo que cuanto mayor sea la diferencia entre perfiles con masa similar, mayor será la distancia entre comunidades. Por ejemplo, las dos Castillas tienen la misma masa, pero los perfiles de gasto de *Castilla la Mancha* son superiores para algunos grupos de gasto e inferiores para otros.

Perfiles de fila

CCAA	Alimentos	Vestido	Vivienda	Muebles	Sanidad	Transporte	Esparcimiento	Otros.bienes	Otros.servicios	Margen activo
Andalucía	,316	,116	,096	,063	,026	,133	,060	,147	,043	1,000
Aragón	,291	,136	,107	,067	,027	,131	,059	,140	,043	1,000
Asturias	,266	,127	,105	,059	,026	,152	,068	,141	,055	1,000
Baleares	,251	,104	,094	,066	,040	,163	,069	,153	,060	1,000
Canarias	,288	,093	,090	,067	,037	,154	,080	,141	,049	1,000
Cantabria	,277	,136	,123	,056	,030	,143	,055	,131	,050	1,000
Castilla.Mancha	,296	,118	,104	,065	,022	,137	,059	,141	,058	1,000
Castilla.León	,294	,119	,114	,068	,029	,132	,052	,137	,055	1,000
Cataluña	,270	,103	,111	,064	,036	,142	,089	,142	,042	1,000
C.Valenciana	,283	,114	,093	,069	,032	,146	,064	,147	,052	1,000
Extremadura	,303	,136	,089	,065	,028	,134	,056	,144	,046	1,000
Galicia	,304	,122	,098	,065	,025	,144	,063	,126	,052	1,000
Madrid	,277	,104	,104	,060	,036	,152	,089	,178	,000	1,000
Murcia	,280	,098	,088	,059	,022	,148	,048	,144	,113	1,000
Navarra	,240	,121	,094	,082	,030	,152	,069	,153	,058	1,000
País.Vasco	,266	,112	,097	,066	,027	,143	,073	,165	,051	1,000
Rioja	,298	,104	,097	,063	,027	,130	,062	,155	,063	1,000
Ceuta.Melila	,415	,117	,081	,050	,017	,086	,051	,143	,039	1,000
Masa	,286	,115	,100	,064	,029	,141	,066	,147	,052	

Figura 3-57

Si observamos los perfiles fila, vemos gran similitud en la distribución de gastos para *Canarias* y *Madrid*, lo que nos lleva a pensar que ambas comunidades tienen patrones de gasto parecidos. El mismo análisis podría hacerse para otras comunidades. La masa puede interpretarse como la influencia de un objeto en base a su frecuencia marginal. El centroide, que es el perfil medio de la columna o la fila, está afectado por la masa, de modo que las filas o columnas con una masa elevada (*Navarra, Madrid, Cataluña*) influyen en la inercia aunque estén cerca del centroide, mientras que las filas o columnas con masa pequeña (*Ceuta* y *Extremadura*) influyen sobre la inercia únicamente cuando están lejos del centroide.

El siguiente elemento en la salida de SPSS es la tabla resumen de la Figura 3-58, donde aparecen el número de dimensiones calculadas, los valores propios de cada dimensión, la inercia, el estadístico *Chi-cuadrado* con su distribución y la proporción de inercia explicada por cada dimensión.

					Proporción de inercia		Confianza para el Valor propio				
									Correlación		
Dimensión	Valor propio	Inercia	Chi-cuadrado	Sig.	Explicada	Acumulada	Desviación típica	2	3	4	5
1	,099	,010			,460	,460	,000	,033	,058	,005	,010
2	,083	,007			,326	,786	,000		,022	,000	,015
3	,047	,002			,106	,892	,000			,008	,014
4	,030	,001			,042	,934	,000				,019
5	,024	,001			,028	,962	,000				
6	,020	,000			,018	,980					
7	,017	,000			,013	,994					
8	,011	,000			,006	1,000					
Total		,021	790517,593	,000a	1,000	1,000					

a. 136 grados de libertad

Figura 3-58

El número de dimensiones consideradas siempre es un número inferior al número de categorías que tiene la variable con menos categorías (en nuestro caso 9 grupos de gastos). Esa es la razón por la que se consideran 8 dimensiones. Haciendo un símil con el análisis en componentes principales, la primera dimensión explica la mayor cantidad de inercia (46%), la segunda menos (32,6%) y así sucesivamente. El objetivo en análisis de correspondencias es explicar la relación entre filas y columnas con el menor número de dimensiones posibles. Se comienza el análisis con el mayor número de dimensiones para observar la contribución relativa de cada una a la inercia total (aunque hemos solicitado 5 dimensiones, SPSS ofrece las 8 posibles, aunque sí tiene en cuenta esta condición al ofrecer la desviación típica y la correlación entre dimensiones), para posteriormente quedarnos con un número de dimensiones menor con la condición de que expliquen entre todas un porcentaje alto de la inercia total (las 5 primeras explican un 96,2%). Los valores propios se interpretan como la correlación entre las puntuaciones de filas y columnas. La medida relativa de la importancia de una dimensión es su inercia o cuadrado del autovalor (sólo las 5 primeras tienen inercia no nula). La significación de la *Chi-cuadrado* (0,0000) indica la presencia de una relación significativa entre las variables utilizadas y una diferencia importante de los perfiles respecto del perfil medio.

A continuación, la salida presenta las tablas de examen de los puntos de fila (Figura 3-59) y examen de los puntos de columna (Figura 3-60).

Examen de los puntos de fila[a]

CCAA	Masa	Puntuación en la dimensión					Inercia	Contribución										
		1	2	3	4	5		De los puntos a la inercia de la dimensión					De la dimensión a la inercia del punto					Total
								1	2	3	4	5	1	2	3	4	5	
Andalucía	,051	,061	,247	-,030	-,061	-,020	,000	,002	,038	,001	,006	,001	,063	,863	,007	,019	,002	,954
Aragón	,050	,061	,155	,323	-,080	-,030	,000	,002	,015	,111	,011	,002	,048	,259	,642	,025	,003	,977
Asturias	,059	-,038	-,112	,210	,057	,113	,000	,001	,009	,055	,006	,031	,027	,201	,401	,019	,060	,707
Baleares	,059	-,051	-,376	-,129	,023	-,063	,001	,002	,099	,020	,001	,010	,017	,789	,053	,001	,007	,866
Canarias	,053	,099	-,162	-,329	,186	-,309	,001	,005	,017	,121	,062	,210	,082	,185	,434	,088	,195	,985
Cantabria	,057	-,018	,044	,491	,259	,145	,001	,000	,001	,289	,128	,049	,002	,011	,785	,138	,035	,971
Castilla.Mancha	,049	-,142	,114	,085	,006	,060	,000	,010	,008	,008	,000	,007	,480	,261	,083	,000	,021	,846
Castilla.León	,049	-,104	,115	,222	,093	-,009	,000	,005	,008	,051	,014	,000	,153	,157	,334	,037	,000	,682
Cataluña	,068	,248	-,204	-,106	,350	-,067	,001	,042	,034	,016	,280	,013	,389	,223	,034	,236	,007	,890
C.Valenciana	,051	-,007	-,056	-,038	-,098	-,147	,000	,000	,002	,002	,016	,046	,003	,183	,048	,198	,362	,794
Extremadura	,042	,012	,213	,170	-,248	-,146	,000	,000	,023	,025	,086	,037	,002	,434	,157	,212	,059	,864
Galicia	,054	-,052	,135	,121	,083	-,224	,000	,001	,012	,017	,013	,112	,053	,300	,137	,041	,241	,772
Madrid	,065	,818	-,087	-,175	-,071	,245	,005	,442	,006	,042	,011	,161	,942	,009	,021	,002	,021	,994
Murcia	,058	-,995	-,141	-,264	,041	,198	,005	,468	,014	,085	,003	,093	,928	,019	,039	,001	,011	,998
Navarra	,072	-,055	-,338	,101	-,349	-,156	,001	,002	,098	,016	,291	,072	,019	,625	,032	,240	,039	,955
País.Vasco	,064	,053	-,141	-,098	-,181	,206	,000	,002	,015	,013	,070	,113	,057	,343	,094	,202	,213	,909
Rioja	,054	-,166	,072	-,197	-,005	,137	,000	,015	,003	,044	,000	,042	,448	,070	,303	,000	,075	,896
Ceuta.Melilla	,044	,012	1,062	-,303	-,027	-,029	,004	,000	,598	,085	,001	,002	,000	,953	,044	,000	,000	,998
Total activo	1,000						,021	1,000	1,000	1,000	1,000	1,000						

a. Normalización Simétrica

Figura 3-59

Examen de los puntos columna[a]

GRUPO	Masa	Puntuación en la dimensión					Inercia	Contribución										
		1	2	3	4	5		De los puntos a la inercia de la dimensión					De la dimensión a la inercia del punto					Total
								1	2	3	4	5	1	2	3	4	5	
Alimentos	,286	-,009	,394	-,119	,055	-,054	,004	,000	,536	,086	,029	,035	,001	,937	,049	,007	,005	,998
Vestido	,115	,007	,124	,443	-,150	-,034	,001	,000	,021	,477	,086	,006	,000	,109	,793	,057	,002	,961
Vivienda	,100	,091	-,065	,307	,295	,190	,001	,008	,005	,198	,290	,149	,083	,036	,456	,264	,089	,928
Muebles	,064	-,004	-,207	,058	-,300	-,326	,001	,000	,033	,005	,194	,283	,000	,329	,015	,248	,238	,830
Sanidad	,029	,319	-,459	-,109	,260	-,320	,001	,030	,074	,007	,066	,124	,263	,457	,015	,053	,065	,852
Transporte	,141	,018	-,340	,024	,012	-,021	,002	,000	,197	,002	,001	,003	,003	,873	,003	,000	,001	,880
Esparcimiento	,066	,416	-,318	-,275	,172	-,069	,002	,116	,080	,105	,065	,013	,522	,256	,109	,027	,004	,918
Otros.bienes	,147	,125	-,079	-,162	-,229	,253	,001	,023	,011	,102	,257	,387	,225	,076	,228	,229	,225	,983
Otros.servicios	,052	-1,254	-,260	-,130	,085	,025	,008	,822	,042	,018	,012	,001	,958	,035	,005	,001	,000	,999
Total activo	1,000						,021	1,000	1,000	1,000	1,000	1,000						

a. Normalización Simétrica

Figura 3-60

La tabla de examen de los puntos de columna muestra, bajo el rótulo *Puntuación en la dimensión*, la masa de cada columna y las coordenadas de la columna en los factores. Bajo el rótulo *Contribuciones*, la tabla muestra la contribución de cada columna a la inercia total y las contribucionas absolutas (bajo el título *Contribución de los puntos a la inercia de la dimensión*) y relativas. Las contribuciones absolutas muestran la contribución de cada punto a la definición de la dimensión o, dicho de otro modo, la proporción de la inercia explicada por un factor debida a cada categoría.

Para el primer factor, las modalidades de gasto dominantes son los gastos en *otros servicios* (contribución de 0,822 a la inercia del eje) y los gastos en *esparcimiento* (0,116 de la inercia del eje).

Para el segundo factor, las modalidades de gasto dominantes son los gastos en alimentación (contribución de 0,53 a la inercia del eje), los gastos en *transporte* (0,197 de la inercia del eje) y los gastos en *esparcimiento* (0,08 de la inercia del eje).

El tercer factor se explica esencialmente por los gastos en *vestido* (contribución de 0,477 a la inercia), en *vivienda* (0,198), en *esparcimiento* (0,105) y en *otros bienes* (0,102).

El cuarto factor se explica por los gastos en *vivienda* (contribución de 0,29 a la inercia) y en *otros bienes* (0,257) .

El quinto factor se explica por los gastos en otros bienes (contribución de 0,387 a la inercia), en *muebles* (0,283), en *vivienda* (0,149) y en *sanidad* (0,124).

El mismo análisis podría realizarse con los puntos de fila para la explicación de las comunidades.

La tabla de examen de los puntos de fila muestra, bajo el rótulo *Puntuación en la dimensión*, la masa de cada fila y las coordenadas de la fila en los factores. Bajo el rótulo *Contribuciones*, la tabla muestra la contribución de cada fila a la inercia total y las contribuciones absolutas (bajo el título *Contribución de los puntos a la inercia de la dimensión*) y relativas. Las contribuciones absolutas muestran la contribución de cada punto a la definición de la dimensión o, dicho de otro modo, la proporción de la inercia explicada por un factor debida a cada categoría.

Para el primer factor, las comunidades dominantes son *Murcia* (contribución de 0,468 a la inercia del eje) y *Madrid* (0,442 de la inercia del eje).

Para el segundo factor, las comunidades de gasto dominantes son *Ceuta* y *Melilla* (contribución de 0,598 a la inercia del eje), *Baleares* (0,099) de la inercia del eje) y *Navarra* (0,098 de la inercia del eje).

El tercer factor se explica esencialmente por *Cantabria* (contribución de 0,289 a la inercia), *Canarias* (0,121) y *Aragón* (0,111).

El cuarto factor se explica por *Navarra* (contribución de 0,291 a la inercia), *Cataluña* (0,280), *Cantabria* (0,128) y *Extremadura* (0,086).

El quinto factor se explica por *Canarias* (contribución de 0,210 a la inercia), *Madrid* (0,161), *País Vasco* (0,113), *Galicia* (0,112) y *Murcia* (0,093).

Las tablas examen de los puntos de fila y columna (Figuras 3-59 y 3-60) recogen, en su columna *Puntuación de la dimensión*, las puntuaciones de columnas y filas que se utilizan como coordenadas en las Figuras que se muestran a continuación y que representan las puntuaciones de las categorías en cada dimensión para ver la distancia de cada categoría al origen de coordenadas. De esta forma, los gráficos permiten una rápida comparación entre las distancias de las categorías respecto del origen de coordenadas.

Las Figuras 3-61 a 3-65 presentan las Comunidades Autónomas representadas en los 5 factores. Para el primer factor, *Madrid* aparece como la Comunidad más alejada del origen y *Murcia* la más cercana. Para el segundo factor, la más alejada es *Ceuta* y la más cercana es *Baleares*, y así sucesivamente. De esta forma se conocen los elementos que contribuyen a cada factor y se comparan gráficamente las cuantías de las contribuciones.

Las Figuras 3-66 a 3-70 presentan los gastos representados en los 5 factores. Para el primer factor, otros servicios es el gasto más cercano al origen y esparcimiento es el más lejano e igualmente se analizarían el resto de los gráficos.

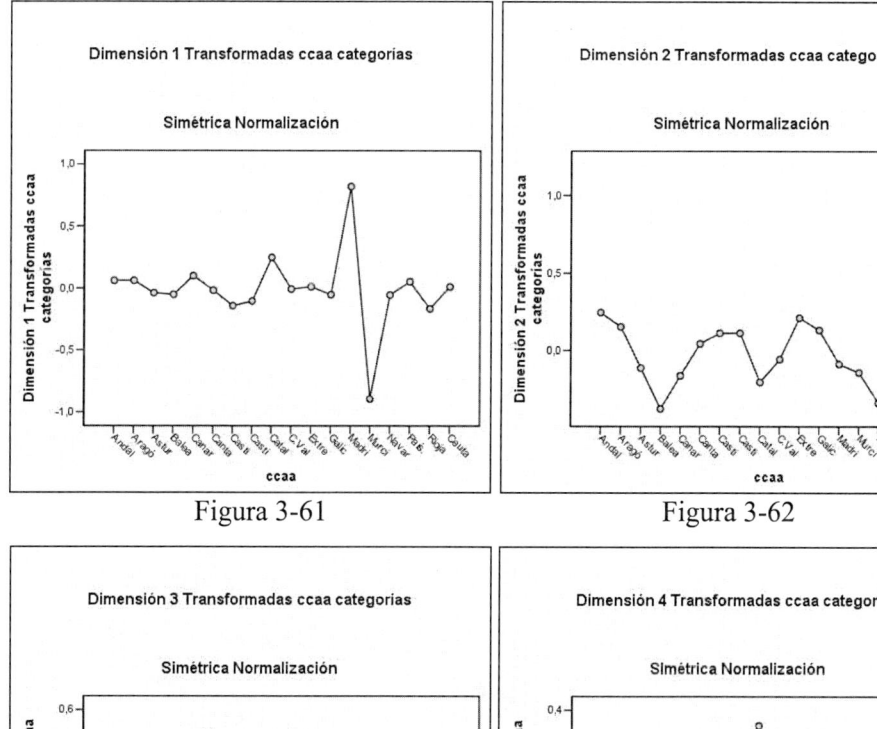

Figura 3-61   Figura 3-62

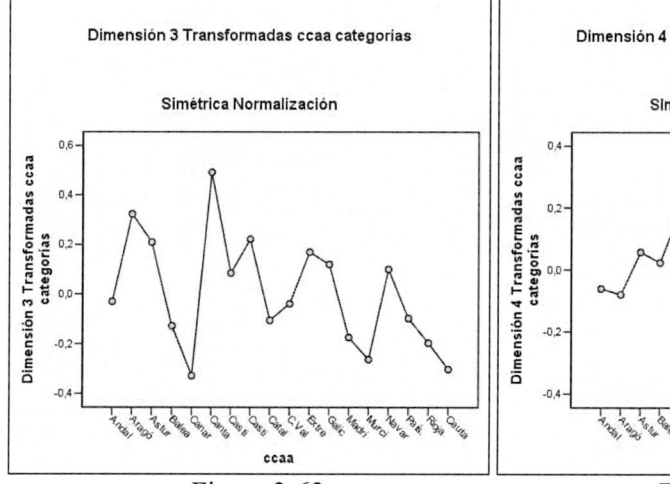
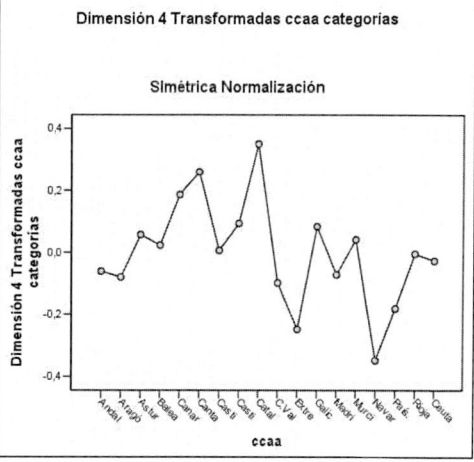

Figura 3-63   Figura 3-64

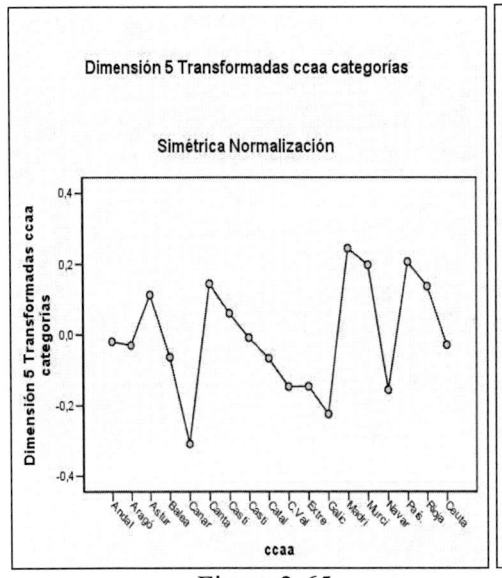

Figura 3-65

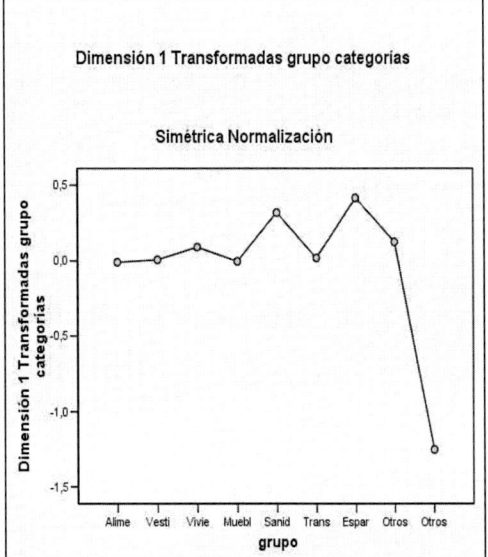

Figura 3-66

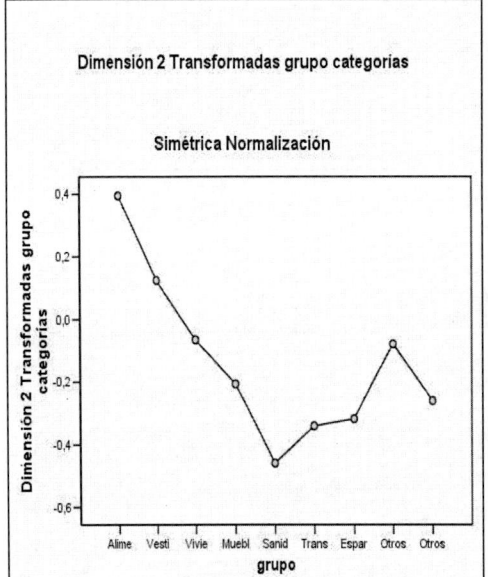

Figura 3-67

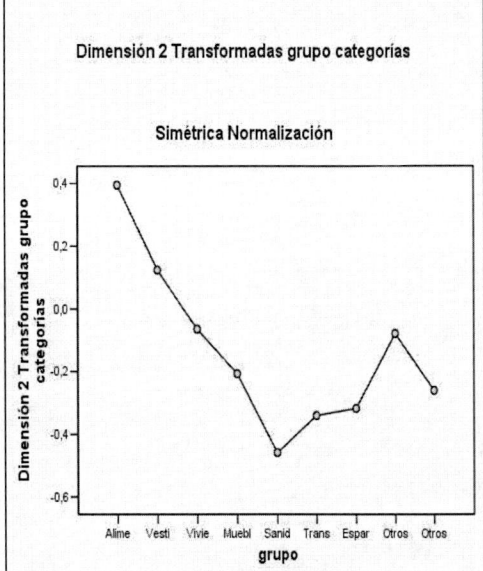

Figura 3-68

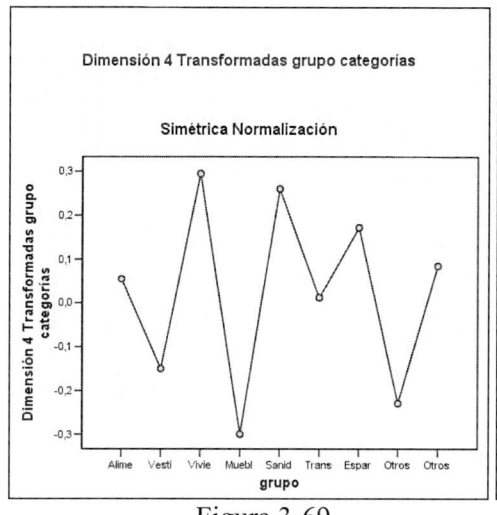

Figura 3-69

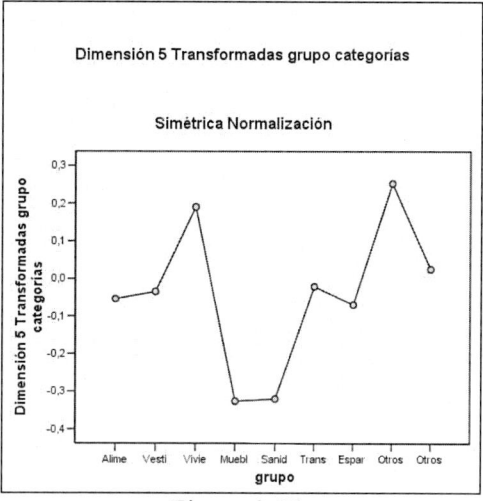

Figura 3-70

Los gráficos anteriores permiten una interpretación simultánea de gastos por comunidades. Para el primer factor las modalidades dominantes eran otros servicios (parte negativa en la Figura 3-66) y los gastos en esparcimiento (parte positiva). Como para el primer factor las comunidades dominantes eran *Murcia* (parte negativa de la Figura 3-61) y *Madrid* (parte positiva), puede decirse que *Murcia* presenta los mayores gastos en otros servicios y *Madrid* los mayores gastos en esparcimiento. De la misma forma podrían analizarse todos los pares de gráficos anteriores.

En las Figuras 3-71 y 3-72 se analizan los gráficos de dispersión que presentan las puntuaciones de fila y columna respectivamente en los diversos factores. Los gráficos de líneas representaban sólo la puntuación de cada categoría en un factor. Los gráficos de dispersión realizan representaciones en varias dimensiones. Por ejemplo, las puntuaciones de cada comunidad se representan en un gráfico de dispersión para todas las posibles combinaciones de los 5 factores (Figura 3-71).

Del mismo modo las puntuaciones de cada grupo de gasto se representan en un gráfico de dispersión para todas las posibles combinaciones de los 5 factores (Figura 3-72).

La Figura 3-73 presenta el gráfico de dispersión biespacial en el que se superponen las dos gráficas anteriores (puntuaciones de fila y columna).

Normalmente, para interpretar mejor las Figuras 3-71 a 3-73 suelen considerarse menos dimensiones. Los gráficos se interpretan bastante bien considerando tres dimensiones. Para ello, habría que ejecutar otra vez el procedimiento del análisis de correspondencias con tres dimensiones en las Figuras 3-52 a 3-54.

Puntos de fila para ccaa

Simétrica Normalización

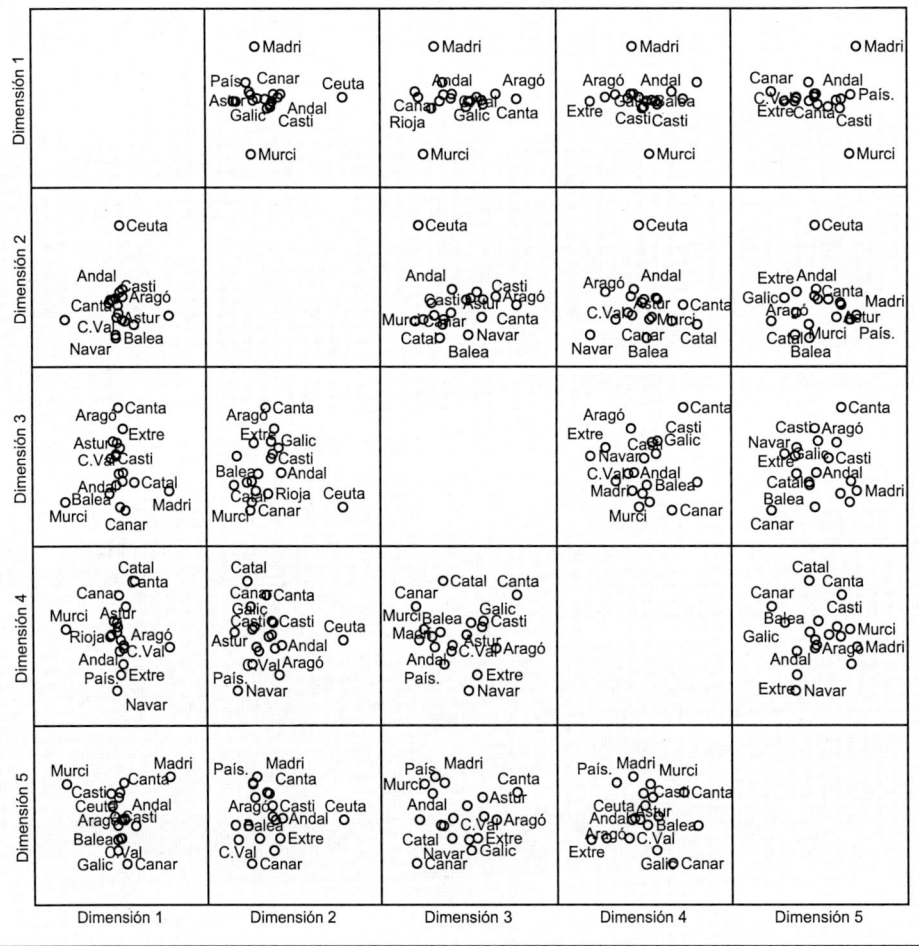

Figura 3-71

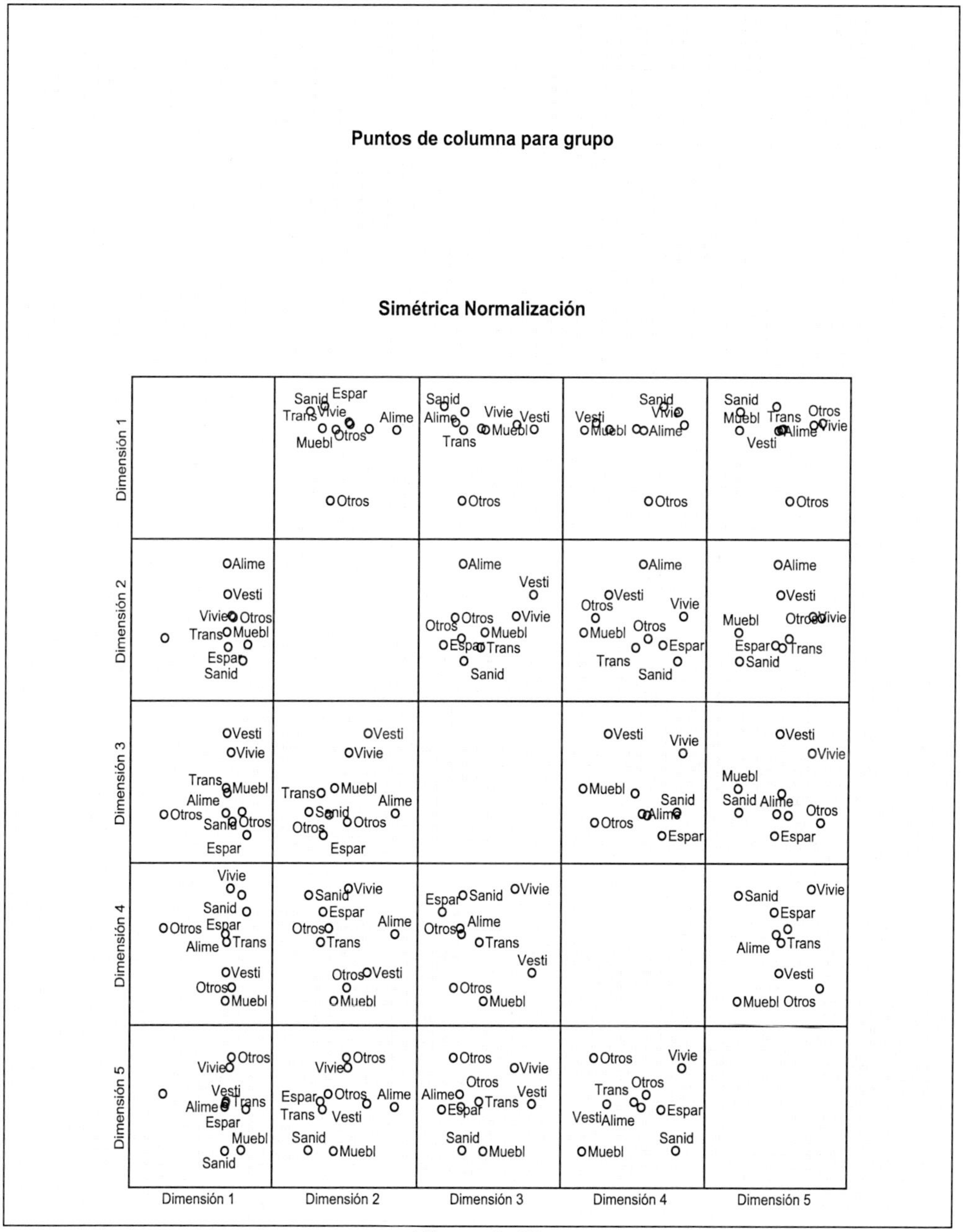

Figura 3-72

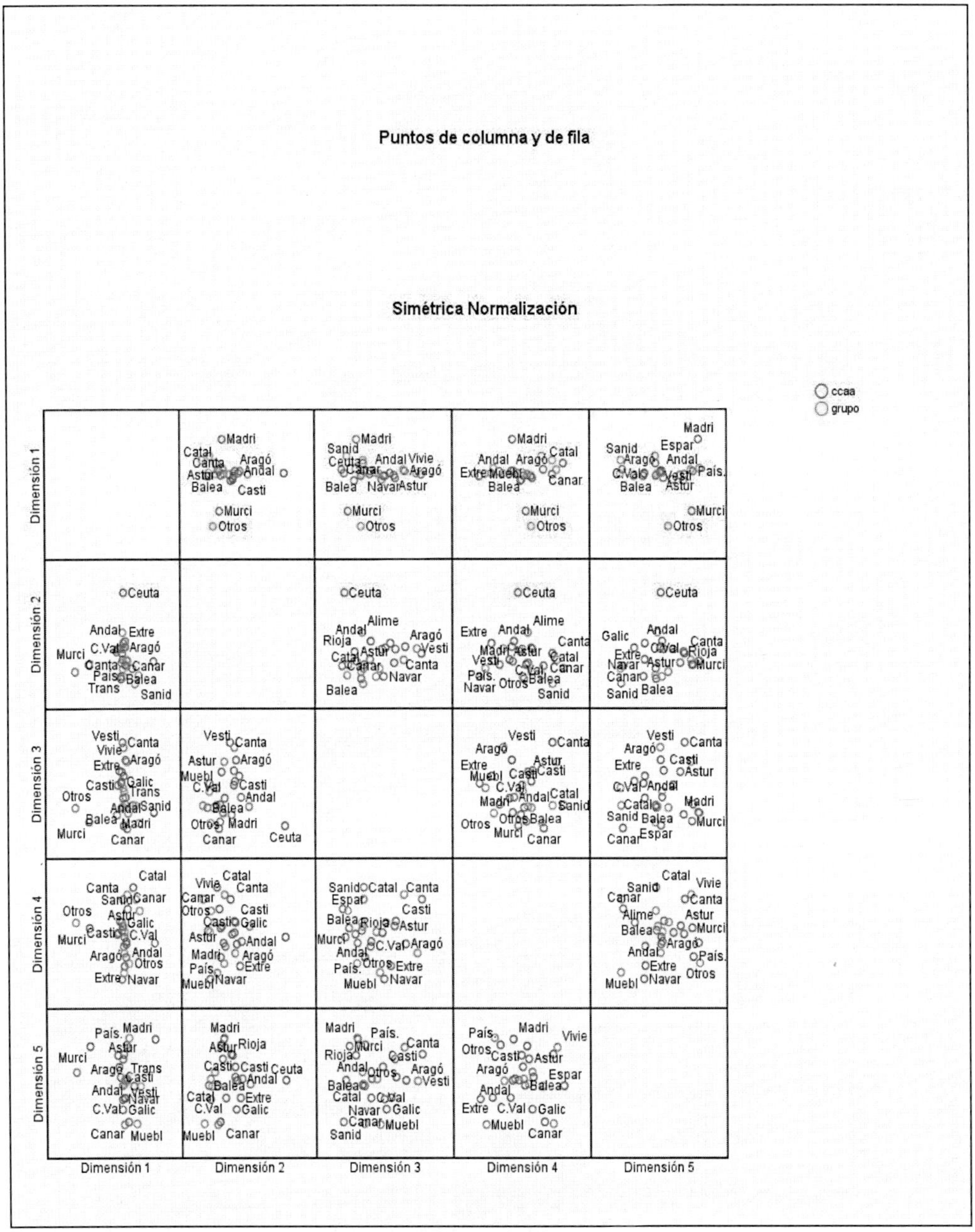

Figura 3-73

Ejercicio 3-2. Se trata de analizar las relaciones existentes entre la importancia de un impacto sobre un fruto y diversos parámetros susceptibles de medir sus consecuencias. Se utilizan datos procedentes de un ensayo efectuado sobre 10 peras obtenidas en idénticas condiciones de cultivo y que fueron conservadas en una cámara a 0° centígrados para impedir su maduración. Cada pera fue sometida a 5 impactos, efectuándose cada impacto desde una altura diferente con una masa impactante de acero de forma esférica que estaba conectada a un acelerómetro que transmitía las señales a un convertidor analógico-digital que las interpretaba y transmitía a un microordenador con alta capacidad de procesamiento. Varios programas transformaban a posteriori la información enviada al microordenador y permitía la medida de distintas variables asociadas con el impacto recibido por el fruto. De estas variables se procesan la anchura de la magulladura (A), la profundidad de la magulladura (P), la fuerza máxima (F), la deformación máxima (D), le energía absorbida (E) y la duración del impacto (T). Estas variables cuantitativas se transformaron en cualitativas definiendo las modalidades que se presentan en el ejercicio. Asimismo, también se presenta en el ejercicio el cuadro de datos recogidos en formato tabla de Burt

VARIABLES Y SUS MODALIDADES

Variables	Clase	Modalidad cualitativa	Sigla de modalidad
Altura del impacto (I)	4 cm	Muy baja	IP4
	6 cm	Baja	IP6
	8 cm	Media	IP8
	10 cm	Alta	I10
	12 cm	Muy alta	I12
Anchura de la magulladura (A)	0-2 cm	Inapreciable	AIP
	2-4 cm	Baja	ABJ
	3-6 cm	Media	AMD
	6-7 cm	Alta	ALT
	≥ 7 cm	Muy alta	AMT
Profundidad de la magulladura (P)	0-1 cm	Inapreciable	PIP
	1-3,5 cm	Baja	PBJ
	3,5-4,5 cm	Media	PMD
	4,5-5,5 cm	Alta	PLT
	≥ 5,5 cm	Muy alta	PMT
Fuerza máxima (F)	20-30 N	Muy baja	FMB
	30-40 N	Baja	FBJ
	40-50 N	Media	FMD
	50-60 N	Alta	FLT
	60-70 N	Muy alta	FMT
Deformación máxima (D)	0-1,2 cm	Muy baja	DMB
	1,2-1,4 cm	Baja	DBJ
	1,3-1,6 cm	Media	DMD
	1,6-1,8 cm	Alta	DLT
	≥ 1,8 cm	Muy alta	DMT
Energía absorbida (E)	0-0,02 J	Muy baja	EMB
	0,02- 0,03 J	Baja	EBJ
	0,03-0,04 J	Media	EMD
	0,03-0,05 J	Alta	ELT
	0,05-0,06 J	Muy alta	EMT
Duración del impacto (T)	2,5-3,5 ms	Baja	TBJ
	3,5-4 ms	Media	TMD
	3-4,5 ms	Alta	TLT
	≥ 4,5 ms	Muy alta	TMT

TABLA DE BURT CON LOS DATOS

Pera	Impacto	I	A	P	F	D	E	T
1	1	10000	10000	10000	01000	10000	10000	01000
1	2	10000	01000	01000	01000	10000	10000	01000
1	3	10000	10000	10000	01000	10000	10000	00100
1	4	10000	10000	10000	01000	10000	10000	01000
1	5	10000	10000	01000	01000	10000	10000	01000
2	6	01000	10000	10000	01000	10000	10000	00100
2	7	10000	10000	10000	01000	10000	10000	01000
2	8	10000	01000	01000	10000	01000	10000	00001
2	9	10000	10000	10000	01000	10000	10000	01000
2	10	10000	01000	01000	01000	10000	10000	00100
3	11	01000	00100	01000	00100	01000	01000	01000
3	12	01000	00100	01000	00100	01000	01000	01000
3	13	01000	01000	01000	00100	01000	01000	01000
3	14	01000	01000	01000	00100	01000	01000	01000
3	15	01000	00100	00100	00100	01000	01000	01000
4	16	01000	01000	01000	00100	01000	01000	01000
4	17	01000	01000	01000	00100	01000	01000	01000
4	18	01000	01000	01000	01000	00100	01000	00100
4	19	01000	01000	00100	00100	01000	01000	00100
4	20	01000	01000	01000	00100	01000	01000	01000
5	21	00100	01000	01000	00010	00100	00100	01000
5	22	00100	00100	00100	00010	00100	00100	01000
5	23	00100	01000	01000	00010	00100	00100	01000
5	24	00100	00100	00100	00010	00100	00100	01000
5	25	00100	00010	00001	00010	00100	00100	01000
6	26	00100	00100	01000	00010	00100	00100	01000
6	27	00100	00100	00010	00010	00100	00100	01000
6	28	00100	00100	01000	00100	00010	00100	00100
6	29	00100	00100	01000	00010	00100	00100	01000
6	30	00100	00100	00100	00010	00100	00100	01000
7	31	00010	00001	00001	00001	00010	00010	01000
7	32	00010	00010	00010	00010	00010	00010	01000
7	33	00010	00100	00100	00001	00100	00010	01000
7	34	00010	00100	00010	00010	00010	00010	01000
7	35	00010	00010	00001	00010	00010	00010	01000
8	36	00010	00100	00100	00010	00010	00010	01000
8	37	00010	00010	00100	00010	00010	00010	01000
8	38	00010	00100	00100	00100	00001	00010	00010
8	39	00010	00100	00100	00010	00010	00010	01000
8	40	00010	00100	00100	00010	00010	00010	01000
9	41	00001	00010	00100	00001	00001	00001	01000
9	42	00001	00010	00010	00001	00001	00001	01000
9	43	00001	00010	00100	00001	00001	00001	01000
9	44	00001	00100	00100	00001	00010	00001	01000
9	45	00001	00010	00001	00001	00001	00001	01000
10	46	00001	00010	00100	00001	00001	00001	00100
10	47	00001	00001	00010	00001	00010	00001	01000
10	48	00001	00010	00100	00010	00001	00001	00001
10	49	00001	00100	00010	00001	00001	00001	01000
10	50	00001	00001	00010	00001	00001	00001	01000

La variable que mide la intensidad del impacto es la altura desde la que cae la masa impactante (controlada en el ensayo). En consecuencia, nuestro análisis se centrará fundamentalmente en establecer las relaciones entre esta variable y el resto de las variables retenidas, que son cualitativas. Por lo tanto, estamos ante un caso típico de análisis de correspondencias múltiples. Pero la primera tarea es tranformar los datos de la tabla de Burt a tabla disyuntiva completa propicia para el análisis en correspondencias múltiple. A continuación se presenta la tabla disyuntiva completa.

IMPACTO	I	A	P	F	D	E	T
1	1	1	1	2	1	1	1
2	1	2	2	2	1	1	1
3	1	1	1	2	1	1	2
4	1	1	1	2	1	1	1
5	1	1	2	2	1	1	1
6	2	1	1	2	1	1	2
7	1	1	1	2	1	1	1
8	1	2	2	1	2	1	4
9	1	1	1	2	1	1	1
10	1	2	2	2	1	1	2
11	2	3	2	3	2	2	1
12	2	3	2	3	2	2	1
13	2	2	2	3	2	2	1
14	2	2	2	3	2	2	1
15	2	1	3	3	2	2	1
16	2	2	2	3	2	2	1
17	2	2	2	3	2	2	1
18	2	2	2	2	1	2	2
19	2	2	3	3	2	2	2
20	2	2	2	3	2	2	1
21	3	2	2	4	3	3	1
22	3	3	3	4	3	3	1
23	3	2	2	4	3	3	1
24	3	3	3	4	3	3	1
25	3	4	5	4	3	3	1
26	3	3	2	4	3	3	1
27	3	3	4	4	3	3	1
28	3	3	2	3	4	3	2
29	3	3	2	4	3	3	1
30	3	3	3	4	3	3	1
31	4	5	5	5	4	4	1
32	4	4	4	4	4	4	1
33	4	3	3	5	3	4	1
34	4	3	4	4	4	4	1
35	4	4	5	4	4	4	1
36	4	3	3	4	4	4	1
37	4	4	3	4	4	4	1
38	4	3	3	3	5	4	3
39	4	3	3	4	4	4	1
40	4	3	3	4	4	4	1
41	5	4	3	5	5	5	1
42	5	4	4	5	5	5	1
43	5	4	3	5	5	5	1
44	5	3	3	5	4	5	1
45	5	4	5	5	5	5	1
46	5	4	3	5	5	5	2
47	5	5	4	5	4	5	1
48	5	4	3	4	5	5	4
49	5	3	4	5	5	5	1
50	5	5	4	5	5	5	1

Para llevar a cabo el análisis de correspondencias múltiples con SPSS comenzamos introduciendo los datos como se indica en la Figura 3-74, es decir, transformando la tabla de Burt dada a tabla disyuntiva completa. A continuación se etiquetan adecuadamente para que el conjunto de datos tenga el aspecto de la Figura 3-75. La siguiente tarea es elegir en los menús *Analizar → Reducción de datos → Escalamiento óptimo* (Figura 3-76).

En el cuadro de diálogo *Escalamiento óptimo* de la Figura 3-77, seleccione *Todas las variables son nominales múltiples*. A continuación seleccione *Un conjunto*, pulse en *Definir*, y en la Figura 3-78 seleccione dos o más variables para el análisis. Se seleccionan todas menos *impacto*. Defina los rangos para las variables con el botón *Definir rango*. En nuestro caso todos los rangos serían de 1 a 5 para todas las variables menos para *T*, que varía de 1 a 4. Si lo desea, tiene la posibilidad de seleccionar una o más variables para proporcionar etiquetas de punto en los gráficos de las puntuaciones de objeto (campo *Etiquetar gráficos de las puntuaciones de objeto con:*). Podemos elegir la variable *impacto*. La Figura 3-78 muestra la pantalla con las variables y sus rangos.

Cada variable genera un gráfico diferente, con los puntos etiquetados mediante los valores de dicha variable. Debe definir un rango para cada una de las variables de etiquetado de los gráficos. Mediante el cuadro de diálogo, no se puede utilizar una misma variable en el análisis y como variable de etiquetado. Si se desea etiquetar el gráfico de las puntuaciones de objeto con una variable utilizada ya en el análisis, utilice la función *Calcular* en el menú *Transformar* para crear una copia de dicha variable. Utilice la nueva variable para etiquetar el gráfico. Alternativamente, se puede utilizar la sintaxis de comandos. En el botón *Dimensiones en la solución* especifique el número de dimensiones que desea en la solución. En general, seleccione el menor número de dimensiones que necesite para explicar la mayor parte de la variación. Si el análisis incluye más de dos dimensiones, SPSS genera gráficos tridimensionales de las tres primeras dimensiones. Si se edita el gráfico, se pueden representar otras dimensiones.

El botón *Opciones* (Figura 3-79) permite seleccionar estadísticos y gráficos opcionales, guardar en el archivo de datos de trabajo las puntuaciones de los objetos como nuevas variables y, por último, especificar los criterios de iteración y de convergencia. En cuanto a estadísticos y gráficos se obtienen: *frecuencias, autovalores, historial de iteraciones, puntuaciones de objeto, cuantificaciones de categoría, medidas de discriminación, gráficos de las puntuaciones de objeto, gráficos de las cuantificaciones de categoría y gráficos de las medidas de discriminación.*

Una vez elegidas las especificaciones (que se aceptan con el botón *Continuar*), se pulsa el botón *Aceptar* en la Figura 3-78 para obtener los resultados del análisis de correspondencias múltiples según se muestra en la Figura 3-80. En la parte izquierda de la Figura podemos ir seleccionando los distintos tipos de resultados haciendo clic sobre ellos. También se ven los resultados desplazándose a lo largo de la pantalla.

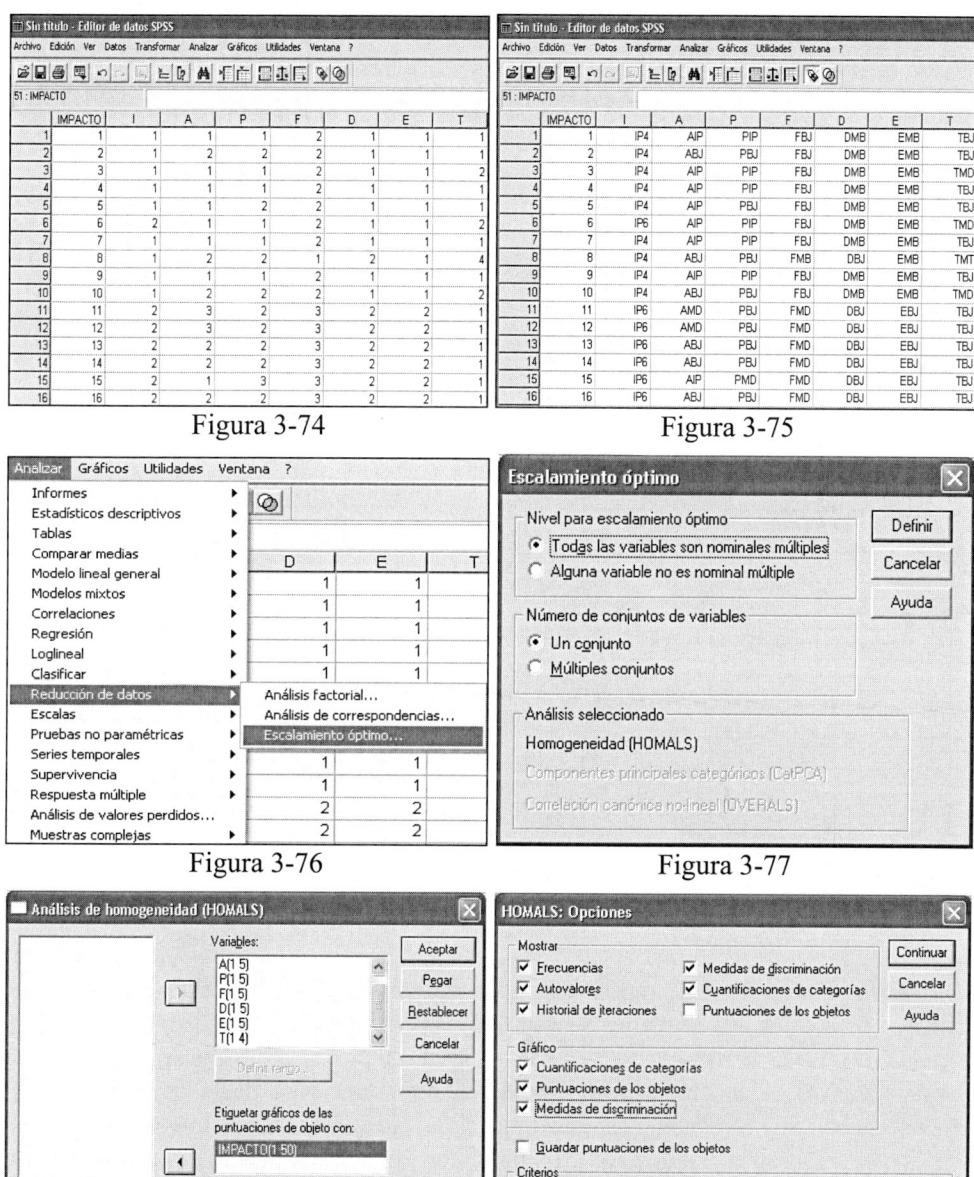

Figura 3-74

Figura 3-75

Figura 3-76

Figura 3-77

Figura 3-78

Figura 3-79

En las Figuras 17 Figuras 3-80 y 3-81 se muestran resúmenes de casos y tablas de frecuencias marginales representando cada uno de los valores para cada una de las variables. En la Figura 3-82 aparece la historia del proceso de homogeneización a través de las distintas iteraciones que el procedimiento considera necesarias para llegar a una solución de convergencia que refleje el ajuste total.

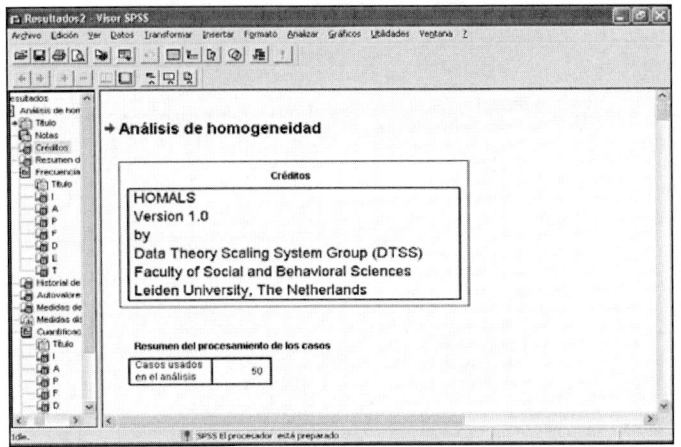

I	Frecuencia marginal
IP4	9
IP6	11
IP8	10
I10	10
I12	10
Perdidos	0

Figura 3-80

A	Frecuencia marginal
AIP	8
ABJ	12
AMD	17
ALT	10
AMT	3
Perdidos	0

Figura 3-81

Historial de iteraciones

Iteración	Ajuste	Diferencia desde la iteración anterior
1	,099185	,099185
2	1,508249	1,409064
3	1,731190	,222941
4	1,795772	,064582
5	1,844876	,049104
6	1,885780	,040904
7	1,914711	,028931
8	1,932256	,017545
9	1,941926	,009670
10	1,947014	,005088
11	1,949647	,002632
12	1,951005	,001359
13	1,951710	,000704
14	1,952077	,000367
15	1,952270	,000193
16	1,952372	,000102
17	1,952426	,000054
18	1,952454	,000029
19	1,952470	,000015
20(a)	1,952478	,000008
a Se ha detenido el proceso de iteración		

Figura 3-82

Autovalores

Dimensión	Autovalores
1	,799
2	,623
3	,531

Medidas de discriminación

	Dimensión		
	1	2	3
I	,948	,785	,891
A	,856	,570	,271
P	,794	,534	,056
F	,932	,772	,693
D	,960	,798	,844
E	,970	,889	,917
T	,135	,011	,042

Figura 3-83

En la Figura 3-83 se muestra la tabla de autovalores para cada dimensión del análisis. Como el análisis se realiza sobre los tres primeros ejes o dimensiones, se muestra en cada una de ellas la medida de la varianza explicada por cada dimensión. La magnitud de esta varianza es una muestra del grado de importancia de dicha dimensión en la solución global. Se observa que las dos dimensiones son casi igual de importantes ya que los dos valores propios están muy próximos, con ligera dominancia de la primera. La tercera tiene también importancia, pero algo menor. En esta Figura también aparecen una serie de medidas de discriminación para cada variable y dimensión, de modo que cuanto más alto sea el valor de la medida de discriminación de una variable determinada en una dimensión dada, más alta será la importancia de dicha variable dentro de esa dimensión: *energía absorbida, deformación máxima, altura del impacto* y *fuerza máxima* son las variables más importantes (por este orden) en la primera dimensión. *Energía absorbida, altura del impacto* y *profundidad de la magulladura* son las variables más importantes en la segunda dimensión. *Energía absorbida, altura del impacto, deformación máxima* y *fuerza máxima* son las variables más importantes en la tercera dimensión.

Además, cada medida de discriminación coincide con la varianza de las coordenadas sobre cada eje de las modalidades de cada variable, de modo que aquellas variables cuyas modalidades tengan coordenadas sobre un eje muy diferentes entre sí, presentarán sobre dicho eje factorial elevadas medidas de discriminación. De esta forma, se observa que para el primer eje (dimensión) se discrimina mucho entre la duración del impacto y el resto de las variables. Para el segundo eje se discrimina entre la duración del impacto (y posiblemente la anchura y profundidad de la magulladura) y el resto de las variables. Para el tercer eje se discrimina entre el grupo de variables formado por la duración del impacto, la profundidad de la magulladura y su anchura, y el grupo formado por el resto de las variables. El *gráfico de medidas discriminantes* de la Figura 3-84 ilustra las afirmaciones anteriores.

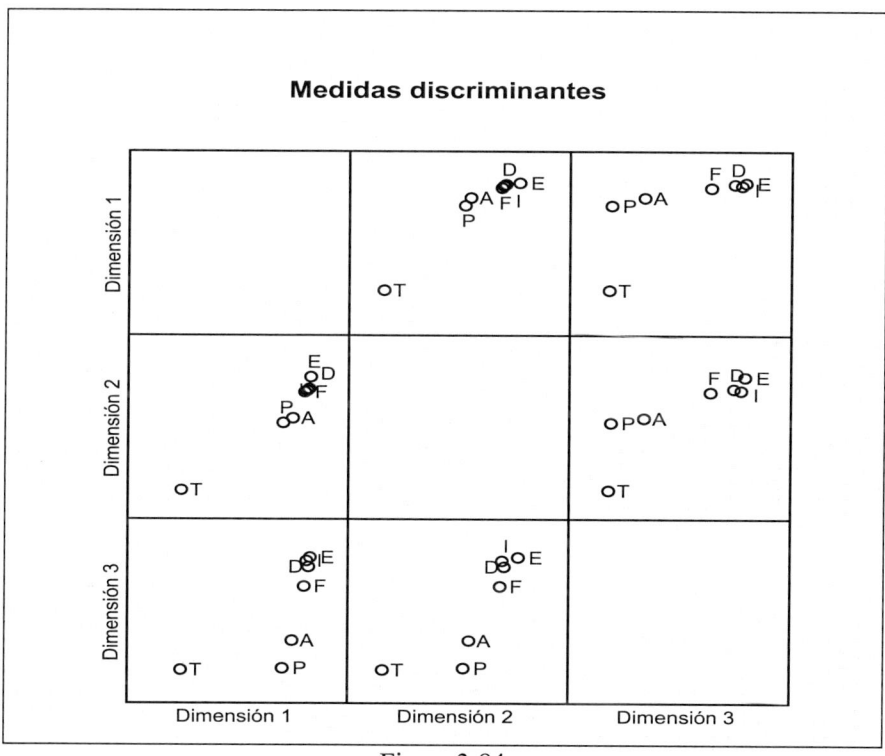

Figura 3-84

En este *gráfico de medidas de discriminación* se observa que las variables *deformación máxima* (D), *energía absorbida* (E), *altura del impacto* (I) y *Fuerza máxima* (F) son las variables líderes en el ránking de variables explicativas de la varianza del modelo homogeneizador y están muy relacionadas entre sí (aparecen muy juntas en todos los cuadrantes). Un nivel medio de fuerza explicativa (algunas veces bajo) presentan las variables *profundidad de la magulladura* (P) y *anchura de la magulladura* (A), que también están muy relacionadas entre sí (aparecen juntas en todos los cuadrantes). La variable menos explicativa es la *duración del impacto*, que parece no estar muy relacionada con ninguna de las variables restantes.

Por otra parte, medidas de discriminación similares de una variable en todas las dimensiones reflejan dificultades de asignación de la misma a una dimensión dada (nuestro caso). Es ideal que una variable tenga un valor alto en una sola dimensión y bajo en las otras (el caso de la *duración del impacto*).

En las Figuras 3-85 a 3-88 se muestra para cada modalidad de cada variable su frecuencia marginal y sus coordenadas factoriales sobre los tres ejes factoriales retenidos. Se muestran las contribuciones de cada modalidad a cada variable en los tres ejes. A más contribución más importancia de la modalidad dentro de la variable .

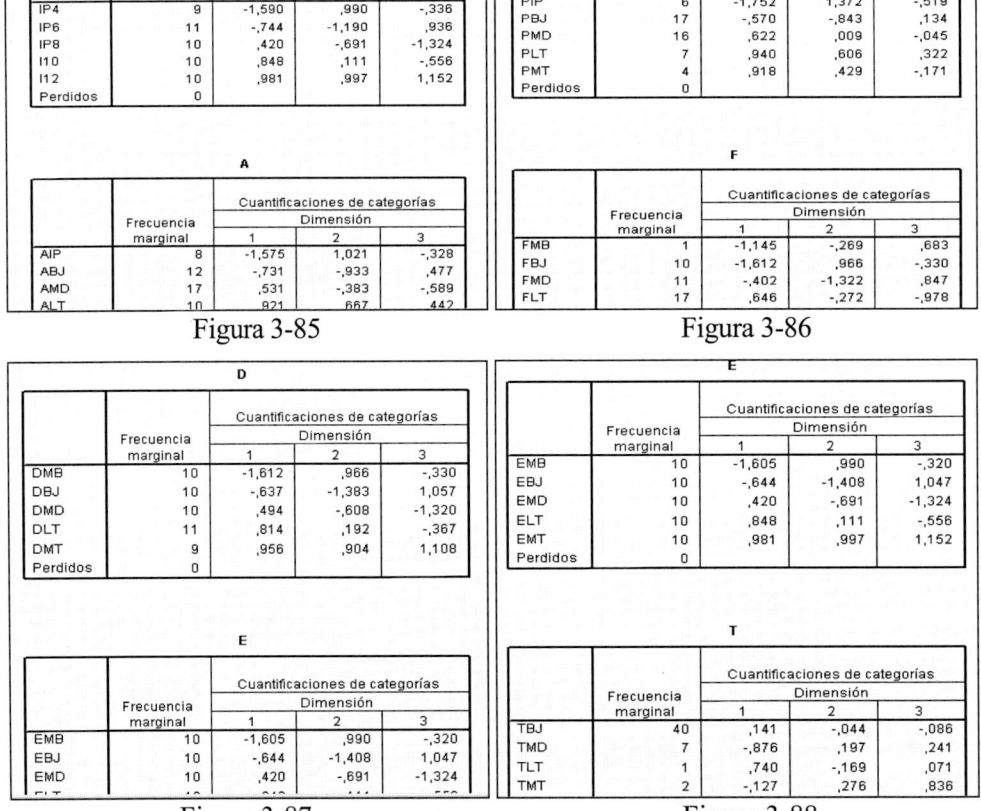

I

	Frecuencia marginal	Cuantificaciones de categorías Dimensión		
		1	2	3
IP4	9	-1,590	,990	-,336
IP6	11	-,744	-1,190	,936
IP8	10	,420	-,691	-1,324
I10	10	,848	,111	-,556
I12	10	,981	,997	1,152
Perdidos	0			

P

	Frecuencia marginal	Cuantificaciones de categorías Dimensión		
		1	2	3
PIP	6	-1,752	1,372	-,519
PBJ	17	-,570	-,843	,134
PMD	16	,622	,009	-,045
PLT	7	,940	,606	,322
PMT	4	,918	,429	-,171
Perdidos	0			

A

	Frecuencia marginal	Cuantificaciones de categorías Dimensión		
		1	2	3
AIP	8	-1,575	1,021	-,328
ABJ	12	-,731	-,933	,477
AMD	17	,531	-,383	-,589
ALT	10	,921	,667	,442

F

	Frecuencia marginal	Cuantificaciones de categorías Dimensión		
		1	2	3
FMB	1	-1,145	-,269	,683
FBJ	10	-1,612	,966	-,330
FMD	11	-,402	-1,322	,847
FLT	17	,646	-,272	-,978

Figura 3-85   Figura 3-86

D

	Frecuencia marginal	Cuantificaciones de categorías Dimensión		
		1	2	3
DMB	10	-1,612	,966	-,330
DBJ	10	-,637	-1,383	1,057
DMD	10	,494	-,608	-1,320
DLT	11	,814	,192	-,367
DMT	9	,956	,904	1,108
Perdidos	0			

E

	Frecuencia marginal	Cuantificaciones de categorías Dimensión		
		1	2	3
EMB	10	-1,605	,990	-,320
EBJ	10	-,644	-1,408	1,047
EMD	10	,420	-,691	-1,324
ELT	10	,848	,111	-,556
EMT	10	,981	,997	1,152
Perdidos	0			

E

	Frecuencia marginal	Cuantificaciones de categorías Dimensión		
		1	2	3
EMB	10	-1,605	,990	-,320
EBJ	10	-,644	-1,408	1,047
EMD	10	,420	-,691	-1,324

T

	Frecuencia marginal	Cuantificaciones de categorías Dimensión		
		1	2	3
TBJ	40	,141	-,044	-,086
TMD	7	-,876	,197	,241
TLT	1	,740	-,169	,071
TMT	2	-,127	,276	,836

Figura 3-87   Figura 3-88

El *gráfico de cuantificaciones* de la Figura 3-89 muestra las cuantificaciones de las categorías etiquetadas con etiquetas de los valores. Las cuantificaciones de las categorías son el promedio de las puntuaciones de los objetos de la misma categoría. Se trata de la representación los planos factoriales (dos a dos) formados por cada par de ejes retenidos en los que se representan las modalidades de las distintas variables con sus etiquetas. Modalidades de variables que aparezcan juntas en el gráfico, están relacionadas.

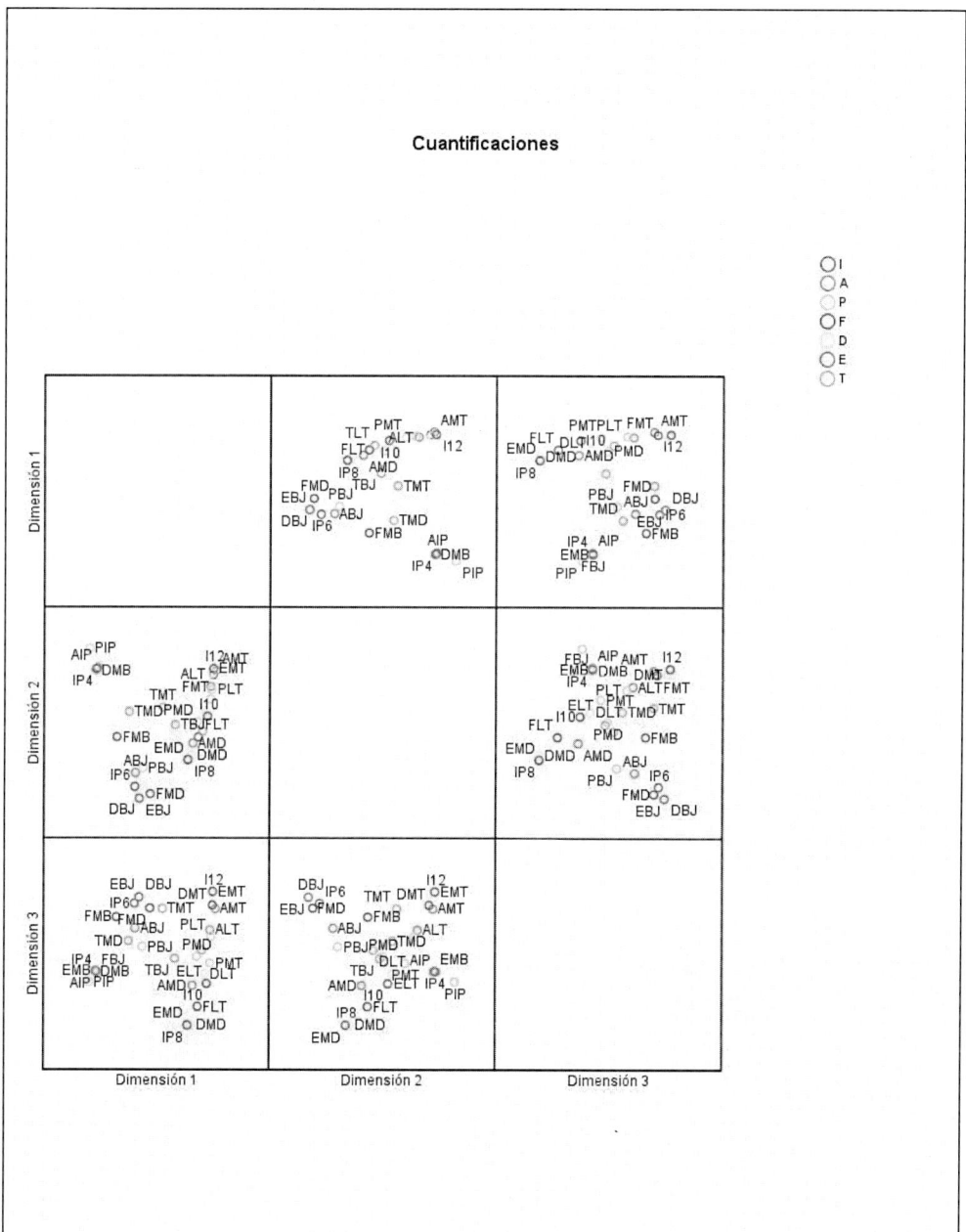

Figura 3-89

El *gráfico de puntuaciones de los objetos etiquetados* de la Figura 3-90 muestra las citadas puntuaciones, que son medidas representativas de la varianza asignada a cada objeto dentro de cada variable en el contexto de una dimensión particular.

Las puntuaciones tienden a valer cero en posiciones de equilibrio, es decir, cuando el objeto no ejerce ningún papel claro en ninguna dirección. A medida que el valor es más alto hay mayor tendencia en el objeto a estar representado por el análisis de homogeneidades realizado siguiendo sus pautas.

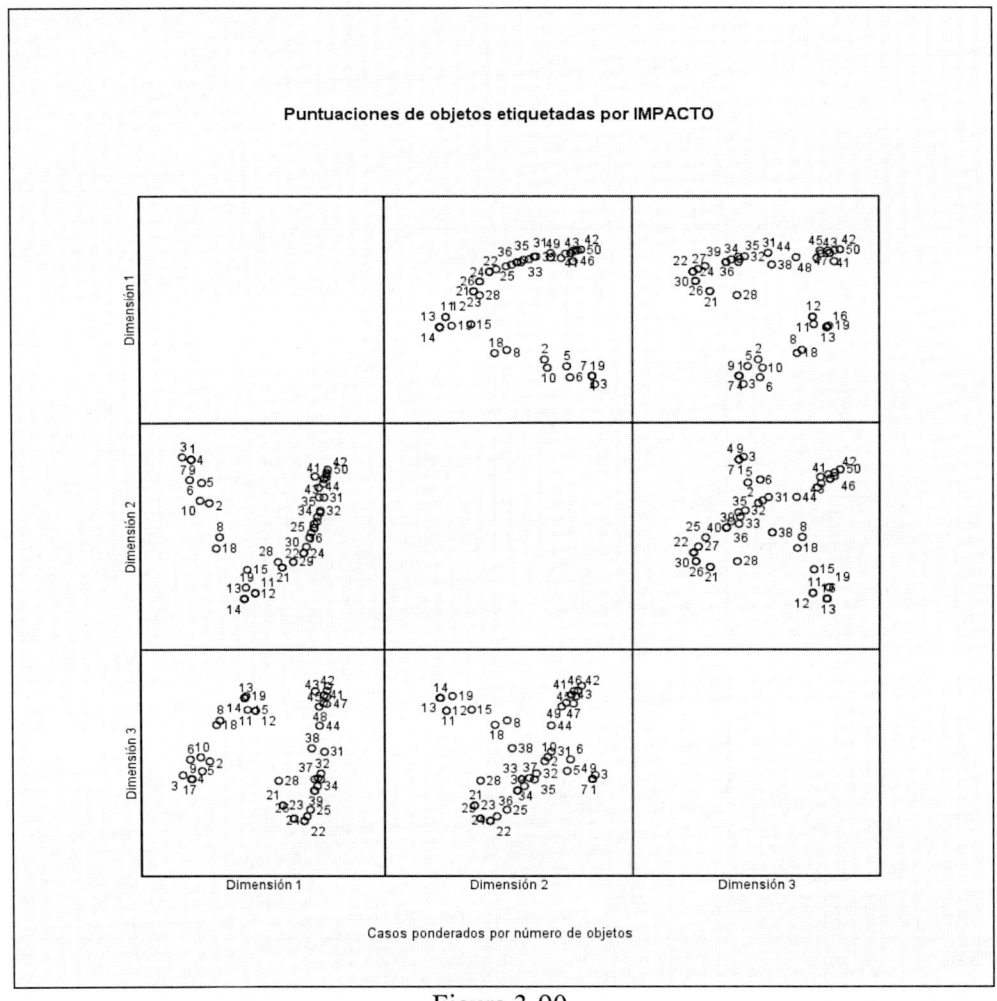

Figura 3-90

El gráfico de puntuaciones de los objetos etiquetados es muy útil para mostrar objetos que constituyen valores atípicos. Por otra parte, en este gráfico se observa si caen juntos muchos objetos. El eje horizontal de cada subgráfico se corresponde con la primera dimensión y el gráfico sirve para ver si por encima y por debajo del eje horizontal hay alguna agrupación de objetos homogéneos tales que el eje los discrimine bien. El eje vertical de cada subgráfico se corresponde con la otra dimensión y el gráfico sirve para ver si a la izquierda y a la derecha del eje vertical hay alguna agrupación de objetos homogéneos tales que el eje los discrimine bien.

CAPÍTULO 4

REDUCCIÓN DE LA DIMENSIÓN CON VARIABLES CUALITATIVAS Y CUANTITATIVAS: ESCALAMIENTO ÓPTIMO

ESCALAMIENTO ÓPTIMO

En los capítulos anteriores hemos abordado técnicas de reducción de la dimensión que utilizaban, bien variables cuantitativas en exclusiva, o bien variables cualitativas solamente. En este capítulo nos vamos a ocupar de las técnicas de reducción de la dimensión que utilizan simultáneamente variables cualitativas y cuantitativas, es decir, las técnicas de escalamiento óptimo. Adicionalmente, los modelos subyacentes a esta técnicas de *escalamiento óptimo* pueden ser no lineales, aumentando así el campo de aplicación de las técnicas de los capítulos anteriores, que se restringían a la linealidad en los modelos en los que se soportaban la distintas técnicas.

En las técnicas que estudiaremos en este capítulo no es suficiente con utilizar las típicas tablas de contingencia para variables categóricas, ya que para más de dos variables pierden intuición y claridad. Incluso técnicas que admiten más de dos variables categóricas como el análisis de correspondencias múltiples y los modelos logarítmico lineales se quedan cortas al aumentar el número de variables y el de valores por variable. En este caso se necesitan modelos con más parámetros, y surgen dificultades en interpretar las estimaciones de los mismos. Es precisamente en estas situaciones de desventaja de las técnicas clásicas de tratamiento de procedimientos categóricos (componentes principales, análisis factorial, correspondencias simples y múltiples, modelos logarítmico lineales, modelos de regresión con variables categóricas, correlación canónica, etc.) cuando las técnicas de escalamiento óptimo toman su mejor dimensión.

Los procedimientos de escalamiento óptimo amplían el ámbito de aplicación de las técnicas estadísticas clásicas de análisis de componentes principales (ACP) y de análisis de correlación canónica (ACC), para acomodar variables de niveles mixtos de medida.

Cuando todas las variables del análisis son numéricas y las relaciones entre las variables son lineales, entonces se emplean los procedimientos estadísticos estándares basados en la correlación y no hay necesidad de utilizar los procedimientos de escalamiento óptimo. Sin embargo, si las variables de análisis tienen niveles mixtos de medida (en el escalamiento óptimo se consideran los niveles de medida *nominal* o de categorías no ordenadas, *ordinal* o de categorías ordenadas y *numérico* o de intervalo), o si se sospecha que existen relaciones no lineales entre algunos pares de variables, entonces debe utilizarse un procedimiento de escalamiento óptimo.

Los procedimientos de escalamiento óptimo clásicos que incluye SPSS se presentan en el siguiente esquema:

$$ESCALAMIENTO\ ÓPTIMO \begin{cases} ANACOR\ (correspondencias\ simples). \\ HOMALS\ (correspondencias\ múltiples\ u\ homogeneidades). \\ CATPCA\ (componentes\ principales\ categóricas). \\ OVERALS\ (correlación\ canónica\ no\ lineal). \end{cases}$$

Los dos primeros procedimientos ya fueron estudiados en el capítulo anterior y los dos restantes son la materia de este capítulo.

El análisis de componentes principales categóricas CAPTCA extiende la metodología para permitir la ejecución del análisis de componentes principales en cualquier mezcla de variables nominales, ordinales y numéricas, considerando incluso relaciones no lineales. No olvidemos que el análisis en componentes principales clásico sólo admitía variables numéricas.

El análisis no lineal de la correlación canónica OVERALS extiende la metodología del análisis de correspondencias clásico y tiene como objetivo analizar las relaciones entre dos o más conjuntos de variables. El análisis de correlación canónica estándar es una extensión de la regresión múltiple al caso de más de una variable dependiente y la finalidad es buscar una combinación lineal de un conjunto de variables numéricas independientes y una combinación lineal de un segundo conjunto de variables dependientes también numéricas correlacionadas al máximo. Cuando se amplía el problema al caso de mezcla de variables nominales, ordinales y numéricas, considerando incluso relaciones no lineales, estamos ante la correlación canónica no lineal.

Por lo tanto, CAPTCA puede incluirse entre los métodos multivariantes de la interdependencia (un solo conjunto de variables en estudio donde no se distingue entre dependientes e independientes). Sin embargo OVERALS es un método de la dependencia con dos conjuntos de variables (dependientes e independientes). Desde este punto de vista pueden clasificarse las técnicas de escalamiento óptimo como sigue:

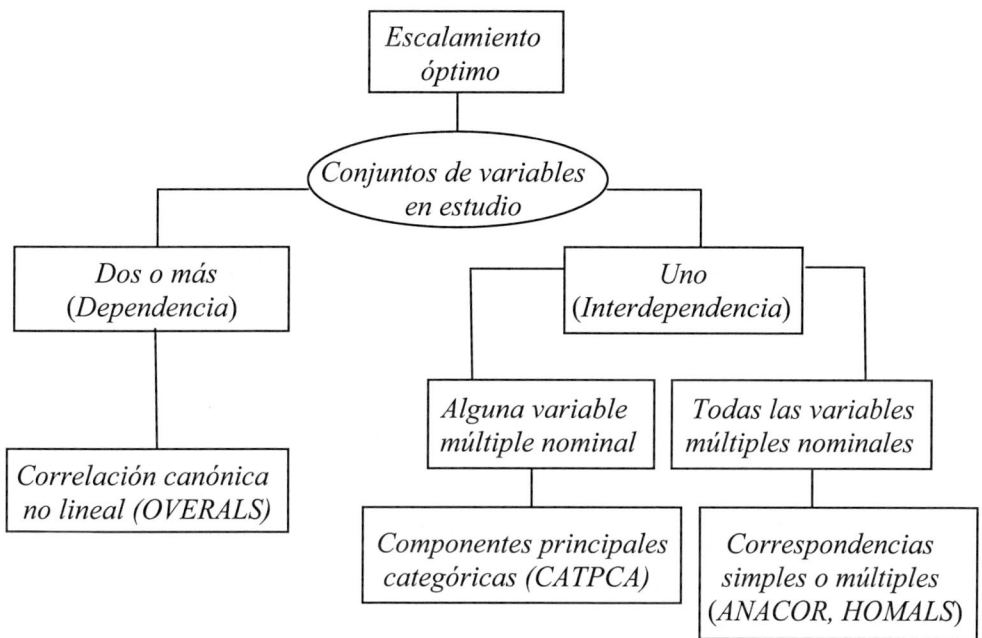

Las técnicas de escalamiento óptimo proporcionan un conjunto de cuantificaciones para las categorías de cada variable (*puntuaciones óptimas*). Las puntuaciones óptimas se asignan a las categorías de cada variable, basadas en el criterio de optimización del procedimiento en uso. A diferencia de los valores originales de las variables nominales u ordinales del análisis, estas puntuaciones tienen propiedades métricas, por lo que éstas técnicas se describen frecuentemente como una forma de cuantificación de datos cualitativos.

Las puntuaciones óptimas pueden representarse sobre un plano bidimensional o, incluso, en un plano tridimensional, siendo su yuxtaposición en el mismo gráfico útil para revelar patrones de asociación entre variables (no olvidemos que las puntuaciones óptimas son cuantificaciones de las categorías de cada variable).

ANÁLISIS EN COMPONENTES PRINCIPALES CATEGÓRICO

El *análisis de componentes principales categórico* se conoce también por el acrónimo CATPCA, del inglés *CATegorical Principal Components Analysis*. Su objetivo es la reducción de un conjunto original de variables (mezcla de nominales simples o múltiples, ordinales y numéricas) en un conjunto más pequeño de componentes no correlacionados que representen la mayor parte de la información encontrada en las variables originales. La técnica es más útil cuando un extenso número de variables impide una interpretación eficaz de las relaciones entre los objetos (sujetos y unidades).

Al reducir la dimensionalidad, se interpreta un pequeño número de componentes en lugar de un extenso número de variables. Por lo tanto, CATPCA puede considerarse como un método de reducción de la dimensión, ya que analiza un conjunto extenso de variables para revelar las dimensiones más representativas de la variabilidad, permitiendo reemplazar el conjunto original de datos por un nuevo subconjunto de datos más pequeño que el anterior pero con la mínima pérdida de información posible. CATPCA revela relaciones entre las variables entre sí, entre los casos y entre variables y casos.

El análisis típico de componentes principales asume relaciones lineales entre las variables numéricas. Sin embargo, la aproximación por escalamiento óptimo CATPCA permite escalar las variables a diferentes niveles o categorías. Las variables categóricas se cuantifican de forma óptima en la dimensionalidad especificada y como resultado, se pueden modelar relaciones no lineales entre las variables.

Al igual que el análisis de homogeneidades o análisis de correspondencias Múltiples (HOMALS) y el análisis de la correlación canónica no lineal (OVERALS), el análisis en componentes principales categórico (CATPCA) utiliza el método de los mínimos cuadrados alternativos como algoritmo computacional para la estimación de parámetros.

En cuanto a los datos, los valores de las variables de cadena se convierten en enteros positivos por orden alfabético ascendente. Los valores perdidos definidos por el usuario, los valores perdidos del sistema y los valores menores que 1 se consideran valores perdidos. Para evitar que se pierdan, se les puede añadir una constante o recodificar las variables con valores superiores a 1.

En cuanto a los supuestos, los datos deben contener al menos tres casos válidos. El análisis se basa en datos enteros positivos. La opción de discretización categorizará de forma automática una variable con valores fraccionarios, agrupando sus valores en categorías con una distribución casi "normal" y convertirá de forma automática los valores de las variables de cadena en enteros positivos. Se pueden especificar otros esquemas de discretización.

En cuanto a procedimientos relacionados, si se escalan todas las variables a nivel numérico, el análisis se corresponderá con el análisis de componentes principales típico. Pero hay funciones de representación alternativas que están disponibles si se utilizan las variables transformadas en un análisis de componentes principales lineal típico, que siempre será más rico en resultados e interpretaciones. Si todas las variables tienen un nivel de escalamiento nominal múltiple, el análisis de componentes principales categórico es idéntico al análisis de correspondencias múltiples o de homogeneidad (HOMALS). Si hay dos conjuntos de variables que son de interés, se debe utilizar el análisis de correlación canónica categórico no lineal (OVERALS). De todas formas siempre es más enriquecedor utilizar el procedimiento específico para cada caso.

Ejemplo de Análisis en Componentes Principales Categórico con SPSS

Consideramos los resultados de una encuesta en la que a los individuos se les pedía manifestar el grado de acuerdo con cada una de las cinco categorías de nueve cuestiones. Las respuestas a las cuestiones se codifican en las nueve variables $C1$ a $C9$ y adicionalmente se clasifican según la variable *sexo*. A continuación se presenta la estructura de cada una de estas variables.

Variable	Categoría	Etiqueta	Significado
CUESTIÓN	1	md	muy en desacuerdo
	2	d	desacuerdo
	3	i	indiferente
	4	a	de acuerdo
	5	ma	muy de acuerdo
SEXO	1	h	hombre
	2	m	mujer

Se trata de realizar un análisis de no lineal de componentes principales que permita reducir la dimensión de la información original de forma coherente.

Los datos se almacenan en el archivo *catpca.sav* y tienen el aspecto que se presenta en la Figura 4-1. En la Figura 4-2 se presentan codificados.

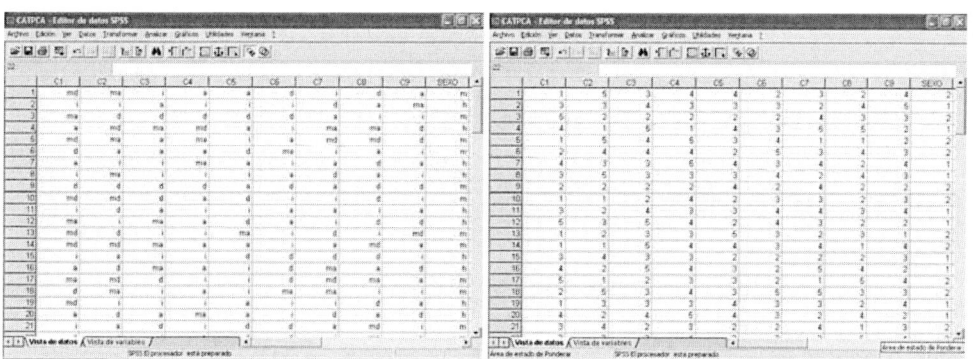

Figura 4-1   Figura 4-2

Para realizar un análisis de componentes principales categórico, elija en los menús *Analizar → Reducción de datos → Escalamiento óptimo* (Figura 4-3). Previamente es necesario cargar en memoria el fichero de nombre *catpca.sav* mediante *Archivo → Abrir → Datos*.

En el cuadro de diálogo *Escalamiento óptimo* de la Figura 4-4, seleccione *Alguna variable no es nominal múltiple*. A continuación seleccione *Un conjunto*, pulse en *Definir*, y en la Figura 4-5 seleccione dos o más variables para el análisis (desde *C*1 a *C*9) y especifique el número de dimensiones en la solución (campo *Dimensiones en la solución*). Defina la escala y la ponderación para las variables con el botón *Definir escala y ponderación* (Figura 4-6). Si lo desea, tiene la posibilidad de seleccionar una o más variables para proporcionar etiquetas de punto en los gráficos de las puntuaciones de objeto (campo *Variables de etiquetado*). Cada variable genera un gráfico diferente, con los puntos etiquetados mediante los valores de dicha variable. En el campo *Variables suplementarias* se introducen las variables que no se utilizan para hallar la solución de los componentes principales, pero que posteriormente se ajustan a la solución encontrada (*sexo*). Debe seleccionar la escala de medida (nivel para escalamiento óptimo) para todas las variables suplementarias en el análisis mediante el botón *Definir escala* (para *sexo* es *Nominal*).

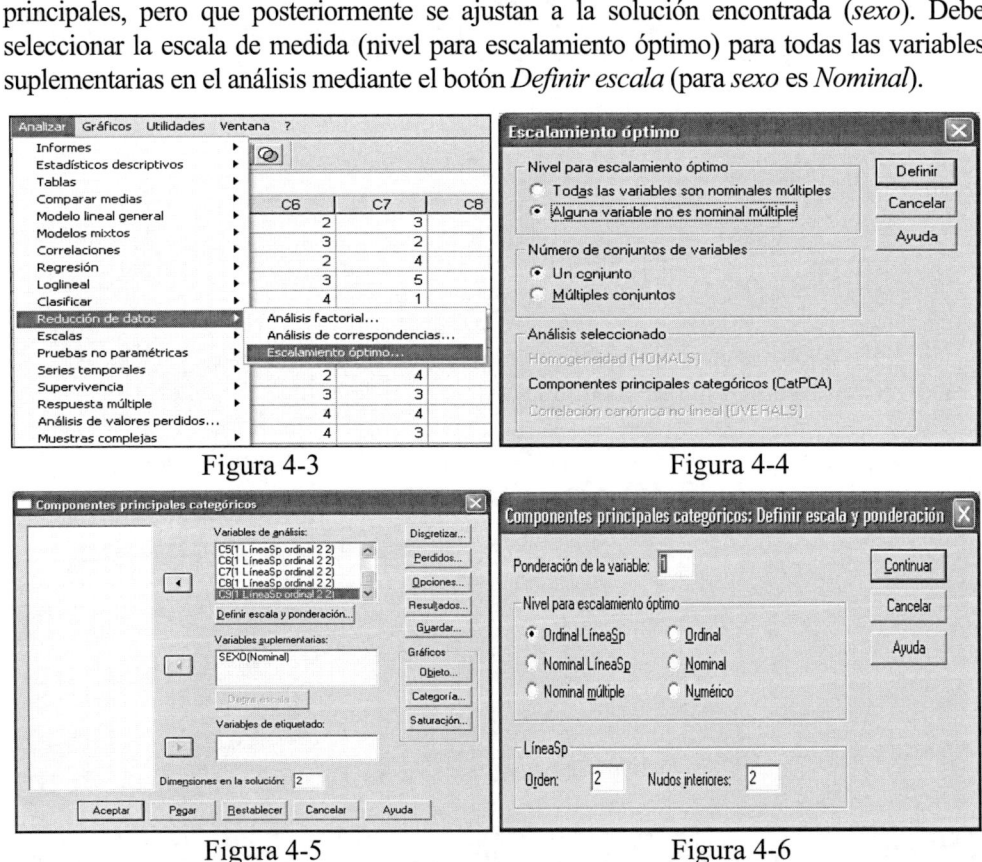

Figura 4-3   Figura 4-4

Figura 4-5   Figura 4-6

Se debe definir el nivel de escalamiento óptimo de las variables del análisis y de las suplementarias (Figura 4-6). Por defecto, se escalan como *líneas Sp (ordinales) monotónicas* de segundo orden con dos nudos interiores. Asimismo, se puede definir una ponderación para cada variable del análisis mediante la casilla *Ponderación de la variable*. El valor especificado debe ser un entero positivo. El valor por defecto es 1. Las posibles opciones para seleccionar el nivel de escalamiento que se utilizará para cuantificar cada variable son las siguientes:

- *LíneaSp ordinal:* El orden de las categorías de la variable observada se conserva en la variable escalada óptimamente. Los puntos de categoría estarán sobre una recta (vector) que pasa por el origen. La transformación resultante es un polinomio monotónico por tramos suave del orden seleccionado. Las partes se especifican por el número de nudos interiores definido por el usuario y su posición es determinada por el procedimiento en función del número de nudos interiores.

- *LíneaSp nominal:* La única información de la variable observada que se conserva en la variable escalada óptimamente es la agrupación de los objetos en las categorías. No se conserva el orden de las categorías de la variable observada. Los puntos de categoría estarán sobre una recta (vector) que pasa por el origen. La transformación resultante es un polinomio, posiblemente monotónico, por tramos suave del orden seleccionado. Las partes se especifican por el número de nudos interiores definido por el usuario y su posición es determinada por el procedimiento en función del número de nudos interiores.

- *Nominal múltiple:* La única información de la variable observada que se conserva en la variable escalada óptimamente es la agrupación de los objetos en las categorías. No se conserva el orden de las categorías de la variable observada. Los puntos de categoría estarán en el centroide de los objetos para las categorías particulares. El término múltiple indica que se obtienen diferentes conjuntos de cuantificaciones para cada dimensión.

- *Ordinal:* El orden de las categorías de la variable observada se conserva en la variable escalada óptimamente. Los puntos de categoría estarán sobre una recta (vector) que pasa por el origen. La transformación resultante se ajusta mejor que la transformación de líneaSp ordinal pero la suavidad es menor.

- *Nominal:* La única información de la variable observada que se conserva en la variable escalada óptimamente es la agrupación de los objetos en las categorías. No se conserva el orden de las categorías de la variable observada. Los puntos de categoría estarán sobre una recta (vector) que pasa por el origen. La transformación resultante se ajusta mejor que la transformación de líneaSp nominal pero la suavidad es menor.

- *Numérico:* Las categorías se tratan como que están ordenadas y espaciadas uniformemente (a nivel de intervalo). El orden de las categorías y la equidistancia entre los números de las categorías de la variable observada se conservan en la variable escalada óptimamente. Los puntos de categoría estarán sobre una recta (vector) que pasa por el origen. Cuando todas las variables están a nivel numérico, el análisis es análogo al análisis de componentes principales típico.

El botón *Discretizar* de la Figura 4-5 nos lleva al cuadro de diálogo *Discretización* de la Figura 4-7), que permite seleccionar un método para recodificar las variables.

Las variables con valores fraccionarios se agrupan en siete categorías (o en el número de valores diferentes de la variable si dicho número es inferior a siete) con una distribución aproximadamente normal, si no se especifica lo contrario. Las variables de cadena se convierten siempre en enteros positivos mediante la asignación de indicadores de categoría en función del orden alfanumérico ascendente. La discretización de las variables de cadena se aplica a estos enteros resultantes. Por defecto, las variables restantes se dejan inalteradas. A partir de ese momento, se utilizan en el análisis las variables discretizadas. El campo *Método* permite seleccionar entre *Agrupación* (se recodifica en un número especificado de categorías o se recodifica por intervalos), *Asignación de rangos* (la variable se discretiza mediante la asignación de rangos a los casos) y *Multiplicación* (los valores actuales de la variable se tipifican, multiplican por 10, redondean y se les suma una constante de manera que el menor valor discretizado sea 1). Existen las siguientes opciones al discretizar variables por agrupación: *Número de categorías* (especifique un número de categorías y si los valores de la variable deben seguir una distribución aproximadamente normal o uniforme en dichas categorías) e *Intervalos iguales* (las variables se recodifican en las categorías definidas por dichos intervalos de igual tamaño debiendo especificar la longitud de los intervalos).

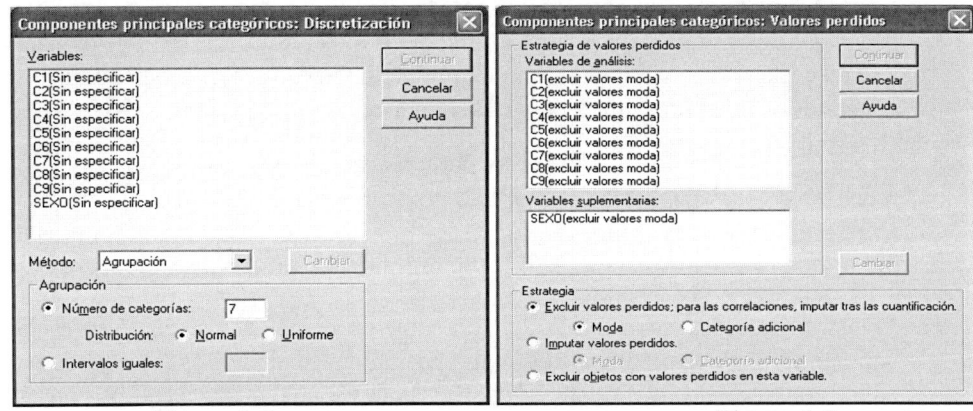

Figura 4-7   Figura 4-8

El botón *Valores perdidos* de la Figura 4-5 nos lleva al cuadro de diálogo *Valores perdidos* de la Figura 4-8, que permite seleccionar la estrategia para el tratamiento de los valores perdidos en las variables de análisis y las suplementarias. En el campo *Estrategia* seleccione *Excluir los valores perdidos* (tratamiento pasivo), *Imputar los valores perdidos* (tratamiento activo) o *Excluir objetos con valores perdidos* (eliminación por lista). Si se elige *Excluir valores perdidos*, para las correlaciones, imputar tras la cuantificación. Los objetos con valores perdidos en la variable seleccionada no contribuyen en el análisis de esta variable. Si se especifican correlaciones en el cuadro de diálogo *Resultados*, tras el análisis, los valores perdidos se imputarán con la categoría más frecuente, la moda, de la variable para las correlaciones de la variable original. Para las correlaciones de la variable escalada óptimamente, se puede seleccionar el método de imputación.

Seleccione *Moda* para reemplazar los valores perdidos con la moda de la variable escalada óptimamente. Seleccione *Categoría* adicional para reemplazar los valores perdidos con la cuantificación de una categoría adicional. Esto implica que los objetos con un valor perdido en esta variable se consideran que pertenecen a la misma categoría (la adicional).

Si se elige *Imputar valores perdidos*, los objetos con valores perdidos en la variable seleccionada tendrán dichos valores imputados. Se puede seleccionar el método de imputación. Seleccione *Moda* para reemplazar los valores perdidos con la categoría más frecuente. Cuando existen varias modas, se utiliza la que tiene el indicador de categoría más pequeño. Seleccione *Categoría adicional* para reemplazar los valores perdidos con la misma cuantificación de una categoría adicional. Esto implica que los objetos con un valor perdido en esta variable se consideran que pertenecen a la misma categoría (la adicional).

Si se elige *Excluir objetos con valores perdidos en esta variable*, los objetos con valores perdidos en la variable seleccionada se excluyen del análisis. Esta estrategia no está disponible para las variables suplementarias.

El botón *Opciones* de la Figura 4-5 nos lleva al cuadro de diálogo de opciones de la Figura 4-9, que permite seleccionar la configuración inicial, especificar los criterios de iteración y convergencia, seleccionar un método de normalización, elegir el método para etiquetar los gráficos y especificar objetos suplementarios. En el campo *Objetos suplementarios*, especifique el número de caso del objeto que desea convertir en suplementario y después añádalo a la lista. Si se especifica un objeto como suplementario, se ignorarán las ponderaciones de caso para dicho objeto.

En el campo *Método de normalización*, se puede especificar una de las cinco opciones para normalizar las puntuaciones de objeto y las variables. Sólo se puede utilizar un método de normalización en un análisis dado. El método *Principal por variable* optimiza la asociación entre las variables. Las coordenadas de las variables en el espacio de los objetos son las saturaciones en los componentes (las correlaciones con los componentes principales, como son las dimensiones y las puntuaciones de los objetos). Esta opción es útil cuando el interés principal está en la correlación entre las variables. El método *Principal por objeto* optimiza las distancias entre los objetos. Esta opción es útil cuando el interés principal está en las diferencias y similaridades entre los objetos. El método *Simétrico* utiliza esta opción de normalización si el interés principal está en la relación entre objetos y variables. El método *Independiente* utiliza esta opción de normalización si se desea examinar por separado las distancias entre los objetos y las correlaciones entre las variables. El método *Personalizado* permite especificar cualquier valor real en el intervalo cerrado $[-1, 1]$. Un valor 1 es igual al método *Principal por objeto*, un valor 0 es igual al método *Simétrico* y un valor -1 es igual al método *Principal por variable*. Si se especifica un valor mayor que -1 y menor que 1, se puede distribuir el autovalor entre los objetos y las variables. Este método es útil para generar diagramas de dispersión biespaciales y triespaciales a medida.

En el campo *Criterios*, se puede especificar el número máximo de iteraciones que el procedimiento puede realizar durante los cálculos. También se puede seleccionar un valor para el criterio de convergencia. El algoritmo detiene la iteración si la diferencia del ajuste total entre la dos últimas iteraciones es menor que el valor de convergencia o si se ha alcanzado el número máximo de iteraciones.

En el campo *ConFiguración* se pueden leer datos de un archivo que contenga las coordenadas de una conFiguración. La primera variable del archivo deberá contener las coordenadas para la primera dimensión, la segunda variable las coordenadas para la segunda dimensión, y así sucesivamente. La opción *Inicial* significa que la conFiguración del archivo especificado se utilizará como el punto inicial del análisis.

La opción *Fija* significa que la conFiguración del archivo especificado se utilizará para ajustar las variables. Las variables que se ajustan se deben seleccionar como variables de análisis, pero al ser la conFiguración fija, se tratan como variables suplementarias (de manera que no es necesario seleccionarlas como variables suplementarias).

El campo *Etiquetar gráficos con* permite especificar si se utilizarán en los gráficos las etiquetas de variable y las etiquetas de valor o los nombres de variable y los valores. También se puede especificar una longitud máxima para las etiquetas.

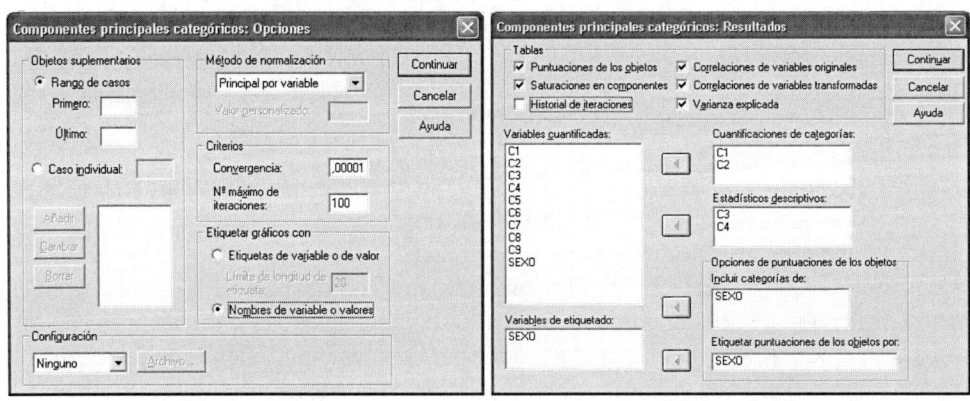

Figura 4-9   Figura 4-10

El botón *Resultados* de la Figura 4-5 nos lleva al cuadro de diálogo de la Figura 4-10, que permite producir tablas para las puntuaciones de los objetos, las saturaciones en los componentes, el historial de iteraciones, las correlaciones de las variables originales y de las transformadas, la varianza explicada por variable y por dimensión, las cuantificaciones de las categorías para las variables seleccionadas y estadísticos descriptivos para las variables seleccionadas. *Puntuaciones de los objetos* muestra las puntuaciones de los objetos y tiene las siguientes opciones: *Incluir categorías de* (muestra los indicadores de las categorías de las variables de análisis seleccionadas), *Etiquetar puntuaciones de los objetos por* (de la lista de variables especificadas como variables de etiquetado, se puede seleccionar una para etiquetar los objetos).

Saturaciones en componentes muestra las saturaciones en los componentes para todas las variables que no recibieron niveles de escalamiento nominal múltiple. *Historial de iteraciones* muestra en cada iteración la varianza explicada, la pérdida y el incremento en la varianza explicada. *Correlaciones de variables originales* muestra la matriz de correlaciones de las variables originales y los autovalores de dicha matriz. *Correlaciones de variables transformadas* muestra la matriz de correlaciones de las variables transformadas (mediante escalamiento óptimo) y los autovalores de dicha matriz. *Varianza explicada* muestra la cantidad de varianza explicada por las coordenadas de los centroides, las coordenadas de vectores y total (coordenadas de centroides y de vectores combinadas) por variable y por dimensión. *Cuantificaciones de categorías* muestra las cuantificaciones de las categorías y las coordenadas para cada dimensión de las variables seleccionadas. *Estadísticos descriptivos* muestra las frecuencias, el número de valores perdidos y la moda de las variables seleccionadas.

El botón *Guardar* de la Figura 4-5 nos lleva al cuadro de diálogo de la Figura 4-11, que permite añadir las variables transformadas, las puntuaciones de objeto y las aproximaciones en el archivo de datos de trabajo (*Guardar*) o como nuevas variables en archivos externos, así como guardar los datos discretizados como variables nuevas en un archivo de datos externo (*Guardar en un archivo externo*).

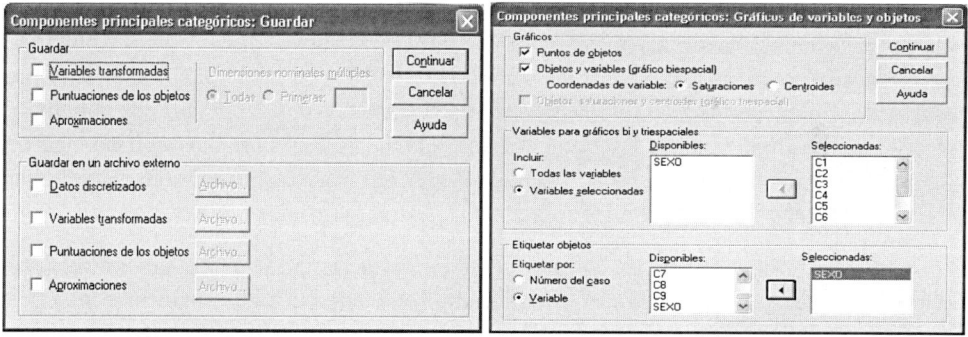

Figura 4-11   Figura 4-12

El botón *Objeto* del campo *Gráficos* de la Figura 4-5 nos lleva a cuadro de diálogo *Gráficos de variables y objetos* de la Figura 4-12, que permite especificar los tipos de gráficos deseados y las variables para las que se generarán los gráficos. En cuanto al campo *Gráficos*, la casilla *Puntos de objetos* muestra un gráfico de los puntos de objetos. La casilla *Objetos y variables (gráfico biespacial)* muestra un gráfico donde los puntos de objetos se representan con la selección realizada para las coordenadas de las variables: saturaciones en los componentes o centroides de las variables. La casilla *Objetos, saturaciones y centroides (gráfico triespacial)* muestra un gráfico donde los puntos de objetos se representan con los centroides de las variables con un nivel de escalamiento nominal múltiple y las saturaciones en los componentes de las otras variables. La casilla *Saturaciones en componente* muestra un gráfico de las saturaciones en los componentes.

Las variables con un nivel de escalamiento nominal múltiple no tienen saturaciones en los componentes, pero se pueden incluir los centroides de dichas variables en el gráfico. En el campo *Variables para gráficos biespaciales y triespaciales* puede utilizar todas las variables para los gráficos de dispersión biespacial y triespacial o seleccionar un subconjunto. En el campo *Etiquetar objetos* se puede elegir que los objetos se etiqueten con las categorías de las variables seleccionadas (se pueden seleccionar entre los valores del indicador de categoría o las etiquetas de valor, en el cuadro de diálogo *Opciones*) o con sus números de caso. Se genera un gráfico por cada variable, si se especifica *Variable*.

El botón *Categorías* del campo *Gráficos* de la Figura 4-5 nos lleva al cuadro de diálogo *Gráficos de categorías* de la Figura 4-13, que permite especificar los tipos de gráficos deseados y las variables para las que se generarán los gráficos. El campo *Gráficos de categorías* permite, para cada variable seleccionada, representar un gráfico de las coordenadas de vector y del centroide. Para las variables con nivel de escalamiento nominal múltiple, las categorías están sobre los centroides de los objetos para las categorías particulares. Para todos los demás niveles de escalamiento, las categorías están sobre un vector que pasa por el origen. El campo *Gráficos de categorías conjuntas* permite realizar un único gráfico con el centroide y las coordenadas de vector de cada variable seleccionada. El campo *Gráficos de transformación* muestra un gráfico de las cuantificaciones de las categorías óptimas en oposición a los indicadores de las categorías. Se puede especificar el número de dimensiones deseado para las variables con nivel de escalamiento nominal múltiple; se generará un gráfico para cada dimensión. También se puede seleccionar si se muestran los gráficos de los residuos para cada variable seleccionada. En el campo *Proyectar los centroides de,* se puede seleccionar una variable y proyectar sus centroides sobre las variables seleccionadas. Las variables con niveles de escalamiento nominal múltiple no se pueden seleccionar para la proyección. Al solicitar este gráfico, aparece una tabla con las coordenadas de los centroides proyectados.

El botón *Saturaciones* del campo *Gráficos* de la Figura 4-5 nos lleva al cuadro de diálogo *Gráficos de saturaciones* de la Figura 4-14, que permite especificar los tipos de gráficos deseados y las variables para las que se generarán los gráficos.

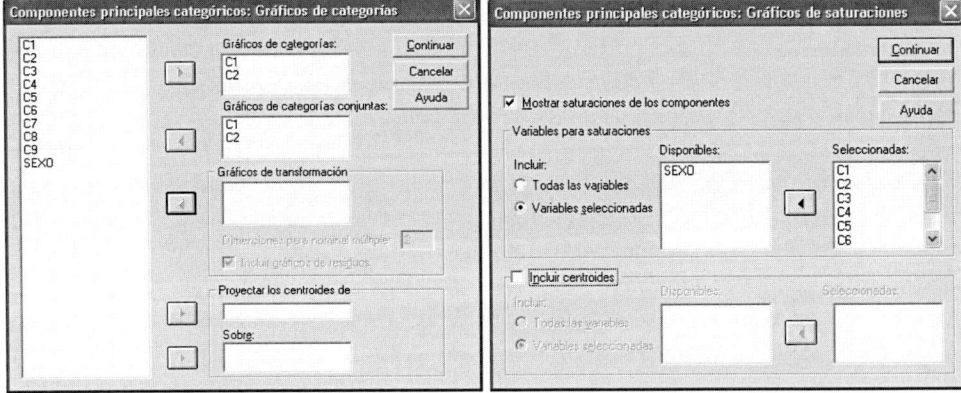

Figura 4-13   Figura 4-14

Una vez elegidas las especificaciones (que se aceptan con el botón *Continuar*), se pulsa el botón *Aceptar* en la Figura 4-5 para obtener los resultados del análisis según se muestra en la Figura 4-15. En la parte izquierda de la Figura podemos ir seleccionando los distintos tipos de resultados haciendo clic sobre ellos. También se ven los resultados desplazándose a lo largo de la pantalla. Las Figuras 4-15 a 4-35 presentan varias salidas tabulares y gráficas del procedimiento.

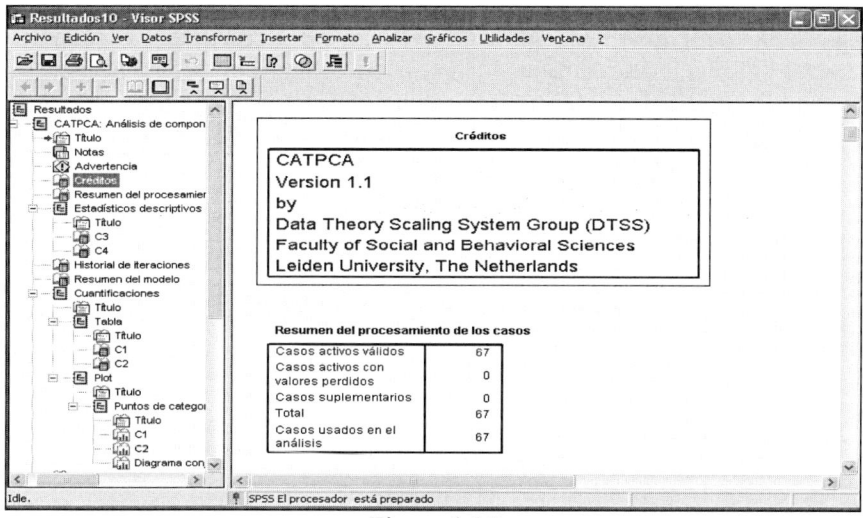

Figura 4-15

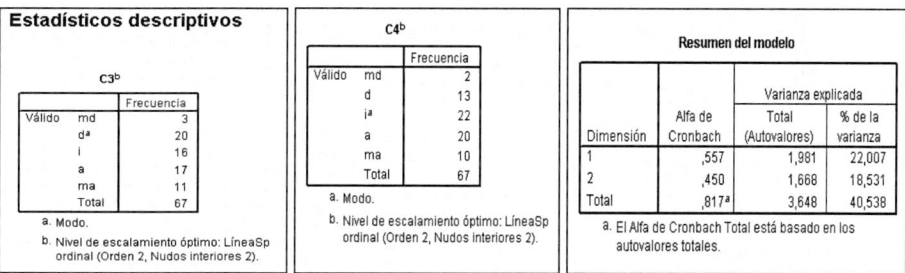

| Figura 4-16 | Figura 4-17 | Figura 4-18 |

Las Figuras 4-16 y 4-17 presentan estadísticos descriptivos para las variables $C3$ y $C4$ solicitados en la pantalla *Resultados* de la Figura 4-10. En la Figura 4-18 se obtiene la *salida resumen del modelo que selecciona las dos primeras componentes principales que recogen el 40,538% de la varianza total del modelo (demasiado poca, lo que se solucionaría considerando una tercera componente).* En la Figura 4-19 se ofrece el historial de iteraciones hasta llegar a la solución. Las Figuras 4-20 y 4-21 presentan las cuantificaciones de categorías para las variables $C1$ y $C2$ solicitadas también en la Figura 4-10 (frecuencias marginales, cuantificaciones y coordenadas del vector y del centroide para cada categoría de cada variable). Las categorías con mayor cuantificación son las más importantes para cada variable.

Las Figuras 4-22 a 4-24 presentan los gráficos de categorías para cada variable $C1$ y $C2$ y el conjunto de ambas solicitados en la pantalla *Gráficos de categorías* de la Figura 4-13. En cada gráfico se representan las coordenadas del vector y del centroide. En la Figura 4-25 se ve el tanto por ciento de la varianza explicada por las coordenadas de los centroides, las coordenadas de vectores y total (coordenadas de centroides y de vectores combinadas) por variable y por dimensión asociada a cada variable en cada dimensión. La Figura 4-26 muestra la matriz de correlaciones de las variables originales y los autovalores de dicha matriz. La Figura 4-27 muestra la matriz de correlaciones de las variables transformadas (mediante escalamiento óptimo) y los autovalores de dicha matriz. Se observan correlaciones bajas, lo que representa un *handicap*, ya que conviene que ciertas variables pesen mucho.

Historial de iteraciones

	Varianza explicada		Pérdida		
Número de iteración	Total	Incremento	Total	Coordenadas de centroide	Restricción del centroide a las coordenadas del vector
0	2,884705	,000837	15,115295	14,211367	,903928
24 a	3,648388	,000000	14,351612	13,736081	,615531

a. Se ha detenido el proceso de iteración debido a que se ha alcanzado el valor de la prueba para la convergencia.

Figura 4-19

Tabla

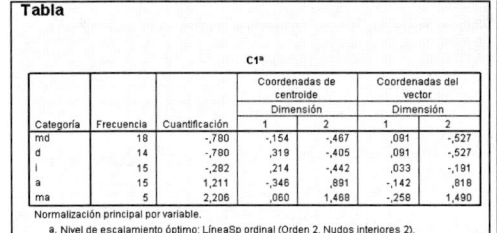

C1a

			Coordenadas de centroide		Coordenadas del vector	
			Dimensión		Dimensión	
Categoría	Frecuencia	Cuantificación	1	2	1	2
md	18	-,780	-,154	-,467	,091	-,527
d	14	-,780	,319	-,405	,091	-,527
i	15	-,282	,214	-,442	,033	-,191
a	15	1,211	-,346	,891	-,142	,818
ma	5	2,206	,060	1,468	-,258	1,490

Normalización principal por variable.

a. Nivel de escalamiento óptimo: LíneaSp ordinal (Orden 2, Nudos interiores 2).

Figura 4-20

C2a

			Coordenadas de centroide		Coordenadas del vector	
			Dimensión		Dimensión	
Categoría	Frecuencia	Cuantificación	1	2	1	2
md	9	-,921	-,198	,672	-,475	,447
d	13	-,921	-,694	,173	-,475	,447
i	21	-,489	-,223	,402	-,252	,237
a	11	,805	,375	-,761	,415	-,390
ma	13	1,668	,874	-,644	,860	-,809

Normalización principal por variable.

a. Nivel de escalamiento óptimo: LíneaSp ordinal (Orden 2, Nudos interiores 2).

Figura 4-21

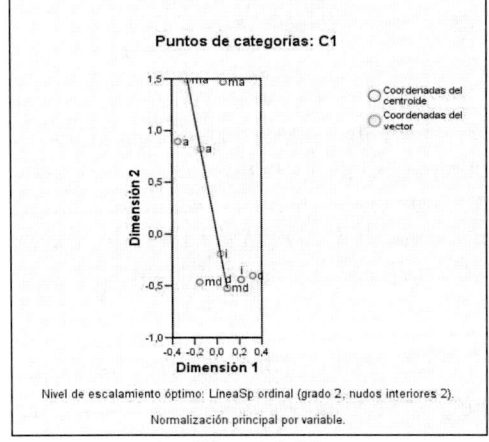

Nivel de escalamiento óptimo: LíneaSp ordinal (grado 2, nudos interiores 2).

Normalización principal por variable.

Figura 4-22

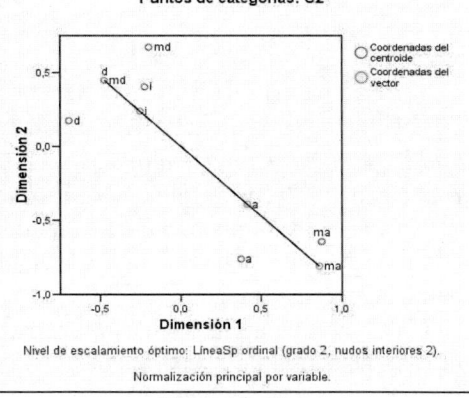

Nivel de escalamiento óptimo: LíneaSp ordinal (grado 2, nudos interiores 2).

Normalización principal por variable.

Figura 4-23

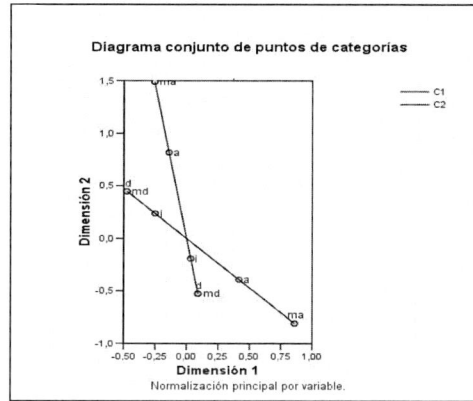

Figura 4-24

Varianza explicada						
	Coordenadas de centroide			Total (coordenadas del vector)		
	Dimensión			Dimensión		
	1	2	Media	1	2	Total
C1	,065	,475	,270	,014	,456	,469
C2	,286	,293	,289	,266	,235	,501
C3	,056	,588	,322	,003	,573	,575
C4	,272	,075	,173	,254	,022	,276
C5	,381	,076	,228	,357	,007	,364
C6	,400	,124	,262	,346	,112	,458
C7	,398	,092	,245	,375	,067	,441
C8	,270	,037	,153	,264	,015	,279
C9	,171	,205	,188	,103	,181	,284
SEXOª	,010	,001	,005	,010	,001	,011
Total activo	2,299	1,965	2,132	1,981	1,668	3,648
% de la varianza	25,542	21,834	23,688	22,007	18,531	40,538
a. Variable suplementaria.						

Figura 4-25

Correlaciones de las Variables originales

	C1	C2	C3	C4	C5	C6	C7	C8	C9	SEXO
C1	1,000	-,123	,048	-,093	-,188	-,112	-,100	,049	,088	-,152
C2	-,123	1,000	-,111	,021	-,257	,056	,025	,047	,009	-,005
C3	,048	-,111	1,000	-,129	-,016	,037	,172	-,065	,099	,155
C4	-,093	,021	-,129	1,000	,090	,014	-,194	-,168	,058	-,211
C5	-,188	-,257	-,016	,090	1,000	-,052	-,267	-,151	,141	-,172
C6	-,112	,056	,037	,014	-,052	1,000	-,059	,085	,000	-,029
C7	-,100	,025	,172	-,194	-,267	-,059	1,000	,057	,001	,165
C8	,049	,047	-,065	-,168	-,151	,085	,057	1,000	,002	-,127
C9	,088	,009	,099	,058	,141	,000	,001	,002	1,000	-,035
SEXO(a)	-,152	-,005	,155	-,211	-,172	-,029	,165	-,127	-,035	1,000
Dimensión	1	2	3	4	5	6	7	8	9	
Autovalores(b)	1,569	1,319	1,148	1,067	1,037	,934	,783	,690	,454	

a Variable suplementaria.
B Los autovalores de la matriz de correlaciones excluyendo las variables suplementarias.

Figura 4-26

Correlaciones de las Variables transformadas

	C1	C2	C3	C4	C5	C6	C7	C8	C9	SEXO
C1	1,000	-,222	,290	,027	-,120	-,219	-,048	,097	,104	-,081
C2	-,222	1,000	-,233	-,092	-,312	,275	,089	,049	,058	,054
C3	,290	-,233	1,000	-,113	-,096	-,097	,188	-,078	,235	,169
C4	,027	-,092	-,113	1,000	,097	-,144	-,250	-,244	-,051	,014
C5	-,120	-,312	-,096	,097	1,000	-,208	-,242	-,187	-,059	-,144
C6	-,219	,275	-,097	-,144	-,208	1,000	,182	,172	,053	,081
C7	-,048	,089	,188	-,250	-,242	,182	1,000	,188	,202	,115
C8	,097	,049	-,078	-,244	-,187	,172	,188	1,000	,134	-,076
C9	,104	,058	,235	-,051	-,059	,053	,202	,134	1,000	-,020
SEXO(a)	-,081	,054	,169	,014	-,144	,081	,115	-,076	-,020	1,000
Dimensión	1	2	3	4	5	6	7	8	9	
Autovalores(b)	1,981	1,668	1,034	1,005	,890	,742	,705	,525	,452	

a Variable suplementaria.
b Los autovalores de la matriz de correlaciones excluyendo las variables suplementarias.

Figura 4-27

La Figura 4-28 muestra las puntuaciones de los objetos (etiquetados por sexo) en cada dimensión y la Figura 4-29 grafica estas puntuaciones. Se observa que la dimensión 2 concentra en sus altas puntuaciones especialmente a los hombres, en tanto que en la dimensión 1 los hombres y las mujeres se confunden. Se observa ligera tendencia a la concentración de los datos en la parte central.

Objetos

Puntuaciones de objeto

SEXO	Dimensión 1	Dimensión 2
m	-,238	-1,027
h	,259	,614
m	,155	1,258
h	1,590	2,611
m	-,486	-1,091
m	1,499	-1,173
h	-1,044	,409
h	,455	-,690
m	-,506	-,121
m	-,308	-,208
h	,138	,368
h	-,304	2,005
m	-1,511	-1,056

Figura 4-28

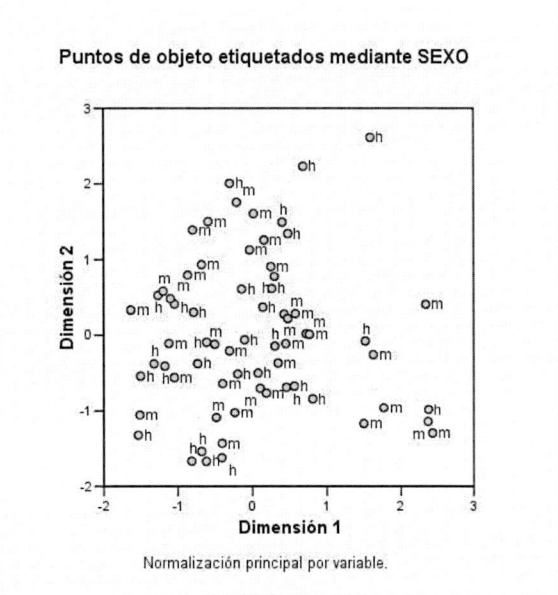

Puntos de objeto etiquetados mediante SEXO

Normalización principal por variable.

Figura 4-29

En la Figura 4-30 se recogen las cargas o saturaciones de cada una de las variables sobre cada una de las dimensiones del modelo factorial, que representan las proyecciones de cada variable cuantificada en el espacio de los objetos. Se trata del coeficiente de correlación entre cada una de las variables intervinientes en el modelo con cada una de las dos dimensiones. La Figura 4-31 presenta el gráfico de saturaciones en las componentes, que se utiliza para agrupar nuestras variables en las dos componentes (al igual que las saturaciones en las componentes).

Saturaciones en componentes

	Dimensión 1	Dimensión 2
C1	-,117	,675
C2	,515	-,485
C3	,055	,757
C4	-,504	-,149
C5	-,597	-,086
C6	,588	-,335
C7	,612	,258
C8	,514	,124
C9	,321	,425
SEXO[a]	,100	,025

Normalización principal por variable.
a. Variable suplementaria.

Figura 4-30

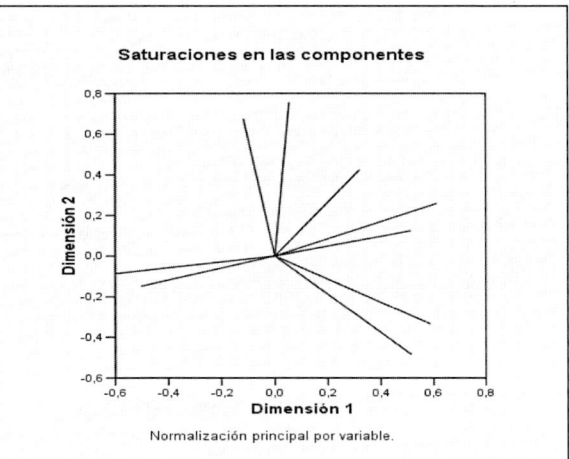

Saturaciones en las componentes

Normalización principal por variable.

Figura 4-31

En la tabla de saturaciones en componentes se observa que, para la componente 2, las saturaciones más altas las presentan las variables $C1$, $C3$ y $C9$. Para la componente 1 las saturaciones más altas las presentan $C2$, $C6$, $C4$, $C5$ e $C8$ ($C4$ y $C5$ con valor negativo, por eso aparecen a la izquierda del gráfico). Luego la forma definitiva de agrupar las variables en componentes sería asociar las variables $C4$, $C5$, $C2$, $C6$, $C7$ y $C8$ en una componente y las variables $C1$, $C3$ y $C9$ en la otra componente, siendo las asociaciones más indefinidas las de las variables $C7$ y $C8$. Es notorio el alto valor de las cargas de casi todas las variables sobre la primera dimensión (salvo $C1$, $C3$ y en menos medida $C9$). Se observa que la mejor forma de asociar las variables a las componentes principales es analizar simultáneamente la tabla de las saturaciones en las componentes de la Figura 4-30 y el gráfico de las saturaciones en las componentes de la Figura 4-31.

En la Figura 4-32 se observa el gráfico de dispersión biespacial, que muestra sobre el mismo gráfico las puntuaciones de los objetos etiquetadas por la variable *sexo* y las saturaciones en las componentes. En la Figura 4-33 se observa el gráfico de dispersión biespacial con puntuaciones etiquetadas por el número de caso.

La Figura 4-35 presenta la gráfica de puntuaciones de los objetos etiquetadas por el número de caso.

Las Figuras 4-33 y 4-35 se obtienen al elige en la pantalla de *Gráficos de puntuaciones y objetos* etiquetar objetos mediante el número del caso (Figura 4-34). Esta pantalla se obtenía mediante el botón *Objetos* de la sección *Gráficos* de la Figura 4-5.

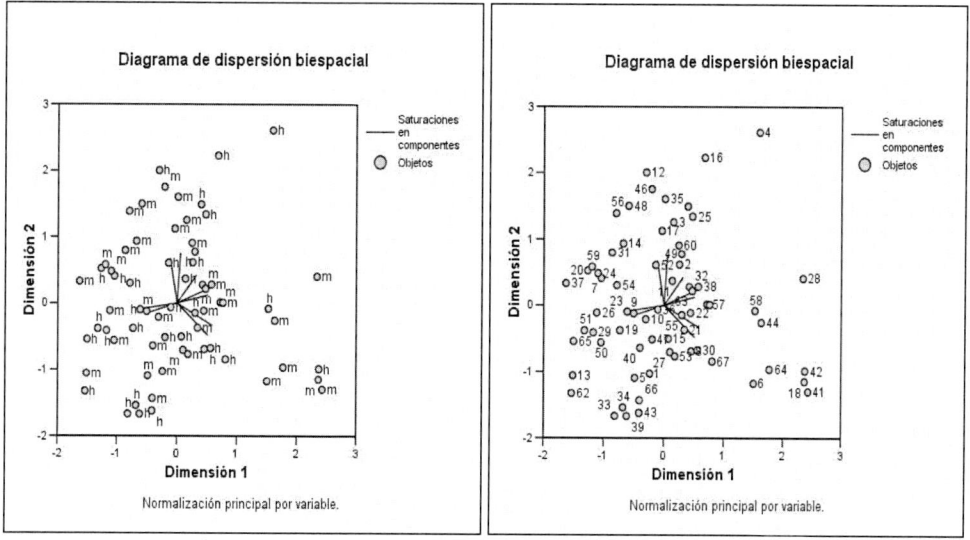

Figura 4-32   Figura 4-33

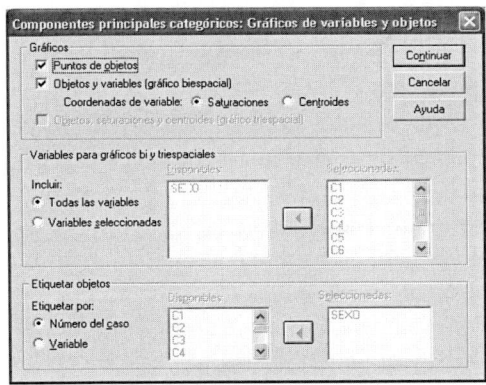

Figura 4-34

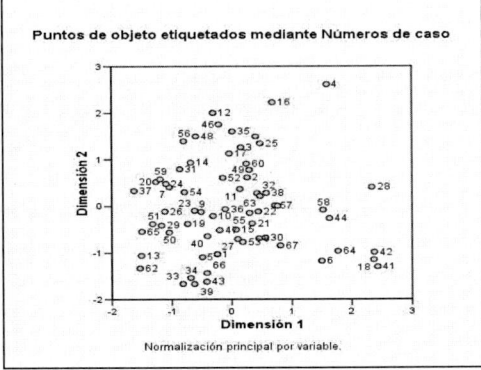

Figura 4-35

En el resumen del modelo de la Figura 4-18 habíamos visto que las dos primeras componentes sólo explicaban el 40,538% de la varianza total del conjunto de variables. Ello nos lleva a considerar una tercera dimensión rellenando la pantalla *Componentes principales categórico* con un 3 en el campo *Dimensiones de la solución* (Figura 4-36). Ahora se explica un 52,924% de la varianza (Figura 4-38) y de las saturaciones en las componentes (Figura 4-37) se deduce que se asocian en una primera componente las variables $C4$, $C5$, $C7$ y $C8$. En la segunda componente se asocian $C2$, $C3$, $C6$ y $C9$. En la tercera componente se incluiría sólo la variable $C1$. El gráfico de saturaciones en las componentes (Figura 4-39) corrobora la agrupación anterior.

Figura 4-36

Saturaciones en componentes

	Dimensión		
	1	2	3
C1	-,186	-,289	,741
C2	-,456	,611	-,178
C3	-,179	-,721	-,365
C4	,545	,034	-,230
C5	,664	-,108	-,255
C6	-,381	,510	-,308
C7	-,617	-,220	-,393
C8	-,491	-,073	,394
C9	-,384	-,447	-,311
SEXO[a]	-,146	,013	-,043

Normalización principal por variable.
a. Variable suplementaria.

Figura 4-37

Resumen del modelo

Dimensión	Alfa de Cronbach	Varianza explicada	
		Total (Autovalores)	% de la varianza
1	,541	1,925	21,390
2	,377	1,504	16,712
3	,282	1,334	14,822
Total	,889[a]	4,763	52,924

a. El Alfa de Cronbach Total está basado en los autovalores totales.

Figura 4-38

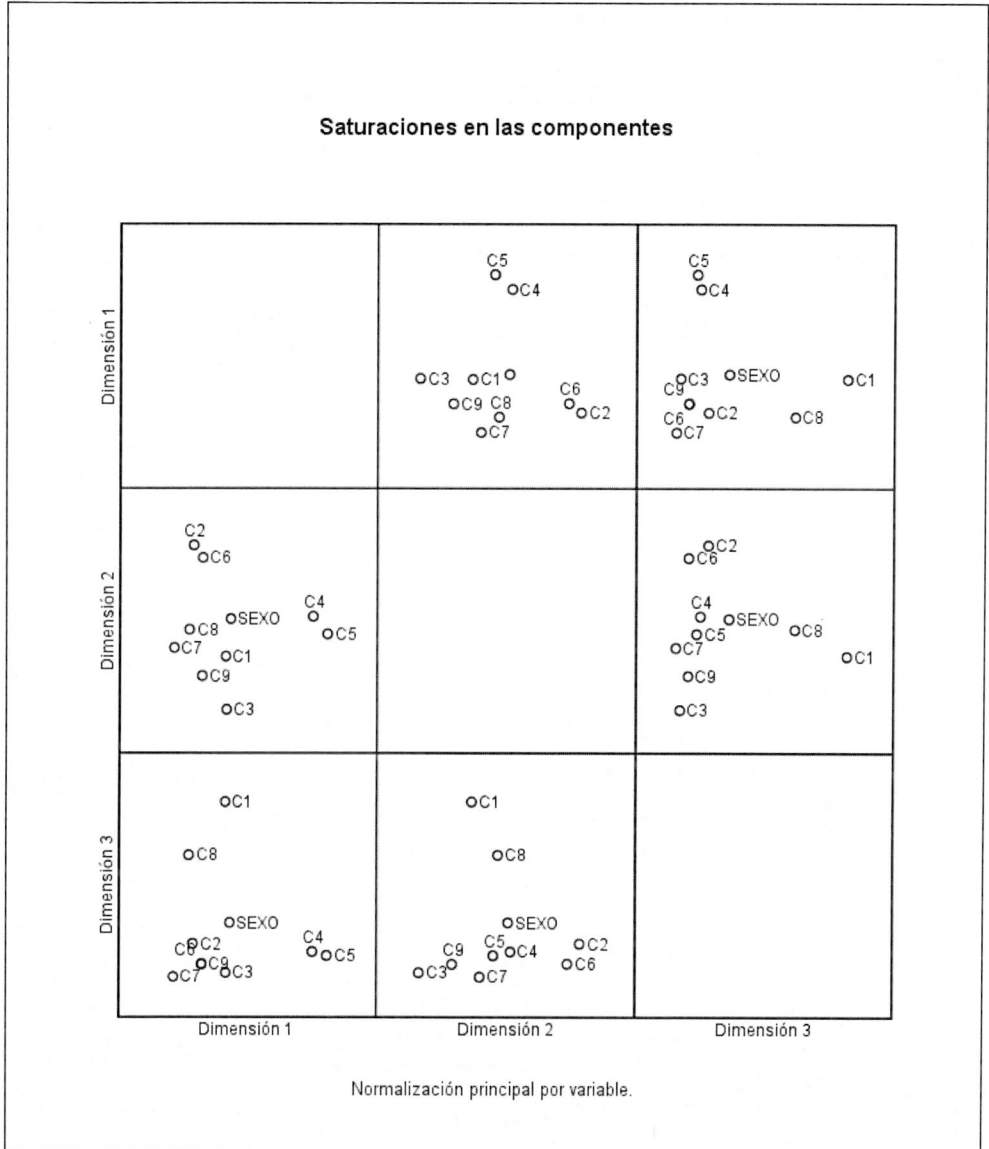

Figura 4-39

La Figura 4-40 presenta las puntuaciones de los objetos etiquetadas mediante los números de casos. Tanto en este gráfico como en el anterior, se pueden cruzar las dimensiones dos a dos.

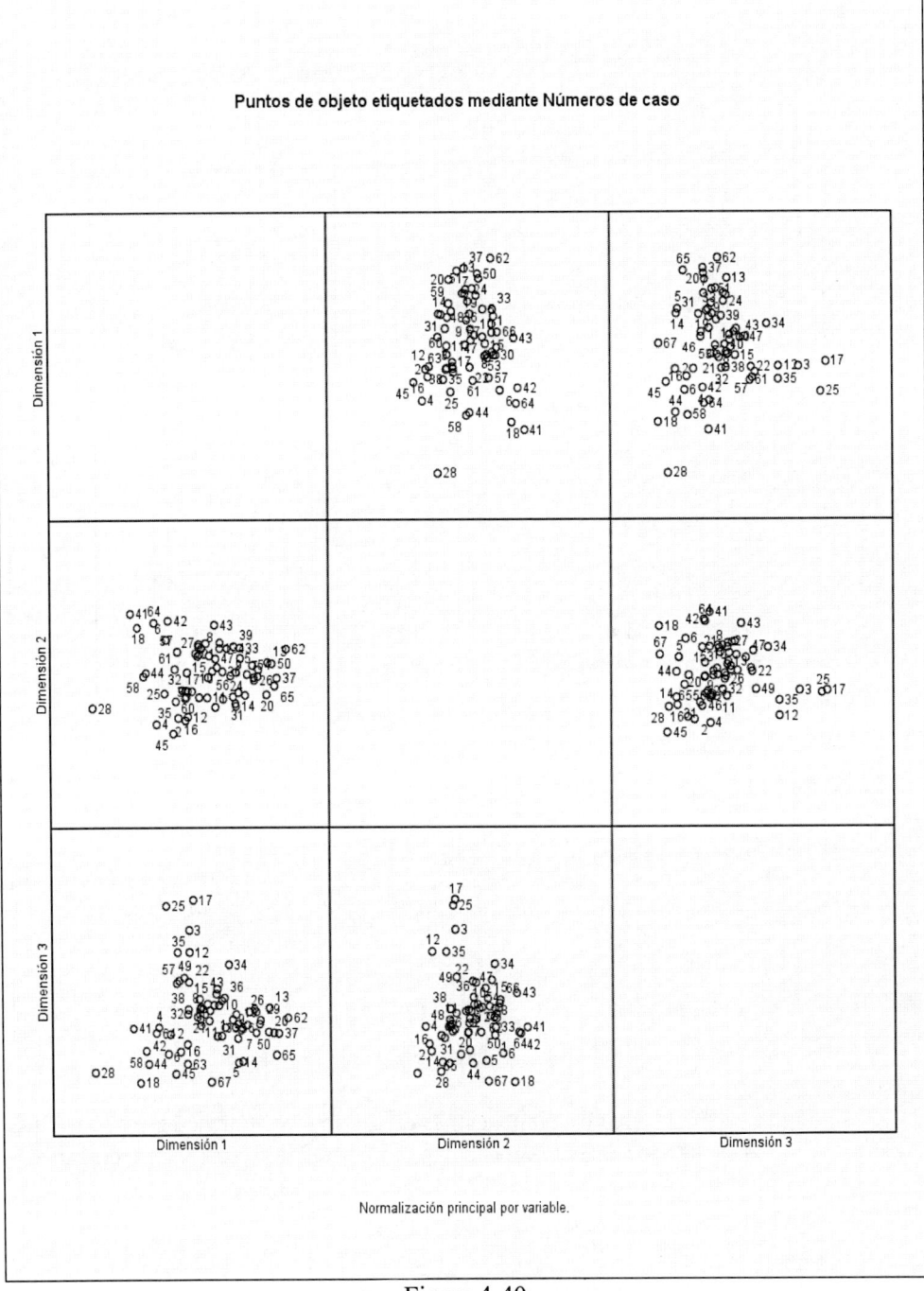

Figura 4-40

ANÁLISIS NO LINEAL DE CORRELACIÓN CANÓNICA

Ya sabemos que el análisis de correlación canónica estándar es una extensión de la regresión múltiple al caso de varias variables dependientes (explicadas o variables respuesta). Por lo tanto, en el análisis de correlación canónica, además de haber un primer conjunto de variables independientes, también existe un segundo conjunto de variables dependientes, es decir, el segundo conjunto no contiene una única variable de respuesta (como en el análisis de la regresión), sino varias. El objetivo del análisis de correlación canónica es explicar el máximo posible de la varianza sobre las relaciones existentes entre los dos conjuntos de variables numéricas en un espacio de pocas dimensiones. Inicialmente, las variables de cada conjunto se combinan linealmente de forma que las combinaciones lineales tengan una correlación máxima entre sí. Una vez dadas estas combinaciones, se establece que las combinaciones lineales subsiguientes no estén correlacionadas con las combinaciones anteriores y que también tengan la mayor correlación posible.

El *análisis de correlación canónica no lineal* o análisis de correlación canónica categórico mediante escalamiento óptimo (OVERALS) es la extensión del análisis de correlación canónica clásico al caso en que las variables de los dos conjuntos a relacionar puedan ser categóricas o mezcla de categóricas con numéricas. Por lo tanto, el propósito de OVERALS es determinar la similitud entre dos o más conjuntos de variables que pueden ser categóricas, buscando una combinación lineal del primer conjunto y una combinación lineal del segundo correlacionadas al máximo entre sí. De modo más general, el análisis de correlación canónica no lineal puede buscar grupos independientes de combinaciones lineales de los conjuntos de variables hasta un máximo igual al número de variables del grupo más pequeño.

Las novedades más importantes que presenta OVERALS sobre el análisis de correlación canónica clásico comienzan en el hecho de que OVERALS permite más de dos conjuntos de variables. Además, las variables se pueden escalar como nominales, ordinales o numéricas. Como resultado, se pueden analizar relaciones no lineales entre las variables. Finalmente, en lugar de maximizar las correlaciones entre los conjuntos de variables, los conjuntos se comparan con un conjunto de compromiso desconocido definido por las puntuaciones de los objetos. OVERALS determina la similitud entre grupos de variables comparando simultáneamente las combinaciones lineales de las variables en cada grupo con las puntuaciones de los objetos.

OVERALS utiliza el método iterativo de los *mínimos cuadrados alternativos* para estimar los parámetros, al igual que HOMALS y CATPCA. No olvidemos que el propósito de OVERALS es comprobar la presencia de linealidad y determinar el grado de linealidad mutuo de los grupos de variables intervinientes en el procedimiento. Además contabiliza la máxima cantidad de varianza explicada en las relaciones entre los grupos del análisis.

OVERALS es el procedimiento más general de la familia del escalamiento óptimo, ya que contiene a los demás como casos particulares. El esquema siguiente ilustra las relaciones de OVERALS con otros procedimientos de análisis multivariante:

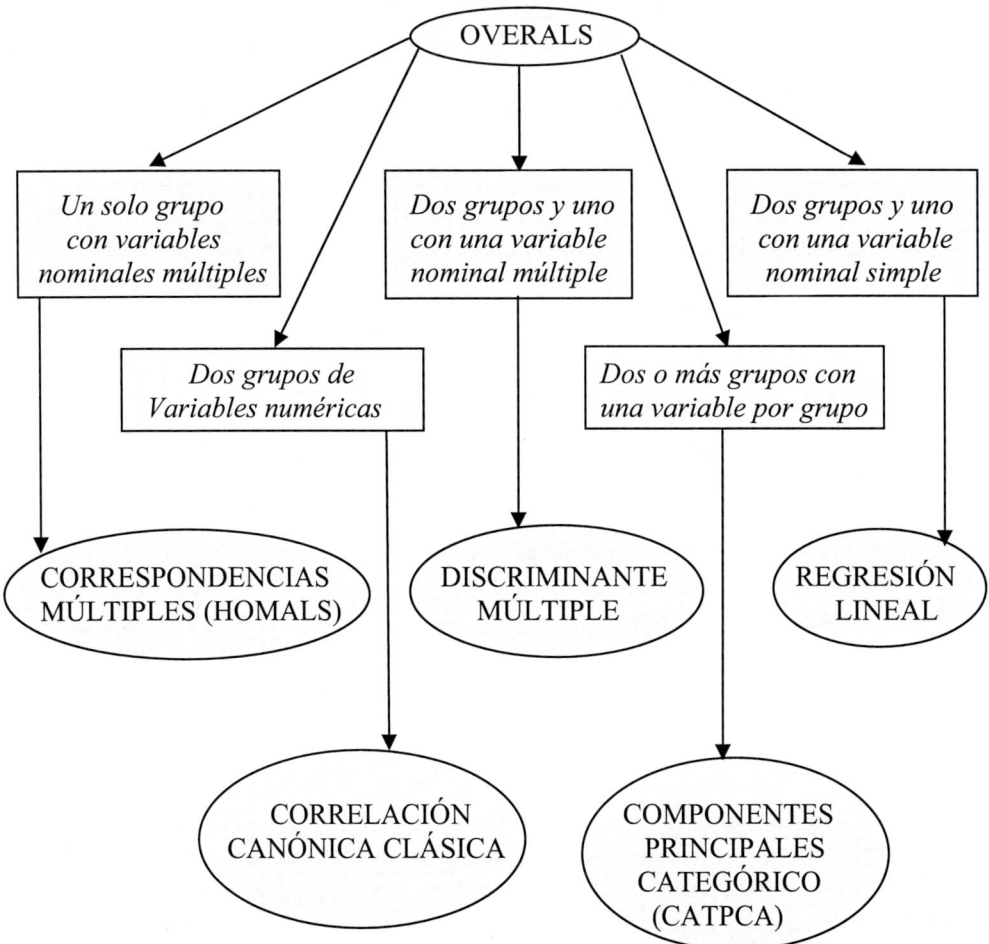

El esquema anterior es muy sencillo de interpretar. Si en el análisis de correlación canónica no lineal existe un único grupo de variables todas nominales múltiples (o dos o más conjuntos de variables con una única variable nominal múltiple en cada uno), OVERALS equivale al análisis de correspondencias múltiples HOMALS. Si para dos grupos de variables se tiene que todas las variables son numéricas, OVERALS equivale al análisis de correlación canónica estándar. Si para más de dos grupos de variables, cada grupo tiene una sola variable, OVERALS equivale a componentes principales categóricas (CATPCA). Si para dos grupos de variables, uno de los grupos presenta una única variable nominal simple, OVERALS equivale al análisis de regresión múltiple. Si para dos grupos de variables, uno de los grupos presenta una única variable nominal múltiple, OVERALS equivale al análisis discriminante múltiple.

En cuanto a los datos, en OVERALS es necesario utilizar enteros para codificar las variables categóricas (nivel de escalamiento nominal u ordinal). Para minimizar los resultados, se usan enteros consecutivos, comenzando por el 1, para codificar cada variable. Las variables escaladas a nivel numérico no deben ser recodificadas en enteros consecutivos. Para minimizar los resultados, en cada variable escalada a nivel numérico, es necesario sustraer el menor valor observado a todos los valores y sumarle 1. Los valores fraccionarios se truncarán tras el decimal.

En cuanto a supuestos, en OVERALS las variables se pueden clasificar en dos o más conjuntos. Las variables del análisis se escalan como nominales múltiples, nominales simples, ordinales o numéricas. El número máximo de dimensiones utilizado en el procedimiento depende del nivel de escalamiento óptimo de las variables. Si todas las variables están especificadas como ordinales, nominales simples o numéricas, el número máximo de dimensiones es el mínimo del número de observaciones menos 1 y el número total de variables. Sin embargo, si sólo se definen dos conjuntos de variables, el número máximo de dimensiones es el número de variables en el conjunto más pequeño. Si algunas variables son nominales múltiples, el número máximo de dimensiones es el número total de categorías nominales múltiples más el número de variables nominales no múltiples menos el número de variables nominales múltiples. Por ejemplo, si el análisis incluye cinco variables, una de las cuales es nominal múltiple con cuatro categorías, el número máximo de dimensiones será (4 + 4 - 1) o 7. Si se especifica un número mayor que el máximo, se utilizará el valor máximo.

Ejemplo de Análisis de Correlación Canónica no lineal con SPSS

Consideramos los resultados de una encuesta en la que a los individuos se les pedía manifestar el grado de acuerdo con cada una de las cinco categorías de nueve cuestiones. Las respuestas a las cuestiones se codifican en las nueve variables $C1$ a $C9$ y adicionalmente se clasifican según la variable *sexo*. A continuación se presenta la estructura de cada una de estas variables.

Variable	Categoría	Etiqueta	Significado
CUESTIÓN	1	md	muy en desacuerdo
	2	d	desacuerdo
	3	i	indiferente
	4	a	de acuerdo
	5	ma	muy de acuerdo
SEXO	1	h	hombre
	2	m	mujer

Se trata de realizar un análisis de correlación canónica no lineal tomando como primer conjunto de variables *C*1, *C*4 y *C*6, y como segundo conjunto *C*2, *C*3 y *C*5.

Los datos se almacenan en el archivo *overals.sav* y tienen el aspecto que se presenta en la Figura 4-41. En la Figura 4-42 se presentan codificados.

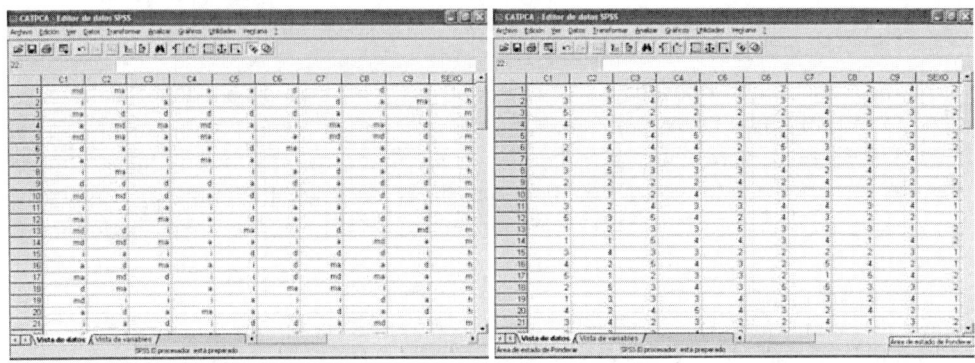

Figura 4-41   Figura 4-42

Para realizar un análisis de correlación canónica no lineal, elija en los menús *Analizar → Reducción de datos → Escalamiento óptimo* (Figura 4-43). Previamente es necesario cargar en memoria el fichero de nombre *overals* mediante *Archivo → Abrir → Datos*.

En el cuadro de diálogo *Escalamiento óptimo* de la Figura 4-44, seleccione *Todas las variables son nominales múltiples* o *Alguna variable(s) no es nominal múltiple*. A continuación seleccione *Múltiples conjuntos* y pulse en *Definir*. Defina al menos dos conjuntos de variables. Seleccione la variable o variables que desee incluir en el primer conjunto y defina los rangos para las variables con el botón *Definir rango y escala* (Figura 4-45). Las variables del primer conjunto con su rango y escala se observan en la Figura 4-46. Para desplazarse al siguiente conjunto, pulse en *Siguiente* y seleccione las variables que desee incluir en el segundo conjunto definiendo también su rango y escala (Figura 4-47). Las variables del segundo conjunto con su rango y escala se observan en la Figura 4-48. Puede añadir los conjuntos adicionales que desee. Pulse en *Anterior* para volver al conjunto de variables definido anteriormente si es necesario. Si lo desea, tiene la posibilidad de seleccionar una o más variables para proporcionar etiquetas de punto en los gráficos de las puntuaciones de objeto (campo *Etiquetar gráficos de las puntuaciones de objeto con:*). Cada variable de etiquetado genera un gráfico diferente, con los puntos etiquetados mediante los valores de dicha variable. Debe definir un rango para cada una de las variables de etiquetado de los gráficos (botón *Definir rango*).

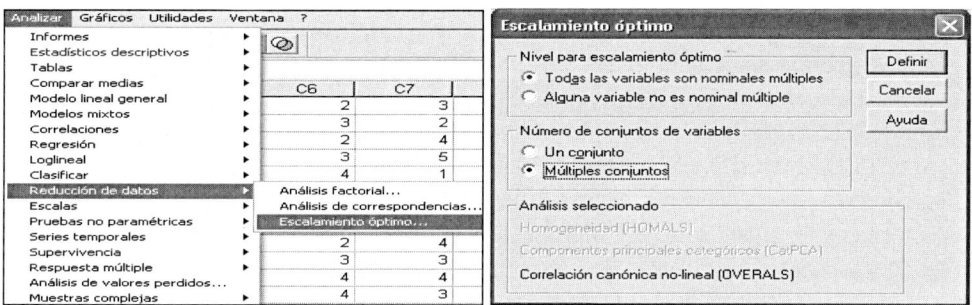

Figura 4-43   Figura 4-44

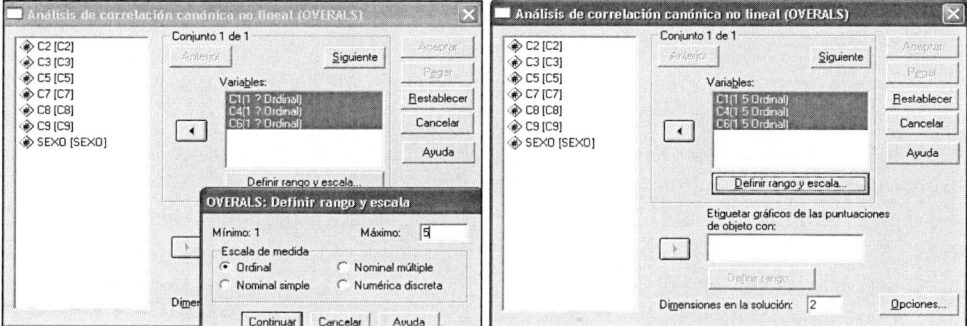

Figura 4-45   Figura 4-46

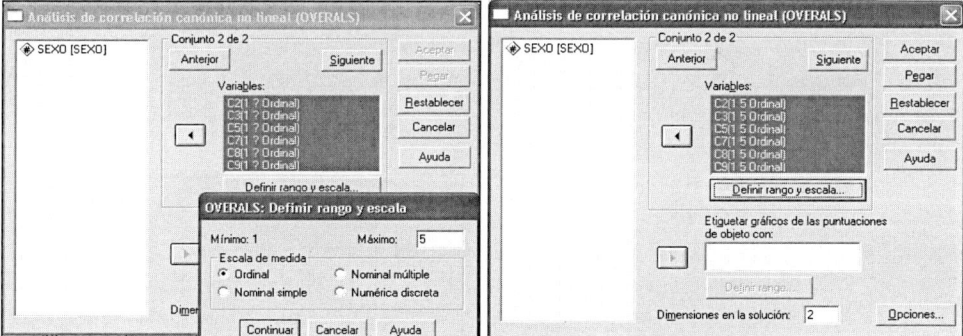

Figura 4-47   Figura 4-48

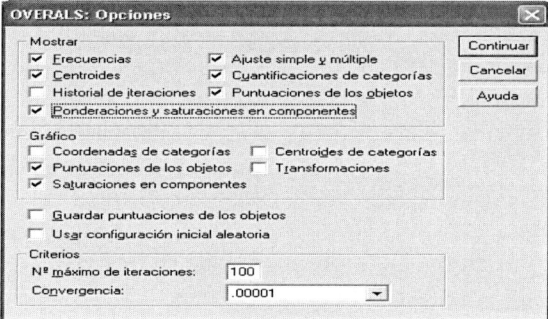

Figura 4-49

El botón *Opciones* (Figura 4-49) permite seleccionar estadísticos y gráficos opcionales, guardar en el archivo de datos de trabajo las puntuaciones de los objetos como nuevas variables y, por último, especificar los criterios de iteración y de convergencia. En el campo *Mostrar* los estadísticos disponibles incluyen las frecuencias marginales (los recuentos), los centroides, el historial de iteraciones, las ponderaciones y las saturaciones en las componentes, las cuantificaciones de las categorías, las puntuaciones de objeto y los estadísticos de ajuste simple y múltiple. En el campo *Gráfico* puede generar gráficos de las coordenadas de las categorías, las puntuaciones de objeto, las saturaciones en las componentes, los centroides de las categorías y las transformaciones. La casilla *Guardar puntuaciones de los objetos* permite guardar las puntuaciones de los objetos como nuevas variables en el archivo de datos de trabajo. Las puntuaciones de objeto se guardan para el número de dimensiones especificadas en el cuadro de diálogo principal. La casilla *Utilizar conFiguración inicial aleatoria* permite definir una conFiguración inicial aleatoria en el caso de que todas o algunas de las variables sean nominales simples. Si esta opción no se selecciona, se utiliza una conFiguración inicial anidada. El campo *Criterios* puede especificar el número máximo de iteraciones que el análisis de correlación canónica no lineal puede realizar durante los cálculos. También puede seleccionar un valor para el criterio de convergencia. El análisis detiene la iteración si la diferencia del ajuste total entre la dos últimas iteraciones es menor que el valor de convergencia o si se ha alcanzado el número máximo de iteraciones.

Al hacer clic en *Continuar* y en *Aceptar*, ya tenemos la salida del procedimiento OVERALS (Figura 4-50). En la parte izquierda de la salida podemos ir seleccionando los distintos tipos de resultados haciendo clic sobre ellos. También se ven los resultados desplazándose a lo largo de la pantalla.

La salida tabular comienza ofreciendo un listado con los dos grupos de variables que intervienen en el análisis junto a su número de categorías (Figura 4-51), las tablas de frecuencias marginales de cada variable de los dos conjuntos (Figura 4-52), el historial de iteraciones y el resumen del análisis (Figura 4-53). Las tablas de frecuencias permiten detectar datos perdidos o extraños que pueden ser eliminados del fichero de datos o recodificados. El historial de iteraciones presenta un informe sobre las iteraciones sucesivas que se llevan a cabo para establecer una relación canónica entre los dos conjuntos. Este proceso de búsqueda de una solución que satisfaga el valor de convergencia (llamado valor del test de la convergencia) desemboca en el cálculo de un valor de pérdida y otro de ajuste para la iteración 0 y la iteración en la que se produce la convergencia (la 80 en nuestro caso). También se presenta la diferencia entre las dos últimas iteraciones (0,000010). En el resumen del análisis, OVERALS muestra la pérdida por cada conjunto en cada dimensión. La suma de las pérdidas del conjunto 1 y del conjunto 2 deben de coincidir. La pérdida media por dimensiones indica una pérdida moderada (0,440). El ajuste de la prueba representa un valor alto (1,560) y los autovalores (0,799 y 0,761) muestran una distribución de cargas de explicación de la varianza del modelo muy parecida, en las dos dimensiones aunque algo superior en la dimensión 1 que en la 2.

Los valores de ajuste y de pérdida de la tabla resumen de análisis de la Figura 4-53 informan de cuánto se ajusta la solución de OVERALS a la asociación entre los conjuntos. El valor de ajuste máximo es siempre el número de dimensiones (2 en nuestro caso) y en la tabla se obtiene 1,560 (cercano a 2), lo que indica un buen ajuste de la solución. La pérdida media de las dos dimensiones (0,440) informa de la diferencia entre el máximo ajuste y el real (2-1,560 = 0,440). Por lo tanto, el valor de ajuste más la pérdida media es igual al número de dimensiones.

Las Figuras 4-54 y 4-55 presentan el gráfico y tabla de ponderaciones respectivamente, la Figura 4-56 presenta la tabla de saturaciones en las componentes.

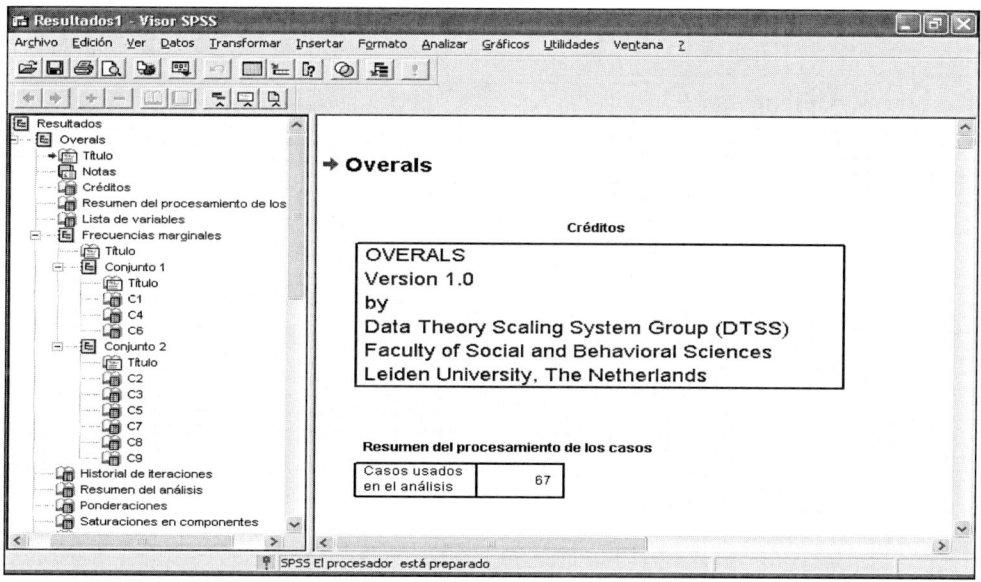

Figura 4-50

Lista de variables

Conjunto		Número de categorías	Nivel de escalamiento óptimo
1	C1	5	Ordinal
	C4	5	Ordinal
	C6	5	Ordinal
2	C2	5	Ordinal
	C3	5	Ordinal
	C5	5	Ordinal
	C7	5	Ordinal
	C8	5	Ordinal
	C9	5	Ordinal

Figura 4-51

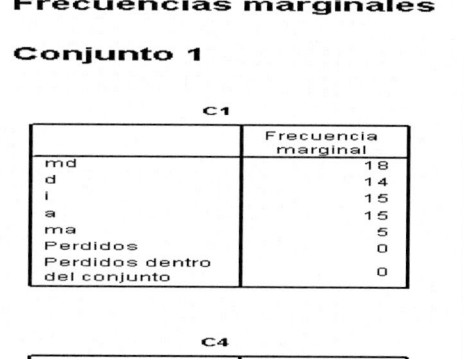

Figura 4-52

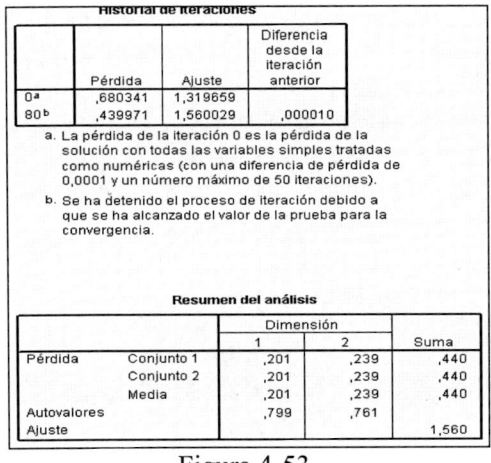

Historial de iteraciones

	Pérdida	Ajuste	Diferencia desde la iteración anterior
0 [a]	,680341	1,319659	
80 [b]	,439971	1,560029	,000010

a. La pérdida de la iteración 0 es la pérdida de la solución con todas las variables simples tratadas como numéricas (con una diferencia de pérdida de 0,0001 y un número máximo de 50 iteraciones).

b. Se ha detenido el proceso de iteración debido a que se ha alcanzado el valor de la prueba para la convergencia.

Resumen del análisis

		Dimensión		Suma
		1	2	
Pérdida	Conjunto 1	,201	,239	,440
	Conjunto 2	,201	,239	,440
	Media	,201	,239	,440
Autovalores		,799	,761	
Ajuste				1,560

Figura 4-53

Saturaciones en componentes

Figura 4-54

Ponderaciones

Conjunto		Dimensión	
		1	2
1	C1	,714	,159
	C4	-,392	-,463
	C6	,350	-,751
2	C2	-,595	,123
	C3	,414	,341
	C5	-,411	,007
	C7	-,314	,733
	C8	,436	,018
	C9	,165	,101

Figura 4-55

Saturaciones en componentes

Conjunto		Dimensión	
		1	2
1	C1 [a,b]	,714	,122
	C4 [a,b]	-,387	-,425
	C6 [a,b]	,390	-,725
2	C2 [a,b]	-,462	,132
	C3 [a,b]	,383	,433
	C5 [a,b]	-,209	-,166
	C7 [a,b]	-,136	,784
	C8 [a,b]	,469	,097
	C9 [a,b]	,195	,212

a. Nivel de escalamiento óptimo: Ordinal

b. Proyecciones de las variables cuantificadas simples en el espacio de los objetos

Figura 4-56

La tabla de ponderaciones muestra los pesos por cada dimensión desglosados por las variables de los conjuntos. Estos pesos indican la contribución de cada variable a la dimensión dentro de cada conjunto. Se puede observar la elevada fuerza explicativa de $C1$ dentro de la dimensión 1 y de la carga de $C6$ y $C7$ en la dimensión 2. Estas ponderaciones o pesos representan los coeficientes de correlación de cada dimensión para todas las variables cuantificadas de un conjunto, donde las puntuaciones de los objetos efectúan un análisis de la regresión sobre las variables cuantificadas.

La tabla de saturaciones en las componentes contempla las cargas de las componentes por variables simples, es decir las proyecciones de las variables cuantificadas en el espacio de los objetos. Estas cargas son una indicación de la contribución de cada variable a la dimensión dentro de cada conjunto. Se aprecia la elevada fuerza explicativa de $C1$ dentro de la dimensión 1 y de $C6$ y $C7$ en la dimensión 2, afirmación que se corrobora observando el gráfico de saturaciones en componentes (Figura 4-54), que representa en el plano de las dos dimensiones las cargas de las componentes para variables simples. Cuando no hay datos perdidos, las cargas de las componentes son equivalentes a las correlaciones de Pearson entre las variables cuantificadas y las puntuaciones de los objetos.

La tabla de ajuste de la Figura 4-57 resume datos de ajuste múltiple, simple y pérdida simple por dimensiones para cada variable de cada uno de los conjuntos del análisis.

Ajuste

Conjunto		Ajuste múltiple			Ajuste simple			Pérdida simple		
		Dimensión		Suma	Dimensión		Suma	Dimensión		Suma
		1	2		1	2		1	2	
1	C1(a)	,514	,034	,548	,510	,025	,536	,004	,009	,012
	C4(a)	,162	,220	,382	,154	,215	,369	,009	,005	,014
	C6(a)	,125	,569	,694	,123	,564	,687	,002	,005	,008
2	C2(a)	,361	,029	,389	,354	,015	,370	,006	,014	,020
	C3(a)	,192	,136	,328	,172	,116	,288	,020	,020	,040
	C5(a)	,170	,005	,175	,169	,000	,169	,000	,005	,006
	C7(a)	,107	,540	,647	,099	,538	,637	,008	,002	,011
	C8(a)	,190	,005	,195	,190	,000	,190	,000	,005	,005
	C9(a)	,029	,022	,051	,027	,010	,037	,002	,012	,014

a Nivel de escalamiento óptimo: Ordinal

Figura 4-57

Las tablas de cuantificaciones (Figura 4-58) muestran, para cada variable de cada conjunto, las cuantificaciones de las categorías y las coordenadas de categorías simples y múltiples por cada dimensión. Las tablas de centroides (Figura 4-59) muestran, para cada variable de cada conjunto, los promedios de los objetos pertenecientes a la misma categoría.

La Figura 4-60 muestra las puntuaciones de los objetos (valores dc los objetos del análisis en el modelo de correlación canónica no lineal ajustado) y la Figura 4-61 representa estas puntuaciones en el gráfico de puntuaciones de los objetos. Las puntuaciones suelen ser los valores resumen del análisis que pueden ser utilizados posteriormente en otros análisis diferentes. El gráfico de puntuaciones de los objetos permite detectar *outliers* perniciosos que podrían dominar la solución de modo falso situándose en los bordes del gráfico con cuantificaciones altas.

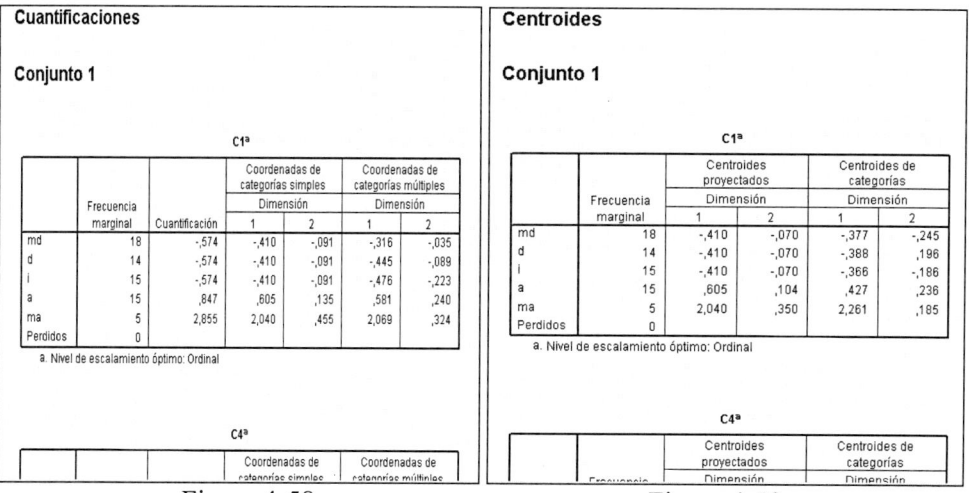

Figura 4-58   Figura 4-59

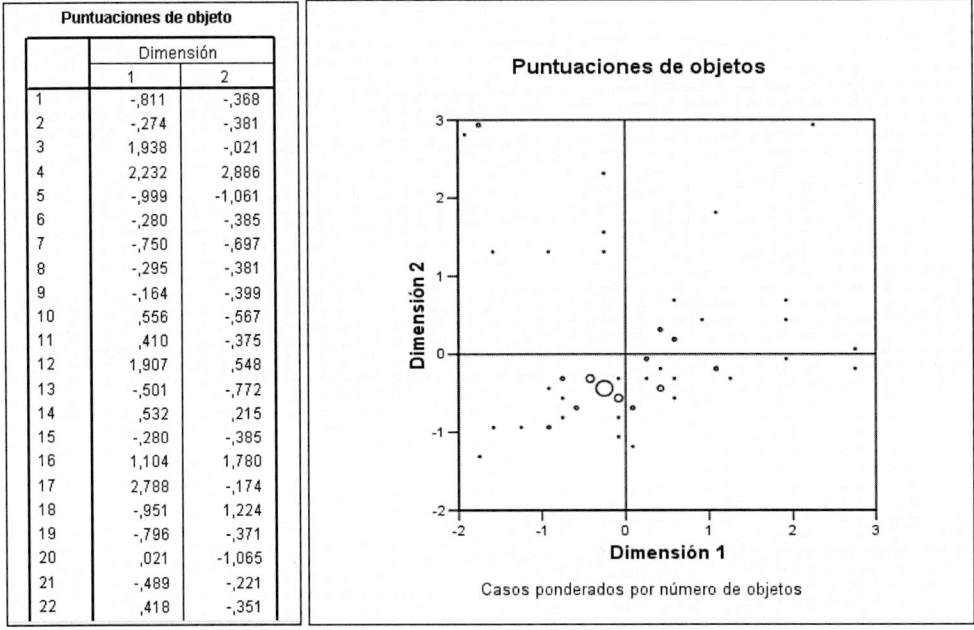

Puntuaciones de objeto		
	Dimensión	
	1	2
1	-,811	-,368
2	-,274	-,381
3	1,938	-,021
4	2,232	2,886
5	-,999	-1,061
6	-,280	-,385
7	-,750	-,697
8	-,295	-,381
9	-,164	-,399
10	,556	-,567
11	,410	-,375
12	1,907	,548
13	-,501	-,772
14	,532	,215
15	-,280	-,385
16	1,104	1,780
17	2,788	-,174
18	-,951	1,224
19	-,796	-,371
20	,021	-1,065
21	-,489	-,221
22	,418	-,351

Figura 4-60   Figura 4-61

Ahora podemos intentar realizar el análisis de correlación canónica no lineal considerando nueve conjuntos con una sola variable en cada conjunto, para comprobar que coincide con el análisis en componentes principales categórico realizado ya en el ejemplo expuesto para esta técnica anteriormente. Para ello se rellena la pantalla de entrada de OVERALS como se indica en la Figura 4-62, se pulsa *Definir* y se construyen los conjuntos de variables con un solo elemento como se indica en las Figuras 4-63 a 4-71 (para pasar de un a otra se pulsa *Siguiente*). La pantalla relativa al botón *Opciones* se rellena como se indica en la Figura 4-72. Al pulsar *Continuar* y *Aceptar* se obtiene la salida de OVERALS que comienza listando lasa variables de los conjuntos y el historial de iteraciones (Figura 4-73).

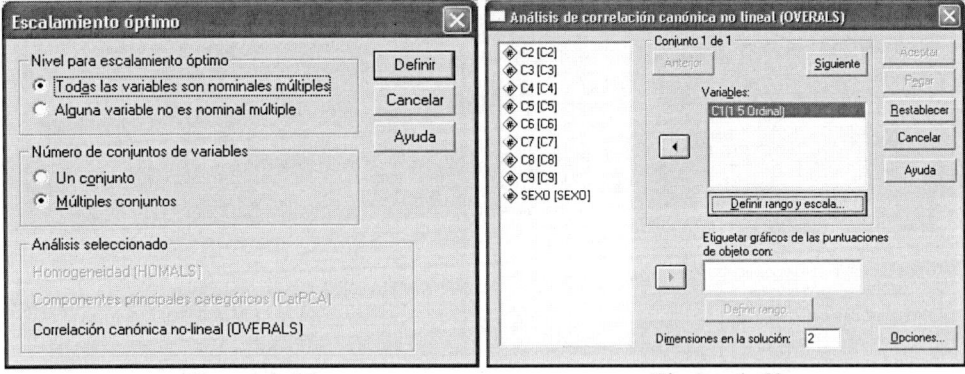

Figura 4-62   Figura 4-63

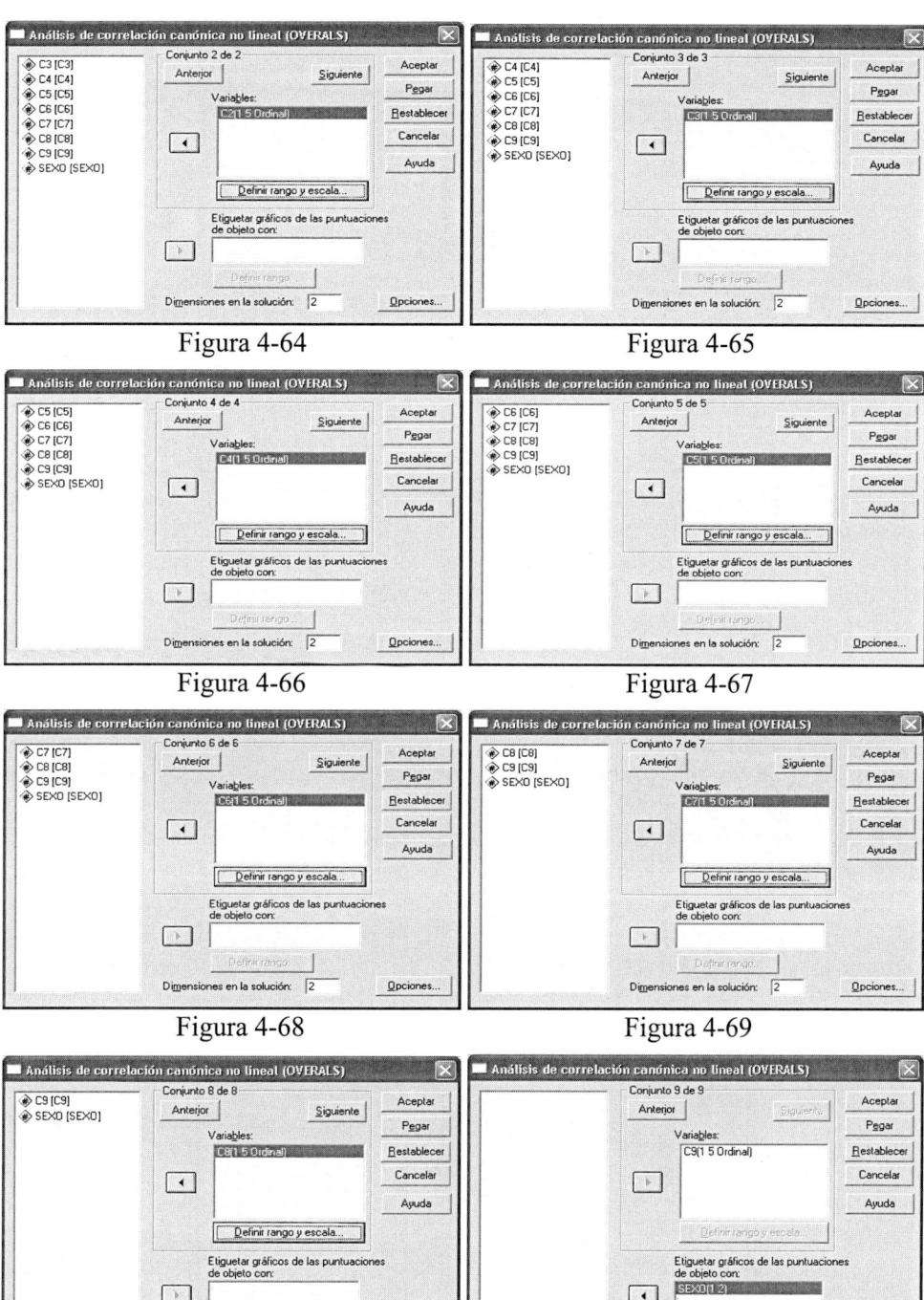

Figura 4-64

Figura 4-65

Figura 4-66

Figura 4-67

Figura 4-68

Figura 4-69

Figura 4-70

Figura 4-71

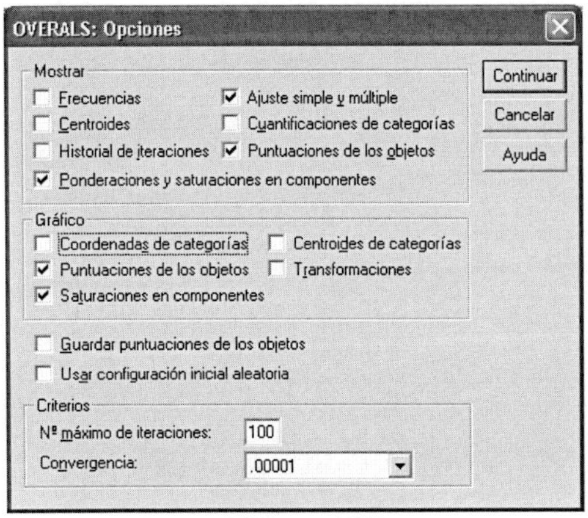

OVERALS: Opciones

Mostrar
- ☐ Frecuencias   ☑ Ajuste simple y múltiple
- ☐ Centroides   ☐ Cuantificaciones de categorías
- ☐ Historial de iteraciones   ☑ Puntuaciones de los objetos
- ☑ Ponderaciones y saturaciones en componentes

Gráfico
- ☐ Coordenadas de categorías   ☐ Centroides de categorías
- ☑ Puntuaciones de los objetos   ☐ Transformaciones
- ☑ Saturaciones en componentes

☐ Guardar puntuaciones de los objetos
☐ Usar configuración inicial aleatoria

Criterios
Nº máximo de iteraciones: 100
Convergencia: .00001

[Continuar] [Cancelar] [Ayuda]

Figura 4-72

Lista de variables

Conjunto	Número de categorías	Nivel de escalamiento óptimo
1 C1	5	Ordinal
2 C2	5	Ordinal
3 C3	5	Ordinal
4 C4	5	Ordinal
5 C5	5	Ordinal
6 C6	5	Ordinal
7 C7	5	Ordinal
8 C8	5	Ordinal
9 C9	5	Ordinal

Historial de iteraciones

	Pérdida	Ajuste	Diferencia desde la iteración anterior
0 a	1,679394	,320606	
20 b	1,582514	,417486	,000006

a. La pérdida de la iteración 0 es la pérdida de la solución con todas las variables simples tratadas como numéricas (con una diferencia de pérdida de

Figura 4-73

Si observamos la tabla *Resumen de análisis* (Figura 4-74) vemos que el valor de *Ajuste* no es bueno (0,417 sobre 2) lo que indica una mala calidad del ajuste por correlación canónica no lineal. Esto concuerda con el bajo nivel de explicación de la variabilidad total hallado en el procedimiento de componentes principales categórico.

Por otro lado, de la tabla de *Saturaciones en componentes* (Figura 4-76) y de su gráfico (Figura 4-77) se deduce una agrupación de las variables en las dos primeras componentes similar a la hallada con el procedimiento CATPCA. la forma definitiva de agrupar las variables en componentes sería asociar las variables $C4$, $C5$, $C2$, $C6$, $C9$ y $C8$ en una primera componente y las variables $C1$, $C3$ y $C7$ en la otra componente, siendo $C7$ y $C9$ las asociaciones a componentes que han cambiado en OVERALS respecto de CATPCA. Pero no olvidemos que $C7$ estaba bastante indefinida en CATCPA, y precisamente es la única variable que ha cambiado en OVERALS arrastrando consigo a $C9$. También en OVERALS es notorio el alto valor de las cargas de casi todas las variables sobre la primera dimensión. El gráfico de puntuaciones de los objetos etiquetados por sexo es similar al obtenido en CATCPA.

Resumen del análisis

		Dimensión 1	Dimensión 2	Suma
Pérdida	Conjunto 1	,856	,721	1,577
	Conjunto 2	,659	,779	1,437
	Conjunto 3	,973	,440	1,414
	Conjunto 4	,794	,896	1,690
	Conjunto 5	,670	,958	1,628
	Conjunto 6	,600	,996	1,596
	Conjunto 7	,852	,680	1,532
	Conjunto 8	,698	,885	1,583
	Conjunto 9	,790	,996	1,786
	Media	,766	,817	1,583
Autovalores		,234	,183	
Ajuste				,417

Figura 4-74

Ponderaciones

Conjunto		Dimensión	
		1	2
1	C1	-,380	,528
2	C2	,584	-,471
3	C3	-,164	,748
4	C4	-,454	-,322
5	C5	-,574	-,206
6	C6	,632	-,065
7	C7	,385	,566
8	C8	,550	,339
9	C9	-,458	,063

Figura 4-75

Saturaciones en componentes

Conjunto		Dimensión	
		1	2
1	C1 a,b	-,380	,528
2	C2 a,b	,584	-,471
3	C3 a,b	-,164	,748
4	C4 a,b	-,454	-,322
5	C5 a,b	-,574	-,206
6	C6 a,b	,632	-,065
7	C7 a,b	,385	,566
8	C8 a,b	,550	,339
9	C9 a,b	-,458	,063

a. Nivel de escalamiento óptimo: Ordinal

b. Proyecciones de las variables cuantificadas simples en el espacio de los objetos

Figura 4-76

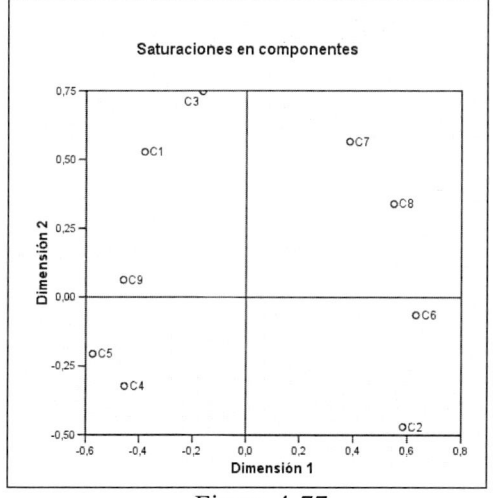

Figura 4-77

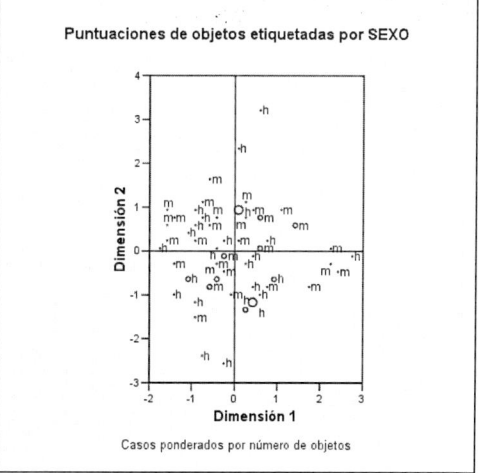

Figura 4-78

REGRESIÓN CATEGÓRICA MEDIANTE ESCALAMIENTO ÓPTIMO

El análisis de regresión categórica mediante escalamiento óptimo CATREG es una ampliación de la regresión habitual en el sentido de incorporar variables categóricas tanto en la variable dependiente como en las independientes. El análisis de regresión lineal ordinario implica minimizar las diferencias de la suma de los cuadrados entre una variable de respuesta (la dependiente) y una combinación ponderada de las variables predictoras (las independientes). Las variables son normalmente cuantitativas, con los datos categóricos (nominales) recodificados como variables binarias o de contraste. Como resultado, las variables categóricas sirven para separar grupos de casos y la técnica estima conjuntos separados de parámetros para cada grupo. Los coeficientes estimados reflejan cómo los cambios en los predictores afectan a la respuesta. El pronóstico de la respuesta es posible para cualquier combinación de los valores predictores.

Una aproximación alternativa incluye la regresión de la respuesta respecto a los propios valores predictores categóricos. Como consecuencia, se estima un coeficiente para cada variable. Sin embargo, para las variables categóricas, los valores categóricos son arbitrarios. La codificación de las categorías de diferentes maneras proporciona diferentes coeficientes, dificultando las comparaciones entre los análisis de las mismas variables.

La regresión categórica cuantifica los datos categóricos mediante la asignación de valores numéricos a las categorías, obteniéndose una ecuación de regresión lineal óptima para las variables transformadas. La regresión categórica se conoce también por el acrónimo CATREG, del inglés *Categorical Regression* (*regresión categórica*).

CATREG amplía la aproximación típica mediante un escalamiento de las variables nominales, ordinales y numéricas simultáneamente. El procedimiento cuantifica las variables categóricas de manera que las cuantificaciones reflejen las características de las categorías originales. El procedimiento trata a las variables categóricas cuantificadas como si fueran variables numéricas. La utilización de transformaciones no lineales permite a las variables ser analizadas en varios niveles para encontrar el modelo que más se ajusta.

En cuanto a los datos, CATREG trabaja con variables indicadoras de categorías. Los indicadores de las categorías deben ser enteros positivos. Pueden utilizarse varios métodos de discretización para convertir variables con valores fraccionarios y variables de cadena en enteros positivos.

En cuanto a supuestos, sólo se permite una variable de respuesta, pero el número máximo de variables predictoras es 200. Los datos deben contener al menos tres casos válidos y el número de casos válidos debe ser superior al número de variables predictoras más uno.

En cuanto a procedimientos relacionados, CATREG es equivalente al análisis de correlación canónica categórico mediante escalamiento óptimo (OVERALS) con dos conjuntos, uno de los cuales contiene sólo una variable. Si se escalan todas las variables a nivel numérico, el análisis se corresponderá con el análisis de regresión múltiple típico.

Si consideramos CATREG como un procedimiento de escalamiento óptimo, podemos ampliar el cuadro general de clasificación de los métodos de escalamiento óptimo incorporando al mismo el procedimiento de regresión categórica mediante escalamiento óptimo. El cuadro quedaría como sigue:

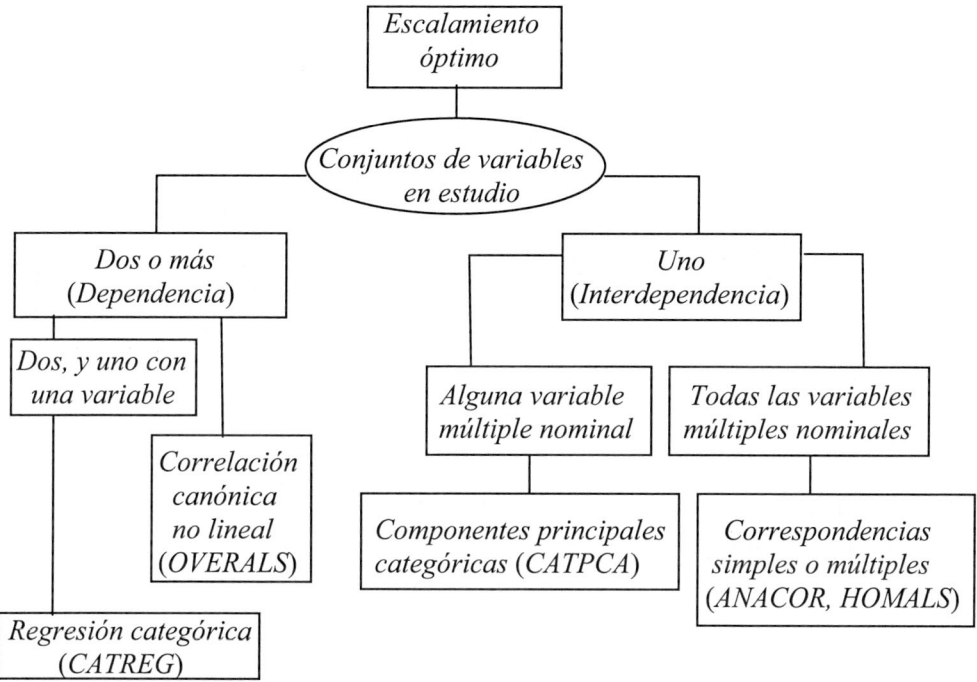

Ejemplo de regresión categórica mediante escalamiento óptimo con SPSS

Considerando los datos del fichero *encuesta.sav* que recoge información sobre los habitantes de una población, utilizaremos el procedimiento de regresión categórica mediante escalamiento óptimo CATREG para describir cómo el grado de felicidad (variable *feliz*) depende del sexo (variable *sexo*), de la raza (variable *raza*) y del tipo de vida (variable *vida*).

Para ejecutar la regresión mediante escalamiento óptimo, elija en los menús *Analizar → Regresión → Escalamiento óptimo* (Figura 4-79), seleccione la variable dependiente y la variable o variables independientes y defina el rango y el nivel de escalamiento óptimo para cada variable con el botón *Definir Escala* (Figura 4-80). El botón *Opciones* (Figura 4-81) permite seleccionar el estilo de la conFiguración inicial, especificar los criterios de iteración y de convergencia y etiquetar gráficos. El botón *Resultados* (Figura 4-82) permite elegir tablas, cuantificaciones y estadísticos de la regresión. El botón *Gráficos* (Figura 4-83) permite seleccionar gráficos de transformación y de los residuos de la regresión. El botón *Discretización* (Figura 4-84) permite elegir distintos métodos de discretización para las categorías de las variables. El botón *Perdidos* (Figura 4-85) permite seleccionar el método de tratamiento de los valores perdidos. El botón *Guardar* (Figura 4-86) permite seleccionar estadísticos opcionales y guardar las cuantificaciones como nuevas variables en el archivo de datos de trabajo o en un archivo de datos externo. Al pulsar *Aceptar* se obtiene la Figura 4-87 que muestra salida de CATREG.

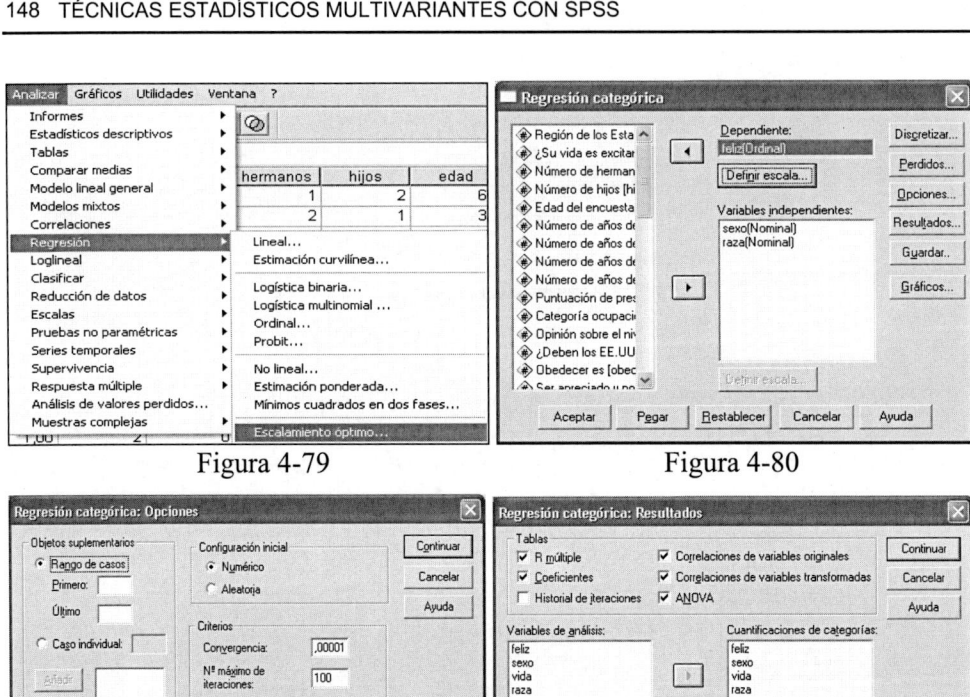

Figura 4-79   Figura 4-80

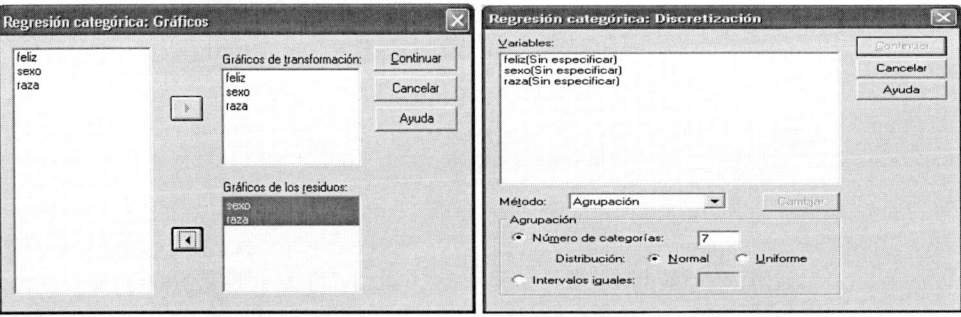

Figura 4-81   Figura 4-82

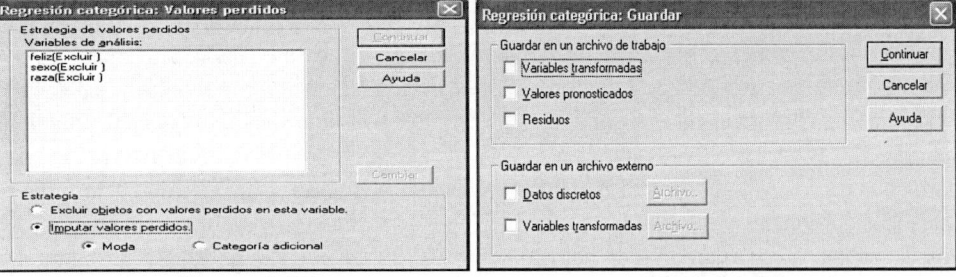

Figura 4-83   Figura 4-84

Figura 4-85   Figura 4-86

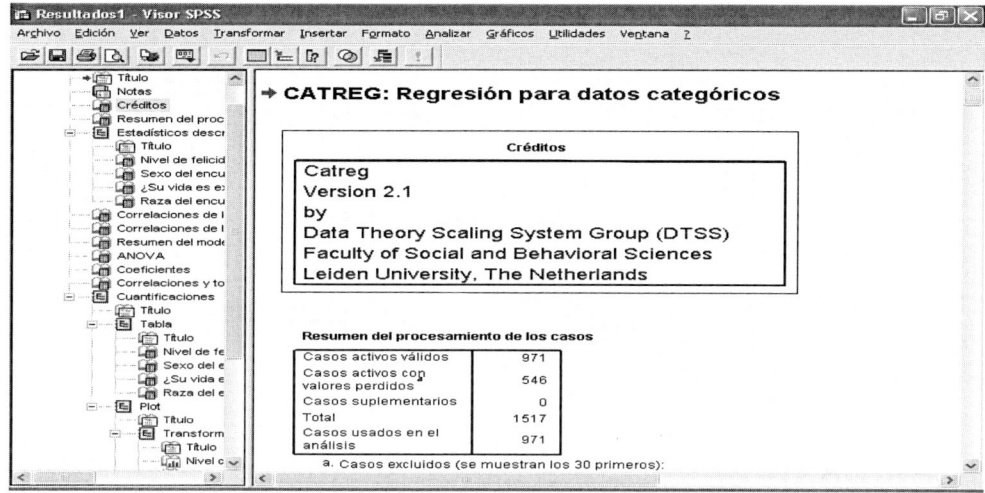

Figura 4-87

En la Figura 4-88 se muestran los estadísticos descriptivos de las variables solicitadas en la Figura 4-82. En la Figura 4-89 se muestran las correlaciones de las variables originales y transformadas, con valores muy bajos, lo que elimina problemas de multicolinealidad. En la Figura 4-90 se muestran el resumen del ajuste (que no es bueno porque el R^2 ajustado es muy bajo) y la tabla ANOVA con p-valor del estadístico de la F casi cero ($sig.$ = 0,000) que muestra una significatividad conjunta del modelo muy alta). En la Figura 4-91 se muestran los coeficientes estimados del modelo y sus significatividad individual. El mayor problema lo presenta la variable $sexo$ con un p-valor de 0,459 muy separado de 0,05 (la variable $sexo$ sólo es significativa al 34%). La ecuación del modelo ajustado es:

$$feliz = 0,022*sexo + 0,390*vida + 0,125*raza$$

Esta ecuación puede utilizarse para pronosticar la felicidad para cualquier combinación de las tres variables independientes. La Figura 4-91 también muestra correlaciones bajas y tolerancias altas. Las Figuras 4-92 y 4-93 muestran las cuantificaciones de las categorías de todas las variables. Las Figuras 4-94 a 4-97 muestran los gráficos de transformación para cada una de las variables elegidas en la Figura 4-83 y que representan las cuantificaciones de las categorías respecto a los valores de categoría originales. Las categorías vacías aparecen en el eje horizontal pero no afectan a los cálculos. Estas categorías se identifican por las rupturas en la línea que conecta las cuantificaciones. Las Figuras 4-98 y 4-99 muestran los gráficos de los residuos para las variables seleccionadas en la Figura 4-83. Para cada una de estas variables, se representan los residuos (calculados para la variable dependiente pronosticada de todas las variables predictoras salvo la variable predictora en cuestión) respecto a los indicadores de las categorías y las cuantificaciones de las categorías óptimas multiplicadas por $beta$ (coeficiente estimado) respecto a los indicadores de las categorías.

Estadísticos descriptivos

Nivel de felicidad[c]

		Frecuencia	
		Datos originales	Datos analizados
Válido	Muy feliz	467	295
	Bastante feliz[a]	872	568
	No demasiado feliz	165	108
	Total	1504	971
Perdidos[b]	Definidos por el usuario	13	
	Total	13	
Total		1517	971

a. Modo.

b. Estrategia para valores perdidos: Excluir objetos con valores perdidos.

c. Nivel de escalamiento óptimo: Ordinal.

Sexo del encuestado[b]

	Frecuencia	
	Datos	Datos

Figura 4-88

Correlaciones de las Variables originales

	Sexo del encuestado	¿Su vida es excitante o aburrida?	Raza del encuestado
Sexo del encuestado	1,000	,112	,051
¿Su vida es excitante o aburrida?	,112	1,000	,046
Raza del encuestado	,051	,046	1,000
Dimensión	1	2	3
Autovalores	1,144	,968	,887

Correlaciones de las Variables transformadas

	Sexo del encuestado	¿Su vida es excitante o aburrida?	Raza del encuestado
Sexo del encuestado	1,000	,103	,059
¿Su vida es excitante o aburrida?	,103	1,000	,028
Raza del encuestado	,059	,028	1,000
Dimensión	1	2	3
Autovalores	1,132	,976	,892

Figura 4-89

Resumen del modelo

R múltiple	R cuadrado	R cuadrado corregida
,416	,173	,169

Variable dependiente: Nivel de felicidad
Predictores: Sexo del encuestado ¿Su vida es excitante o aburrida? Raza del encuestado

ANOVA

	Suma de cuadrados	gl	Media cuadrática	F	Sig.
Regresión	167,813	5	33,563	40,324	,000
Residual	803,187	965	,832		
Total	971,000	970			

Variable dependiente: Nivel de felicidad
Predictores: Sexo del encuestado ¿Su vida es excitante o aburrida? Raza del encuestado

Figura 4-90

Coeficientes

	Coeficientes tipificados				
	Beta	Error típ.	gl	F	Sig.
Sexo del encuestado	,022	,029	1	,548	,459
¿Su vida es excitante o aburrida?	,390	,029	2	175,245	,000
Raza del encuestado	,125	,029	2	18,204	,000

Variable dependiente: Nivel de felicidad

Correlaciones y tolerancia

	Correlaciones				Tolerancia	
	Orden cero	Parcial	Semiparcial	Importancia	Después de la transformación	Antes de la transformación
Sexo del encuestado	,069	,024	,022	,009	,986	,985
¿Su vida es excitante o aburrida?	,395	,392	,388	,892	,989	,986
Raza del encuestado	,137	,136	,125	,099	,996	,996

Variable dependiente: Nivel de felicidad

Figura 4-91

Cuantificaciones

Tabla

Nivel de felicidad[a]

Categoría	Frecuencia	Cuantificación
Muy feliz	295	-,860
Bastante feliz	568	-,055
No demasiado feliz	108	2,638

a. Nivel de escalamiento óptimo: Ordinal.

Sexo del encuestado[a]

Categoría	Frecuencia	Cuantificación
Hombre	422	-1,141
Mujer	549	,877

a. Nivel de escalamiento óptimo: Nominal.

Figura 4-92

¿Su vida es excitante o aburrida?[a]

Categoría	Frecuencia	Cuantificación
Excitante	434	-,711
Rutinaria	497	,281
Aburrida	40	4,219

a. Nivel de escalamiento óptimo: Nominal.

Raza del encuestado[a]

Categoría	Frecuencia	Cuantificación
Blanca	811	-,444
Negra	125	2,262
Otra	35	2,214

a. Nivel de escalamiento óptimo: Nominal.

Figura 4-93

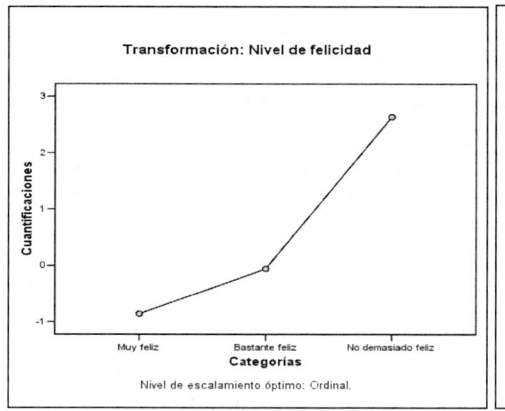

Figura 4-94

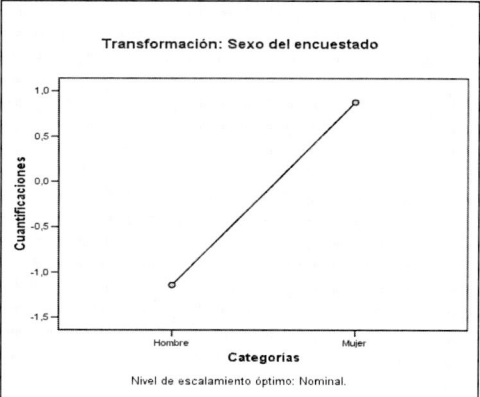

Figura 4-95

Figura 4-96

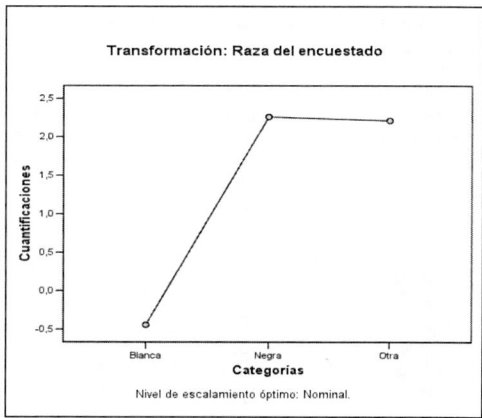

Figura 4-97

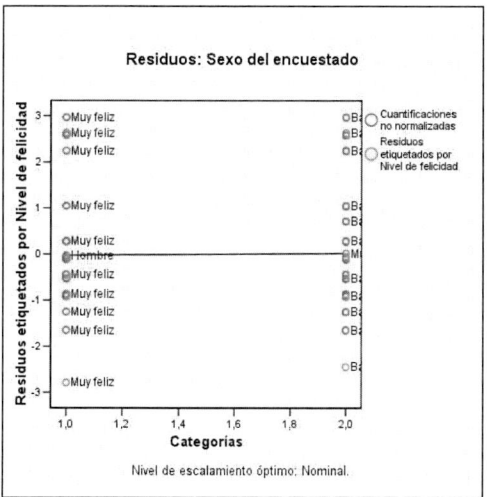

Figura 4-98

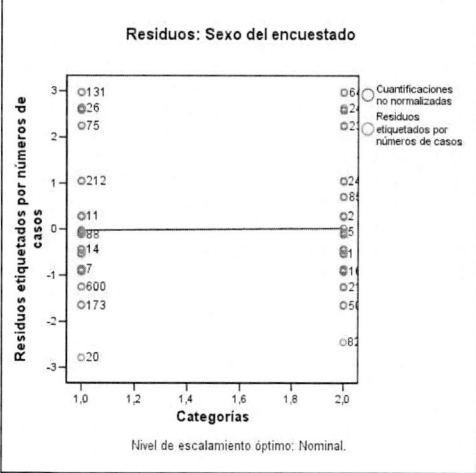

Figura 4-99

Ejercicio 4-1. Con la finalidad de identificar grupos sociales posibles, se consideran cinco variables que describen la intensidad de la interacción social (intensidad) clasificada en 4 categorías (ligera, baja, moderada y alta), los sentimientos de pertenencia a un grupo (pertenencia) clasificada en 4 categorías (ninguno, ligero, variable y alto), la proximidad física de los miembros (proximidad) clasificada en 2 categorías (distante y cercano), la formalidad de la relación entre los miembros (formalidad), clasificada en 3 categorías (sin relación, formal e informal) y la frecuencia de interacción entre sus miembros (frecuencia) clasificada en 4 categorías (ligera, no recurrente, no frecuente y frecuente). Estas variables se cruzaron con siete grupos sociales teóricos (multitud, audiencias, público, mafia, grupos primarios, grupos secundarios y comunidad moderna) recogidos en la variable grupo. Los datos se almacenan en el archivo 4-1.sav. Utilizar análisis en componentes principales categórico para identificar los conjuntos posibles de las variables que definan los posibles grupos sociales derivados de la información disponible.

Las Figuras 4-100 y 4-101 presentan el contenido del conjunto de datos con valores y etiquetas respectivamente.

Para realizar el análisis de componentes principales categórico, elija en los menús *Analizar → Reducción de datos → Escalamiento óptimo* (Figura 4-102). Previamente es necesario cargar en memoria el fichero de nombre *catpca.sav* mediante *Archivo → Abrir → Datos*.

En el cuadro de diálogo *Escalamiento óptimo* de la Figura 4-103, seleccione *Alguna variable no es nominal múltiple*. A continuación seleccione *Un conjunto*, pulse en *Definir*, y en la Figura 4-104 seleccione dos o más variables para el análisis (todas menos *grupo*) y especifique el número de dimensiones en la solución (campo *Dimensiones en la solución*). Defina la escala y la ponderación para las variables con el botón *Definir escala y ponderación* (Figura 4-105). Si lo desea, tiene la posibilidad de seleccionar una o más variables para proporcionar etiquetas de punto en los gráficos de las puntuaciones de objeto (campo *Variables de etiquetado*). Cada variable genera un gráfico diferente, con los puntos etiquetados mediante los valores de dicha variable (en nuestro caso *grupo* tal y como se indica en la Figura 4-105). Las pantallas relativas a los botones *Opciones* y *Resultados* se rellenan como se indica en las Figuras 4-106 y 4-107. Las pantallas gráficas relativas a los botones *Objetos, Categorías y Saturaciones* se rellenan como se indica en las Figuras 4-108 a 4-110).

Una vez elegidas las especificaciones (que se aceptan con el botón *Continuar*), se pulsa el botón *Aceptar* en la Figura 4-105 para obtener los resultados del análisis según se muestra en la Figura 4-111. En la parte izquierda de la figura podemos ir seleccionando los distintos tipos de resultados haciendo clic sobre ellos. También se ven los resultados desplazándose a lo largo de la pantalla.

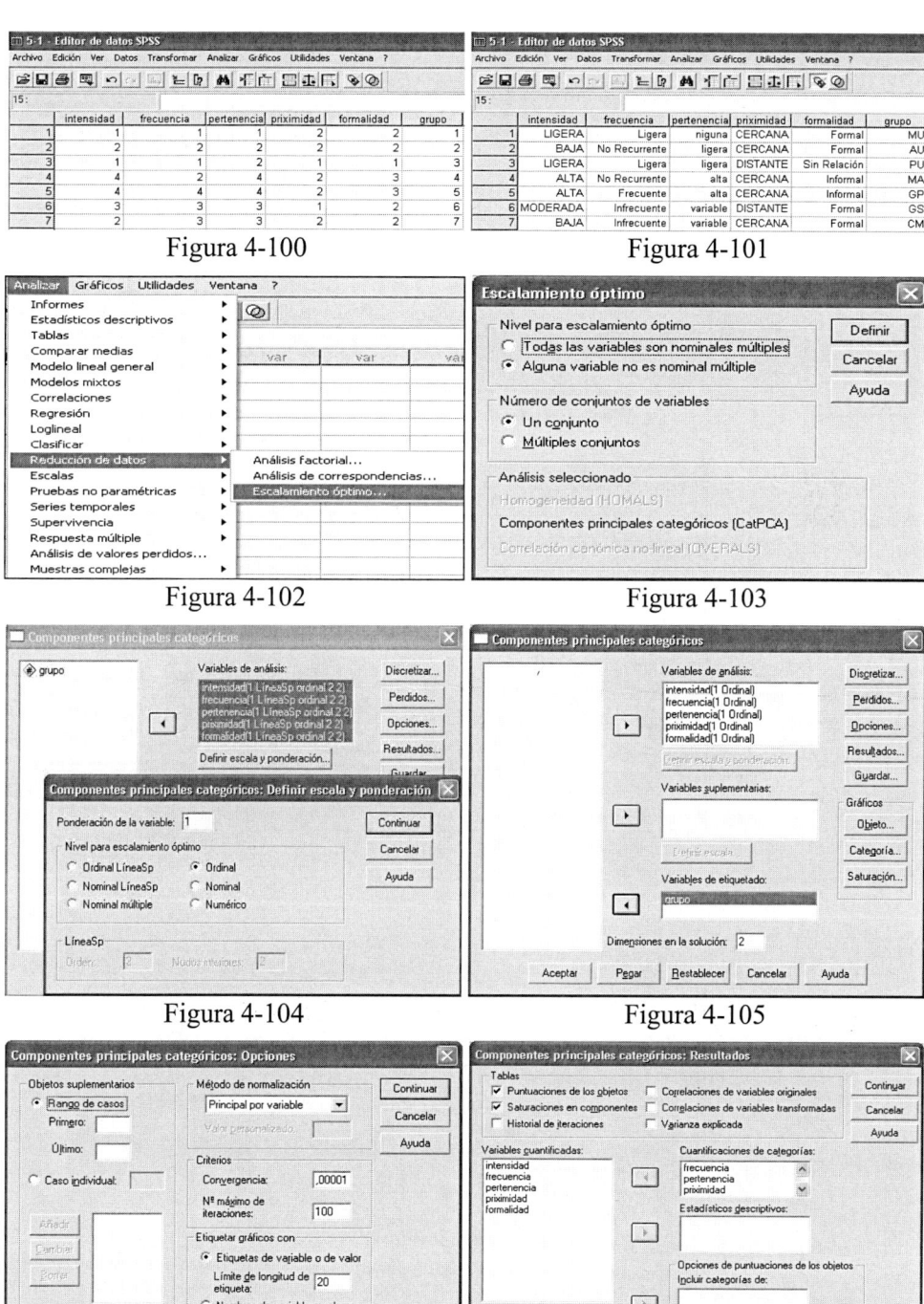

Figura 4-100

Figura 4-101

Figura 4-102

Figura 4-103

Figura 4-104

Figura 4-105

Figura 4-106

Figura 4-107

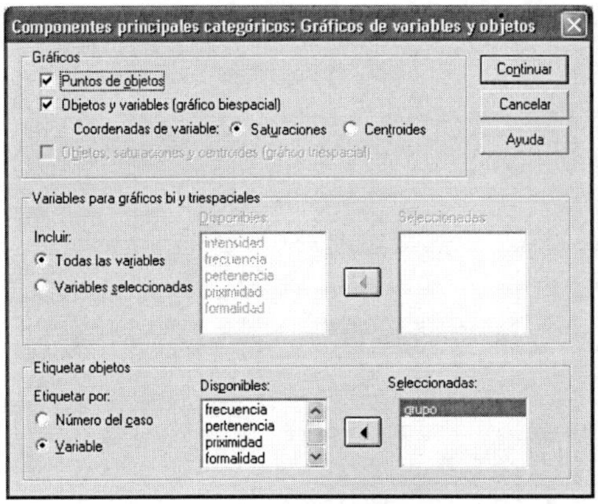

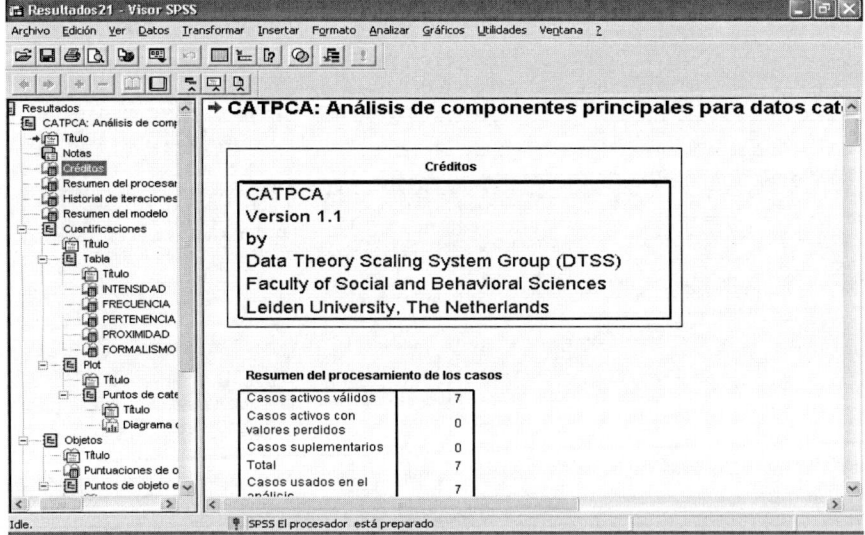

Figura 4-108

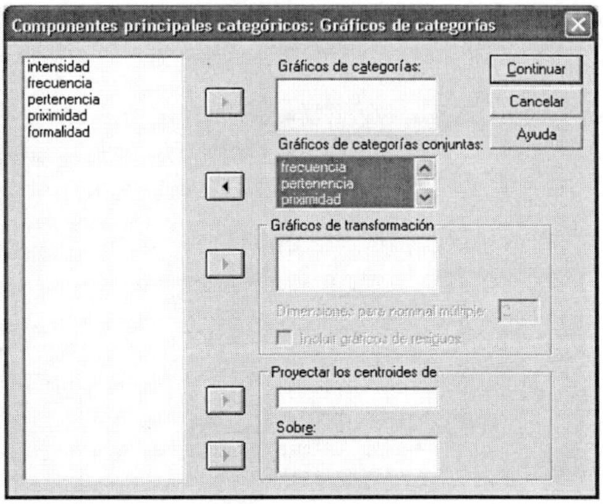

Figura 4-109

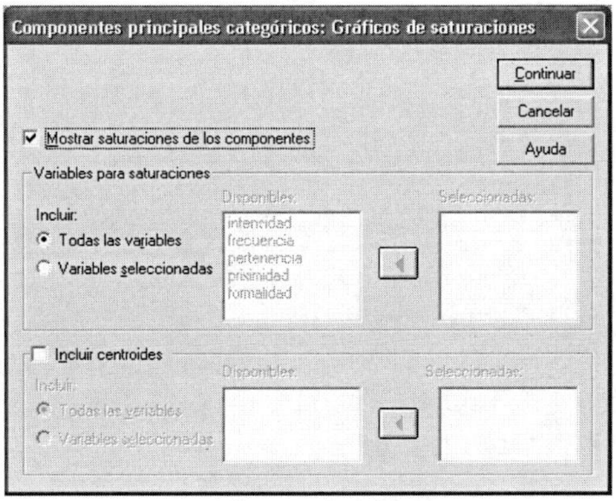

Figura 4-110

Figura 4-111

En la Figura 4-112 se ofrece el historial de iteraciones hasta llegar a la solución (se necesitaron 31 iteraciones) y se obtiene la *salida resumen del modelo que selecciona las dos primeras componentes principales que recogen el 94,520% de la varianza total del modelo (valor muy alto, lo que indica una buena reducción de las variables por las dos primeras componentes principales o dimensiones)*. Las Figuras 4-113 a 4-115 presentan las cuantificaciones de categorías para las variables solicitadas en la Figura 4-107 (frecuencias marginales, cuantificaciones y coordenadas del vector y del centroide para cada categoría de cada variable). Las categorías con mayor cuantificación son las más importantes para cada variable.

Historial de iteraciones

	Varianza explicada			Pérdida		
Número de iteración	Total	Incremento	Total	Coordenadas de centroide	Restricción del centroide a las coordenadas del vector	
0	4,515315	,000000	5,484685	4,075583	1,409101	
31 ª	4,726009	,000008	5,273991	4,273795	1,000196	

a. Se ha detenido el proceso de iteración debido a que se ha alcanzado el valor de la prueba para la convergencia.

Resumen del modelo

Dimensión	Alfa de Cronbach	Varianza explicada Total (Autovalores)	% de la varianza
1	,881	3,389	67,774
2	,315	1,337	26,746
Total	,986ª	4,726	94,520

a. El Alfa de Cronbach Total está basado en los autovalores totales.

Figura 4-112

INTENSIDADª

			Coordenadas de centroide		Coordenadas del vector	
			Dimensión		Dimensión	
Categoría	Frecuencia	Cuantificación	1	2	1	2
LIGERA	2	-1,530	-1,496	,308	-1,510	,208
BAJA	2	,362	,392	,202	,358	-,049
MODERADA	1	,379	,188	-1,408	,374	-,051
ALTA	2	,978	1,010	,194	,965	-,133

Normalización principal por variable.
a. Nivel de escalamiento óptimo: Ordinal.

PERTENENCIAª

			Coordenadas de centroide		Coordenadas del vector	
			Dimensión		Dimensión	
Categoría	Frecuencia	Cuantificación	1	2	1	2
niguna	1	-2,206	-1,266	1,816	-1,612	1,425
ligera	2	-,297	-,721	-,379	-,217	,192
variable	2	,700	,344	-,724	,511	-,452
alta	2	,700	1,010	,194	,511	-,452

Normalización principal por variable.
a. Nivel de escalamiento óptimo: Ordinal.

FRECUENCIAª

			Coordenadas de centroide		Coordenadas del vector	
			Dimensión		Dimensión	
Categoría	Frecuencia	Cuantificación	1	2	1	2
Ligera	2	-1,553	-1,496	,308	-1,504	,262
No Recurrente	2	,511	,607	,336	,494	-,086
Infrecuente	2	,511	,344	-,724	,494	-,086
Frecuente	1	1,064	1,089	,159	1,030	-,180

Figura 4-113

PROXIMIDADª

			Coordenadas de centroide		Coordenadas del vector	
			Dimensión		Dimensión	
Categoría	Frecuencia	Cuantificación	1	2	1	2
DISTANTE	2	-1,581	-,769	-1,304	-,769	-1,304
CERCANA	5	,632	,308	,522	,308	,522

Normalización principal por variable.
a. Nivel de escalamiento óptimo: Ordinal.

Figura 4-114

FORMALISMOª

			Coordenadas de centroide		Coordenadas del vector	
			Dimensión		Dimensión	
Categoría	Frecuencia	Cuantificación	1	2	1	2
Sin Relación	1	-2,199	-1,726	-1,201	-1,849	-,964
Formal	4	,030	-,074	,203	,025	,013
Informal	2	1,039	1,010	,194	,874	,456

Normalización principal por variable.
a. Nivel de escalamiento óptimo: Ordinal.

Figura 4-115

Las Figuras 4-116 presenta el diagrama conjunto de puntos de categorías que muestra sobre los mismos ejes los gráficos de categorías para cada una de las variables solicitadas en la pantalla *Gráficos de categorías* de la Figura 4-109. En cada gráfico se representan las coordenadas del vector y del centroide. La Figura 4-117 muestra las puntuaciones de los objetos (etiquetados por *grupo*) en cada dimensión y la Figura 4-118 grafica estas puntuaciones. Se observa que la dimensión 1 concentra en sus altas puntuaciones especialmente a multitud, público (negativas), grupos primarios y mafia (positivas), en tanto que en la dimensión 2 las altas puntuaciones son para multitud (positiva), público y grupos secundarios (negativas). Se observa ligera tendencia a la concentración de los datos en la parte derecha.

En la Figura 4-119 se recogen las cargas o saturaciones de cada una de las variables sobre cada una de las dimensiones del modelo factorial, que representan las proyecciones de cada variable cuantificada en el espacio de los objetos. Se trata del coeficiente de correlación entre cada una de las variables intervinientes en el modelo con cada una de las dos dimensiones. La Figura 4-120 presenta el gráfico de saturaciones en las componentes, que se utiliza para agrupar nuestras variables en las dos componentes (al igual que las saturaciones en las componentes).

En la tabla de saturaciones en componentes se observa que, para la componente 2, las saturaciones más altas las presentan las variables *pertenencia* y *proximidad*. Para la componente 1 las saturaciones más altas las presentan *intensidad, frecuencia* y *formalismo*. Luego la forma definitiva de agrupar las variables en componentes sería asociar las variables *pertenencia* y *proximidad* en una componente que podemos denominar intrínseca de formación de grupo, y las variables *intensidad, frecuencia* y *formalismo* en la otra componente que podemos denominar de comportamiento dentro de los grupos. Es notorio el alto valor de las cargas de casi todas las variables sobre la primera dimensión y el bajo sobre la segunda (salvo *pertenencia* y *proximidad*).

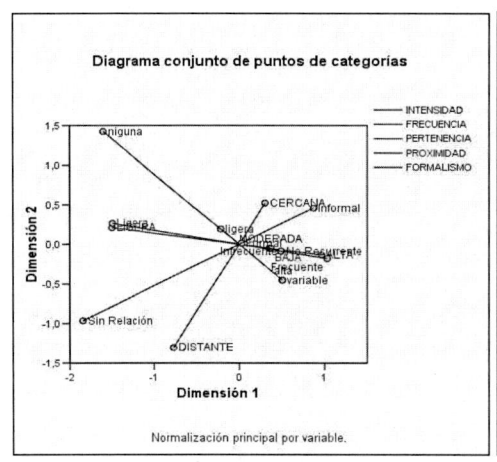

Figura 4-116

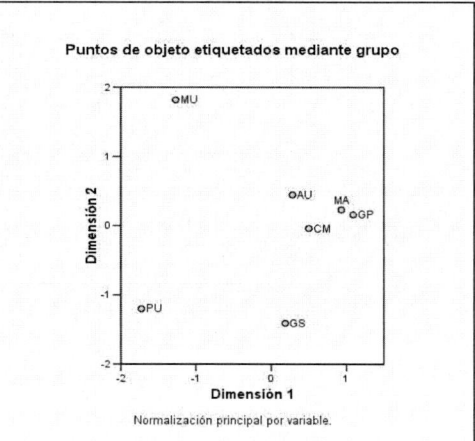

Figura 4-117

Puntuaciones de objeto

	Dimensión	
grupo	1	2
MU	-1,266	1,816
AU	,284	,444
PU	-1,726	-1,201
MA	,931	,229
GP	1,089	,159
GS	,188	-1,408
CM	,500	-,039

Normalización principal por variable.

Figura 4-118

Saturaciones en componentes

	Dimensión	
	1	2
INTENSIDAD	,987	-,136
FRECUENCIA	,968	-,169
PERTENENCIA	,731	-,646
PROXIMIDAD	,486	,825
FORMALISMO	,841	,438

Normalización principal por variable.

Figura 4-119

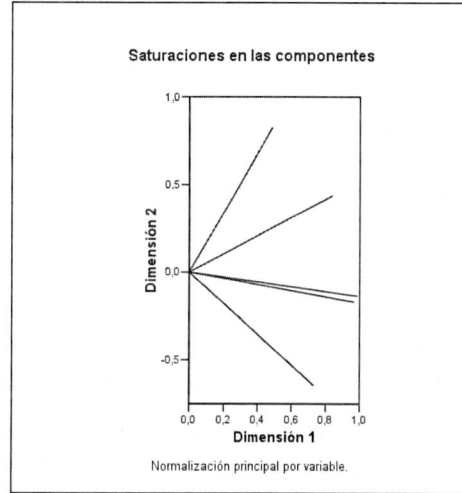

Figura 4-120

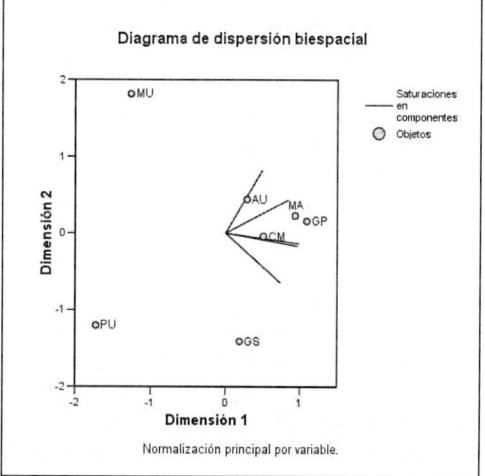

Figura 4-121

Se observa que la mejor forma de asociar las variables a las componentes principales es analizar simultáneamente la tabla de las saturaciones en las componentes de la Figura 4-119 y el gráfico de las saturaciones en las componentes de la Figura 4-120.

En la Figura 4-121 se observa el gráfico de dispersión biespacial, que muestra sobre el mismo gráfico las puntuaciones de los objetos etiquetadas por la variable *grupo* y las saturaciones en las componentes.

Ahora podemos plantearnos la alternativa de considerar una tercera dimensión adicional, aunque realmente no sería necesario dado el alto porcentaje de explicación de la varianza que ofrecían las dos primeras dimensiones (94,520%). Para considerar la tercera dimensión se introduce el valor 3 en el campo *Componentes en la dimensión* de la pantalla *Componentes principales categóricas* de la Figura 4-122. En el historial de iteraciones (Figura 4-123) se observa que ahora se necesitan más iteraciones para llegar a la solución (38) y en el resumen del modelo se observa que las tres primeras dimensiones explican la práctica totalidad de la variabilidad total (99,99%).

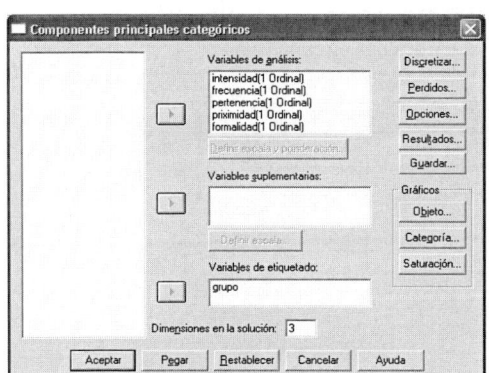

Figura 4-122

Historial de iteraciones

	Varianza explicada			Pérdida		
Número de iteración	Total	Incremento	Total	Coordenadas de centroide	Restricción del centroide a las coordenadas del vector
0	4,876515	,000007	10,123485	7,648772	2,474713
38 ͣ	4,999966	,000008	10,000034	6,688049	3,311985

a. Se ha detenido el proceso de iteración debido a que se ha alcanzado el valor de la prueba para la convergencia.

Resumen del modelo

Dimensión	Alfa de Cronbach	Varianza explicada	
		Total (Autovalores)	% de la varianza
1	,885	3,424	68,480
2	-,232	,844	16,871
3	-,459	,732	14,649
Total	1,000 ͣ	5,000	99,999

Figura 4-123

Puntuaciones de objeto

grupo	Dimensión		
	1	2	3
MU	-,646	1,477	-,002
AU	-,489	,695	,784
PU	-,992	-,244	-1,652
MA	1,414	,682	-,998
GP	1,684	-,672	,364
GS	-,648	-1,830	-,083
CM	-,323	-,108	1,587

Normalización principal por variable.

Figura 4-124

Saturaciones en componentes

	Dimensión		
	1	2	3
INTENSIDAD	,980	-,005	-,201
FRECUENCIA	,521	-,643	,561
PERTENENCIA	,980	-,002	-,197
PROXIMIDAD	,519	,656	,549
FORMALISMO	,981	,004	-,193

Normalización principal por variable.

Figura 4-125

Las puntuaciones de los objetos (Figura 4-124) muestran valores altos en la primera dimensión para *grupo primario* y *mafia*, en la segunda para *grupo secundario* y *multitud*, y en la tercera para *público, comunidad moderna* y *audiencias*. Las saturaciones en las componentes (Figura 4-125) indican que *formalismo, intensidad* y *pertenencia* se agrupan en una primera componente, *proximidad* en la segunda y frecuencia en la *tercera* componente. Se observa que estas dos últimas variables podrían agruparse en cualquiera de las dos últimas componentes. Esto es debido al sobredimensionamiento con la tercera dimensión, claramente innecesaria. Los gráficos de puntos de objeto etiquetados mediante grupo (Figura 4-126) y saturaciones en las componentes (Figura 4-127) permiten cruzar las tres dimensiones dos a dos y hacer las representaciones en cada cruce de los puntos objeto y de las saturaciones.

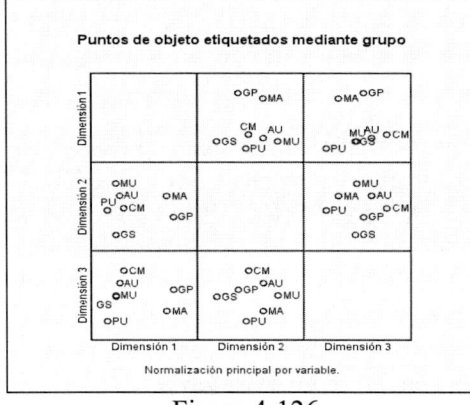

Figura 4-126

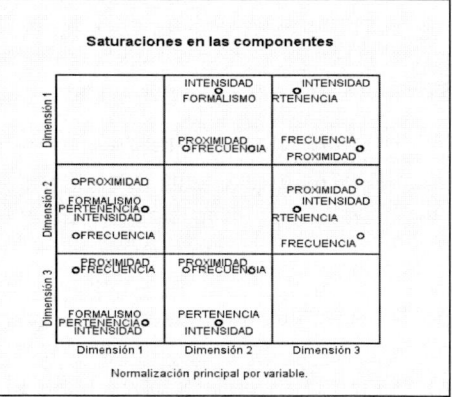

Figura 4-127

Ejercicio 4-2. Utilizando análisis de correlación canónica categórica mediante escalamiento óptimo analizar la relación entre un conjunto de variables que contienen la categoría laboral (catlab) y el nivel educativo (educ) y otro conjunto de variables con la clasificación étnica (minoría) y el género (sexo) de los empleados de una empresa. Los datos se recogen el archivo 4-2.sav.

Comenzamos cargando en el editor de SPSS los datos del fichero *4-2.sav* mediante *Abrir* → *Datos* y a continuación se selecciona *Analizar* → *Reducción de datos* → *Escalamiento óptimo*. Se obtiene la pantalla de selección del tipo de escalamiento óptimo que se rellena como se indica en la Figura 4-128 seleccionando OVERALS (*Múltiples conjuntos*). Al pulsar en *Definir* se obtiene la pantalla de *Análisis de correlación canónica no lineal* en cuyo campo *Variables* se introducen el primer conjunto de variables para el análisis. Con el botón *Definir rango y escala* se declara el máximo y el mínimo de la escala de medida. Se hace clic en *Continuar* y ya se tiene definido el primer conjunto de variables (Figura 4-129). Se hace clic en *Siguiente* y se introduce el segundo conjunto de variables definiendo también su rango y escala (Figura 4-130). Con el botón *Opciones* se elige la salida que se desea para el análisis, tanto tabular como gráfica (Figura 4-131). Se hace clic en *Continuar* y en *Aceptar*, con lo que ya tenemos la salida del procedimiento OVERALS.

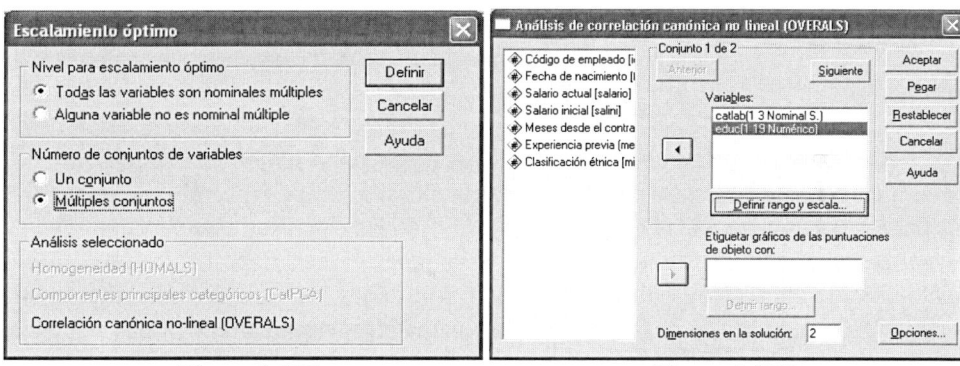

Figura 4-128   Figura 4-129

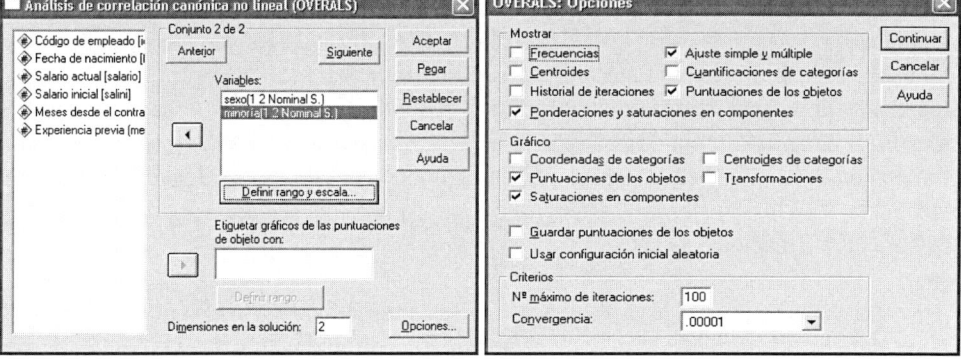

Figura 4-130   Figura 4-131

La salida tabular comienza ofreciendo listado de las variables con los dos grupos de variables que intervienen en el análisis junto a su número de categorías (Figura 4-132), el historial de iteraciones y el resumen del análisis (Figura 4-133). El historial de iteraciones presenta un informe sobre las iteraciones sucesivas que se llevan a cabo para establecer una relación canónica entre los dos conjuntos. Este proceso de búsqueda de una solución que satisfaga el valor de convergencia (llamado valor del test de la convergencia) desemboca en el cálculo de un valor de pérdida y otro de ajuste para la iteracción 0 y la iteración en la que se produce la convergencia (la 43 en nuestro caso). También se presenta la diferencia entre las dos últimas iteraciones (0,000009). En el resumen del análisis, OVERALS muestra la pérdida por cada conjunto en cada dimensión. La suma de las pérdidas del conjunto 1 y del conjunto 2 deben de coincidir. La pérdida media por dimensiones indica una pérdida moderada (0,664). El ajuste de la prueba representa un valor alto (1,336 sobre 2 que es la dimensión) y los autovalores (0,740 y 0,595) muestran una distribución de cargas de explicación de la varianza del modelo algo superior en la dimensión 1 que en la 2. La Figura 10-119 presenta la tabla de ponderaciones y la de saturaciones en las componentes. Los valores de ajuste y de pérdida de la tabla resumen de análisis de la Figura 4-134 informan de cuánto se ajusta la solución de OVERALS a la asociación entre los conjuntos. El valor de ajuste máximo es siempre el número de dimensiones (2 en nuestro caso) y en la tabla se obtiene 1,336 (cercano a 2), lo que indica un buen ajuste de la solución. La pérdida media de las dos dimensiones (0,664) informa de la diferencia entre el máximo ajuste y el real (2-1,336 = 0,664). Por lo tanto, el valor de ajuste más la pérdida media es igual al número de dimensiones.

La tabla de ponderaciones muestra los pesos por cada dimensión desglosados por conjuntos de variables. Se puede observar la elevada fuerza explicativa de *sexo, nivel educativo* y *categoría laboral* en la dimensión 1 y de las cargas de *clasificación étnica* y *categoría laboral* en la dimensión 2. Estas ponderaciones o pesos representan los coeficientes de correlación de cada dimensión para todas las variables cuantificadas de un conjunto, donde las puntuaciones de los objetos efectúan un análisis de la regresión sobre las variables cuantificadas.

La tabla de saturaciones en las componentes contempla las cargas de las componentes por variables simples, es decir las proyecciones de las variables cuantificadas en el espacio de los objetos. Estas cargas son una indicación de la contribución de cada variable a la dimensión dentro de cada conjunto. Se aprecia la elevada fuerza explicativa de *sexo* y *nivel educativo* en la dimensión 1 y de *clasificación étnica* y *categoría laboral* en la dimensión 2. El gráfico de saturaciones en componentes (Figura 4-135) representa en el plano de las dos dimensiones las cargas de las componentes para variables simples y corrobora las afirmaciones hechas.

La tabla de ajuste de la Figura 4-136 resume datos de ajuste múltiple, simple y pérdida simple por dimensiones para cada variable de cada uno de los conjuntos del análisis.

OVERALS
Version 1.0
by
Data Theory Scaling System Group (DTSS)
Faculty of Social and Behavioral Sciences
Leiden University, The Netherlands

Resumen del procesamiento de los casos

Casos usados en el análisis	474

Lista de variables

Conjunto		Número de categorías	Nivel de escalamiento óptimo
1	Categoría laboral	3	Nominal simple
	Nivel educativo	19	Numérico
2	Sexo	2	Nominal simple
	Clasificación étnica		Nominal

Figura 4-132

Historial de iteraciones

	Pérdida	Ajuste	Diferencia desde la iteración anterior
0[a]	,770613	1,229387	
43[b]	,664419	1,335581	,000009

a. La pérdida de la iteración 0 es la pérdida de la solución con todas las variables simples tratadas como numéricas (con una diferencia de pérdida de 0,0001 y un número máximo de 50 iteraciones).

b. Se ha detenido el proceso de iteración debido a que se ha alcanzado el valor de la prueba para la convergencia.

Resumen del análisis

		Dimensión		Suma
		1	2	
Pérdida	Conjunto 1	,260	,406	,666
	Conjunto 2	,259	,403	,662
	Media	,260	,405	,664
Autovalores		,740	,595	
Ajuste				1,336

Figura 4-133

Ponderaciones

Conjunto		Dimensión	
		1	2
1	Categoría laboral	-,602	-,626
	Nivel educativo	-,864	,277
2	Sexo	,866	,008
	Clasificación étnica	,079	-,773

Saturaciones en componentes

Conjunto		Dimensión	
		1	2
1	Categoría laboral[a,b]	-,292	-,725
	Nivel educativo[c,b]	-,648	,501
2	Sexo[a,b]	,860	,067
	Clasificación étnica[a,b]	,013	-,773

a. Nivel de escalamiento óptimo: Nominal simple

b. Proyecciones de las variables cuantificadas simples en el espacio de los objetos

c. Nivel de escalamiento óptimo: Numérico

Figura 4-134

Saturaciones en componentes

Figura 4-135

Ajuste

Conjunto		Ajuste múltiple			Ajuste simple			Pérdida simple		
		Dimensión		Suma	Dimensión		Suma	Dimensión		Suma
		1	2		1	2		1	2	
1	Categoría laboral(a)	,367	,396	,764	,362	,391	,753	,005	,005	,010
	Nivel educativo(b)	,768	,082	,850	,746	,077	,823	,022	,005	,028
2	Sexo(a)	,749	,000	,749	,749	,000	,749	,000	,000	,000
	Clasificación étnica(a)	,006	,597	,603	,006	,597	,603	,000	,000	,000

a Nivel de escalamiento óptimo: Nominal simple
b Nivel de escalamiento óptimo: Numérico

Figura 4-136

> **Ejercicio 4-3.** *A partir de los datos de los empleados de una cierta empresa recogidos en el archivo 4-3.sav, utilizar regresión categórica para describir cómo el salario (variable salario) depende de la categoría laboral (variable catlab), del nivel educativo (educ), del salario inicial (salini) y de la pertenencia o no a una minoría étnica (minoría).*

Para ejecutar la regresión mediante escalamiento óptimo, elija en los menús *Analizar → Regresión → Escalamiento óptimo* (Figura 4-137), seleccione la variable dependiente y la variable o variables independientes y defina el rango y el nivel de escalamiento óptimo para cada variable con el botón *Definir Escala* (Figura 4-138). El botón *Opciones* (Figura 4-139) permite seleccionar el estilo de la conFiguración inicial, especificar los criterios de iteración y de convergencia y etiquetar gráficos. El botón *Resultados* (Figura 4-140) permite elegir tablas, cuantificaciones y estadísticos de la regresión. El botón *Gráficos* permite seleccionar gráficos de transformación y de los residuos de la regresión. El botón *Discretización* permite elegir distintos métodos de discretización para las categorías de las variables. El botón *Perdidos* permite seleccionar el método de tratamiento de los valores perdidos. El botón *Guardar* permite seleccionar estadísticos opcionales y guardar las cuantificaciones como nuevas variables en el archivo de datos de trabajo o en un archivo de datos externo.

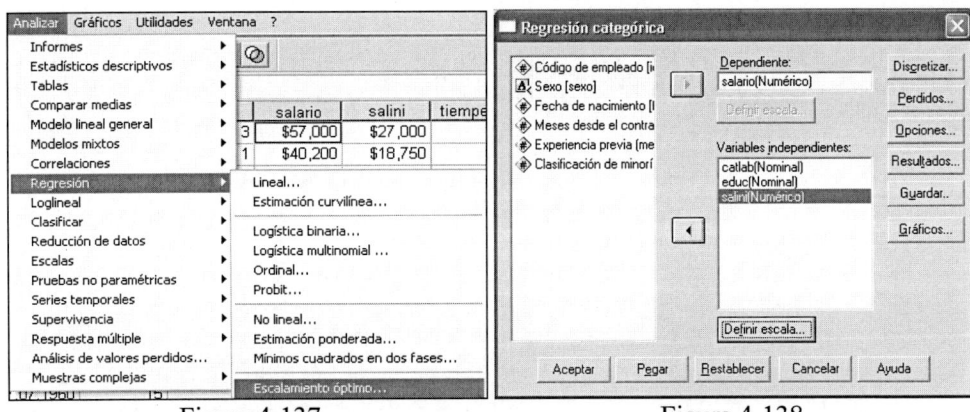

Figura 4-137   Figura 4-138

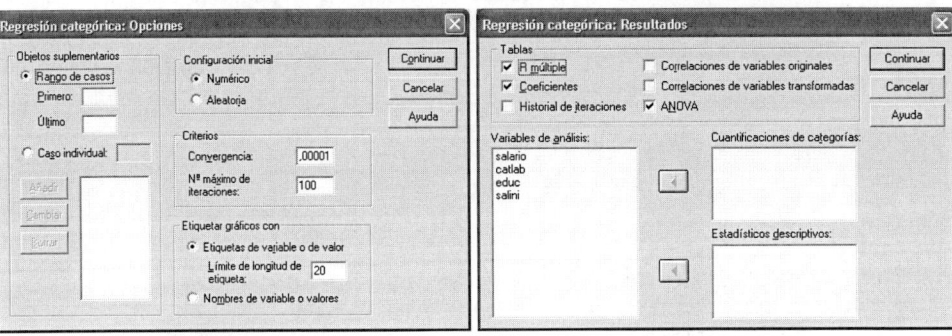

Figura 4-139   Figura 4-140

Al pulsar *Aceptar* se obtiene la salida de CATREG. En la Figura 4-141 se muestran el resumen del ajuste (que es muy bueno porque el R^2 ajustado es muy alto) y la tabla ANOVA con p-valor del estadístico de la *F* casi cero (*sig* = 0,000) que muestra una significatividad conjunta del modelo muy alta). En la Figura 4-142 se muestran los coeficientes estimados del modelo y su significatividad individual. Todos los p-valores del estadístico de la *T* son casi cero (*sig.* = 0,000), lo que muestra una significatividad individual de cada variable del modelo muy alta. La ecuación del modelo ajustado es:

$$salario = 0,233*catlab + 0,201*edu + 0,558*salini$$

Esta ecuación puede utilizarse para pronosticar el salario para cualquier combinación de las tres variables independientes. Se observa que la variable que más influye en el salario es con diferencia el salario inicial (0,558 de coeficiente estimado), seguida de la categoría laboral y el nivel educativo a un nivel muy parecido (0,233 y 0,201 de coeficientes estimados respectivamente).

Resumen del modelo

R múltiple	R cuadrado	R cuadrado corregida
,909	,827	,822

Variable dependiente: Salario actual
Predictores: Categoría laboral Nivel educativo Salario inicial

ANOVA

	Suma de cuadrados	gl	Media cuadrática	F	Sig.
Regresión	391,787	12	32,649	183,074	,000
Residual	82,213	461	,178		
Total	474,000	473			

Variable dependiente: Salario actual
Predictores: Categoría laboral Nivel educativo Salario inicial

Figura 4-141

Coeficientes

	Coeficientes tipificados		gl	F	Sig.
	Beta	Error típ.			
Categoría laboral	,233	,031	2	55,837	,000
Nivel educativo	,201	,029	9	49,756	,000
Salario inicial	,558	,034	1	276,835	,000

Variable dependiente: Salario actual

Figura 4-142

CAPÍTULO 5

REDUCCIÓN DE LA DIMENSIÓN: ANÁLISIS CONJUNTO

INTRODUCCIÓN AL ANÁLISIS CONJUNTO

Es habitual en el trabajo económico que el analista tenga que describir un producto o servicio tanto en términos de sus atributos como en el de todos los valores importantes para cada atributo. Utilizaremos el término *atributo* o *factor* cuando estemos describiendo una cualidad o atributo específico u otra característica del producto o servicio. Los valores posibles para cada atributo o factor se llaman *niveles*. Cuando el analista selecciona los atributos (factores) y los niveles para describir un producto/servicio conforme a un plan específico, la combinación se llama *tratamiento, estímulo* u *objeto*.

El análisis conjunto es una técnica estadística de la dependencia utilizada para analizar la relación lineal o no lineal entre una variable dependiente (o endógena) generalmente ordinal (aunque también puede ser métrica) y varias variables independientes (o exógenas) no métricas. En el análisis conjunto subyace una relación funcional del siguiente tipo:

$$y = F(x_1, x_2, \cdots, x_n)$$

La variable dependiente y (métrica o no métrica) recoge la *utilidad* o *preferencia* (intención de compra, etc.) que el individuo exhibe hacia el producto (es decir, la utilidad global que el producto le aporta) y las variables dependientes (no métricas) son los *atributos* o *factores* distintivos del producto (calidad, precio, etc.) cada uno de los cuales puede presentar varios *niveles* (alto, medio, bajo, etc.). Es importante tener presente que sólo la variable dependiente recogerá información aportada por los individuos encuestados, ya que la información contenida en las variables independientes será especificada por el investigador en virtud de los productos que desee someter a evaluación por los encuestados.

De inmediato surgen cuestiones como las siguientes: ¿qué atributos afectan al parámetro de salida (utilidad) y?, ¿cuáles son los atributos más importantes y cuáles de sus niveles producen la máxima utilidad?, ¿cuál es la relación entre los atributos y el parámetro de salida y?, ¿cómo se puede controlar y?

Para contestar a estas preguntas hay que hacerlo en términos de herramientas estadísticas como el análisis conjunto o el diseño de experimentos. El análisis conjunto es una herramienta estadística muy útil para descubrir las variables clave (*atributos* o *factores*) que influyen en la utilidad de un producto o servicio. Mediante esta técnica estadística se varían sistemáticamente los atributos o factores de entrada $x_1, x_2, ..., x_p$, y se estudia el efecto que tienen dichos atributos o factores en los parámetros de salida del producto, en nuestro caso la utilidad del producto y. Mediante el análisis conjunto se hallan los niveles de las variables $x_1, x_2, ..., x_p$ que optimizan la utilidad y del producto o servicio de modo que la variabilidad de y sea pequeña.

Una vez determinada una lista de variables importantes (atributos o factores) que afectan la utilidad del producto o servicio, suele ser necesario modelar la relación entre los atributos y la utilidad. Este modelado produce la relación funcional del análisis conjunto que permite considerar esta técnica como un método multivariante de la dependencia.

El análisis conjunto permite generar un modelo individualizado por encuestado, de modo que el modelo general para toda la muestra resulte de la agregación de los modelos de todos los individuos que la componen. El análisis conjunto descompone las preferencias que el individuo manifiesta hacia el producto a fin de conocer qué valor le asigna a cada atributo (*técnica descomposicional*), mientras que en el análisis discriminante y en el análisis de la regresión las valoraciones de cada atributo que hace el sujeto se utilizan para componer su preferencia sobre el producto (*técnicas composicionales*). Las técnicas composicionales (*de balance* o *autoexplicadas*) tratan de calcular la utilidad preguntando directamente al sujeto por cada uno de los niveles, y en las descomposicionales, las utilidades se estiman a partir de la opinión del individuo acerca de una serie de perfiles globales (combinaciones de niveles de atributos).

Se puede considerar el análisis conjunto como un método de investigación que incluye una serie de etapas. Se comienza con una primera fase de identificación de atributos (para ello se suele recurrir a la observación del mercado competitivo, grupos de discusión, etc.). En segundo lugar es preciso decidirse por una estrategia de recogida de los datos que implica, desde la selección de los estímulos a utilizar (diseños factoriales fraccionados), hasta la forma de presentación (reales o simulados). En tercer lugar debe optarse por la escala de medida para la variable dependiente (preferencia, intención de compra, etc.). En cuarto lugar hay que decidirse por un modelo de estimación de las utilidades en función, sobre todo, de la estrategia de recogida de datos y de la escala de medida de las variables (MONANOVA, PREFMAP, CONJOINT, etc.) y, finalmente, la interpretación de los resultados en torno al ajuste de las utilidades de los niveles y atributos a nivel individual y/o grupal, o incluso, al análisis de las simulaciones de nuevos productos.

El análisis conjunto además de basarse en el ajuste de modelos lineales a variables ordinales, también se apoya en el diseño experimental para estudiar los efectos de la acción conjunta de dos o más atributos cualitativos sobre las preferencias de los consumidores, proporcionándonos una medida cuantitativa de la importancia de unos atributos frente a otros.

Podemos decir que el análisis conjunto es una técnica multivariante utilizada para descubrir cómo desarrollamos las preferencias de determinados productos y/o servicios. Se trata de un modelo aditivo compensatorio y, por tanto, se basa en que las personas evaluamos el valor o utilidad de un producto, servicio o idea (real o simulada) procedente de la combinación de las utilidades suministradas por cada nivel de atributo. Es precisamente esta tarea de selección de atributos y todos sus valores importantes (niveles), y la determinación de las combinaciones de los atributos y niveles conforme a un plan específico, lo que nos lleva a contemplar el análisis conjunto como un método estadístico multivariante esencial en la investigación de mercados y en otros campos muy variados.

ANÁLISIS CONJUNTO EN EL ESQUEMA DE MÉTODOS DE REDUCCIÓN DE LA DIMENSIÓN

Si consideramos el análisis conjunto, podemos hacer ya una clasificación completa de los métodos de reducción de datos como sigue:

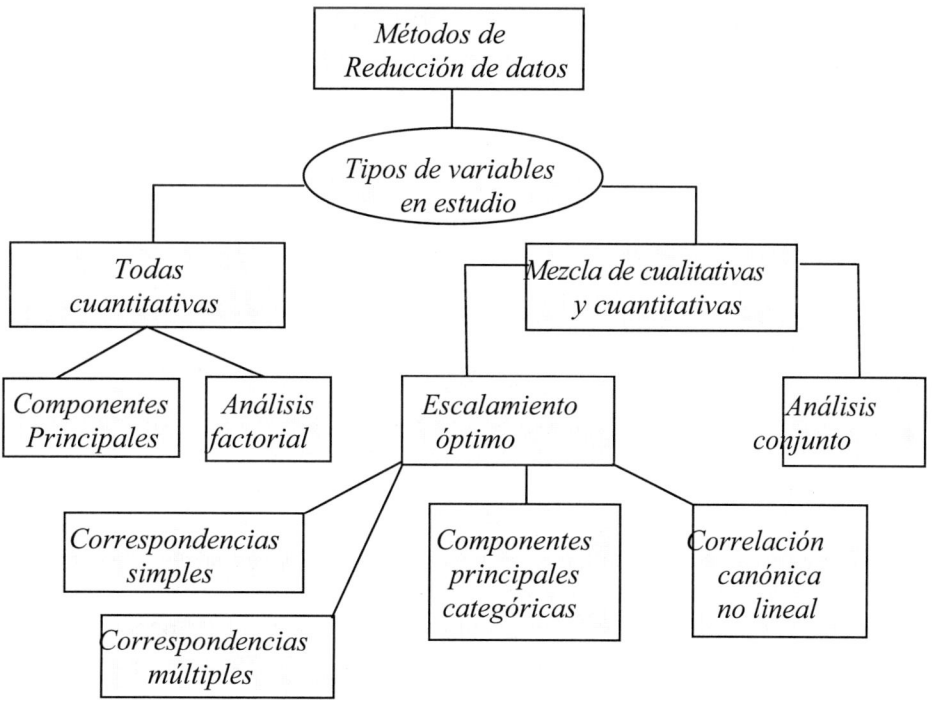

MÓDULO CATEGORÍAS DE SPSS Y PROCEDIMIENTOS DE REDUCCIÓN DE LA DIMENSIÓN

En los capítulos anteriores hemos visto los procedimientos de SPSS para tratar los métodos de reducción de la dimensión. SPSS habilita el módulo CATEGORÍAS para abordar los métodos de reducción de la dimensión que usen variables categóricas. A continuación se presenta una clasificación de los métodos de reducción de la dimensión con los procedimientos de SPSS asociados, incluidos los del módulo CATEGORÍAS.

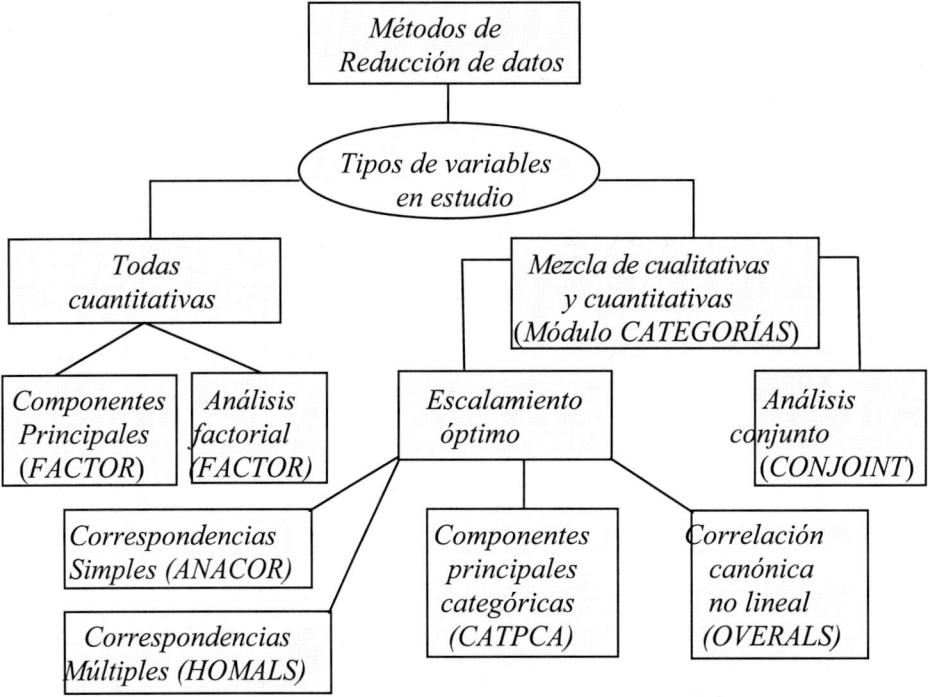

FASES DEL ANÁLISIS CONJUNTO SEGÚN EL MÉTODO DEL PERFIL COMPLETO: PROCEDIMIENTO CONJOINT

Para aplicar el análisis conjunto SPSS utiliza el método de perfil completo (*full profile*), mediante el cual los sujetos que responden a la encuesta sobre productos o servicios, elaboran un rango de los *perfiles* o *estímulos* alternativos (combinaciones de niveles o atributos) definidos por los niveles particulares de todos los atributos estudiados. Como el total de combinaciones de todos los niveles de todos los atributos es muy alto, la aproximación de perfil completo requiere echar mano de los diseños factoriales fraccionados (concretamente de los diseños ortogonales), ya que nos proporcionan una fracción adecuada de todas las combinaciones alternativas posibles, lo que nos permite obtener datos fiables al tiempo que reducir la dificultad de la tarea.

Para generar un diseño ortogonal de efectos principales de categorías (que asume que las interacciones son despreciables), SPSS dispone del procedimiento auxiliar ORTHOPLAN. Para estimar las utilidades o *partworth*, SPSS utiliza el método ordinario de mínimos cuadrados (OLS). Está demostrado que dicho método resulta tan útil como los demás, incluso cuando se incumplen algunos supuestos paramétricos.

En el método de análisis conjunto de perfil completo, el entrevistado debe proponer un rango, una ordenación o una puntuación de un grupo de estímulos (perfiles completos) de acuerdo con sus preferencias, datos que recoge en las *denominadas tarjetas de estímulo*. Esto es, al entrevistado se le pide que ordene los perfiles desde el menos al más preferido, del menos al más probable de comprar, o alguna otra escala de preferencia. Para generar las tarjetas de estímulos para cada uno de los perfiles completos resultantes de ORTHOPLAN, SPSS dispone del procedimiento auxiliar PLANCARDS. A partir de dichas clasificaciones, el procedimiento CONJOINT calcula las puntuaciones de utilidad para cada nivel factorial. Dichas puntuaciones de utilidad, similares a los coeficientes de regresión, se denominan valores parciales (*partworths*) y nos va a permitir calcular la importancia relativa de cada atributo. Estas utilidades también sirven para decidir qué combinación de niveles de atributos es la mejor para un nuevo producto o servicio y cuándo queremos predecir la demanda, dadas ciertas combinaciones de los métodos factoriales.

Para realizar el análisis conjunto, existen tres grandes fases incluidas en el procedimiento CONJOINT de SPSS que sigue el método del perfil completo: diseño, implementación e interpretación de los resultados.

Pero cada una de estas fases requiere unas tareas esenciales. La *fase de diseño* tiene como tareas esenciales el planteamiento del problema, la generación de un diseño ortogonal y la preparación de las tarjetas de estímulo.

La *fase de implementación* tiene como tarea esencial la recogida de datos. El entrevistado recibe un juego completo de perfiles y se le pide que indique su preferencia. La preferencia puede solicitarse de tres maneras distintas: mediante la asignación de una puntuación a cada perfil (cuanto mayor sea la puntuación, mayor será la preferencia), mediante la asignación de un rango a cada perfil entre 0 y *n* (donde *n* es igual al número total de perfiles y un rango inferior significa mayor preferencia) o mediante la ordenación de los perfiles desde el menor al más preferido.

La *fase de análisis e interpretación de los resultados* tiene como tareas esenciales el estudio de las preferencias con análisis conjunto y la interpretación de los resultados. En cuanto al estudio de las preferencias, el resultado de análisis conjunto como técnica estadística proporciona las utilidades o cuantificación de las preferencias mostradas por el consumidor en la ordenación o puntuación de los perfiles.

Independientemente del algoritmo que utilicemos para llevar a cabo el análisis conjunto, todos tienen por objetivo calcular la utilidad para cada nivel de atributo de manera que el resultado de la suma de los niveles de cada perfil sea lo más parecido posible a la ordenación o puntuación que le ha dado el entrevistado a cada uno de los estímulos. La mayoría de los algoritmos calculan esas utilidades en el nivel individual y para las puntuaciones totales de la muestra se halla la media. No todos los algoritmos son utilizables en cualquier situación. Dependiendo del diseño y de la naturaleza de los datos, una técnica es más apropiada que otra. Una de las técnicas más utilizadas es la regresión por mínimos cuadrados ordinarios que puede ser aplicada tanto a datos métricos como ordinales. La variable dependiente es la ordenación de perfiles y como variables independientes los niveles de los atributos, una vez convertidos en variables ficticias (*dummy*) donde 1 significa que ese nivel está presente en la combinación y 0 cuando no está. SPSS a través del CONJOINT, estima las utilidades parciales mediante el OLS Regresión. Dichas puntuaciones nos informan de la importancia de cada característica en la preferencia global del encuestado

En cuanto a la interpretación de los resultados, el análisis conjunto ofrece información acerca de qué combinación de características es la más preferida, qué niveles concretos influyen más en la preferencia del producto total, así como la importancia relativa a cada atributo. Sin embargo, antes de interpretar las utilidades, debemos comenzar con la validación del modelo.

Las *técnicas de validación* más utilizadas en análisis conjunto son las siguientes:

a) Los perfiles de validación *holdout*: son aquellos perfiles (estímulos) que se presentan a la muestra para que los evalúe pero no se incluyen en la estimación de las utilidades. El procedimiento consiste en calcular, según el modelo, cuál sería la puntuación obtenida por ese *holdout* y luego se compara con la puntuación real.

b) Primera elección (*First Choice*): con este procedimiento se calcula el porcentaje de acierto del modelo en la predicción de la tarjeta elegida en primera posición por el entrevistado.

c) R^2 de Pearson: en la regresión es el estadístico que refleja la varianza explicada por el modelo.

d) *Tau* de Kendall: es una medida del grado de asociación entre dos variables de escala ordinal.

Una vez comprobado el ajuste del modelo debemos analizar las utilidades de los niveles y las importancias de los atributos.

La puntuación de utilidad asociada a un nivel es un valor que indica el grado de preferencia o rechazo del sujeto por el mismo. A partir de las utilidades de los niveles del atributo se calcula la importancia que tiene ese atributo para el sujeto. Cuanto mayor sea la distancia entre el nivel más valorado y el menos valorado, más importante será ese atributo para el sujeto.

La importancia relativa (w_j) de un atributo j se calcula mediante:

$$W_j = \frac{max(V_{ij}) - min(V_{ij})}{\sum \left[max(V_{ij}) - min(V_{ij}) \right]}$$

donde: [$max\ (V_{ij})$] es la mayor utilidad de los niveles de atributo j;
[$min\ (V_{ij})$] es la menor utilidad de los niveles de atributo j.

La información obtenida a partir del análisis conjunto puede aplicarse a una amplia variedad de cuestiones de Investigación Comercial. Pero el análisis conjunto es útil en casi cualquier campo financiero o científico donde sea importante la medición de percepciones o juicios de las personas. Concretamente, las áreas de mayor aplicación del análisis conjunto son: segmentación, diseño de nuevos productos, modificación de productos ya existentes y simulación de mercados.

Las fases del análisis conjunto siguiendo el método del concepto completo descritas anteriormente pueden representarse en el siguiente esquema:

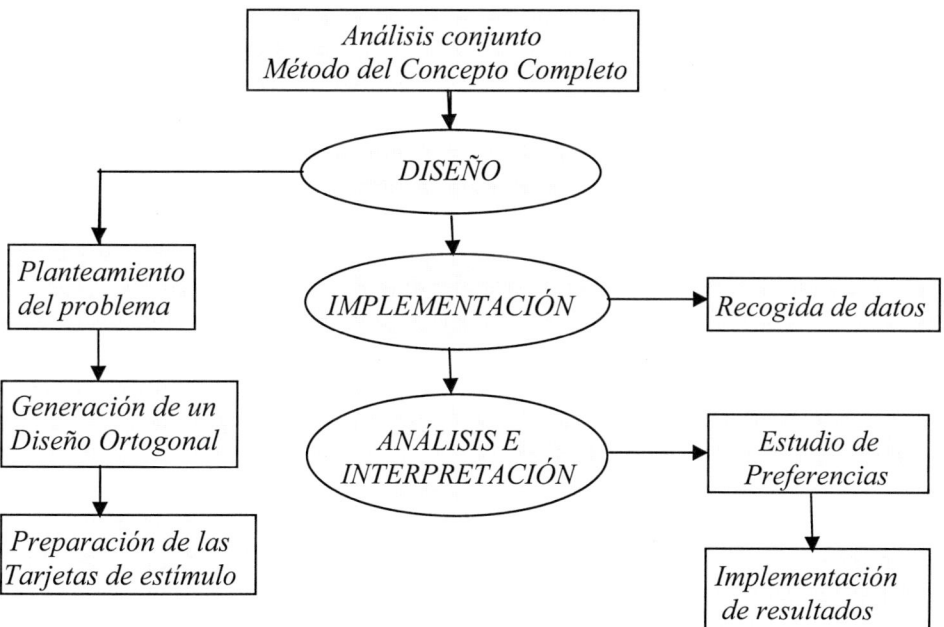

Estructura del procedimiento CONJOINT de SPSS

El procedimiento **CONJOINT** de SPSS es una herramienta que permite evaluar el efecto de cada atributo en el contexto de un grupo de atributos, al igual que lo hacen los consumidores cuando toman decisiones de compra. La ejecución de CONJOINT (aplicación del análisis conjunto) implica utilizar tres comandos de procedimiento del sistema SPSS. En concreto, ORTHOPLAN para crear un vector ortogonal de posibles productos alternativos que combinen la funcionalidad de productos distintos con los niveles especificados, PLANCARDS para generar tarjetas que los encuestados podrán ordenar para clasificar los productos alternativos y así averiguar las preferencias de los encuestados y, por último, CONJOINT que es una versión adaptada de la regresión a través del cual, usando el procedimiento de mínimos cuadrados, se determina qué características de un producto son importantes y qué niveles son los preferidos en ellas; además de poder hacer simulaciones que nos indicarán la cuota de mercado de los productos alternativos.

CONJOINT contiene un modelo de medida que asume que los objetos o estímulos pueden ser ordenados, que cada objeto evaluado puede ser representado mediante una combinación aditiva de utilidades individuales para cada nivel de atributo. Pero sobre todo, lo más significativo de la medida conjunta es su poder para convertir los datos de entrada no-métricos en datos de salida métricos. Si bien el análisis conjunto implementa para CONJOINT diferentes algoritmos en función del procedimiento de recogida de datos y el nivel de medida supuesto para las variables como OLS o MONANOVA, SPSS se centra en el primero.

El método de mínimos cuadrados ordinarios (OLS) es un algoritmo robusto para la estimación de las utilidades o *partworth*, tanto cuando los sujetos responden en una escala continua, como cuando lo hacen siguiendo una tarea de ordenamiento de rangos. La regresión OLS aplicada a datos de rango proporciona soluciones con una validez predictiva cercana mediante algoritmos más costosos como el MONANOVA y, hoy en día, es el procedimiento de estimación más utilizado en los trabajos de metodología conjunta. Más concretamente, el objetivo del análisis conjunto OLS es proporcionar un grupo de utilidades aditivas que identifican la preferencia para cada nivel de un grupo de atributos del producto y, para ello, recurre a la utilización de una matriz *dummy* de las variables independientes. Cada variable independiente indica la presencia o ausencia de un nivel particular de atributo. Y las respuestas de los entrevistados, o variable dependiente, es función de la descripción del perfil descrito por las variables independientes.

Siendo más precisos, la modelización de las respuestas de evaluación dadas por un sujeto a cada uno de los perfiles descritos por las variables independientes (presencia o ausencia de un particular nivel de atributo), vendrá dado por:

$$Zi = f(yi_1, yi_2, ..., yi_m) = i1i_1(x1i_1) + i2i_2(x2i_2) + ... + imi_m(xmi_m)$$

donde:

> i: son los pesos beta estimados en la regresión.
> x: la matriz de valores *dummy* identificativos de los niveles del diseño factorial.
> y: las evaluaciones de rangos o clasificación del entrevistado.

Matricialmente, el modelo para las respuestas, «r_i» de preferencia de los sujetos a i estímulos o tarjetas, vendrá dado por:

$$r_i = \beta_0 + \sum_{j=1}^{P} \mu_{jk_{ji}}$$

donde:

> r_i: modelo de respuesta para i tarjetas ($i = 1, ..., q$).
> $\mu_{jk_{ji}}$: utilidad o *partworth* asociados a los k_{ji} niveles de los j factores sobre las i tarjetas o estímulos.
> P: número total de factores.

Para ejecutar CONJOINT, antes de obtener los juicios de preferencia de los sujetos, necesitamos una matriz X que refleje las características del diseño factorial fraccionado. En términos computacionales se denominará archivo PLAN, donde las filas representarán los perfiles de los productos o estímulos objeto de estudio, y las columnas los distintos atributos definidos. A dicha matriz de diseño X se le añade una columna de «1» con el objeto de estimar los coeficientes β_0. En cuanto a las columnas que representan los atributos o factores, cabe matizar que si, por ejemplo, para ese atributo se definieron m_i niveles discretos, entonces dicho atributo o factor dará lugar a $m_i - 1$ columnas. Estas columnas serán utilizadas para estimar los $m_i - 1$ calores de α_{ij}. Por el contrario, si los niveles de ese factor o atributo son lineales entonces habrá una columna de valores centrados de ese factor ($x_{ij} - \bar{x}_i$). Dichas columnas serán usadas para estimar los valores $\hat{\beta}_i$.

Una vez que disponemos de los rangos que ocupa cada producto o estímulo para cada sujeto, es el momento de proceder a la *estimación de utilidades*:

a) Si los factores o atributos son considerados discretos, entonces:

$$\hat{\mu}_{jk} = \begin{cases} \hat{a}_{jk} & para\ todo\ K = 1, ..., m_j - 1 \\ \sum_{j=1}^{n_j - 1} \hat{a}_{jk} & para\ todo\ K = m_j \end{cases}$$

donde:

$\hat{\mu}_{jk}$: son las utilidades parciales o *partworth*.

$\hat{a}_{jk}$: son los *j* niveles de los *k* factores discretos.

b) Si los factores son considerados lineales, entonces:

$$\hat{\mu}_{jk} = \hat{\beta}_j X_k$$

donde X_k son los factores lineales.

c) Si por el contrario, asumimos que entre los factores o atributos definidos y las preferencias de los sujetos siguen un modelo ideal o anti-ideal, entonces:

$$\hat{\mu}_{jk} = \hat{\gamma}_{j1} Z_{jk} + \gamma_{j2} Z_{jk}^2$$

donde Z_{jk} son los *j* factores ideal o anti-ideal.

Una vez estimadas las utilidades es conveniente seguir analizando otro tipo de información. En concreto, el SPSS-CONJOINT ofrece los *errores estándar* de las utilidades. Éstos vienen definidos por $\mu_{jk} = \sqrt{\mathrm{var}(\mu_{jk})}$, donde $\mathrm{var}(\mu_{jk})$ se define como:

a) Si los factores son discretos:

$$\mathrm{var}(\hat{\mu}_{jk}) = \begin{cases} \mathrm{var}(\hat{\alpha}_{jk}) & para\ todo\ K = 1, ..., m-1 \\[2ex] \displaystyle\sum_{i=1}^{m_j-1} \mathrm{var}(\hat{\alpha}_{jk}) - 2 \sum_{i=1}^{m_j-1} \sum_{l<i} \mathrm{cov}(\hat{\alpha}_{ji}, \hat{\alpha}_{jl}) & para\ todo\ K = m_j \end{cases}$$

b) Si los factores son lineales:

$$\mathrm{var}(\mu_{jk}) = x_k^2\, \mathrm{var}(\hat{\beta}_j) .$$

c) Si los factores siguen un modelo ideal o anti-ideal:

$$\mathrm{var}(\mu_{jk}) = Z_k^2\, \mathrm{var}(\hat{\gamma}_{j1}) + 2Z_k^3\, \mathrm{cov}(\hat{\gamma}_{j1}, \hat{\gamma}_{j2}) + Z_k^4\, \mathrm{var}(\hat{\gamma}_{j2}) .$$

Las utilidades parciales también pueden utilizarse para realizar predicciones. En este caso:

$$\hat{r}_i = \hat{\beta}_0 + \sum_{j=1}^{p} \hat{\mu}_{jk_{ji}}$$

donde $\hat{\mu}_{jk_{ji}}$: es la utilidad estimada asociada al nivel K_{ji} del factor j.

Otra información relevante que proporciona el algoritmo CONJOINT es la *importancia de un factor o atributo*, independientemente de sus niveles. En este caso la puntuación de importancia de un factor «*i*» es calculada mediante la expresión:

$$IMP_i = \frac{Rango_i}{\sum_{i=1}^{p} Rango_i}$$

donde $RANGO_i$ es el rango entre la utilidad mayor y menor para el factor i , es decir: [$\max_i(\mu_{ik}) - \min_i(\mu_{ik})$].

El procedimiento CONJOINT informa del *ajuste del modelo* que ofrece calculando la correlación (Pearson y Kendal) entre las respuestas observadas (r_i) y las predichas ($\hat{r}_i$).

Por último, recordar que el análisis conjunto ofrece también la posibilidad de informar de la *utilidad de productos simulados*, que los sujetos no consideran durante la recogida de datos pero que CONJOINT estima en función de las preferencias mostradas hacia estímulos alternativos. Las probabilidades asociadas a los productos o tarjetas simuladas son calculadas sobre las puntuaciones predichas ($\hat{r}_i$) para el resto de los productos. Existen tres procedimientos:

a) *Utilidad extrema*: este modelo indica la preferencia máxima en términos de probabilidad de elección de esa tarjeta.
b)

$$P_i = \begin{cases} 1 & si\ \hat{r}_i = max(\hat{r}_i). \\ 0 & en\ cualquier\ otro\ caso. \end{cases}$$

c) (*Bradley-Terry-Luce*) BTL: calcula la probabilidad máxima de una tarjeta y la divide por la suma de las utilidades de todas las tarjetas de simulación.

$$p_i = \frac{\hat{r}_i}{\sum_j \hat{r}_j}$$

d) *Logit*: este modelo es similar al BTL pero, en este caso, utiliza el logaritmo natural de las utilidades en lugar de las utilidades directas.

$$P_i = \frac{e^{\hat{r}_i}}{\sum_j e^{\hat{r}_j}}$$

EJEMPLO DE ANÁLISIS CONJUNTO CON SPSS

Se trata de estudiar las preferencias sobre un determinado curso de formación. Se suponen tres factores como importantes para determinar las citadas preferencias: la duración total del curso (variable *duración*), el número de horas diarias de clase (variable *horasdía*) y la existencia o no de prácticas en PC (variable *ordenado*). A la variable *duración* se le asigna el valor 1 si el curso dura 30 horas y el valor 2 si el curso dura más de 30 horas. A la variable *horasdia* se le asigna el valor 1 si se imparten 6 horas diarias y el valor 2 si se imparten menos de 6 horas diarias. A la variable *ordenado* se le asigna el valor 1 si se realizan prácticas en PC y el valor 2 en caso contrario. Se considera el diseño factorial fraccionado ortogonal incompleto de las 8 combinaciones de niveles de los tres factores y recogen datos de 2 sujetos que ordenan las preferencias de la forma 1 2 5 6 3 4 7 8 y 1 2 6 5 4 3 7 8 mediante los rangos PREF1 a PREF8. Se trata de obtener las estimaciones de las utilidades de cada uno de los niveles factoriales y los coeficientes de correlación de Pearson y Tau de Kendall entre las utilidades estimadas y observadas para el conjunto de los dos sujetos siguiendo el método del perfil completo.

Generación del diseño ortogonal: ORTHOPLAN

Comenzamos generando el diseño ortogonal mediante *Datos → Diseño ortogonal → Generar* (Figura 5-1) para obtener la pantalla de entrada del procedimiento *Generar diseño ortogonal* de la Figura 5-2. Introducimos el nombre del primer factor y su etiqueta en la Figura 5-3, hacemos clic en el botón *Añadir* y el factor se incorpora al diseño (Figura 5-4). Se selecciona con el ratón su nombre sobre la pantalla *Generar diseño ortogonal* (Figura 5-5), se hace clic en *Definir valores* y se rellena la pantalla resultante como se indica en la Figura 5-6. Se hace clic en *Continuar* y ya aparece la pantalla *Generar diseño* con el nuevo factor y sus valores incorporado (Figura 5-7).

A continuación se introduce el nombre y la etiqueta de un nuevo factor en la pantalla *Generar diseño* y se pulsa *Añadir*. Se selecciona el nuevo factor (Figura 5-8), se pulsa en *Definir valores* y se rellena la pantalla resultante como se indica en la Figura 5-9. Se hace clic en *Continuar* y ya aparece la pantalla *Generar diseño* con los dos factores definidos hasta ahora y sus valores incorporados (Figura 5-10). Se repite el proceso con el factor que falta (Figuras 5-11 a 5-13). Haciendo clic en el botón *Archivo* se puede guardar el diseño ortogonal con el nombre *orto1.sav* (Figura 5-14). Al hacer clic en *Aceptar* en la Figura 5-13 se obtiene el diseño ortogonal con 8 tarjetas de estímulo (Figuras 5-15 a 5-17).

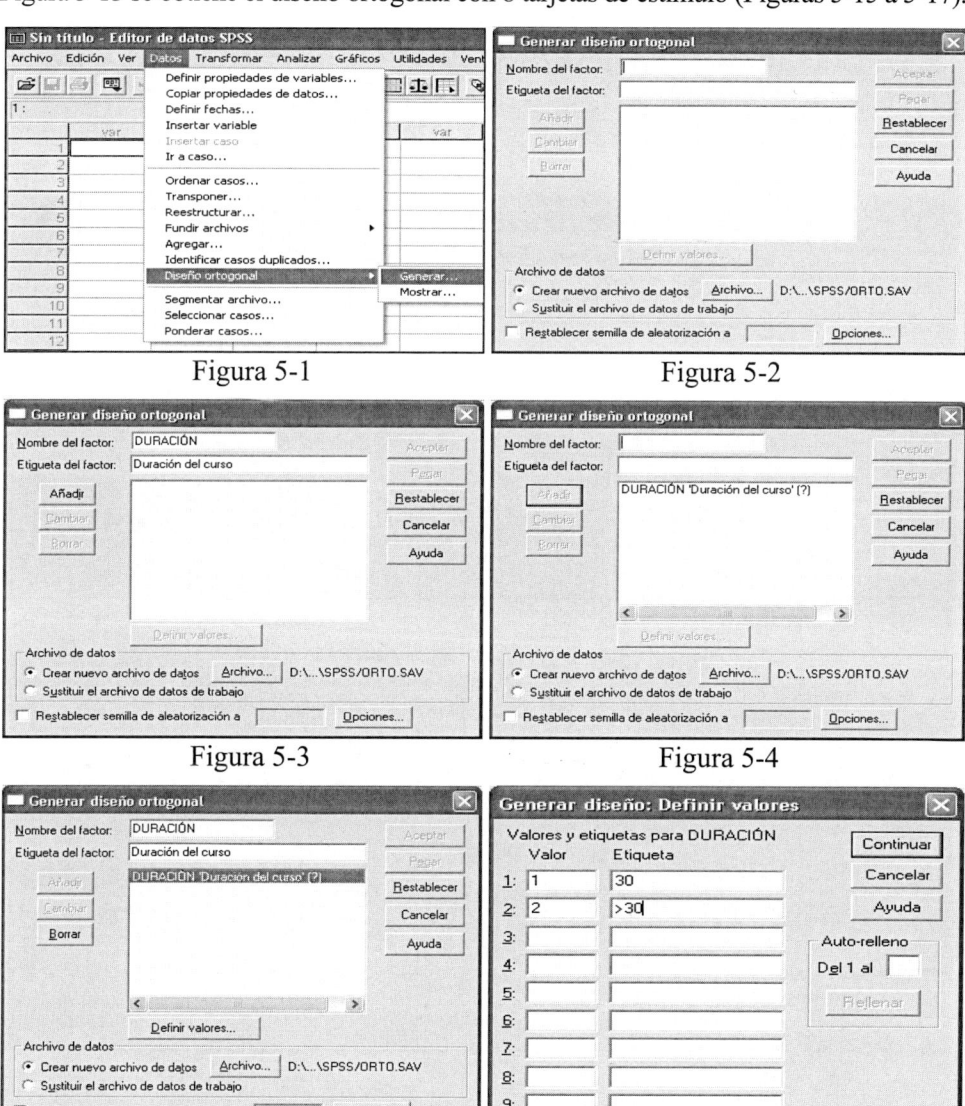

Figura 5-1

Figura 5-2

Figura 5-3

Figura 5-4

Figura 5-5

Figura 5-6

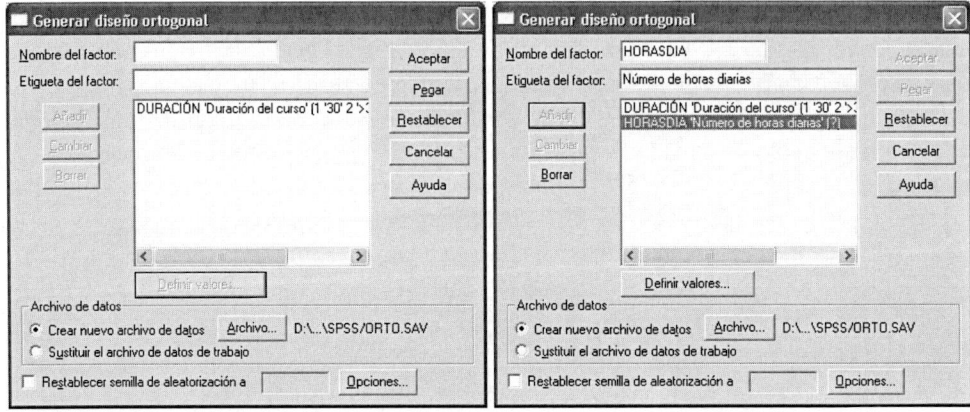

Figura 5-7   Figura 5-8

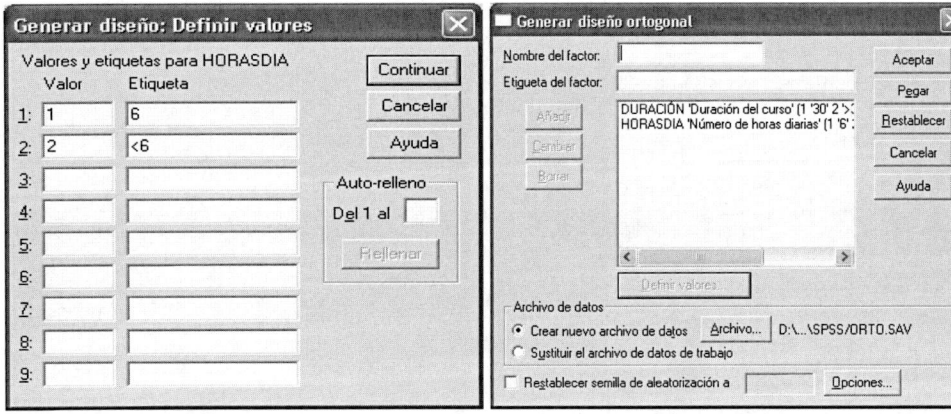

Figura 5-9   Figura 5-10

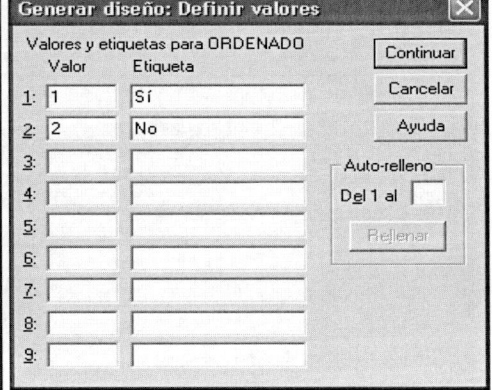

Figura 5-11   Figura 5-12

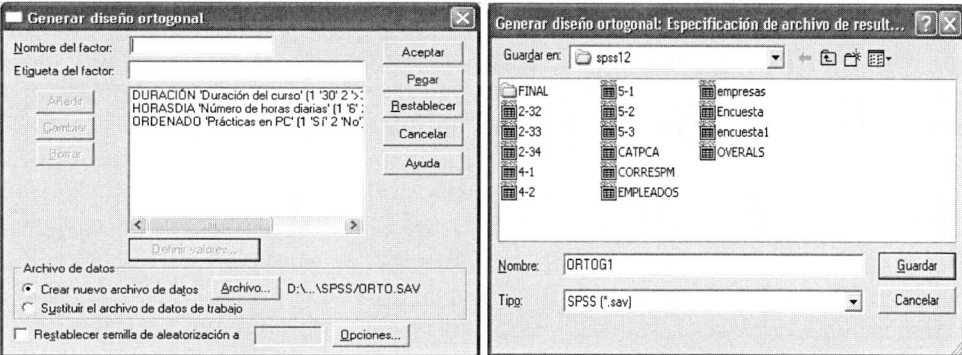

Figura 5-13   Figura 5-14

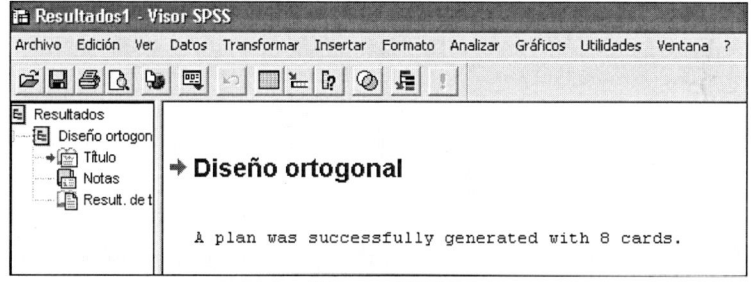

Figura 5-15

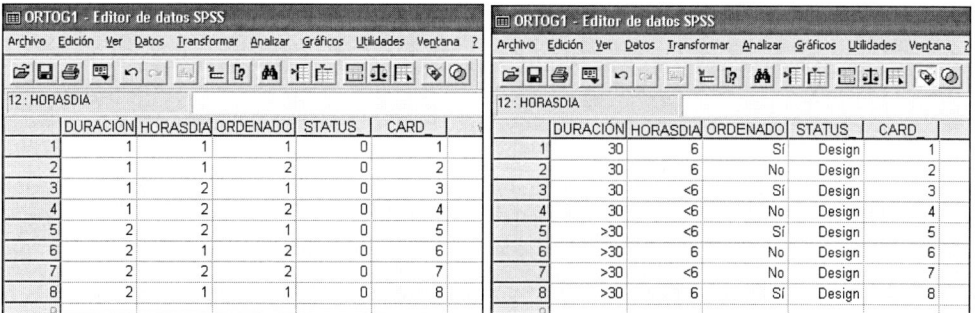

Figura 5-16   Figura 5-17

Configuración del número de tarjetas de estímulos a generar

En la pantalla *Generar diseño ortogonal* se puede utilizar la casilla *Restablecer semilla de aleatorización* para controlar la generación de los números aleatorios para la creación del diseño ortogonal (Figura 5-18). Además, mediante el botón *Opciones* la pantalla *Generar diseño ortogonal* se pueden especificar un número mínimo de casos a incluir en el diseño ortogonal y definir el número de casos de reserva prorrateados por los sujetos pero no incluidos por el análisis conjunto (Figura 5-19).

Los casos de reserva se utilizan en la encuesta, pero el procedimiento CONJOINT no los utiliza al estimar las utilidades. Los casos de reserva se generan a partir de otro plan aleatorio, no a partir del plan experimental de efectos principales y no duplican los perfiles experimentales. La opción *Combinar al azar con los otros casos* permite mezclar aleatoriamente los casos de reserva con los casos experimentales. En nuestro caso, como el diseño a utilizar tiene sólo tres factores con pocos niveles cada uno y la recogida de datos está referida sólo a dos sujetos, utilizaremos todos los casos del diseño ortogonal y no reservaremos ninguno. Pulsando *Continuar* y *Aceptar* se generaría el diseño ortogonal con las nuevas especificaciones.

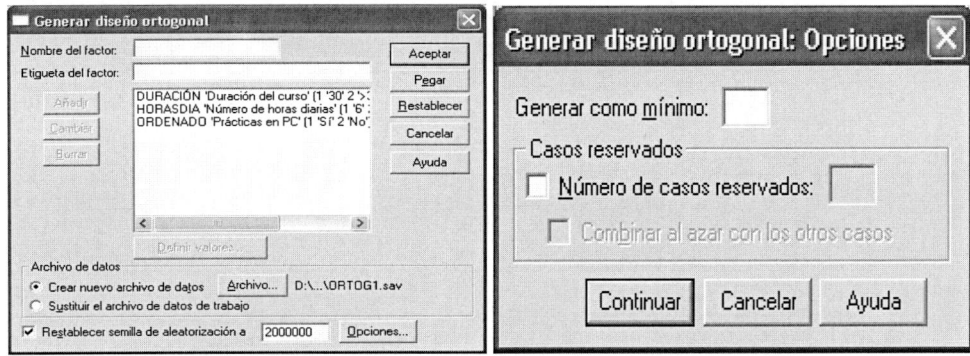

Figura 5-18   Figura 5-19

Preparación de tarjetas de estímulos: PLANCARDS

Ya hemos realizado el diseño del plan y ahora debemos situar cada concepto completo en un perfil separado con el objeto de presentárselo a los encuestados en forma de tarjeta (cada caso del diseño ortogonal se muestra como un perfil). Los perfiles pueden visualizarse y personalizarse, siendo posible producir cada concepto como una página separada, añadir títulos y notas a pie de página, controlar el espaciado, etc.

Mediante el procedimiento *Visualizar diseño experimental* es posible mostrar el diseño generado por el procedimiento *Generar diseño ortogonal* (o cualquier otro diseño recogido en un fichero de datos de trabajo) en formato de listado de borrador o como perfiles a mostrar a los sujetos en un análisis conjunto.

Para comenzar cargamos el fichero de datos con el diseño ortogonal *ortog1.sav* recién generado (Figura 5-20). A continuación elegimos *Datos → Diseño ortogonal → Mostrar* (Figura 5-21) para obtener la pantalla *Mostrar el diseño* (Figura 5-22). La opción *Listado para el experimentador* permite mostrar el diseño en formato de borrador diferenciando los perfiles de reserva de los perfiles experimentales y listando los posibles perfiles de simulación de modo separado a continuación de los perfiles experimentales y de reserva.

La opción *Perfiles para sujetos* produce perfiles que pueden presentarse a los sujetos y la opción *Saltos de página después de cada perfil* muestra cada perfil en una página nueva. Si se hace clic en el botón *Títulos* de la pantalla *Mostrar el diseño* se puede situar un título y un pie para el perfil (Figura 5-23) que aparecerán en el encabezado y en el pie de cada nuevo perfil.

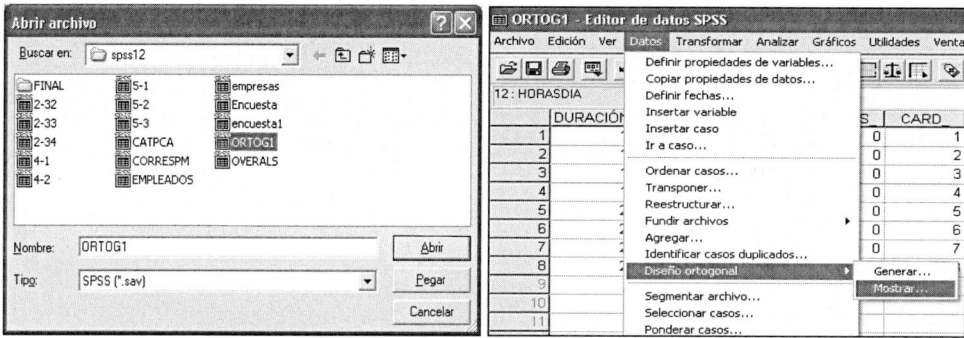

Figura 5-20   Figura 5-21

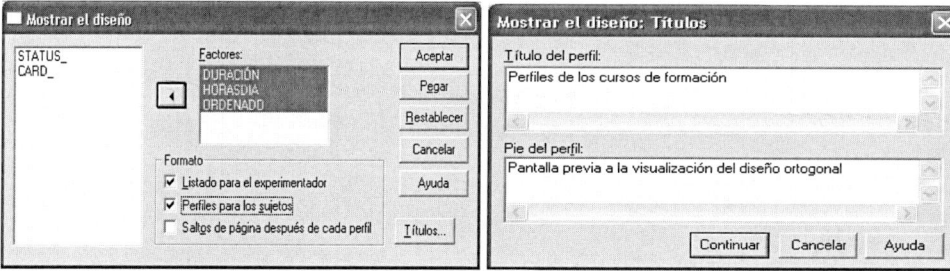

Figura 5-22   Figura 5-23

Al hacer clic en *Continuar* y en *Aceptar* se muestran las tarjetas del diseño otogonal generado.

Plancards:

```
Title: Perfiles de los cursos de formación
Card 1
  Duración del curso  30
  Número de horas diarias   6
  Prácticas en PC  Sí
Card 2
  Duración del curso  30
  Número de horas diarias   6
  Prácticas en PC  No
Card 3
  Duración del curso  30
  Número de horas diarias  <6
  Prácticas en PC  Sí
```

```
Card 4
  Duración del curso  30
  Número de horas diarias  <6
  Prácticas en PC  No
Card 5
  Duración del curso  >30
  Número de horas diarias  <6
  Prácticas en PC  Sí
Card 6
  Duración del curso  >30
  Número de horas diarias  6
  Prácticas en PC  No
Card 7
  Duración del curso  >30
  Número de horas diarias  <6
  Prácticas en PC  No
Card 8
  Duración del curso  >30
  Número de horas diarias  6
  Prácticas en PC  Sí
```

Footer: Pantalla previa a la visualización del diseño ortogonal

Perfiles de los cursos de formación

```
Duración del curso  30
Número de horas diarias  6
Prácticas en PC  Sí
```

Pantalla previa a la visualización del diseño ortogonal

Perfiles de los cursos de formación

```
Duración del curso  30
Número de horas diarias  6
Prácticas en PC  No
```

Pantalla previa a la visualización del diseño ortogonal

Perfiles de los cursos de formación

```
Duración del curso  30
Número de horas diarias  <6
Prácticas en PC  Sí
```

Pantalla previa a la visualización del diseño ortogonal

Perfiles de los cursos de formación

```
Duración del curso  30
```

```
Número de horas diarias  <6
Prácticas en PC  No
```

Pantalla previa a la visualización del diseño ortogonal

Perfiles de los cursos de formación

```
Duración del curso  >30
Número de horas diarias  <6
Prácticas en PC  Sí
```

Pantalla previa a la visualización del diseño ortogonal

Perfiles de los cursos de formación

```
Duración del curso  >30
Número de horas diarias  6
Prácticas en PC  No
```

Pantalla previa a la visualización del diseño ortogonal

Perfiles de los cursos de formación

```
Duración del curso  >30
Número de horas diarias  <6
Prácticas en PC  No
```

Pantalla previa a la visualización del diseño ortogonal

Perfiles de los cursos de formación

```
Duración del curso  >30
Número de horas diarias  6
Prácticas en PC  Sí
```

Pantalla previa a la visualización del diseño ortogonal

Recogida de los datos

Una vez generado el diseño ortogonal y preparadas las tarjetas de estímulos se abordará la tarea de recoger y analizar los datos. La gran variabilidad de preferencias entre los sujetos puede llevar a tener que seleccionar una muestra de los mismos a partir de la población destino. Este tamaño de muestra suele oscilar entre 100 y 1000 con rango típico entre 300 y 550.

En todo caso, el tamaño debe ser tan grande como sea posible para aumentar la fiabilidad de la muestra. Una vez seleccionada la muestra de sujetos, el investigador proporciona el conjunto de tarjetas, o perfiles, a cada encuestado para la recogida de los datos.

Los sujetos pueden registrar los datos asignado una puntuación de preferencia a cada perfil (por ejemplo, se pide a los sujetos que valoren cada perfil asignándole un número de 1 a 100). En este caso se utiliza el subcomando SCORES de CONJOINT. También se pueden registrar los datos asignando un puesto a cada perfil (un orden según las preferencias del sujeto), es decir, cada perfil obtiene un número entre el 1 y el número total de perfiles los datos (subcomando SEQUENCE de CONJOINT). Por último, también pueden ordenarse los perfiles en términos de preferencias registrando el investigador los números de perfiles en el orden dado por cada sujeto (subcomando RANK de CONJOINT).

Para nuestro ejemplo, cuya finalidad es meramente didáctica, se recogen los datos de preferencias de 2 sujetos que ordenan los perfiles del más al menos preferido (cada sujeto asigna un número entre 1 y 8 a cada perfil). El fichero *perfil1.sav* recoge los datos (Figura 5-24).

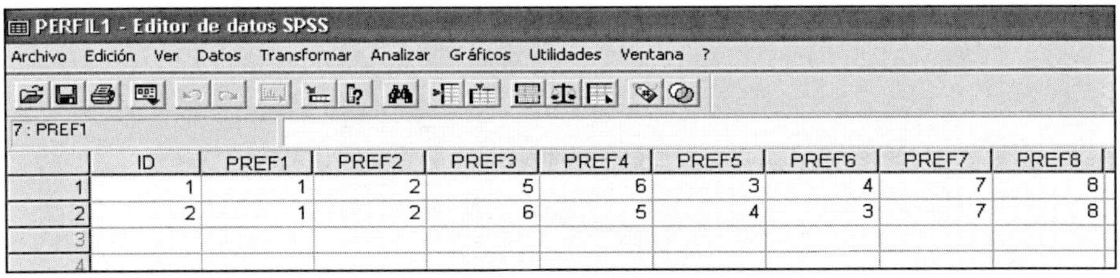

	ID	PREF1	PREF2	PREF3	PREF4	PREF5	PREF6	PREF7	PREF8
1	1	1	2	5	6	3	4	7	8
2	2	1	2	6	5	4	3	7	8
3									
4									

Figura 5-24

Análisis de las preferencias mediante el análisis conjunto: CONJOINT

Una vez generado el diseño ortogonal, recogido en el fichero *ortog1.sav*, y recogidos los datos sobre las preferencias en las tarjetas de estímulos provenientes de los sujetos en el fichero *perfil1.sav*, sólo resta analizar los datos utilizando el procedimiento CONJOINT. Para ejecutar este procedimiento se utilizará la sintaxis de SPSS, abriendo un fichero de sintaxis mediante *Nuevo → Sintaxis* (Figura 5-25) y escribiendo la sintaxis de la Figura 5-26.

La primera línea de la sintaxis es la llamada al procedimiento CONJOINT. El subcomando PLAN identifica el fichero que contiene el diseño ortogonal. El subcomando DATA identifica el fichero que contiene los resultados codificados de la encuesta. El subcomando SEQUENCE indica que los resultados de la encuesta recogidos en el fichero *perfil1.sav* han sido codificados en orden secuencial, empezando con la tarjeta más preferida '*pref1*' y terminando con la menos preferida *pref8*, siendo 8 el número de tarjetas generadas. El subcomando SUBJECT identifica la variable que contiene el número del sujeto encuestado.

El subcomando FACTORS especifica los factores (variables) definidos en el fichero que contiene el diseño ortogonal identificado por el subcomando PLAN. Se observa que todos los factores se definen como discretos (variables categóricas). El subcomando PRINT permite controlar la salidas de texto y ALL especifica que se presenten tanto los resultados de los datos experimentales, como los de simulación. El subcomando UTILITY identifica el fichero en el que CONJOINT guardará las utilidades calculadas generándose un caso por cada sujeto encuestado. El subcomando PLOT solicita las salidas gráficas. La palabra clave SUMMARY produce un diagrama de barras para cada variable, mostrando las puntuaciones de la utilidad para cada categoría de esa variable y un gráfico que muestra las puntuaciones de importancia de resumen por sujetos con la palabra clave SUBJECT. Con *Ejecutar → Todo* (Figura 5-27) se tiene la salida del procedimiento CONJOINT, que empieza con los factores del diseño ortogonal (Figura 5-28).

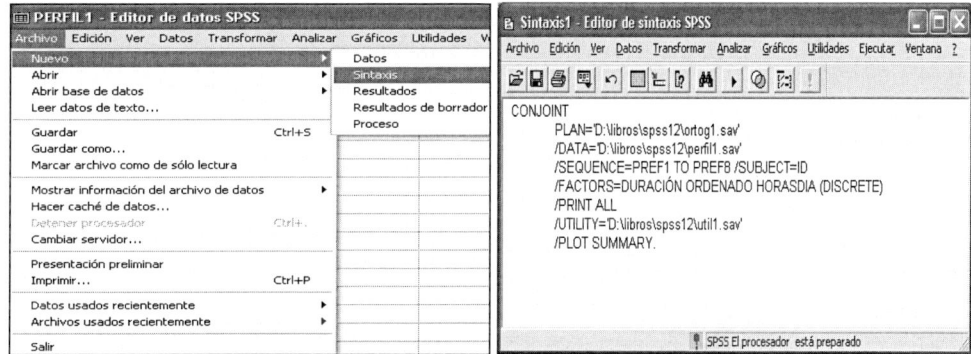

Figura 5-25   Figura 5-26

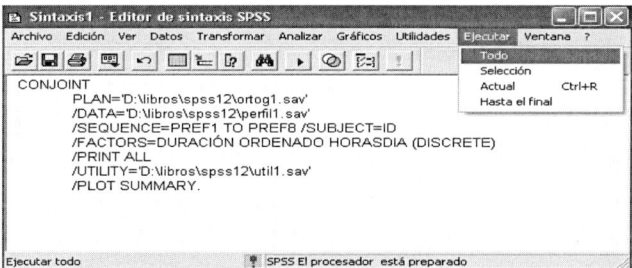

Figura 5-27

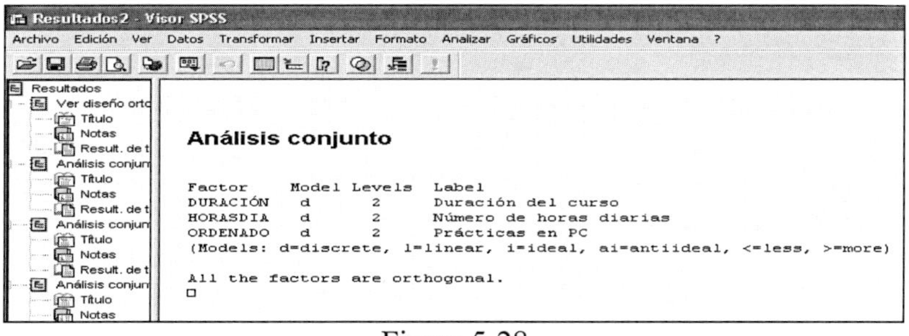

Figura 5-28

Interpretación de las salidas del análisis conjunto

Los resultados del procedimiento CONJOINT se ofrecen ordenadamente por sujetos. A continuación se muestra la salida para el primer sujeto:

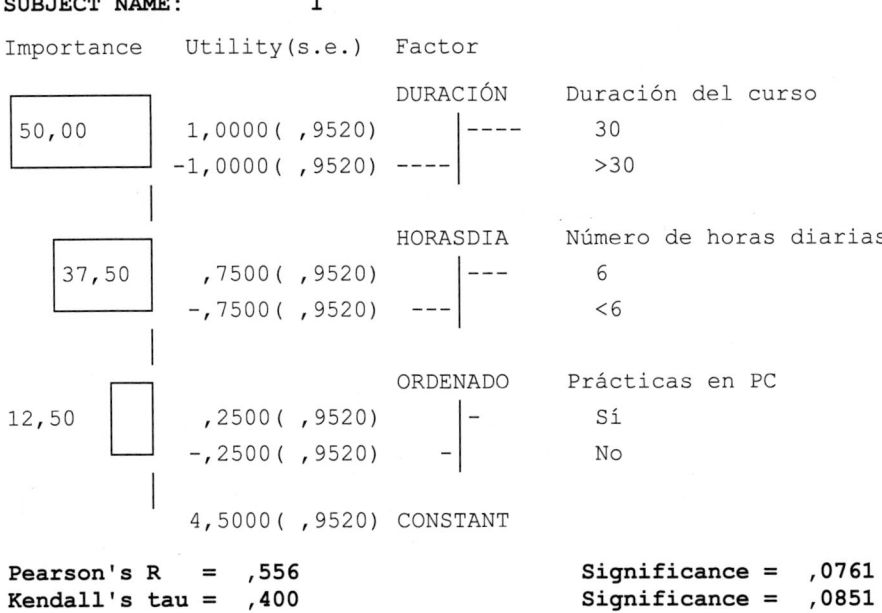

```
SUBJECT NAME:            1

Importance    Utility(s.e.)  Factor

                            DURACIÓN   Duración del curso
  50,00        1,0000( ,9520)    |----     30
                                 |
              -1,0000( ,9520) ----|        >30


                            HORASDIA   Número de horas diarias
  37,50         ,7500( ,9520)    |---      6
                                 |
               -,7500( ,9520)  ---|        <6


                            ORDENADO   Prácticas en PC
  12,50         ,2500( ,9520)    |-       Sí
                                 |
               -,2500( ,9520)   -|        No


               4,5000( ,9520) CONSTANT
```

Pearson's R = **,556**		**Significance** = **,0761**
Kendall's tau = **,400**		**Significance** = **,0851**

En la salida se observan las puntuaciones de la utilidad y su error estándar para cada nivel factorial. La utilidad total de una combinación específica se halla sumando los valores de sus puntuaciones correspondientes. Por ejemplo, la utilidad total del curso con duración superior a 30 días (*duración >30*), con menos de 6 horas diarias (*horasdía<6*) y con prácticas de PC (*ordenado = Sí*) será:

```
utility(DURACIÓN >30) + utility(HORASDÍA<6) + utility(ORDENADO
= Si) + constante
```

Realizando la valoración de la utilidad total del curso anterior tenemos:

$$(-1)+(-0,75)+ 0,25 + 4,5 = 4$$

Las utilidades totales distan algo de los datos observados (aunque teóricamente deberían de coincidir). El error estándar de cada utilidad (entre paréntesis a la izquierda de la utilidad) indica el grado de ajuste del modelo a los datos del sujeto particular considerado. En la salida para el sujeto 1 se observan errores estándar altos para casi todos los factores, con lo que puede ser que el modelo lineal no sea el más adecuado para este factor en el caso de este sujeto.

La columna más a la izquierda de la salida anterior presenta las puntuaciones de la importancia de cada factor, junto con un gráfico de barras para dar una idea de cómo se comparan los factores. Las puntuaciones de la importancia se calculan tomando el rango de la utilidad para el factor particular y dividiéndolo por la suma de todos los rangos de las utilidades. El factor más importante para el primer sujeto es la duración (50,00), seguido del número de horas diarias (37,50).

Los estadísticos R de Pearson y *Tau* de Kendall indican también el grado de ajuste de los datos al modelo y representan las correlaciones entre las preferencias observadas y estimadas y, por tanto, deberían ser siempre muy altas con un p-valor (*Significacance*) pequeño. Para el sujeto 1 la significatividad es como poco del 91, 49% (1-*máximo* (0,0761, 0,0851)=1-0,0851=0,9149), que es bastante alta.

A continuación se muestra la salida para el segundo sujeto:

SUBJECT NAME: **2**

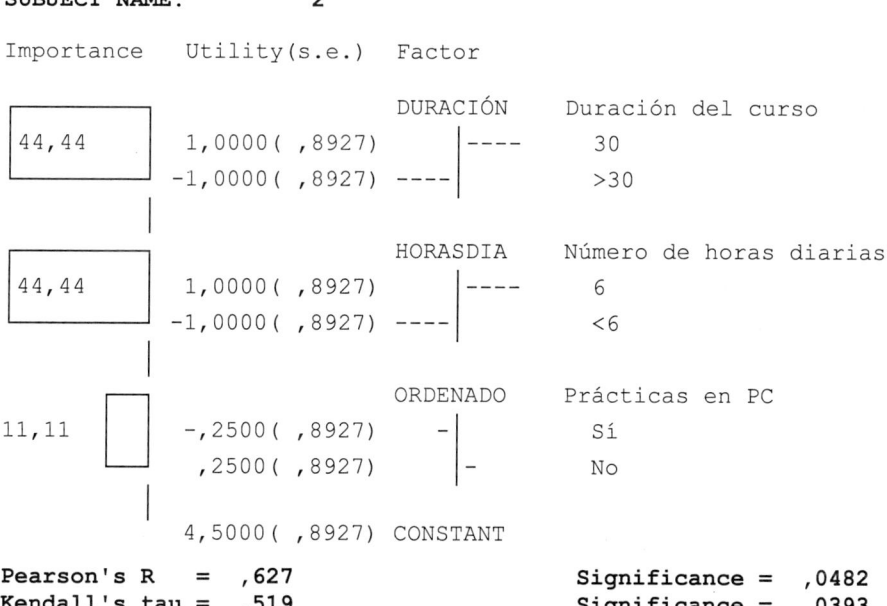

Importance   Utility(s.e.)   Factor

                             DURACIÓN   Duración del curso
44,44   1,0000(,8927) |----   30
              -1,0000(,8927)   ----| >30

                             HORASDIA   Número de horas diarias
44,44   1,0000(,8927) |----   6
              -1,0000(,8927)   ----| <6

                             ORDENADO   Prácticas en PC
11,11   -,2500(,8927)   -| Sí
               ,2500(,8927) |-   No

               4,5000(,8927) CONSTANT

Pearson's R   =   ,627   **Significance =   ,0482**
Kendall's tau =   ,519   **Significance =   ,0393**

Los estadísticos R de Pearson y *Tau* de Kendall muestran mayor significatividad para este segundo sujeto (más de 95%, ya que 1-0,0482 = 0,9518), lo que indica un buen grado de ajuste de los datos al modelo. La duración del curso y el número de horas diarias son factores igualmente importantes para este sujeto (44,44).

Cuando se utiliza el subcomando SUBJECT con CONJOINT, se consiguen, además de los resultados para cada sujeto, unos resultados medios para todo el grupo denominados resultados agrupados del comando CONJOINT y etiquetados SUBFILE SUMMARY *Averaged Important* (resumen del subfichero en importancia media) y que también se presentarán a continuación:

SUBFILE SUMMARY

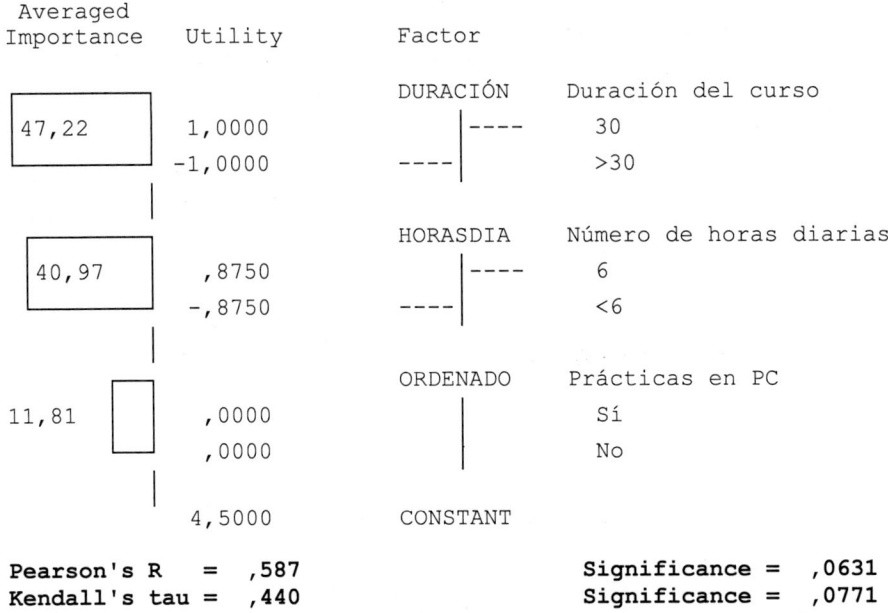

```
Averaged
Importance    Utility         Factor

                              DURACIÓN    Duración del curso

 47,22        1,0000                ----     30
             -1,0000          ----|         >30


                              HORASDIA    Número de horas diarias

 40,97         ,8750                ----     6
              -,8750          ----|         <6


                              ORDENADO    Prácticas en PC
 11,81         ,0000                         Sí
               ,0000                         No


              4,5000          CONSTANT
```

Pearson's R   = ,587   **Significance = ,0631**
Kendall's tau = ,440   **Significance = ,0771**

Al final de la salida se observa el resumen de reversiones y de simulaciones, que ofrece las probabilidades de elegir los perfiles de simulación particulares como perfiles más preferidos, bajo el modelos de probabilidad de elección de la *Máxima Utilidad* (probabilidad de elegir un perfil como el más preferido), bajo el modelo BTL (*Bradley-Terry-Luce*) que calcula la probabilidad de elegir un perfil como el más preferido dividiendo la utilidad del perfil entre la suma de todas las utilidades totales de la simulación, y bajo el modelo *Logit*, que es similar la modelo BTL, pero que utiliza el logaritmo de las utilidades en vez de las utilidades mismas. Como no hemos reservado casos para simulación en la Figura 5-19, esta salida está vacía.

SUBFILE SUMMARY

No reversals occured in this split file group.

El subcomando PLOT de Conjoint aporta un modo gráfico de observar los resultados del grupo. La palabra clave SUMMARY produce un diagrama de barras para cada variable mostrando las puntuaciones de la utilidad para cada categoría de esa variable (Figuras 5-29 a 5-31) y un gráfico que muestra las puntuaciones de importancia del resumen por sujetos con la palabra clave SUBJECT (Figura 5-32). Se observa que el factor *Duración del curso* presenta la mayor importancia media seguido del factor *Número de horas diarias*. *Prácticas en PC* es el menos importante.

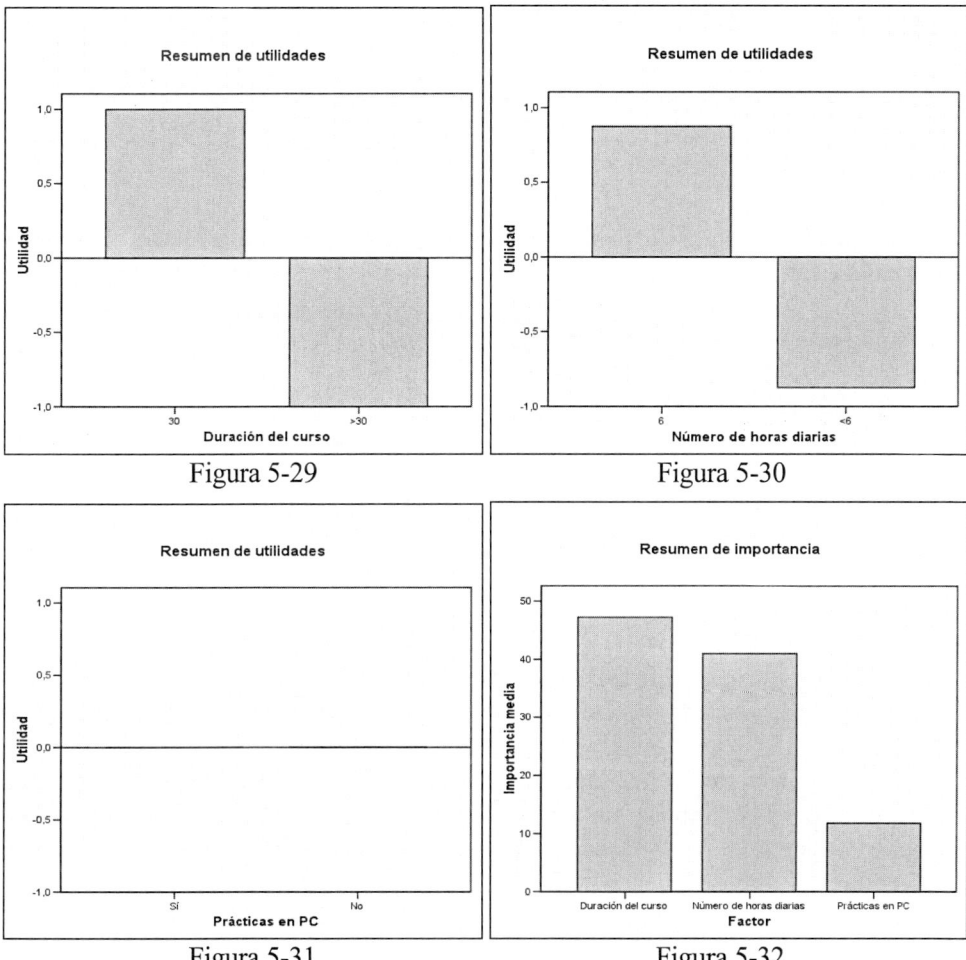

Figura 5-29

Figura 5-30

Figura 5-31

Figura 5-32

El subcomando UTILITY crea un fichero de datos de SPSS (Figura 5-33) que contiene para cada sujeto las utilidades para los factores tipo DISCRETE, la pendiente y las funciones cuadráticas para los factores de tipo LINEAL, DEAL y ANTIDEAL (etiquetas B y C en la salida), la constante de regresión y las puntuaciones estimadas de las preferencias. Estos valores se pueden utilizar en análisis posteriores para realizar gráficos adicionales y gráficos con otros procedimientos.

Figura 5-33

Ejercicio 5-1. Resolver el mismo caso del ejemplo que se ha expuesto en el capítulo, pero considerando ahora que los sujetos registran los datos asignando una puntuación de preferencia entre 0 y 100 a cada perfil, resultando las puntuaciones 90 70 45 40 60 55 20 10 y 85 75 40 45 55 60 25 15 para los dos sujetos respectivamente.

El diseño ortogonal y las tarjetas de estímulos no varían respecto al ejemplo desarrollado en el capítulo, pero ahora se recogen los datos de preferencias de los 2 sujetos que ordenan los perfiles del más al menos preferido (cada sujeto asigna una puntuación entre 0 y 100 a cada perfil) en el fichero *perfil2.sav* (Figura 5-34).

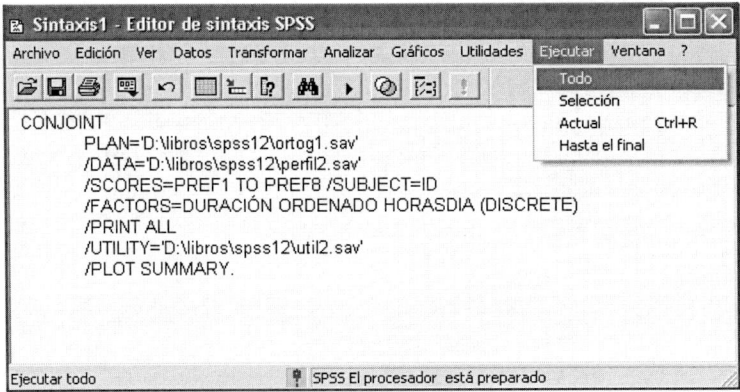

PERFIL2 - Editor de datos SPSS

Archivo   Edición   Ver   Datos   Transformar   Analizar   Gráficos   Utilidades   Ventana   ?

	ID	PREF1	PREF2	PREF3	PREF4	PREF5	PREF6	PREF7	PREF8
1	1	90	70	45	40	60	55	20	10
2	2	85	75	40	45	55	60	25	15

Figura 5-34

Una vez generado el diseño ortogonal, recogido en el fichero *ortog1.sav*, y recogidos los datos sobre las preferencias en las tarjetas de estímulos provenientes de los sujetos en el fichero *perfil2.sav*, sólo resta analizar los datos utilizando el procedimiento CONJOINT. Para ejecutar este procedimiento se utilizará la sintaxis de SPSS, abriendo un fichero de sintaxis mediante *Nuevo → Sintaxis* (Figura 5-25) y escribiendo la sintaxis de la Figura 5-35. Se observa que ahora se ha utilizado el subcomando SCORES, ya que los perfiles vienen cuantificados por puntuaciones.

Sintaxis1 - Editor de sintaxis SPSS

Archivo   Edición   Ver   Datos   Transformar   Analizar   Gráficos   Utilidades   Ejecutar   Ventana   ?

```
CONJOINT
      PLAN='D:\libros\spss12\ortog1.sav'
      /DATA='D:\libros\spss12\perfil2.sav'
      /SCORES=PREF1 TO PREF8 /SUBJECT=ID
      /FACTORS=DURACIÓN ORDENADO HORASDIA (DISCRETE)
      /PRINT ALL
      /UTILITY='D:\libros\spss12\util2.sav'
      /PLOT SUMMARY.
```

Todo
Selección
Actual   Ctrl+R
Hasta el final

Ejecutar todo   SPSS El procesador está preparado

Figura 5-35

Con *Ejecutar → Todo* (Figura 5-35) se tiene la salida del procedimiento CONJOINT que se presenta a continuación:

```
Factor    Model Levels  Label
DURACIÓN    d     2      Duración del curso
HORASDIA    d     2      Número de horas diarias
ORDENADO    d     2      Prácticas en PC
(Models: d=discrete, l=linear, i=ideal, ai=antiideal, <=less, >=more)
```

All the factors are orthogonal.

SUBJECT NAME: **1**

```
Importance    Utility(s.e.)  Factor

                             DURACIÓN    Duración del curso
 ┌───────┐
 │ 55,56 │    12,5000(9,6623)    |----      30
 └───────┘   -12,500(9,6623) ----|         >30
     │
                             HORASDIA    Número de horas diarias
   ┌───────┐
   │ 33,33 │   7,5000(9,6623)     |--        6
   └───────┘  -7,5000(9,6623)   --|         <6
       │
                             ORDENADO    Prácticas en PC
 11,11    ┌─┐ 2,5000(9,6623)     |-         Sí
          └─┘-2,5000(9,6623)    -|         No
     │
              48,7500(9,6623) CONSTANT
```

Pearson's R   = ,608   Significance = ,0550

Kendall's tau = ,429   Significance = ,0688

SUBJECT NAME: **2**

```
Importance    Utility(s.e.)  Factor

                             DURACIÓN    Duración del curso
 ┌───────┐
 │ 52,94 │    11,2500(8,5009)    |----      30
 └───────┘   -11,250(8,5009) ----|         >30
     │
                             HORASDIA    Número de horas diarias
   ┌───────┐
   │ 41,18 │   8,7500(8,5009)     |---       6
   └───────┘  -8,7500(8,5009)   ---|        <6
       │
                             ORDENADO    Prácticas en PC
  5,88    ┌─┐-1,2500(8,5009)     |          Sí
          └─┘ 1,2500(8,5009)     |          No
     │
              50,0000(8,5009) CONSTANT
```

Pearson's R   = ,644   Significance = ,0425
Kendall's tau = ,429   Significance = ,0688

SUBFILE SUMMARY

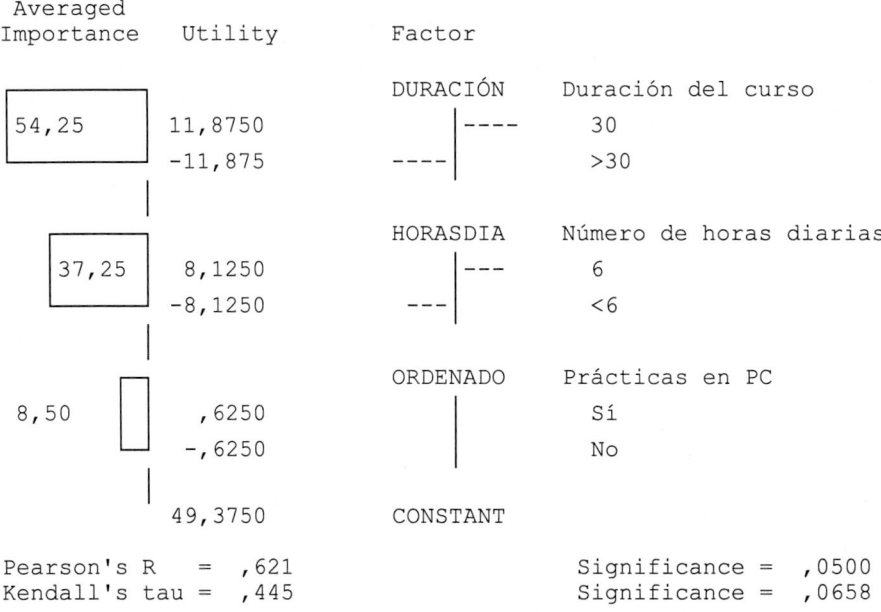

```
Averaged
Importance    Utility        Factor

                             DURACIÓN      Duración del curso
┌─────────┐
│ 54,25   │    11,8750             ┌----      30
└─────────┘   -11,875      ----┘              >30
    │
    │                        HORASDIA      Número de horas diarias
  ┌──────┐
  │37,25 │      8,1250             ┌---       6
  └──────┘     -8,1250      ---┘              <6
    │
    │                        ORDENADO      Prácticas en PC
  8,50    ┌─┐    ,6250                       Sí
          └─┘   -,6250                       No
    │
    │           49,3750      CONSTANT

Pearson's R   =  ,621                 Significance =  ,0500
Kendall's tau =  ,445                 Significance =  ,0658
```

SUBFILE SUMMARY

No reversals occured in this split file group.

Los estadísticos *R* de Pearson y *Tau* de Kendall muestran alta significatividad para los dos sujetos (más del 93%), lo que indica un buen grado de ajuste de los datos al modelo. Se observa que el factor *Duración del curso* presenta la mayor importancia media (54,25), seguido de *Número de horas diarias* (37,25). Prácticas en PC es el factor menos importante en media. El fichero de utilidades generado por el procedimiento CONJOINT (Figura 5-36) recoge las utilidades relativas a todos los elementos del diseño factorial fraccionado ortogonal (combinaciones lineales de los niveles de todos los factores).

	ID	CONSTANT	DURACIÓN1	DURACIÓN2	HORASDIA1	HORASDIA2	ORDENADO1	ORDENADO2	SCORE1
1	1,00	48,75	12,50	-12,50	7,50	-7,50	2,50	-2,50	71,25
2	2,00	50,00	11,25	-11,25	8,75	-8,75	-1,25	1,25	68,75

Figura 5-36

Los diagramas de barras para cada variable mostrando las puntuaciones de la utilidad para cada categoría de esa variable (Figuras 5-37 a 5-39) y el gráfico con las puntuaciones de importancia del resumen por sujetos (Figura 5-40) se muestran a continuación:

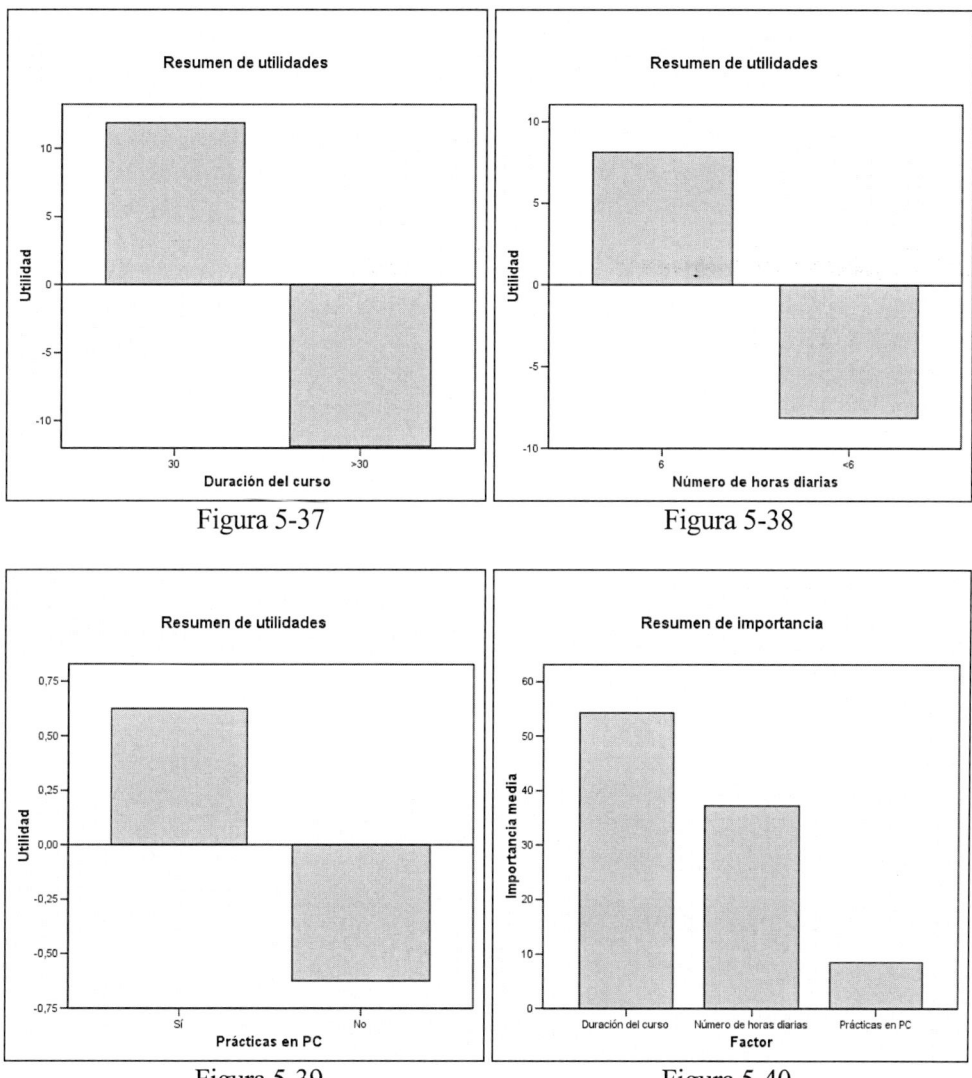

Figura 5-37

Figura 5-38

Figura 5-39

Figura 5-40

Ahora se observa (Figura 5-40) que el factor *Duración del curso* presenta la mayor importancia media.

Ejercicio 5-2. Se trata de estudiar las preferencias del consumidor para el diseño de un limpiador de calzado. Se suponen tres factores como importantes para su posible fabricación y comercialización: el ENVASE (cepillo horizontal "a", inclinado "b" y vertical "c"), la MARCA (Kanfort, Búfalo y Kiwi), el PRECIO (0,72, 0,84 y 0,96 euros), la CALIDAD (buena o mala) y la GARANTÍA (Sí o No). Se considera el diseño factorial ortogonal de las combinaciones de niveles de los cuatro factores reservando cuatro casos para simulación y se recogen datos de 3 sujetos que ordenan las preferencias según se recoge en el fichero perfil3.sav. Se trata de obtener las estimaciones de las utilidades de cada uno de los niveles factoriales y los coeficientes de correlación de Pearson y Tau de Kendall entre las utilidades estimadas y observadas para el conjunto de los dos sujetos siguiendo el método del perfil completo.

Comenzamos generando el diseño ortogonal mediante *Datos → Diseño ortogonal → Generar* (Figura 5-41) para obtener la pantalla de entrada del procedimiento *Generar diseño ortogonal*. Introducimos el nombre del primer factor y su etiqueta en la citada pantalla, hacemos clic en el botón *Añadir* y el factor se incorpora al diseño. Se selecciona con el ratón su nombre sobre la pantalla *Generar diseño ortogonal*, se hace clic en *Definir valores* y se rellena la pantalla resultante como se indica en la Figura 5-42. Se hace clic en *Continuar* y ya aparece la pantalla *Generar diseño* con el nuevo factor y sus valores incorporados.

Se repite el proceso con los factores restantes (Figuras 5-43 a 5-46). En la Figura 5-47 se presenta la pantalla *Generar diseño ortogonal* con todos los factores y sus atributos ya definidos. Haciendo clic en el botón *Archivo* se puede guardar el diseño ortogonal con el nombre *ortog3.sav* (Figura 5-48).

Para reservar 4 casos para control y simulación se hace clic en el botón *Opciones* de la pantalla *Generar diseño ortogonal* y se sitúa el valor 4 en el campo *Número de casos reservados* (Figura 5-49). Al hacer clic en *Continuar* y *Aceptar* se obtiene el diseño ortogonal con 20 tarjetas de estímulo. Las Figuras 5-50 a 5-51 presentan el contenido del archivo *ortog3.sav* que contiene el diseño ortogonal con y sin etiquetas.

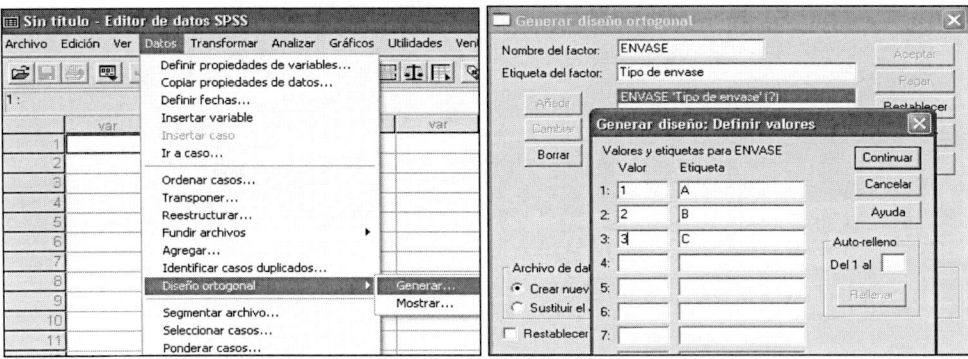

Figura 5-41   Figura 5-42

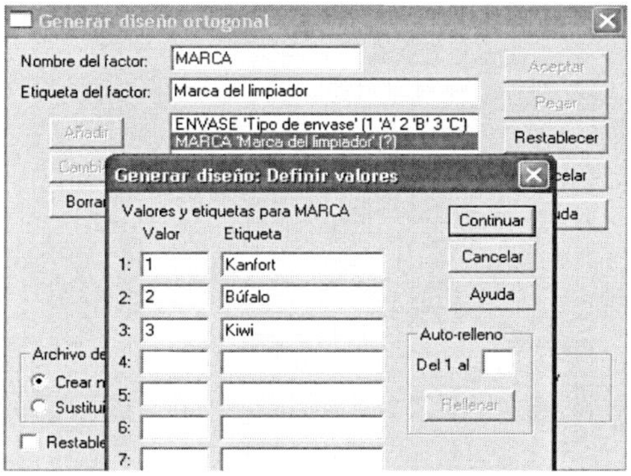

Figura 5-43

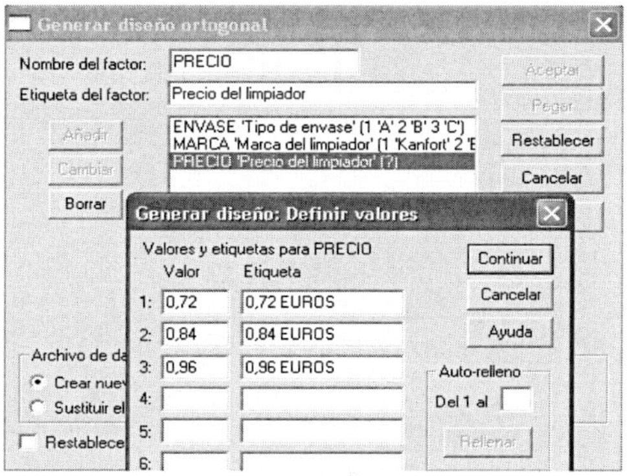

Figura 5-44

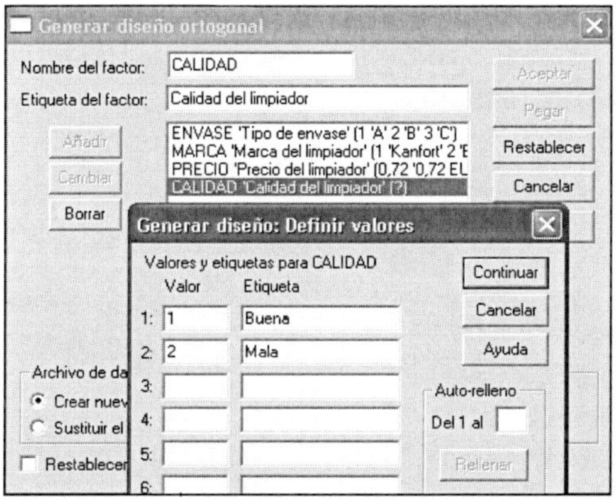

Figura 5-45

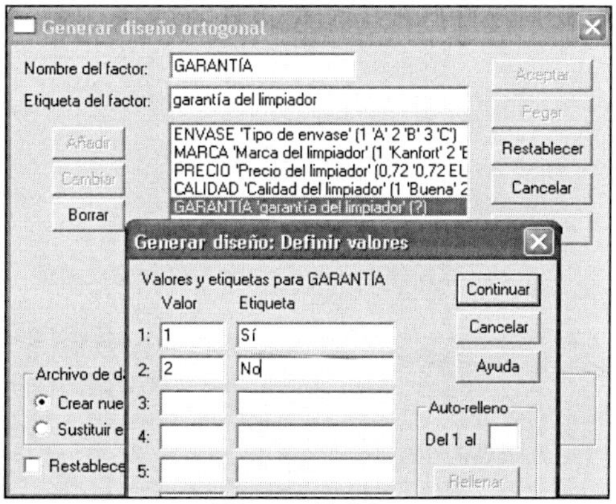

Figura 5-46

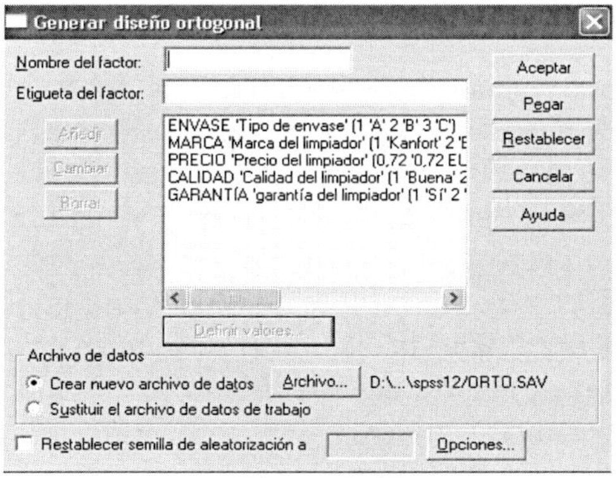

Figura 5-47

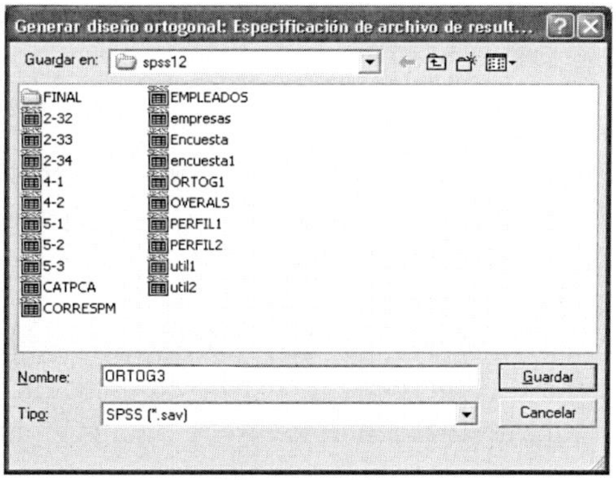

Figura 5-48

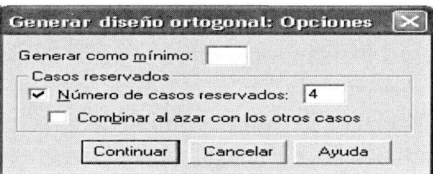

Figura 5-49

	ENVASE	MARCA	PRECIO	CALIDAD	GARANTÍA	STATUS	CARD
1	2	3	1	1	1	0	1
2	1	3	1	2	2	0	2
3	3	1	1	2	1	0	3
4	1	1	1	1	2	0	4
5	1	1	1	2	2	0	5
6	1	1	1	2	1	0	6
7	2	1	1	2	2	0	7
8	1	3	1	2	1	0	8
9	3	2	1	2	1	0	9
10	2	1	1	1	1	0	10
11	3	3	1	1	2	0	11
12	2	2	1	2	2	0	12
13	1	2	1	1	1	0	13
14	1	1	1	1	1	0	14
15	3	1	1	1	2	0	15
16	1	2	1	1	2	0	16
17	1	2	1	1	2	1	17
18	2	2	1	1	1	1	18
19	3	3	1	2	2	1	19
20	2	2	1	1	2	1	20

Figura 5-50

	ENVASE	MARCA	PRECIO	CALIDAD	GARANTÍA	STATUS	CARD
1	B	Kiwi	0,72 EUROS	Buena	Sí	Design	1
2	A	Kiwi	0,96 EUROS	Mala	No	Design	2
3	C	Kanfort	0,96 EUROS	Mala	Sí	Design	3
4	A	Kanfort	0,72 EUROS	Buena	No	Design	4
5	A	Kanfort	0,72 EUROS	Mala	No	Design	5
6	A	Kanfort	0,72 EUROS	Mala	Sí	Design	6
7	B	Kanfort	0,84 EUROS	Mala	No	Design	7
8	A	Kiwi	0,84 EUROS	Mala	Sí	Design	8
9	C	Búfalo	0,72 EUROS	Mala	Sí	Design	9
10	B	Kanfort	0,96 EUROS	Buena	Sí	Design	10
11	C	Kiwi	0,72 EUROS	Buena	No	Design	11
12	B	Búfalo	0,72 EUROS	Mala	No	Design	12
13	A	Búfalo	0,84 EUROS	Buena	No	Design	13
14	A	Kanfort	0,72 EUROS	Buena	Sí	Design	14
15	C	Kanfort	0,84 EUROS	Buena	No	Design	15
16	A	Búfalo	0,96 EUROS	Buena	No	Design	16
17	A	Búfalo	0,84 EUROS	Buena	No	Holdout	17
18	B	Búfalo	0,84 EUROS	Buena	Sí	Holdout	18
19	C	Kiwi	0,84 EUROS	Mala	No	Holdout	19
20	B	Búfalo	0,84 EUROS	Buena	No	Holdout	20

Figura 5-51

El diseño ortogonal (factorial fraccionado ortogonal incompleto) podría haberse obtenido también, ejecutando la siguiente sintaxis:

```
ORTHOPLAN
  /FACTORS=
     ENVASE 'Tipo de envase' ( 1 'A' 2 'B' 3 'C')
     MARCA 'Marca del limpiador' ( 1 'Kanfort' 2 'Búfalo' 3
     'Kiwi')
     PRECIO  'Precio del limpiador' ( 0.72 '0,72 EUROS' 0.84
     '0,84 EUROS' 0.96 '0,96 EUROS')
     CALIDAD 'Calidad del limpiador' ( 1 'Buena' 2 'Mala')
     GARANTÍA 'garantía del limpiador' ( 1 'Sí' 2 'No')
  /OUTFILE='D:\LIBROS\spss12\ORTOG3.sav'
  /HOLDOUT 4
  /MIXHOLD NO.
```

Ya hemos realizado el diseño del plan y ahora debemos situar cada concepto completo en un perfil separado con el objeto de presentárselo a los encuestados en forma de tarjeta (cada caso del diseño ortogonal se muestra como un perfil). Los perfiles pueden visualizarse y personalizarse, siendo posible producir cada concepto como una página separada, añadir títulos y notas a pie de página, controlar el espaciado, etc. Mediante el procedimiento *Visualizar diseño experimental* es posible mostrar el diseño generado por el procedimiento *Generar diseño ortogonal* (o cualquier otro diseño recogido en un fichero de datos de trabajo) en formato de listado de borrador o como perfiles a mostrar a los sujetos en un análisis conjunto.

Para comenzar cargamos el dichero de datos con el diseño ortogonal *ortog3.sav* recién generado. A continuación elegimos *Datos → Diseño ortogonal → Mostrar* (Figura 5-52) para obtener la pantalla *Mostrar el diseño* (Figura 5-53). La opción *Listado para el experimentador* permite mostrar el diseño en formato de borrador diferenciando los perfiles de reserva de los perfiles experimentales y listando los posibles perfiles de simulación de modo separado a continuación de los perfiles experimentales y de reserva.

La opción *Perfiles para sujetos* produce perfiles que pueden presentarse a los sujetos y la opción *Saltos de página después de cada perfil* muestra cada perfil en una página nueva. Si se hace clic en el botón *Títulos* de la pantalla *Mostrar el diseño* se puede situar un título y un pié para el perfil (Figura 5-54) que aparecerán en el encabezado y en el pie de cada nuevo perfil.

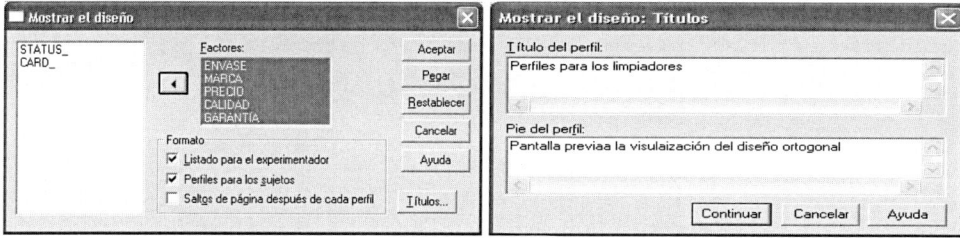

Figura 5-52

Figura 5-53   Figura 5-54

Al hacer clic en *Continuar* y en *Aceptar* se muestran las tarjetas del diseño ortogonal generado.

```
Plancards:

Title: Perfiles para los limpiadores
Card 1
  Tipo de envase  B
  Marca del limpiador  Kiwi
  Precio del limpiador  0,72 EUROS
  Calidad del limpiador  Buena
  garantía del limpiador  Sí
Card 2
  Tipo de envase  A
  Marca del limpiador  Kiwi
  Precio del limpiador  0,96 EUROS
  Calidad del limpiador  Mala
  garantía del limpiador  No
```

```
Card 3
  Tipo de envase   C
  Marca del limpiador   Kanfort
  Precio del limpiador   0,96 EUROS
  Calidad del limpiador   Mala
  garantía del limpiador   Sí
Card 4
  Tipo de envase   A
  Marca del limpiador   Kanfort
  Precio del limpiador   0,72 EUROS
  Calidad del limpiador   Buena
  garantía del limpiador   No
Card 5
  Tipo de envase   A
  Marca del limpiador   Kanfort
  Precio del limpiador   0,72 EUROS
  Calidad del limpiador   Mala
  garantía del limpiador   No
Card 6
  Tipo de envase   A
  Marca del limpiador   Kanfort
  Precio del limpiador   0,72 EUROS
  Calidad del limpiador   Mala
  garantía del limpiador   Sí
Card 7
  Tipo de envase   B
  Marca del limpiador   Kanfort
  Precio del limpiador   0,84 EUROS
  Calidad del limpiador   Mala
  garantía del limpiador   No
Card 8
  Tipo de envase   A
  Marca del limpiador   Kiwi
  Precio del limpiador   0,84 EUROS
  Calidad del limpiador   Mala
  garantía del limpiador   Sí
Card 9
  Tipo de envase   C
  Marca del limpiador   Búfalo
  Precio del limpiador   0,72 EUROS
  Calidad del limpiador   Mala
  garantía del limpiador   Sí
Card 10
  Tipo de envase   B
  Marca del limpiador   Kanfort
  Precio del limpiador   0,96 EUROS
  Calidad del limpiador   Buena
  garantía del limpiador   Sí
Card 11
  Tipo de envase   C
  Marca del limpiador   Kiwi
  Precio del limpiador   0,72 EUROS
  Calidad del limpiador   Buena
  garantía del limpiador   No
Card 12
  Tipo de envase   B
  Marca del limpiador   Búfalo
  Precio del limpiador   0,72 EUROS
  Calidad del limpiador   Mala
  garantía del limpiador   No
Card 13
  Tipo de envase   A
  Marca del limpiador   Búfalo
  Precio del limpiador   0,84 EUROS
```

```
  Calidad del limpiador  Buena
  garantía del limpiador  Sí
Card 14
  Tipo de envase  A
  Marca del limpiador  Kanfort
  Precio del limpiador  0,72 EUROS
  Calidad del limpiador  Buena
  garantía del limpiador  Sí
Card 15
  Tipo de envase  C
  Marca del limpiador  Kanfort
  Precio del limpiador  0,84 EUROS
  Calidad del limpiador  Buena
  garantía del limpiador  No
Card 16
  Tipo de envase  A
  Marca del limpiador  Búfalo
  Precio del limpiador  0,96 EUROS
  Calidad del limpiador  Buena
  garantía del limpiador  No
Card 17  (Holdout)
  Tipo de envase  A
  Marca del limpiador  Búfalo
  Precio del limpiador  0,84 EUROS
  Calidad del limpiador  Buena
  garantía del limpiador  No
Card 18  (Holdout)
  Tipo de envase  B
  Marca del limpiador  Búfalo
  Precio del limpiador  0,96 EUROS
  Calidad del limpiador  Buena
  garantía del limpiador  Sí
Card 19  (Holdout)
  Tipo de envase  C
  Marca del limpiador  Kiwi
  Precio del limpiador  0,84 EUROS
  Calidad del limpiador  Mala
  garantía del limpiador  No
Card 20  (Holdout)
  Tipo de envase  B
  Marca del limpiador  Búfalo
  Precio del limpiador  0,84 EUROS
  Calidad del limpiador  Buena
  garantía del limpiador  No
```

Footer: Pantalla previa a la visualización del diseño ortogonal

Perfiles para los limpiadores

```
Tipo de envase  B
Marca del limpiador  Kiwi
Precio del limpiador  0,72 EUROS
Calidad del limpiador  Buena
garantía del limpiador  Sí
```

Pantalla previa a la visualización del diseño ortogonal
Perfiles para los limpiadores

```
Tipo de envase  A
Marca del limpiador  Kiwi
Precio del limpiador  0,96 EUROS
Calidad del limpiador  Mala
garantía del limpiador  No
```

Pantalla previa a la visualización del diseño ortogonal
Perfiles para los limpiadores

```
Tipo de envase  C
Marca del limpiador  Kanfort
Precio del limpiador  0,96 EUROS
Calidad del limpiador  Mala
garantía del limpiador  Sí
```

Pantalla previa a la visualización del diseño ortogonal
Perfiles para los limpiadores

```
Tipo de envase  A
Marca del limpiador  Kanfort
Precio del limpiador  0,72 EUROS
Calidad del limpiador  Buena
garantía del limpiador  No
```

Pantalla previa a la visualización del diseño ortogonal
Perfiles para los limpiadores

```
Tipo de envase  A
Marca del limpiador  Kanfort
Precio del limpiador  0,72 EUROS
Calidad del limpiador  Mala
garantía del limpiador  No
```

Pantalla previa a la visualización del diseño ortogonal
Perfiles para los limpiadores

```
Tipo de envase  A
Marca del limpiador  Kanfort
Precio del limpiador  0,72 EUROS
Calidad del limpiador  Mala
garantía del limpiador  Sí
```

Pantalla previa a la visualización del diseño ortogonal
Perfiles para los limpiadores

```
Tipo de envase  B
Marca del limpiador  Kanfort
Precio del limpiador  0,84 EUROS
Calidad del limpiador  Mala
garantía del limpiador  No
```

Pantalla previa a la visualización del diseño ortogonal
Perfiles para los limpiadores

```
Tipo de envase  A
Marca del limpiador  Kiwi
Precio del limpiador  0,84 EUROS
Calidad del limpiador  Mala
garantía del limpiador  Sí
```

Pantalla previa a la visualización del diseño ortogonal
Perfiles para los limpiadores

```
Tipo de envase  C
Marca del limpiador  Búfalo
Precio del limpiador  0,72 EUROS
Calidad del limpiador  Mala
garantía del limpiador  Sí
```

Pantalla previa a la visualización del diseño ortogonal
Perfiles para los limpiadores

```
Tipo de envase  B
Marca del limpiador  Kanfort
Precio del limpiador  0,96 EUROS
Calidad del limpiador  Buena
```

garantía del limpiador   Sí

Pantalla previa a la visualización del diseño ortogonal
Perfiles para los limpiadores

Tipo de envase   C
Marca del limpiador   Kiwi
Precio del limpiador   0,72 EUROS
Calidad del limpiador   Buena
garantía del limpiador   No

Pantalla previa a la visualización del diseño ortogonal
Perfiles para los limpiadores

Tipo de envase   B
Marca del limpiador   Búfalo
Precio del limpiador   0,72 EUROS
Calidad del limpiador   Mala
garantía del limpiador   No

Pantalla previa a la visualización del diseño ortogonal
Perfiles para los limpiadores

Tipo de envase   A
Marca del limpiador   Búfalo
Precio del limpiador   0,84 EUROS
Calidad del limpiador   Buena
garantía del limpiador   Sí

Pantalla previa a la visualización del diseño ortogonal
Perfiles para los limpiadores

Tipo de envase   A
Marca del limpiador   Kanfort
Precio del limpiador   0,72 EUROS
Calidad del limpiador   Buena
garantía del limpiador   Sí

Pantalla previa a la visualización del diseño ortogonal
Perfiles para los limpiadores

Tipo de envase   C
Marca del limpiador   Kanfort
Precio del limpiador   0,84 EUROS
Calidad del limpiador   Buena
garantía del limpiador   No

Pantalla previa a la visualización del diseño ortogonal
Perfiles para los limpiadores

Tipo de envase   A
Marca del limpiador   Búfalo
Precio del limpiador   0,96 EUROS
Calidad del limpiador   Buena
garantía del limpiador   No

Pantalla previa a la visualización del diseño ortogonal
Perfiles para los limpiadores

Tipo de envase   A
Marca del limpiador   Búfalo
Precio del limpiador   0,84 EUROS
Calidad del limpiador   Buena
garantía del limpiador   No

```
Pantalla previa a la visualización del diseño ortogonal
Perfiles para los limpiadores

Tipo de envase  B
Marca del limpiador  Búfalo
Precio del limpiador  0,96 EUROS
Calidad del limpiador  Buena

garantía del limpiador  Sí

Pantalla previa a la visualización del diseño ortogonal
Perfiles para los limpiadores

Tipo de envase  C
Marca del limpiador  Kiwi
Precio del limpiador  0,84 EUROS
Calidad del limpiador  Mala
garantía del limpiador  No

Pantalla previa a la visualización del diseño ortogonal
Perfiles para los limpiadores

Tipo de envase  B
Marca del limpiador  Búfalo
Precio del limpiador  0,84 EUROS
Calidad del limpiador  Buena
garantía del limpiador  No

Pantalla previa a la visualización del diseño ortogonal
```

Las tarjetas de estímulo también podían haberse obtenido ejecutando la siguiente sintaxis:

```
PLANCARDS
   /FACTOR=ENVASE MARCA PRECIO CALIDAD GARANTÍA
   /FORMAT BOTH
   /TITLE 'Perfiles para los limpiadores'
   /FOOTER 'Pantalla previa a la visualización del diseño
ortogonal'.
```

Una vez generado el diseño ortogonal y preparadas las tarjetas de estímulos se abordará la tarea de recoger y analizar los datos. Los sujetos pueden registrar los datos asignado una puntuación de preferencia a cada perfil (por ejemplo, se pide a los sujetos que valoren cada perfil asignándole un número de 1 a 100). En este caso se utiliza el subcomando SCORES de CONJOINT. También se pueden registrar los datos asignando un puesto a cada perfil (un orden según las preferencias del sujeto), es decir, cada perfil obtiene un número entre el 1 y el número total de perfiles los datos (SUBCOMANDO SEQUENCE de CONJOINT). Por último, también pueden ordenarse los perfiles en términos de preferencias registrando el investigador los números de perfiles en el orden dado por cada sujeto (subcomando RANK de CONJOINT).

Para nuestro ejemplo, se recogen los datos de preferencias de 3 sujetos que ordenan los perfiles del más al menos preferido (cada sujeto asigna un número entre 1 y 20 a cada perfil). El fichero *perfil3.sav* recoge los datos (Figura 5-55).

	ID	P1	P2	P3	P4	P5	P6	P7	P8	P9	P10	P11	P12	P13	P14	P15	P16	P17	P18	P19	P20
1	1	13	15	1	20	14	7	11	19	3	10	17	8	6	9	6	12	4	18	2	16
2	2	15	7	18	2	12	3	11	20	16	6	8	17	19	1	14	4	9	5	10	13
3	3	2	18	14	16	13	20	10	15	3	1	6	9	5	7	12	19	8	17	11	4

Figura 5-55

Una vez generado el diseño ortogonal, recogido en el fichero *ortog3.sav*, y recogidos los datos sobre las preferencias en las tarjetas de estímulos provenientes de los sujetos en el fichero *perfil3.sav*, sólo resta analizar los datos utilizando el procedimiento CONJOINT. Para ejecutar este procedimiento se utilizará la sintaxis de SPSS, abriendo un fichero de sintaxis mediante *Nuevo → Sintaxis* y escribiendo la sintaxis de la Figura 5-56.

La primera línea de la sintaxis es la llamada al procedimiento CONJOINT. El subcomando PLAN identifica el fichero que contiene el diseño ortogonal. El subcomando DATA identifica el fichero que contiene los resultados codificados de la encuesta. El subcomando SEQUENCE indica que los resultados de la encuesta recogidos en el fichero *perfil1.sav* han sido codificados en orden secuencial, empezando con la tarjeta más preferida '*pref1*' y terminando con la menos preferida '*pref20*', siendo 20 el número de tarjetas generadas. El subcomando SUBJECT identifica la variable que contiene el número del sujeto encuestado. El subcomando FACTORS especifica los factores (variables) definidos en el fichero que contiene el diseño ortogonal identificado por el subcomando PLAN. Se observa que todos factores *envase* y *marca* se definen como discretos (variables categóricas), *precio* como LINEAR LESS (variable lineal para la que los consumidores prefieren los precios más bajos) y *calidad* y *garantía* como LINEAR MORE (variable lineal para la que los consumidores prefieren que el producto tenga sello de calidad y se garantice la devolución del dinero). El subcomando PRINT permite controlar la salidas de texto y ALL especifica que se presenten tanto los resultados de los datos experimentales, como los de simulación. El subcomando UTILITY identifica el fichero en el que CONJOINT guardará las utilidades calculadas generándose un caso por cada sujeto encuestado. El subcomando PLOT solicita las salidas gráficas. La palabra clave SUMMARY produce un diagrama de barras par cada variable, mostrando las puntuaciones de la utilidad para cada categoría de esa variable y un gráfico que muestra las puntuaciones de importancia de resumen por sujetos con la palabra clave SUBJECT. Con *Ejecutar → Todo* (Figura 5-56) se tiene la salida del procedimiento CONJOINT, que empieza con los factores del diseño ortogonal.

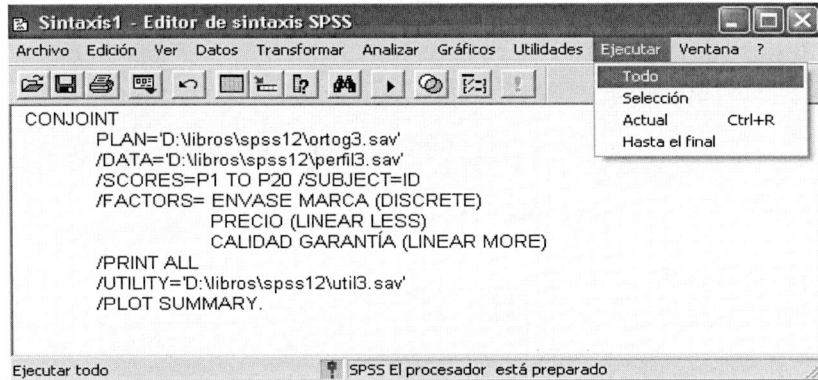

Figura 5-56

Los resultados del procedimiento CONJOINT se ofrecen ordenadamente por sujetos. A continuación se muestra la salida:

```
Factor     Model Levels   Label
ENVASE     d       3       Tipo de envase
MARCA      d       3       Marca del limpiador
PRECIO     l<      3       Precio del limpiador
CALIDAD    l>      2       Calidad del limpiador
GARANTÍA   l>      2       garantía del limpiador
(Models: d=discrete, l=linear, i=ideal, ai=antiideal, <=less, >=more)

All the factors are orthogonal.
```

SUBJECT NAME: 1

```
Importance   Utility(s.e.)   Factor   ** Reversed ( 1 reversal )
```

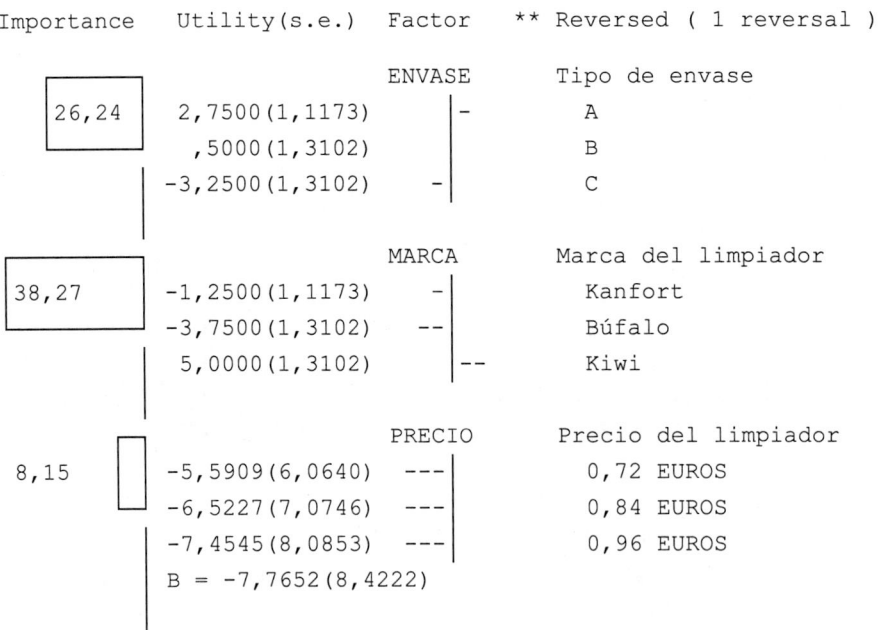

```
                                CALIDAD   ** Calidad del limpiador
  8,20     │         -1,8750(1,6760)     -│       Buena
           └         -3,7500(3,3520)    --│       Mala
           │    B = -1,8750(1,6760)

                                GARANTÍA     garantía del limpiador
 19,14    ┌          4,3750(1,6760)      │--     Sí
          └          8,7500(3,3520)      │----   No
           │    B =  4,3750(1,6760)


           │   12,8523(7,7484) CONSTANT
```

Pearson's R   = ,895   **Significance =   ,0000**
Kendall's tau = ,745   **Significance =   ,0000**
Kendall's tau = -1,00 for 4 holdouts   **Significance =   ,0208**

SUBJECT NAME: **2**

Importance   Utility(s.e.)   Factor   ** Reversed (2 reversals)

```
                                ENVASE      Tipo de envase
┌─────────┐
│ 28,72   │        -3,0833(2,1145)     -│       A
└─────────┘          ,6667(2,4795)      │       B
           │        2,4167(2,4795)      │-      C


                                MARCA       Marca del limpiador
┌─────────┐
│ 29,38   │        -3,2500(2,1145)     -│       Kanfort
└─────────┘         2,3750(2,4795)      │-     Búfalo
           │         ,8750(2,4795)      │      Kiwi


                                PRECIO   ** Precio del limpiador
  4,04    │          2,3182(11,476)     │-       0,72 EUROS
          └          2,7045(13,388)     │-       0,84 EUROS
           │         3,0909(15,301)     │-       0,96 EUROS
           │    B =  3,2197(15,939)


                                CALIDAD     Calidad del limpiador
┌─────────┐
│ 22,85   │          4,3750(3,1718)     │--     Buena
└─────────┘          8,7500(6,3435)     │----   Mala
           │    B =  4,3750(3,1718)
```

```
                                 GARANTÍA ** garantía del limpiador
15,01 ☐        -2,8750(3,1718)    -|        Sí
               -5,7500(6,3435)   ---|        No
       B = -2,8750(3,1718)

        7,5379(14,664) CONSTANT
```

Pearson's R = ,696   **Significance = ,0014**

Kendall's tau = ,533   **Significance = ,0020**

Kendall's tau = ,000 for 4 holdouts   **Significance = ,5000**

SUBJECT NAME: 3

Importance   Utility(s.e.)   Factor   ** Reversed (1 reversal)

```
                                 ENVASE       Tipo de envase
36,92 ☐        4,6667(1,4584)    -|           A
              -3,9583(1,7101)    -|           B
               -,7083(1,7101)     |           C


                                 MARCA        Marca del limpiador
11,24 ☐        1,3333(1,4584)     |           Kanfort
              -1,2917(1,7101)     |           Búfalo
               -,0417(1,7101)     |           Kiwi


                                 PRECIO   ** Precio del limpiador
14,40 ☐       10,0909(7,9150)    ---|         0,72 EUROS
              11,7727(9,2341)   ----|         0,84 EUROS
              13,4545(10,553)   ----|         0,96 EUROS
       B = 14,0152(10,993)


                                 CALIDAD     Calidad del limpiador
18,19 ☐        4,2500(2,1876)     -|          Buena
               8,5000(4,3752)    ---|         Mala
       B =  4,2500(2,1876)


                                 GARANTÍA     garantía del limpiador
19,26 ☐        4,5000(2,1876)     -|          Sí
               9,0000(4,3752)    ---|         No
       B =  4,5000(2,1876)


        -15,352(10,114) CONSTANT
```

```
Pearson's R   =  ,856              Significance =  ,0000

Kendall's tau =  ,717              Significance =  ,0001

Kendall's tau =  ,000 for 4 holdouts    Significance =  ,5000
```

SUBFILE SUMMARY

```
 Averaged
Importance    Utility        Factor


 ┌──────┐                    ENVASE    Tipo de envase
 │30,63 │       1,4444         │-         A
 └──────┘        -,9306       -│          B
    │            -,5139        │           C
    │
    │
    │                         MARCA     Marca del limpiador
 ┌──────┐      -1,0556         -│         Kanfort
 │26,29 │       -,8889         -│         Búfalo
 └──────┘       1,9444         │--        Kiwi
    │
    │
    │                         PRECIO    Precio del limpiador
 8,86  ┌───┐    2,2727         │--        0,72 EUROS
       │   │    2,6515         │--        0,84 EUROS
       └───┘    3,0303         │---       0,96 EUROS
    │       B =  3,1566
    │
    │
    │                         CALIDAD   Calidad del limpiador
16,41 ┌───┐     2,2500         │--        Buena
      │   │     4,5000         │----      Mala
      └───┘  B =  2,2500
    │
    │
    │                         GARANTÍA  garantía del limpiador
 ┌──────┐      2,0000          │--        Sí
 │17,80 │      4,0000          │----      No
 └──────┘   B =  2,0000
    │
    │
    │          1,6793         CONSTANT
```

```
Pearson's R   =  ,786              Significance =  ,0002

Kendall's tau =  ,655              Significance =  ,0002

Kendall's tau = -,667 for 4 holdouts    Significance =  ,0871
```

```
SUBFILE SUMMARY

Reversal Summary:

    1 subjects had   2 reversals
    2 subjects had   1 reversals

Reversals by factor:

    PRECIO    2
    GARANTÍA   1
    CALIDAD    1
    MARCA    0
    ENVASE   0

Reversal index:

    Page     Reversals    Subject
      9          1             1
     10          2             2
     11          1             3
```

Los estadísticos *R* de Pearson y *Tau* de Kendall muestran alta significatividad para los tres sujetos, lo que indica un buen grado de ajuste de los datos al modelo. Observando los p-valores (*Significance*), se observa que el primer sujeto es el más significativo (presenta los menores p-valores para R, Tau y Kendall). Se observa que los factor *marca* y *envase* presentan la mayor importancia (por este orden) para los dos primeros sujetos, seguidos de *calidad* y *garantía*. Para el tercer sujeto, los factores más importantes son el *envase*, la *garantía* y la *calidad*. Se observa también que en el resumen de importancias (SUBFILE SUMMARY) aparece como más importante el factor *envase* (importancia media = 30,63), seguido del factor *marca* (importancia media = 26,29) y del factor *garantía* (importancia media = 17,80). Este último factor presenta una importancia ligeramente superior a la del factor *calidad* (importancia media = 16,41). El *precio* es el factor menos importante en el diseño del limpiador de zapatos (importancia media = 8,86). El fichero de utilidades generado por el procedimiento *conjoint* (Figura 5-57) recoge las utilidades específicas de todas las combinaciones de los distintos niveles de los factores del diseño ortogonal.

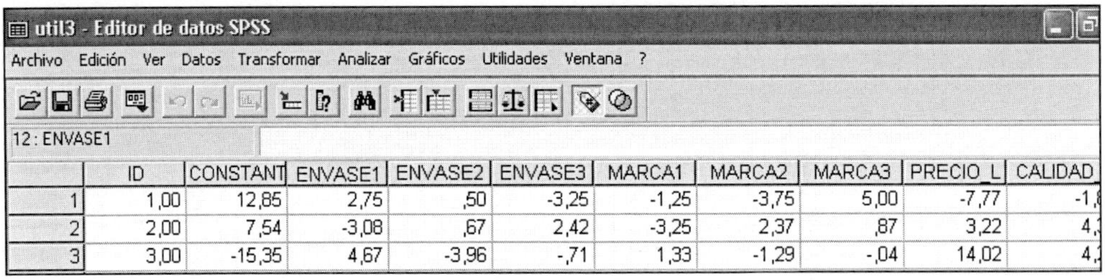

	ID	CONSTANT	ENVASE1	ENVASE2	ENVASE3	MARCA1	MARCA2	MARCA3	PRECIO_L	CALIDAD
1	1,00	12,85	2,75	,50	-3,25	-1,25	-3,75	5,00	-7,77	-1,
2	2,00	7,54	-3,08	,67	2,42	-3,25	2,37	,87	3,22	4,
3	3,00	-15,35	4,67	-3,96	-,71	1,33	-1,29	-,04	14,02	4,

Figura 5-57

Al final de la salida se observa el resumen de reversiones y de simulaciones (*Reversal Summary*), que ofrece las probabilidades de elegir los perfiles de simulación particulares como perfiles más preferidos, bajo el modelo de probabilidad de elección de la *Máxima Utilidad* (probabilidad de elegir un perfil como el más preferido), bajo el modelo *BTL* (*Bradley-Terry-Luce*) que calcula la probabilidad de elegir un perfil como el más preferido dividiendo la utilidad del perfil entre la suma de todas las utilidades totales de la simulación, y bajo el modelo *Logit*, que es similar la modelo *BTL*, pero que utiliza el logaritmo de las utilidades en vez de las utilidades mismas.

Los diagramas de barras para las dos variables más importantes mostrando las puntuaciones de la utilidad para cada categoría de cada variable (Figuras 5-58 y 5-59) y el gráfico con las puntuaciones de importancia media de los factores por sujetos (Figura 5-60) se muestran a continuación:

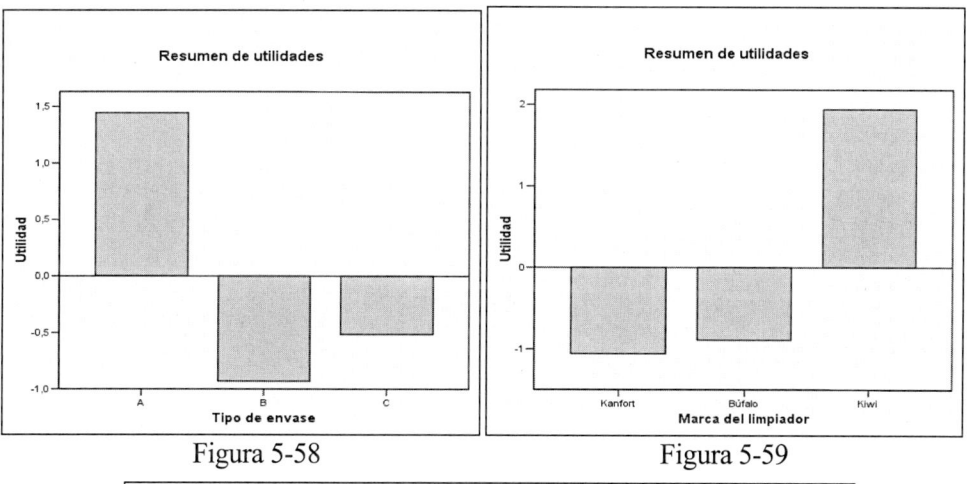

Figura 5-58   Figura 5-59

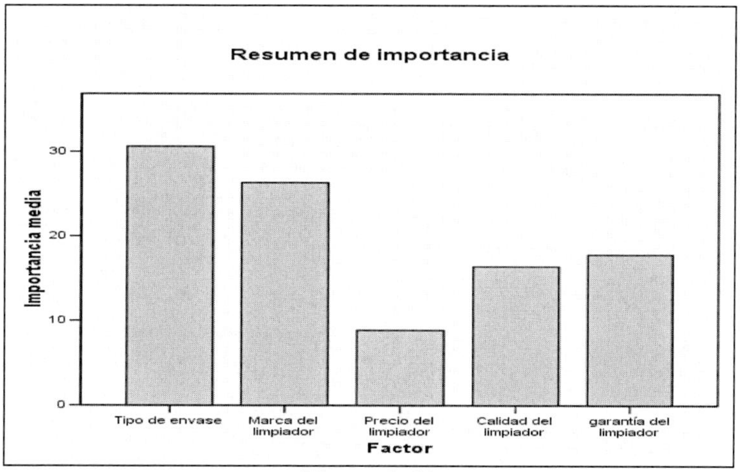

Figura 5-60

REDUCCIÓN DE LA DIMENSIÓN: FIABILIDAD DE ESCALAS Y ESCALAMIENTO MULTIDIMENSIONAL

CONCEPTO DE FIABILIDAD

La *fiabilidad* de una medida es la razón (ratio o fracción) entre el auténtico nivel de la medida y la medida realizada, es decir, la fiabilidad es la proporción de verdad en la medida.

$$Fiabilidad = \frac{Auténtico\ nivel\ de\ la\ medida}{Medida\ realizada}$$

Pero la fiabilidad anterior estaría bien definida para una observación o individuo, presentando problemas a la hora de considerar múltiples observaciones, algo estrictamente necesario a la hora de hablar de fiabilidad de escalas. No olvidemos que una escala está formada por un conjunto de elementos (preguntas, ítems, etc.) cada una de las cuales mide de forma individual la característica que se quiere medir. En este segundo caso se define la fiabilidad como la razón entre la variabilidad de las puntuaciones verdaderas de las observaciones y la variabilidad de las puntuaciones observadas en la medición (varianza de la medida).

$$Fiabilidad = \frac{Varianza\ de\ las\ puntuaciones\ verdaderas}{Varianza\ de\ la\ medida}$$

Podemos decir que la *fiabilidad de una escala* se refiere a la capacidad de la escala para medir de forma consistente y precisa la característica que pretende medir. Una escala es fiable si cada vez que se mide a los mismos sujetos se obtiene el mismo resultado. Pero como los sujetos son cambiantes, no es fácil saber si la variabilidad en las mediciones obtenidas se debe a la imprecisión de la escala o a los cambios operados en los sujetos. El análisis de la fiabilidad se ocupa de los errores incontrolables, inevitables e imprescindibles asociados a todo proceso de medida (se ocupa de la precisión del instrumento).

En toda escala es necesario distinguir entre *consistencia interna*, que recoge el grado de coincidencia o parecido (homogeneidad) existente entre los elementos que la componen y *estabilidad temporal*, que se refiere a la capacidad del instrumento para arrojar las mismas mediciones cuando se aplica más de una vez a los mismos sujetos.

La teoría clásica de los tests asume que las puntuaciones de los sujetos en una escala (*puntuaciones observadas* o *empíricas* X_i) pueden considerarse como la suma de las puntuaciones verdaderas de los sujetos en la característica media V_i y el conjunto de fuentes de error que concurren en la medición E_i.

$$X_i = V_i + E_i$$

Las medidas de fiabilidad intentan cuantificar qué cantidad de variabilidad de las mediciones obtenidas en una escala puntuaciones observadas) se debe a la variabilidad de las puntuaciones verdaderas y qué cantidad se debe a la variabilidad de los errores de medida. Debido a la independencia entre los errores de medida y las puntuaciones verdaderas, la varianza de las puntuaciones observadas puede descomponerse de la siguiente forma:

$$\sigma_x^2 = \sigma_v^2 + \sigma_e^2$$

El *coeficiente de fiabilidad* ρ_{xx} se define como la proporción de varianza de las puntuaciones observadas que se atribuye a la variabilidad de las puntuaciones verdaderas. Es decir:

$$\rho_{xx} = \frac{\sigma_v^2}{\sigma_x^2} = \frac{\sigma_x^2 - \sigma_e^2}{\sigma_x^2} = 1 - \frac{\sigma_e^2}{\sigma_x^2}$$

Por lo tanto el coeficiente fiabilidad es un valor que oscila entre 0 y 1, siendo más próximo a 1 cuanto menor es la variabilidad de las mediciones. Este coeficiente suele interpretarse como un indicador de la precisión o ausencia de error de las mediciones de la escala.

Por otro lado, el *índice de fiabilidad* ρ_{xy} se define como la correlación existente entre las puntuaciones observadas y las verdaderas, y se relaciona con el coeficiente de fiabilidad de la siguiente forma:

$$\rho_{xy} = \frac{\sigma_v}{\sigma_x} = \sqrt{\rho_{xx}}$$

Pero la varianza de las puntuaciones verdaderas y las varianzas de los errores son valores desconocido, con lo que el valor del coeficiente de fiabilidad debe ser estimado. Es decir, ρ_{xx} es un valor poblacional que debe estimarse a partir de información muestral.

ANÁLISIS DE LA FIABILIDAD

En el *análisis de la fiabilidad* se entiende por escala cualquier tipo de instrumento de medida, siendo los más habituales los cuestionarios, las pruebas de rendimiento, las escalas de aptitudes, las encuestas de opinión, los tests psicológicos, etc. Un instrumento de este tipo (escala) es un conjunto de preguntas que poseen una serie de propiedades métricas, ocupándose la medición de estudiar y cuantificar estas propiedades. Toda escala debe de ir acompañada de un método de corrección, de las instrucciones de aplicación y de la guía para la interpretación de las puntuaciones. Es decir, toda escala debe ir acompañada de propiedades que aseguren su capacidad para medir. Estas propiedades suelen agruparse en tres apartados: fiabilidad, validez y factibilidad.

La *fiabilidad* es la capacidad de la escala para medir de forma consistente, precisa y sin error la característica que se desea medir. Cuando se aplica la escala a los mismos sujetos en dos situaciones diferentes ha de obtenerse la misma medición. La *validez* es la capacidad de la escala para medir lo que dice medir y no otros aspectos distintos de los pretendidos. La *factibilidad* se refiere a la facilidad que tiene la escala para ser aplicada en diversas situaciones y grupos de sujetos.

El análisis de fiabilidad permite estudiar las propiedades de las escalas de medición y de los elementos que las constituyen y calcula un número de medidas de fiabilidad de escala que se utilizan normalmente y también proporciona información sobre las relaciones entre elementos individuales de la escala.

Como ejemplo, podemos preguntarnos si el cuestionario mide la satisfacción del cliente de manera útil. El análisis de fiabilidad permitirá determinar el grado en que los elementos del cuestionario se relacionan entre sí, obtener un índice global de la replicabilidad o de la consistencia interna de la escala en su conjunto e identificar elementos problemáticos que deberían ser excluidos de la escala.

Los estadísticos que ofrece el procedimiento Análisis de la fiabilidad asumen que los elementos de la escala se combina aditivamente, es decir, que la puntuación global de la escala se obtiene sumando las puntuaciones de sus elementos. Se distingue entre *escalas unidimensionales* (todas las preguntas o elementos de la escala miden una única característica o dimensión y *escalas multidimensiones* (las preguntas están agrupadas por dimensiones de modo que unas preguntas miden una dimensión y otras otra dimensión diferente). Para escalas multidimensionales, el cálculo de la fiabilidad se realiza para cada una de las subescalas o dimensiones.

Modelos de fiabilidad

La estimación del coeficiente de fiabilidad puede hacerse tomando como referencia distintos escenarios o modelos. Los distintos modelos no alteran los estadísticos del análisis de la fiabilidad, pero permiten obtener diferentes coeficientes de fiabilidad. Suelen utilizarse los siguientes modelos de fiabilidad:

- *Alfa (Cronbach)*: modelo de consistencia interna, que se basa en la correlación inter-elementos promedio.

- *Dos mitades*: modelo que divide la escala en dos partes y examina la correlación entre dichas partes.

- *Guttman:* modelo que calcula los límites inferiores de Guttman para la fiabilidad verdadera.

- *Paralelo:* modelo que asume que todos los elementos tienen varianzas iguales y varianzas del error iguales a través de las réplicas.

- *Paralelo estricto:* modelo que asume los supuestos del modelo paralelo y también asume que las medias son iguales a través de los elementos.

Modelo Alfa

El *modelo Alfa* (o *modelo de consistencia interna de Cronbach*) asume que la escala está compuesta por elementos homogéneos que miden la misma característica y que la consistencia interna de la escala puede evaluarse mediante la correlación existente entre todos sus elementos. El *coeficiente Alfa* es una estimación del límite inferior de la fiabilidad poblacional que coincide con el *límite L_3 de Guttman* que veremos más adelante y que asume que una escala es fiable cuando la variabilidad de las puntuaciones observadas es atribuible a las diferencias existentes entre los sujetos. El *coeficiente Alfa* depende del número de elementos de la escala (k) y del cociente entre la covarianza promedio de los elementos y su varianza promedio. Si j y j' son dos elementos de la escala (entre 1 y k) el *coeficiente Alfa* se define como sigue:

$$\alpha = \frac{k\,S_{jj'}^{2}\big/S_{j}^{2}}{1+(k-1)\,S_{jj'}^{2}\big/S_{j}^{2}}$$

Alternativamente, también suele definirse el coeficiente Alfa como sigue:

$$\alpha = \frac{k}{k-1}\left(1 - \frac{\sum_j S_j^2}{S_x^2}\right)$$

Si se asume que las varianzas de los elementos son iguales, puede obtenerse la versión estandarizada del *coeficiente Alfa* a partir de las correlaciones entre sus elementos como sigue:

$$\alpha = \frac{k\overline{r}_{jj'}}{1 + (k-1)\overline{r}_{jj'}}$$

Si los elementos de la escala son dicotómicos, el *coeficiente Alfa* coincide con la *fórmula KR$_{20}$ de Kuder-Richarson*, cuya expresión es la siguiente:

$$\alpha = \frac{k}{k-1}\left(1 - \frac{\sum_j p_j q_j}{S_x^2}\right)$$

Valores por encima de 0,8 par el coeficiente Alfa indican consistencia interna muy aceptable para los elementos de la escala, y valores por encima de 0,9 indican gran consistencia.

Modelo de las dos mitades (split)

Este modelo supone que la escala está constituida por dos partes de igual longitud. Ambas mitades pueden sumarse para obtener la puntuación total de la escala. Es útil cuando se dispone de dos mediciones consecutivas y se desea analizar la estabilidad de las medidas entre ambas mediciones, o cuando se dispone de formas paralelas de la misma escala y se desea saber si son equivalentes.

Suponiendo que la primera medición X_1 está representada por la primera mitad de las variables seleccionadas y X_2 por la segunda, el primer estadístico que se maneja suele ser el coeficiente de correlación entre las puntuaciones totales de las dos subescalas o mitades:

$$r_{x_1 x_2} = \frac{\left(S_x^2 - S_{x_1}^2 - S_{x_2}^2\right)/2}{S_{x_1}^2 S_{x_2}^2}$$

La fiabilidad de la escala total formada por la suma de las dos mitades cuando puede asumirse que las varianzas de todos los elementos son iguales suele evaluase mediante el *estadístico de dos mitades de Guttman*:

$$r_{Spearman-Brown-iguales} = \frac{2r_{x_1x_2}}{1+r_{x_1x_2}}$$

Para subescalas de distinta longitud es estadístico anterior toma la forma:

$$r_{Spearman-Brown-dist\,int\,as} = \frac{-r_{x_1x_2}^2 + \sqrt{r_{x_1x_2}^4 + 4r_{x_1x_2}^2(1-r_{x_1x_2}^2)k_1k_2/k^2}}{2(1-r_{x_1x_2}^2)k_1k_2/k^2}$$

Las dos versiones anteriores del estadístico de Spearman-Brown asumen que las dos subescalas tienen la misma fiabilidad y que sus varianzas son iguales y establecen que es posible calcular la fiabilidad de la escala de longitud doble a partir de la fiabilidad de la escala de longitud simple. El modelo de las dos mitades suele ofrecer el cálculo por separado para ambas de los estadísticos descriptivos.

Modelo de Guttman

Este modelo permite obtener hasta seis estimaciones del límite inferior de la fiabilidad con nombres de *Lambda1* a *Lambda6* y cuyas expresiones son las siguientes:

$$L_1 = \frac{\sum_j S_j^2}{S_x^2}$$

$$L_2 = L_1 + \frac{\sqrt{\frac{k}{k-1}\sum_j\sum_{j'} S_{jj'}^2}}{S_x^2}$$

$$L_3 = \frac{k}{k-1}L_1$$

$$L_4 = \frac{2\sum_j\sum_{j'} S_{jj'}^2}{S_x^2}$$

$$L_5 = L_1 + \frac{2\left(\sqrt{\max_j \sum_{j'} S_{jj'}^2}\right)}{S_x^2}$$

$$L_6 = 1 - \frac{\sum_j [S^{-1}]_{jj'}^{-1}}{S_x^2}$$

L_1 es la estimación básica utilizada por otros límites, L_3 coincide con el coeficinte Alfa de Cronbach y es mejor que L_1, L_2 es preferible a las dos anteriores pero de cálculo más complejo, L_5 es preferible a L_2 cuando existe un elemento cuyas covarianzas con el resto de los elementos son muy altas y el resto de los elementos no presentan grandes covarianzas entre ellos. L_6 es preferible a L_2 cuando las correlaciones entre elementos son bajas en comparación con la correlación múltiple al cuadrado entre cada elemento y los restantes. L_4 es el coeficiente de Guttman del modelo de dos mitades y es un límite inferior de la fiabilidad de cualquiera de las dos partes de la escala.

Modelo de medidas paralelas

Los modelos de medidas paralelas y estrictamente paralelas asumen que los elementos de la escala son versiones equivalentes (paralelas) de una población de elementos que cuantifican la característica que se desea medir. El *modelo de medidas paralelas* asume que las puntuaciones verdaderas de todos los elementos tienen la misma varianza. El *modelo de medidas estrictamente paralelas* asume que, además de las varianzas, también son iguales las medias. Estos dos modelos permiten obtener estimaciones de la varianza de las puntuaciones verdaderas y de la varianza del error, que para el modelo de medidas paralelas se obtienen de la siguiente forma:

$$S^2_{verdadera} = \frac{2}{k(k-1)}\sum_j\sum_{j'} S^2_{jj'} \qquad S^2_{error} = \frac{1}{k}\sum_j S^2_j - \frac{2}{k(k-1)}\sum_j\sum_{j'} S^2_{jj'}$$

Los dos modelos ofrecen una estimación de la varianza común (promedio de las varianzas de los elementos en el modelo de medidas paralelas) y el modelo estrictamente paralelo ofrece además una estimación de la media común (promedio de las medias de todos los elementos).

Para la fiabilidad se ofrece una estimación sesgada que, para el modelo de medidas paralelas, coincide con el coeficiente de fiabilidad Alfa de Cronbach. También se ofrece una estimación insesgada α' que consiste en aplicar a la Alfa de Cronbach una corrección basada en el tamaño de la muestra y cuya expresión es la siguiente:

$$\alpha' = \frac{2 + \alpha(n-3)}{n-1}$$

Estadísticos de fiabilidad

En el análisis de la fiabilidad se calculan estadísticos descriptivos para cada variable y para la escala total, estadísticos de resumen comparando los elementos, correlaciones y covarianzas entre-elementos, estimaciones de la fiabilidad, tabla ANOVA, coeficientes de correlación intraclase, T cuadrado de Hotelling y prueba de aditividad de Tukey.

Los *estadísticos entre-elementos* permiten obtener información sobre el grado de relación existente entre los elementos basada en dos matrices de datos (la matriz de varianzas-covarianzas y la matriz de correlaciones).

La *tabla ANOVA* ofrece varios estadísticos que permiten contrastar la hipótesis nula de igualdad entre las medias de los elementos (uno de los supuestos del modelo de medidas estrictamente paralelas). La *prueba F* contrasta la hipótesis nula de que todos los elementos de la escala tienen la misma media. La *Chi-cuadrado de Friedman* contrasta la hipótesis nula de que todos los elementos tienen la misma media cuando los elementos están medidos en escala ordinal. La *Chi-cuadrado de Cocharan* contrasta la hipótesis nula de que todos los elementos tienen la misma media cuando son dicotómicos (unos y ceros).

El *estadístico T cuadrado de Hotelling* es un estadístico multivariante que se utiliza para comparar dos vectores de medias multivariantes y se basa en la matriz de varianzas-covarianzas entre los elementos. En el contexto del análisis de la fiabilidad se utiliza para contrastar la hipótesis nula de igualdad de medias entre los elementos de la escala. *F* suele ser más potente que *T* cuadrado para muestras pequeñas y la relación entre ambos viene dada por:

$$F = \frac{n-k-1}{(n-1)(k-1)} T^2$$

La *prueba de aditividad de Tukey* contrasta la aditividad de la escala junto con una estimación de la potencia a la que habría que elevar las puntuaciones observadas para conseguir aditividad.

El *coeficiente de correlación intraclase* es una medida del grado de consistencia existente entre los elementos de la escala. Esta medida puede ser utilizada para calcular intervalos de confianza para la fiabilidad estimada y además puede contrastarse la hipótesis nula de que tome un determinado valor dado. Puede distinguirse entre el *coeficiente de correlación intraclase individual* para medir la fiabilidad individual de cada uno de los elementos de la escala y el *coeficiente de correlación intraclase promedio* para medir la fiabilidad de la escala total.

EJEMPLO DE ANÁLISIS DE LA FIABILIDAD CON SPSS

Los ejecutivos de un estudio de televisión estudian el número de personas que ven los programas que producen para decidir seguir produciendo o no alguno en concreto la próxima temporada. Para ello realizan una encuesta a 906 espectadores para evaluar el programa preguntando si consideran positivas (1) o no (0) determinadas características del mismo (ítems de la encuesta) para seguir viéndolo en la siguiente temporada. Los datos se recogen en el fichero *progtv.sav* y se trata de analizar si la construcción de los ítems de la encuesta ha sido coherente.

Consideramos una escala cuyos elementos son las variables del fichero que, con los datos etiquetados, se presentan en la Figura 6-1, y con los datos codificados en la Figura 6-2.

PROGTV - Editor de datos SPSS
Archivo Edición Ver Datos Transformar Analizar Gráficos Utilidades Ventana ?

	alguna	aburrido	críticas	iguales	guión	director	reparto
1	No	No	No	No	SÍ	SÍ	SÍ
2	SÍ	SÍ	SÍ	SÍ	SÍ	SÍ	SÍ
3	SÍ	SÍ	SÍ	SÍ	SÍ	SÍ	SÍ
4	SÍ	SÍ	SÍ	SÍ	SÍ	SÍ	SÍ
5	SÍ	SÍ	SÍ	SÍ	SÍ	SÍ	SÍ
6	SÍ	SÍ	SÍ	SÍ	SÍ	SÍ	SÍ
7	No	No	SÍ	SÍ	SÍ	SÍ	SÍ
8	SÍ	SÍ	SÍ	SÍ	SÍ	SÍ	SÍ
9	SÍ	SÍ	SÍ	SÍ	SÍ	SÍ	SÍ
10	No	SÍ	SÍ	SÍ	SÍ	SÍ	SÍ
11	No	No	No	No	No	No	No
12	No	No	No	No	No	No	No
13	No	No	No	No	SÍ	SÍ	SÍ
14	SÍ	SÍ	SÍ	SÍ	SÍ	SÍ	SÍ
15	SÍ	SÍ	SÍ	SÍ	SÍ	SÍ	SÍ
16	SÍ	SÍ	SÍ	SÍ	SÍ	SÍ	SÍ
17	SÍ	SÍ	SÍ	SÍ	SÍ	SÍ	SÍ
18	SÍ	SÍ	SÍ	SÍ	SÍ	SÍ	SÍ
19	SÍ	SÍ	SÍ	SÍ	SÍ	SÍ	SÍ

Figura 6-1

PROGTV - Editor de datos SPSS
Archivo Edición Ver Datos Transformar Analizar Gráficos Utilidades Ventana ?

	alguna	aburrido	críticas	iguales	guión	director	reparto
1	0	0	0	0	1	1	1
2	1	1	0	1	1	1	1
3	1	1	1	1	1	1	1
4	1	1	1	1	1	1	1
5	1	1	1	1	1	1	1
6	1	1	1	1	1	1	1
7	0	0	1	1	1	1	1
8	1	1	1	1	1	1	1
9	1	1	1	1	1	1	1
10	0	1	1	1	1	1	1
11	0	0	0	0	0	0	0
12	0	0	0	0	0	0	0
13	0	0	0	0	1	1	1
14	1	1	1	1	1	1	1
15	1	1	1	1	1	1	1
16	1	1	1	1	1	1	1
17	1	1	1	1	1	1	1
18	1	1	1	1	1	1	1
19	1	1	1	1	1	1	1

Figura 6-2

Para analizar la fiabilidad de la escala de medida elegimos *Escalas* → *Análisis de la fiabilidad...* del menú *Analizar* (Figura 6-3). Se accede a la pantalla de *Análisis de fiabilidad* de la Figura 6-4 en cuyo botón *Modelo* seleccionamos el modelo *Alfa* como modelo de fiabilidad. La opción *Listar etiquetas de los elementos* permite mostrar las etiquetas de las variables en los resultados. En el botón *Estadísticos* elegimos los estadísticos que deseamos relativos al análisis de la fiabilidad (Figura 6-5). Al pulsar *Continuar* y *Aceptar* se obtiene la salida del procedimiento *Análisis de fiabilidad* (Figura 6-6).

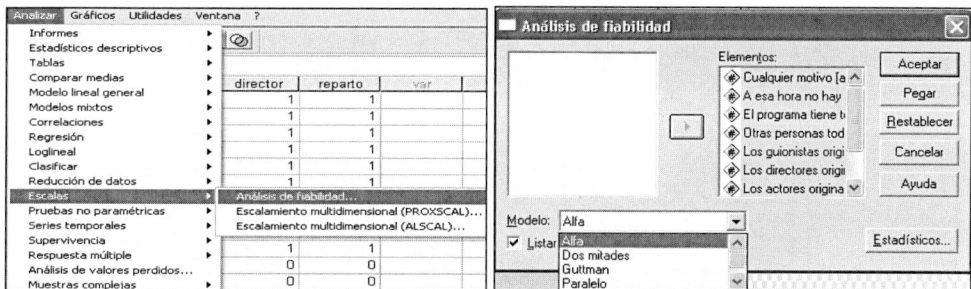

Figura 6-3   Figura 6-4

Figura 6-5

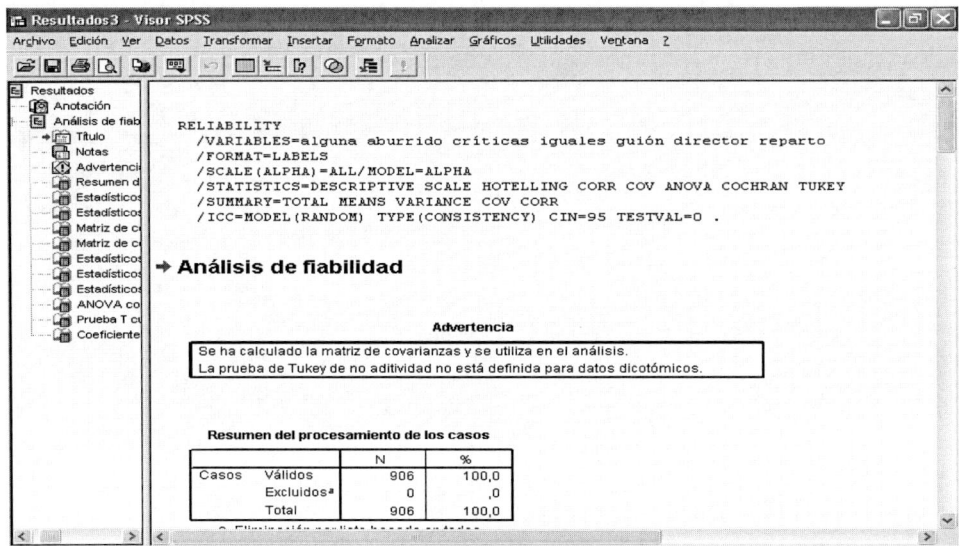

Figura 6-6

Los estadísticos *Alfa de Cronbach* de la Figura 6-7 indica una fiabilidad muy alta de la escala. En esta figura también se ven media, desviación típica y total de los elementos de la escala (variables del fichero).

Estadísticos de fiabilidad

Alfa de Cronbach	Alfa de Cronbach basada en los elementos tipificados	N de elementos
,898	,894	7

Estadísticos de los elementos

	Media	Desviación típica	N
Cualquier motivo	,49	,500	906
A esa hora no hay otros programas populares	,50	,500	906
El programa tiene todavía buenas críticas	,50	,500	906
Otras personas todavía ven el programa	,53	,499	906
Los guionistas originales permanecen en el programa	,81	,389	906
Los directores originales permanecen en el programa	,83	,378	906

Figura 6-7

La Figura 6-8 muestra la matriz de correlaciones con los coeficientes de correlación de cada par de elementos de la escala que oscilan entre 0,3 y 0,8 y no todos son altos. Los valores son aceptables, pero parece que existen grupos con distinto grado de relación entre sus elementos, lo que no es un buen síntoma (sospecha de escala multidimensional). No hay correlaciones negativas, lo cual siempre es deseable, ya que la presencia de correlaciones negativas podría indicar la existencia de elementos codificados en sentido inverso a los demás.

Matriz de correlaciones inter-elementos

	Cualquier motivo	A esa hora no hay otros programas populares	El programa tiene todavía buenas críticas	Otras personas todavía ven el programa	Los guionistas originales permanecen en el programa	Los directores originales permanecen en el programa	Los actores originales siguen en el programa
Cualquier motivo	1,000	,815	,813	,782	,408	,421	,303
A esa hora no hay otros programas populares	,815	1,000	,826	,807	,422	,423	,307
El programa tiene todavía buenas críticas	,813	,826	1,000	,804	,458	,453	,336
Otras personas todavía ven el programa	,782	,807	,804	1,000	,443	,460	,340
Los guionistas originales permanecen en el programa	,408	,422	,458	,443	1,000	,632	,625
Los directores originales permanecen en el programa	,421	,423	,453	,460	,632	1,000	,600
Los actores originales siguen en el programa	,303	,307	,336	,340	,625	,600	1,000

Figura 6-8

La Figura 6-9 presenta los estadísticos resumen de los elementos (medias, varianzas, covarianzas inter-elementos y correlaciones inter-elementos). Puede observarse, por ejemplo, que la correlación promedio entre los elementos es 0,547, siendo 0,303 la menor y 0,826 la mayor. No parece que las correlaciones entre los elementos sean muy homogéneas. La razón *Máximo/mínimo*, que debe de ser pequeña, es un buen indicador de la existencia de elementos anómalos en la escala. Como los elementos son dicotómicos (1 = *Sí*, 0 = *No*), las medias reflejan la proporción de casos de la muestra que han respondido Sí a cada pregunta. Puede apreciarse que las medias difieren entre sí. En los tres últimos elementos existe una elevada proporción de sujetos que han respondido *Sí* (preguntas sobre la permanencia de los equipos originales en el programa). Los elementos que se refieren a las valoraciones de los críticos y allegados han recibido contestación afirmativa de aproximadamente la mitad de la muestra. Por su parte, las varianzas indican que los elementos con variabilidad más baja son los que poseen menor capacidad para discriminar entre sujetos. Hay que destacar que todos los estadísticos referidos a los elementos individuales de la escala no contienen información sobre el grado de relación existente entre ellos.

Estadísticos de resumen de los elementos

	Media	Mínimo	Máximo	Rango	Máximo/ mínimo	Varianza	N de elementos
Medias de los elementos	,650	,487	,889	,402	1,825	,033	7
Varianzas de los elementos	,199	,099	,250	,151	2,524	,004	7
Covarianzas inter-elementos	,111	,048	,207	,159	4,332	,004	7
Correlaciones inter-elementos	,547	,303	,826	,523	2,726	,036	7
Se ha calculado la matriz de covarianzas y se utiliza en el análisis.							

Figura 6-9

La Figura 6-10 presenta los estadísticos que valoran el comportamiento de la escala total cuando se van eliminando uno a uno los elementos de la escala. Se obtiene la media, varianza y *Alfa de Cronbach* de la escala cuando se elimina cada elemento. También se obtiene la correlación entre cada elemento y la escala sin incluir ese elemento (*índice de homogeneidad corregido*). Una correlación baja indica que el elemento en cuestión no apunta en la misma dirección que el resto de los elementos y lo deseable sería que estas correlaciones fueran altas. Estos estadísticos son un buen indicador de la contribución particular de cada elemento. Fuertes cambios en la media y la varianza de la escala cuando se elimina cada elemento permiten delatar elementos cuyo comportamiento está muy alejado del de los restantes. La columna de coeficientes *Alfa de Cronbach* permite averiguar si existe algún elemento que se diferencia de los demás, comparando cada uno de estos valores con la *Alfa de Cronbach* para la escala completa, que ya habíamos visto en la primera salida (*Estadísticos de fiabilidad* de la Figura 6-7) que era 0,898. Por ejemplo, al eliminar el último elemento de la escala (los actores originales siguen el programa) la fiabilidad de la escala sube a 0,904 produciéndose un incremento sobre el valor de la Alfa total (0,898). Además, este elemento es el que menos correlación tiene con los restantes (0,461). Como este elemento ha sido elegido por muchas personas, eliminarlo de la escala haría disminuir la media total (3,66), pero haría mejorar la capacidad discriminativa de la escala, ya que su variabilidad aumentaría a 5,24. El cuadro *Estadísticos de la escala* presenta los estadísticos relativos a la escala total.

Estadísticos total-elemento

	Media de la escala si se elimina el elemento	Varianza de la escala si se elimina el elemento	Correlación elemento-tot al corregida	Correlación múltiple al cuadrado	Alfa de Cronbach si se eleimina el elemento
Cualquier motivo	4,07	4,171	,792	,740	,871
A esa hora no hay otros programas populares	4,05	4,144	,808	,768	,869
El programa tiene todavía buenas críticas	4,05	4,113	,827	,770	,867
Otras personas todavía ven el programa	4,02	4,142	,811	,732	,869
Los guionistas originales permanecen en el programa	3,74	4,877	,589	,523	,894
Los directores originales permanecen en el programa	3,72	4,905	,593	,503	,894
Los actores originales siguen en el programa	3,66	5,240	,486	,461	,904

Estadísticos de la escala

Media	Varianza	Desviación típica	N de elementos
4,55	6,040	2,458	7

Figura 6-10

La Figura 6-11 presenta la tabla ANOVA con el estadístico de Friedman cuyo p-valor (*Sig.*) es prácticamente nulo. Esto significa que se puede asegurar al 99,9% que no todos los elementos de la escala tienen la misma media. En la Figura 6-11 se observa también la prueba *T* cuadrado de Hotelling cuyo p-valor (*Sig.*) también es prácticamente nulo. Esto significa que se puede asegurar al 99,9% la igualdad multidimensional de medias.

ANOVA con la prueba de Friedman y la prueba de no aditividad de Tukey[b]

			Suma de cuadrados	gl	Media cuadrática	Chi-cuadrado de Friedman	Sig.
Inter-personas			780,866	905	,863		
Intra-personas	Inter-elementos		181,487	6	30,248	1491,561	,000
	Residual	No aditividad	64,703[a]	1	64,703	845,945	,000
		Equilibrio	415,239	5429	,076		
		Total	479,942	5430	,088		
	Total		661,429	5436	,122		
Total			1442,295	6341	,227		

Media global = ,65

a. Estimación de Tukey de la potencia a la que es necesario elevar las observaciones para conseguir la aditividad = 2,107.

b. Se ha calculado la matriz de covarianzas y se utiliza en el análisis.

Prueba T cuadrado de Hotelling

T-cuadrado de Hotelling	F	gl1	gl2	Sig.
661,813	109,693	6	900	,000

Figura 6-11

La Figura 6-12 presenta los coeficientes de correlación intraclase. El coeficiente de correlación intraclase individual vale 0,556 y los límites en que se estima al 95% que estará su valor verdadero son 0,529 y 0,583. El estadístico de la *F* cuyo p-valor (*Sig.*) es prácticamente nulo permite rechazar al 99,9% la hipótesis de que el valor poblacional del coeficiente de correlación intraclase individual es cero. También se observa que el coeficiente de correlación intraclase promedio vale 0,898 y los límites en que se estima al 95% que estará su valor verdadero son 0,887 y 0,907. El estadístico de la *F* cuyo p-valor (*Sig.*) es prácticamente nulo permite rechazar al 99,9% la hipótesis de que el valor poblacional del coeficiente de correlación intraclase promedio es cero.

Coeficiente de correlación intraclase

	Correlación intraclase[a]	Intervalo de confianza 95%		Prueba F con valor verdadero 0		
		Límite inferior	Límite superior	Valor	gl1	gl2	Sig.
Medidas individuales	,556[b]	,529	,583	9,762	905	5430	,000
Medidas promedio	,898	,887	,907	9,762	905	5430	,000

Modelo de efectos aleatorios de dos factores en el que tanto los efectos de las personas como los efectos de las medidas son aleatorios.

a. Coeficientes de correlación intraclase de tipo C utilizando una definición de coherencia, la varianza inter-medidas se excluye de la varianza del denominador.

b. El estimador es el mismo, ya esté presente o no el efecto de interacción.

Figura 6-12

ESCALAMIENTO MULTIDIMENSIONAL

Podríamos definir el *escalamiento multidimensional* como un conjunto de técnicas que identifican dimensiones subyacentes a las evaluaciones de objetos hechas por los encuestados cuyo propósito es transformar sus juicios en posiciones espaciales. El escalamiento multidimensional trata de encontrar la estructura de un conjunto de medidas de distancia entre objetos o casos. Esto se logra asignando las observaciones a posiciones específicas en un espacio conceptual (normalmente de dos o tres dimensiones) de modo que las distancias entre los puntos en el espacio concuerden al máximo con las disimilaridades o preferencias dadas. El objetivo del escalamiento multidimensional es transformar los juicios de similitud o preferencias llevados a cabo por una serie de individuos en distancias susceptibles de ser representadas en un espacio multidimensional.

El escalamiento multidimensional se clasifica dentro de los métodos de interdependencia y es un procedimiento que permite al investigador determinar la imagen relativa percibida de un conjunto de objetos (empresas, productos, ideas u otros objetos sobre los que los individuos desarrollan percepciones). Es decir, el aspecto característico de este procedimiento es que proporciona una representación gráfica en un espacio geométrico de pocas dimensiones (*mapa perceptual*) que permite comprender cómo los individuos perciben objetos y qué esquemas, generalmente ocultos, están detrás de esa percepción (en este sentido también se puede considerar el escalamiento multidimensional como una técnica de reducción de la dimensión). En estos espacios, los objetos adoptan la forma de puntos y la proximidad entre ellos refleja la analogía existente entre los mismos. La interpretación de las dimensiones depende del conocimiento que se tenga acerca de esos estímulos y se realiza de forma similar a como se haría con un análisis factorial clásico o un análisis de correspondencias.

Respecto a la elección del tipo de datos, el investigador debe optar entre la obtención de datos de similitud o de preferencias. Los mapas perceptuales basados en similitudes representan el parecido entre los atributos de los objetos. Los mapas perceptuales basados en datos de preferencias reflejan qué objetos son preferidos. En lo referente a la elección del método de análisis, se pueden utilizar métodos no métricos y métricos. Los métodos no métricos, llamados así por el carácter no métrico de los datos de entrada (comúnmente generados mediante la ordenación de pares de objetos), resultan más flexibles al no asumir ningún tipo específico de relación entre la distancia calculada y la medida de similitud. Sin embargo, es más probable que resulten en soluciones degeneradas o no óptimas. Los métodos métricos se distinguen por el carácter métrico tanto de los datos de entrada como de los resultados. La métrica nos permite reforzar la relación entre la dimensionalidad de la solución final y los datos iniciales.

Podrían considerarse varios pasos para determinar la posición de cada objeto en el espacio perceptual de modo que los juicios de similitud expresados por los individuos entrevistados se reflejen lo más fielmente posible. Un primer paso sería la selección de una configuración inicial de los estímulos según la dimensionalidad inicial deseada. Un segundo paso sería el cálculo de las distancias entre los puntos representativos de los estímulos y comparación de las relaciones (observadas versus derivadas) mediante una medida de ajuste o *Stress* (que indica la proporción de varianza de los datos originales no recogida por el modelo de escalamiento multidimensional). Si el indicador de ajuste no alcanza un valor mínimo previamente fijado por el investigador, un tercer paso sería encontrar una nueva configuración para la que el indicador de ajuste sea mejor. En un cuarto paso, el programa realizará una evaluación de la nueva configuración y la ajustará hasta que se logre obtener un nivel satisfactorio de ajuste. Un quinto y último paso sería la reducción de la dimensionalidad de la configuración actual y repetición del proceso hasta lograr obtener aquella configuración que, con la menor dimensionalidad posible, presente un nivel de ajuste aceptable (queda reforzada la idea de considerar el escalamiento multidimensional como una técnica de reducción de la dimensión). El analista debe preocuparse de obtener varias soluciones con diferente número de dimensiones y elegir entre ellas sobre la base de tres criterios fundamentales: su nivel de ajuste a los datos, su interpretabilidad y su replicabilidad.

TIPOS DE ESCALAMIENTO MULTIDIMENSIONAL

Ya sabemos que el escalamiento multidimensional es una técnica de análisis multivariante que permite representar las proximidades entre un conjunto de objetos o estímulos como distancias en un espacio de baja dimensionalidad (generalmente de 2 ó 3 dimensiones). De modo más formal y general, nos centraremos en el hecho de que el escalamiento multidimensional toma como entrada habitual una matriz cuadrada de proximidades, a la que llamaremos Δ (delta), de dimensiones (n,n), donde n es el número de estímulos. Cada elemento ∂_{ij} de Δ representa la proximidad entre los estímulos i y j. Para $n = 4$, la matriz Δ tendría los siguientes elementos:

$$\Delta = \begin{bmatrix} \partial_{11} & \partial_{12} & \partial_{13} & \partial_{14} \\ \partial_{21} & \partial_{22} & \partial_{23} & \partial_{24} \\ \partial_{31} & \partial_{32} & \partial_{33} & \partial_{34} \\ \partial_{41} & \partial_{42} & \partial_{43} & \partial_{44} \end{bmatrix}$$

A partir de esa matriz de proximidades, el análisis MDS nos proporciona como solución una matriz rectangular X, de tamaño $n \times m$, donde n es, al igual que antes, el número de estímulos, y m es el número de dimensiones.

Cada valor x_{ij} de la matriz X corresponde a la coordenada del estímulo i en la dimensión j. En escalamiento multidimensional la dimensionalidad utilizada siempre es la menor posible (2 ó 3 dimensiones en la mayoría de los casos, siendo muy raras las soluciones de dimensionalidad superior a 4). La matriz X correspondiente a una solución en 2 dimensiones para los 4 estímulos anteriores tendría los siguientes elementos:

$$X = \begin{bmatrix} x_{11} & x_{12} \\ x_{21} & x_{22} \\ x_{31} & x_{32} \\ x_{41} & x_{42} \end{bmatrix}$$

Cada fila de esta matriz $[X_{i1}, X_{i2}]$ contiene las coordenadas del estímulo i en los ejes de coordenadas X e Y que delimitan el espacio bidimensional. A partir de la matriz X es posible situar los n estímulos en el espacio asignándoles los valores de coordenadas correspondientes. También es posible utilizar la matriz X para calcular las distancias entre dos estímulos i y j cualesquiera aplicando la fórmula general de la distancia de Minkowski:

$$d_{ij} = \left(\sum_{a=1}^{m} \left(x_{ia} - x_{ja} \right)^{p} \right)^{\frac{1}{p}} \qquad \left(1 \le p \le \infty \right)$$

Cuando $p = 2$, la distancia anterior es la métrica euclídea.

La estimación de las distancias correspondientes a todos los estímulos nos proporciona una nueva matriz, que llamaremos D. En el caso de nuestro ejemplo, los elementos de la matriz serían los siguientes

$$D = \begin{bmatrix} d_{11} & d_{12} & d_{13} & d_{14} \\ d_{21} & d_{22} & d_{23} & d_{24} \\ d_{31} & d_{32} & d_{33} & d_{34} \\ d_{41} & d_{42} & d_{43} & d_{44} \end{bmatrix}$$

La solución del el escalamiento multidimensional debe proporcionar la máxima correspondencia entre las proximidades entre estímulos proporcionadas en la matriz Δ y las distancias entre estímulos obtenidas en la matriz D.

Una vez precisado el concepto de escalamiento multidimensional (MDS), podemos hacer una clasificación de los tipos de la familia de procedimientos de MDS.

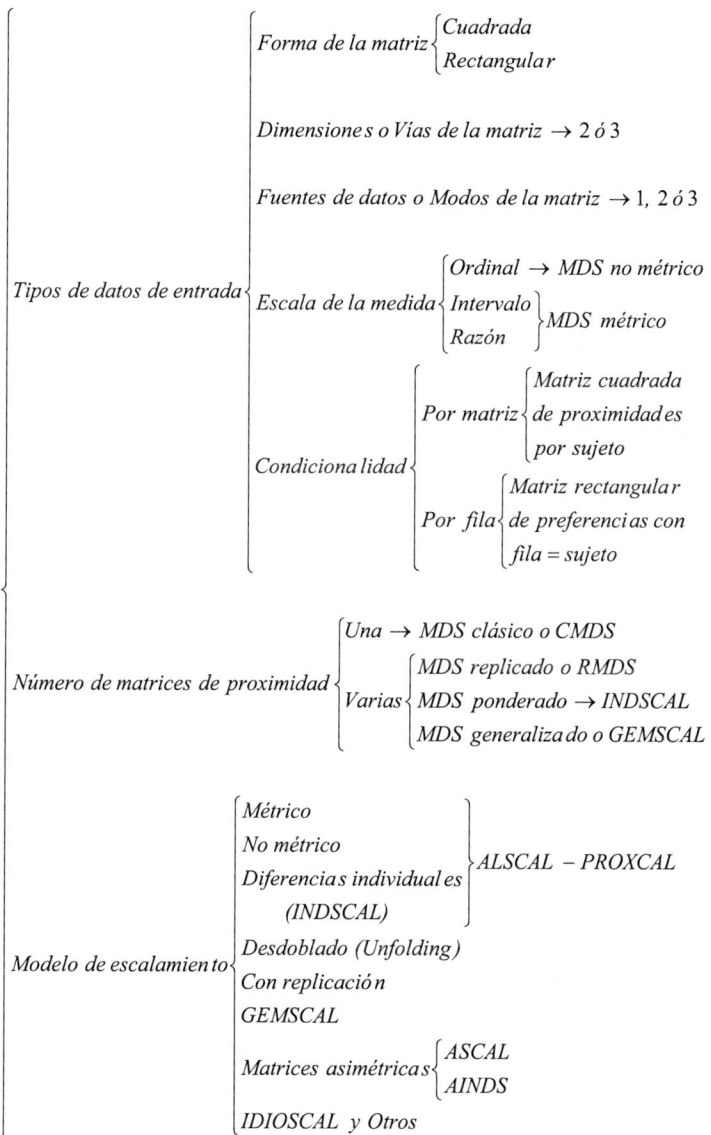

Tipos de MDS

Tipos de datos de entrada

Forma de la matriz { *Cuadrada* / *Rectangular* }

Dimensiones o Vías de la matriz → 2 ó 3

Fuentes de datos o Modos de la matriz → 1, 2 ó 3

Escala de la medida { *Ordinal* → *MDS no métrico* / *Intervalo* / *Razón* } *MDS métrico*

Condicionalidad { *Por matriz* { *Matriz cuadrada de proximidades por sujeto* } / *Por fila* { *Matriz rectangular de preferencias con fila = sujeto* } }

Número de matrices de proximidad { *Una* → *MDS clásico o CMDS* / *Varias* { *MDS replicado o RMDS* / *MDS ponderado* → *INDSCAL* / *MDS generalizado o GEMSCAL* } }

Modelo de escalamiento { *Métrico* / *No métrico* / *Diferencias individuales (INDSCAL)* } *ALSCAL − PROXCAL* / *Desdoblado (Unfolding)* / *Con replicación* / *GEMSCAL* / *Matrices asimétricas* { *ASCAL* / *AINDS* } / *IDIOSCAL y Otros*

MODELO DE ESCALAMIENTO MÉTRICO

La relación asumida entre los datos de entrada (las proximidades) y las distancias entre estímulos obtenidos como solución determinan la tipología de los modelos de escalamiento multidimensional. Las distancias son función de las proximidades mediante $d_{ij} = f(\partial_{ij})$.

Se denominan modelos de escalamiento métrico aquéllos en que la función f es una función lineal con pendiente positiva. Tendremos entonces que:

$$\partial_{ij} \to a + b\partial_{ij} = d_{ij} \quad b > 0$$

En el procedimiento de escalamiento multidimensional métrico, a partir de una matriz $D(n \times n)$ de distancias entre n estímulos se puede derivar una matriz $B(n \times n)$ de productos escalares entre vectores. A su vez, es posible descomponer la matriz B de productos escalares en el producto XX', donde $X(n \times m)$ es la matriz de coordenadas de los n estímulos en m dimensiones. Adicionalmente, se puede llevar a cabo una transformación de la matriz de proximidades $\Delta(n \times m)$ en una matriz de distancias $D(n \times n)$ que respete los axiomas de la función de distancia euclídea ($d_{ij} = d_{ii} = 0$, $d_{ij} = d_{ji}$ y $d_{ij} \le d_{ik} + d_{kj}$).

Los dos primeros axiomas son fáciles de cumplir, pero para que se cumpla el tercero hay que buscar un valor c que, sumado a las proximidades originales (∂_{ij}) nos proporcione las distancias $(d_{ij} = \partial_{ij} + c)$. El valor mínimo de c que satisface la desigualdad triangular $(d_{ij} \le d_{ik} + d_{kj})$ para toda terna de estímulos (i, j, k) se define como:

$$c_{\min} = \underset{(i,j,k)}{m\acute{a}x}(\partial_{ij} - \partial_{ik} - \partial_{kj})$$

Calculada la matriz $D(n \times n)$, es necesario transformarla en una matriz $B(n \times n)$ de productos escalares entre vectores, de modo que los elementos b_{ij} de esta nueva matriz se crean a partir de los elementos d_{ij} de D mediante la siguiente transformación:

$$b_{ij} = -\frac{1}{2}\left(d_{ij}^2 - d_{i.}^2 - d_{.j}^2 + d_{..}^2\right) \text{ con } d_{i.}^2 = \frac{1}{n}\sum_{j}^{n} d_{ij}^2 \, , \; d_{.j}^2 = \frac{1}{n}\sum_{i}^{n} d_{ij}^2 \text{ y } d_{..}^2 = \frac{1}{n^2}\sum_{i}^{n}\sum_{j}^{n} d_{ij}^2$$

A continuación se calcula la matriz de coordenadas X tal que $B=XX'$. En ocasiones resulta interesante, una vez obtenida la matriz X, rotar la solución para mejorar la interpretabilidad del resultado. La rotación de los ejes no altera las distancias entre los estímulos, por lo que es posible multiplicar la matriz X por una matriz de transformación ortogonal $T(r \times r)$, tal que $TT' = I$, donde I es la matriz identidad.

La matriz $X^* = XT$ contiene las coordenadas de los estímulos en la nueva solución rotada. Esta matriz es equivalente a la matriz X, ya que si $B = XX'$, $B = X^*X^*'$. Esto es así porque $X^*X^*' = XT \times T'X' = XIX' = XX'$.

El procedimiento expuesto fue ideado por Torgerson y posteriormente derivó en procedimientos iterativos.

Ejemplo de modelo de escalamiento métrico con SPSS

Consideramos la matriz de distancias en kilómetros entre las capitales de provincia de la Comunidad Autónoma de Castilla y León:

	Ávila	Burgos	León	Palencia	Salam.	Segovia	Soria	Vall.	Zamora
Ávila	0								
Burgos	243	0							
León	255	201	0						
Palencia	167	86	130	0					
Salamanca	97	237	197	161	0				
Segovia	67	197	245	157	164	0			
Soria	261	144	345	205	325	194	0		
Valladolid	121	122	134	46	115	111	210	0	
Zamora	159	218	135	142	62	180	306	96	0

A partir de estas distancias (archivo *ciudades.sav*), realizar un escalamiento métrico que sitúe estas ciudades sobre un mapa perceptual que emule la Comunidad Autónoma de Castilla y León.

Comenzamos introduciendo los datos de las distancias entre capitales de provincia de Castilla y León en el editor de SPSS y a continuación se selecciona *Analizar → Escalas → Escalamiento multidimensional-ALSCAL* (Figura 6-13). Se obtiene la pantalla de entrada del procedimiento de la Figura 6-14. Se introducen todas las variables de distancias entre provincias en el análisis, se señala el botón *Los datos son Distancias* y se elige como *Forma* de la matriz de datos *Cuadrada simétrica*. Con los botones *Opciones* y *Modelo* se obtienen pantallas que se rellenan como se indica en la Figuras 6-15 y 6-16 (se observa *Razón* en *Nivel de medida* y *Matriz* en *Condicionalidad*). Se eligen dos dimensiones para obtener las coordenadas de los estímulos y para representar el mapa perceptual.

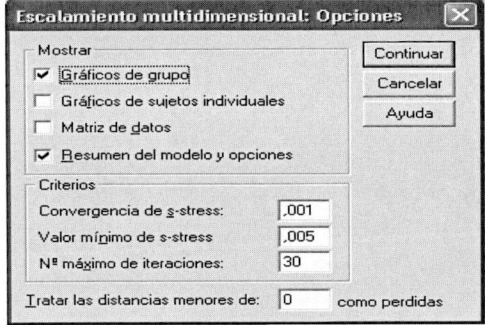

Figura 6-13

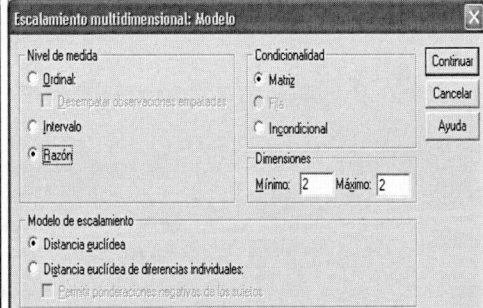

Figura 6-14

Figura 6-15

Figura 6-16

Al hacer clic en *Continuar* y *Aceptar*, se obtiene la salida textual del procedimiento ALSCAL que expresa las opciones de datos, de modelo, de salida y de algoritmo, así como el historial de iteraciones y la matriz de coordenadas normalizadas o coordenadas estímulos. Por último se obtiene el mapa perceptual (Figura 6-17).

```
Alscal Procedure Options

Data Options

Number of Rows (Observations/Matrix).    9
Number of Columns (Variables) . . .      9
Number of Matrices . . . . . .           1
Measurement Level . . . . . . .          Ratio
Data Matrix Shape . . . . . . .          Symmetric
Type . . . . . . . . . . .               Dissimilarity
Approach to Ties . . . . . . .           Leave Tied
Conditionality . . . . . . . .           Matrix
Data Cutoff at . . . . . . . .            ,000000

Model Options

Model . . . . . . . . . . .              Euclid
Maximum Dimensionality . . . . .         2
Minimum Dimensionality . . . . .         2
Negative Weights . . . . . . .           Not Permitted
Output Options-
```

```
Job Option Header . . . . . . .        Printed
Data Matrices  . . . . . . . .         Not Printed
Configurations and Transformations  .  Plotted
Output Dataset . . . . . . . .         Not Created
Initial Stimulus Coordinates  . . .    Computed
```

Algorithmic Options-

```
Maximum Iterations  . . . . . .            30
Convergence Criterion  . . . . .         ,00100
Minimum S-stress . . . . . . .           ,00500
Missing Data Estimated by  . . . .       Ulbounds
```

Iteration history for the 2 dimensional solution (in squared distances)

```
                    Young's S-stress formula 1 is used.

                Iteration      S-stress      Improvement
                    1           ,07103
                    2           ,06570          ,00533
                    3           ,06540          ,00030
```

**Iterations stopped because
S-stress improvement is less than   ,001000**

Stress and squared correlation (RSQ) in distances

RSQ values are the proportion of variance of the scaled data (disparities)
in the partition (row, matrix, or entire data) which
is accounted for by their corresponding distances.
Stress values are Kruskal's stress formula 1.

```
            For  matrix
  Stress  =   ,04354      RSQ =   ,98704
```

Configuration derived in 2 dimensions

Stimulus Coordinates

```
                    Dimension

Stimulus   Stimulus    1          2
 Number     Name
    1       Ávila     -,3081    -1,3522
    2       Burgos     1,0519     ,9902
    3       León      -1,1597    1,4138
    4       Palencia    ,1452     ,6025
    5       Salamanc  -1,2362    -,6486
    6       Segovia     ,4023   -1,0590
    7       Soria      2,3645    -,1114
    8       Valladol   -,0747     ,1197
    9       Zamora    -1,1851     ,0450
```

Se observa a través de la fórmula de Young que el proceso iterativo se detiene en la tercera iteración al no conseguir una mejora superior a 0,001.

Los estadísticos Stress y RSQ nos indican el ajuste a la solución. Stress es un indicador de la maldad del ajuste, por lo que cuanto más próximo sea su valor a cero, mejor será el ajuste. En nuestro caso vale 0,4354 que es menor que 0,5. Por otro lado, RSQ es un indicador de la bondad del ajuste, por lo que cuanto más próximo sea su valor a uno, mejor será el ajuste. En nuestro caso vale 0,98704, que es casi la unidad. Por lo tanto el ajuste a la solución del procedimiento ALSCAL para el MDS es bueno en nuestro ejemplo.

Las coordenadas de los estímulos en las dos dimensiones son los puntos que producen la representación gráfica del mapa perceptual, que como se observa en la Figura 6-17 posiciona muy bien las capitales de provincia de la Comunidad Autónoma de Castilla y León.

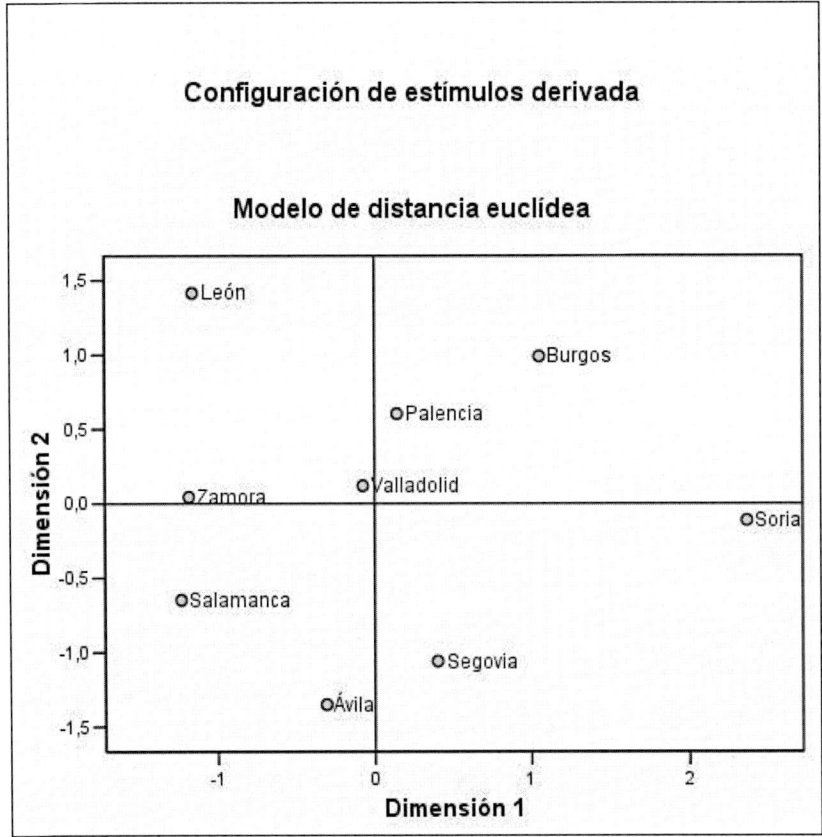

Figura 6-17

MODELOS DE ESCALAMIENTO NO MÉTRICO

En los modelos de escalamiento no métrico se asume la relación entre los datos de entrada (las proximidades) y las distancias entre estímulos obtenidos como solución $d_{ij} = f(\partial_{ij})$ cumple que f es una función monótona creciente. En este caso la relación entre proximidades y distancia es:

$$\partial_{ij} < \partial_{kl} \Rightarrow d_{ij} \leq d_{kl} .$$

En el MDS no métrico se comienza convirtiendo las proximidades en rangos, de 1 a $\dfrac{(n(n-1))}{2}$.

A continuación se crea una matriz de coordenadas aleatorias $X(n \times n)$. Es decir, se sitúan los estímulos al azar en un espacio de r dimensiones (donde r es especificado por el usuario). A partir de esta matriz X inicial se calculan las distancias entre estímulos. Estas distancias se comparan luego con los rangos de las proximidades, transformándolas si es necesario para que sus rangos coincidan con éstos. A las distancias obtenidas tras estas transformaciones se las denomina pseudodistancias o disparidades $(\hat{d}_{ij})$.

En el paso siguiente se determina una función de bondad de ajuste para evaluar cuánto se aproximan las distancias obtenidas a partir de X a las disparidades obtenidas de la transformación de esas distancias. Esta función se conoce con el nombre de Stress y su expresión es:

$$S = \sqrt{\frac{\sum_i \sum_j (d_{ij} - \hat{d}_{ij})^2}{\sum_i \sum_j \hat{d}_{ij}^2}}$$

Para mayores valores de Stress, mejor será el ajuste encontrado entre distancias y disparidades. Es decir, el Stress no es propiamente un índice de bondad de ajuste, sino de "maldad" de ajuste. Su valor mínimo se encontrará, por tanto, en 0, cuando no exista diferencia entre distancias y disparidades. Su valor máximo no es estable, pero se conoce que su límite superior, para un número n de estímulos es:

$$\sqrt{1 - \left(\frac{2}{n}\right)}$$

Como partimos de una matriz de coordenadas aleatoria, es de suponer que el ajuste nunca es muy bueno al principio. Por ello, se hace necesario llevar a cabo un proceso iterativo que vaya minimizando el valor del Stress. Esto se consigue alterando los valores de las coordenadas de la matriz X de modo que la diferencia entre las distancias y disparidades derivadas a partir de ellos sea más pequeña ahora que en el paso anterior. La forma de llevar esto a cabo es sumar a la matriz X inicial una matriz de valores añadidos. Cada elemento de esta matriz contiene un valor que se sumará a la coordenada del estímulo i en la dimensión a. Este valor se determina mediante la expresión:

$$- \alpha \left(\frac{\partial S}{\partial x_{ia}} \right)$$

α = constante que representa el tamaño del paso

$\left(\dfrac{\partial S}{\partial x_{ia}} \right)$ = derivada del Stress con respecto a la coordenada a-ésima del estímulo i

En el algoritmo de convergencia del proceso iterativo se utiliza otra función de Stress, conocida como S-Stress, cuya expresión es:

$$S - Stress = \sqrt{\frac{\sum_i \sum_j \left(d_{ij}^2 - \hat{d}_{ij} \right)}{\sum_i \sum_j \hat{d}_{ij}^2}}$$

El valor de Stress es más alto cuanto mayor sea el número de estímulos, debido a que cuando tenemos pocos estímulos, el número de proximidades a ajustar en la solución será también pequeño, pero a medida que aumenta el número de estímulos, el número de proximidades a ajustar se incrementa rápidamente. El valor de Stress es siempre más alto para soluciones de menor dimensionalidad, e irá bajando a medida que la solución contenga un mayor número de dimensiones. Cuando el número de dimensiones es igual al número de estímulos menos 2(n-2), el ajuste será siempre perfecto. El objetivo en este caso será buscar un valor suficientemente bajo de Stress (buen ajuste) unido a una dimensionalidad también baja (representación parsimoniosa de los datos).

Alternativamente a Stress existe el índice RSQ para el ajuste del modelo a nuestros datos. Este índice es una correlación cuadrática entre las disparidades derivadas a partir de los datos originales, y las distancias derivadas por el modelo de escalamiento, de modo que puede ser interpretado como la proporción de varianza en las disparidades que es explicada por las distancias. Su expresión es:

$$RSQ = \frac{\left[\sum_i \sum_j (d_{ij} - d_{..})^2 (\hat{d}_{ij} - \hat{d}_{..})\right]^2}{\left[\sum_i \sum_j (d_{ij} - d_{..})^2\right]\left[\sum_i \sum_j (\hat{d}_{ij} - \hat{d}_{..})^2\right]}$$

Dado que su interpretación es mucho más sencilla y directa que la del Stress, y que sus límites son fijos (mínimo de cero y máximo de uno), Takane, Young y De Leew recomiendan apoyarse en este índice para la interpretación del ajuste de las soluciones proporcionadas.

Ejemplo de modelo de escalamiento no métrico con SPSS

Consideramos la matriz del ejemplo del escalamiento métrico, pero en lugar de las distancias en kilómetros entre las capitales de provincia de la Comunidad Autónoma de Castilla y León consideramos la matriz de rangos relativos a estas distancias, es decir, le asignaremos el rango 1 a la menor de las distancias, el rango 2 a la segunda menor distancia y así sucesivamente hasta completar las 36 distancias. Se obtienen los siguientes datos:

	Ávila	Burgos	León	Palencia	Salam.	Seg.	Soria	Vall.	Zamora
Ávila	0	.	.	.	.	.	.	.	.
Burgos	30	0	.	.	.	.	.	.	.
León	32	25	0	.	.	.	.	.	.
Palencia	20	4	11	0	.	.	.	.	.
Salamanca	6	29	23	18	0	.	.	.	.
Segovia	3	24	31	16	19	0	.	.	.
Soria	33	15	36	26	35	22	0	.	.
Valladolid	9	10	12	1	8	7	27	0	.
Zamora	17	28	13	14	2	21	34	5	0

A partir de esta matriz de rangos (archivo *ciudades1.sav*) equivalente a la matriz de proximidades del ejemplo anterior, se trata de realizar un escalamiento no métrico que sitúe estas ciudades sobre un mapa perceptual que emule la Comunidad de Castilla y León.

Comenzamos introduciendo los datos de los rangos de distancias entre capitales de provincia de Castilla y León en el editor de SPSS y a continuación se selecciona *Analizar →* *Escalas →Escalamiento multidimensional-ALSCAL* (Figura 6-18). Se obtiene la pantalla de entrada del procedimiento de la Figura 6-19. Se introducen todas las variables de rangos entre provincias en el análisis, se señala el botón *Los datos son Distancias* y se elige como *Forma* de la matriz de datos *Cuadrada simétrica*. Con los botón *Opciones* y *Modelo* se obtienen pantallas que se rellenan como se indica en la Figuras 6-20 y 6-21 (se observa *Ordinal* en *Nivel de medida* y *Matriz* en *Condicinalidad*). Se eligen dos dimensiones para obtener las coordenadas de los estímulos y para representar el mapa perceptual.

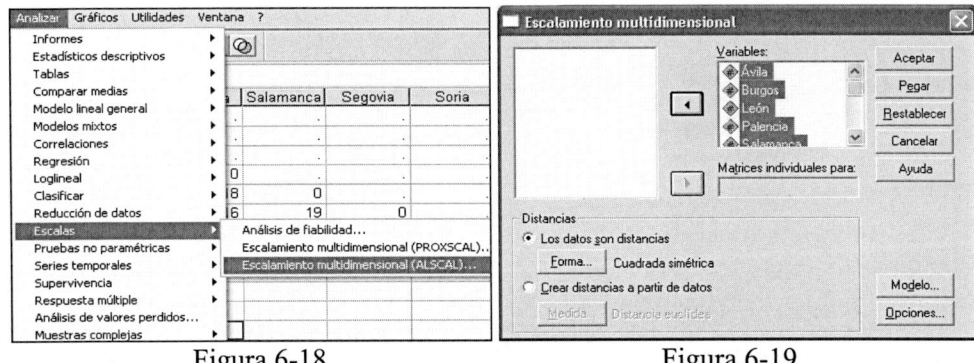

Figura 6-18   Figura 6-19

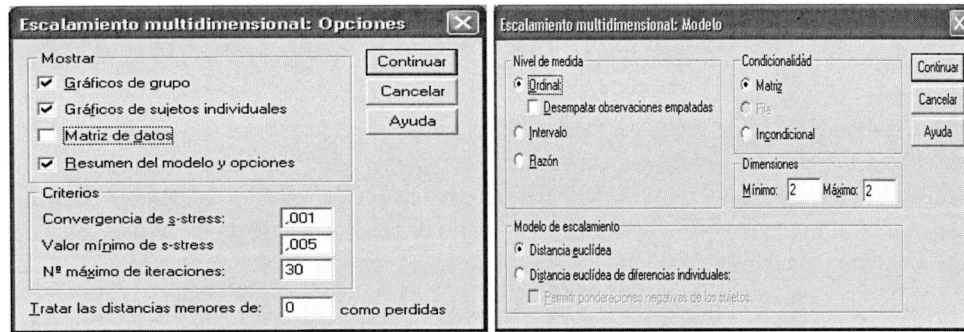

Figura 6-20   Figura 6-21

Al hacer clic en *Continuar* y *Aceptar*, se obtiene la salida textual del procedimiento ALSCAL que expresa las opciones de datos, de modelo, de salida y de algoritmo, así como el historial de iteraciones y la matriz de coordenadas normalizadas o coordenadas estímulos. Por último se obtiene el mapa perceptual (Figura 6-22).

```
Alscal Procedure Options

Data Options-

Number of Rows (Observations/Matrix).   9
Number of Columns (Variables) . . .     9
Number of Matrices  . . . . .   .       1
Measurement Level . . . . . .   .       Ordinal
Data Matrix Shape . . . . . .   .       Symmetric
Type  . . . . . . . . . .   .           Dissimilarity
Approach to Ties  . . . . . .   .       Leave Tied
Conditionality. . . . . . .   .         Matrix
Data Cutoff at . . . . . . .   .        ,000000

Model Options-

Model . . . . . . . . .   .   .   .     Euclid
Maximum Dimensionality  . . . .   .     2
Minimum Dimensionality  . . . .   .     2
Negative Weights  . . . . .   .   .     Not Permitted
Output Options-
```

```
Job Option Header . . . . . . .  .     Printed
Data Matrices  . . . . . . . .  .      Not Printed
Configurations and Transformations  .  Plotted
Output Dataset . . . . . . . .  .      Not Created
Initial Stimulus Coordinates  . . .    Computed
```

Algorithmic Options-

```
Maximum Iterations  . . . . . .            30
Convergence Criterion  . . . . .         ,00100
Minimum S-stress . . . . . . .           ,00500
Missing Data Estimated by  . . . .       Ulbounds
Tiestore . . . . . . . . . .          36
```
—

>Number of parameters is 18. Number of data values is 36

Iteration history for the 2 dimensional solution (in squared distances)

Young's S-stress formula 1 is used.

Iteration	S-stress	Improvement
1	,06530	
2	,03885	,02645
3	,02920	,00966
4	,02450	,00470
5	,02126	,00324
6	,01866	,00260
7	,01648	,00218
8	,01460	,00188
9	,01298	,00162
10	,01159	,00139
11	,01040	,00119
12	,00938	,00102
13	,00850	,00087

**Iterations stopped because
S-stress improvement is less than   ,001000**

Stress and squared correlation (RSQ) in distances

RSQ values are the proportion of variance of the scaled data (disparities)
in the partition (row, matrix, or entire data) which
is accounted for by their corresponding distances.
Stress values are Kruskal's stress formula 1.

For matrix

Stress =   ,00723   RSQ =   ,99962

Stimulus Coordinates
Dimension

Stimulus Number	Stimulus Name	1	2

1	Ávila	,8548	1,2228
2	Burgos	-1,3767	-,6232
3	León	,4755	-1,7351
4	Palencia	-,3213	-,4398
5	Salamanc	1,3540	,2313
6	Segovia	-,1541	1,1723
7	Soria	-2,1343	,7104
8	Valladol	,1024	-,1759
9	Zamora	1,1999	-,3628

Se observa a través de la fórmula de Young que el proceso iterativo se detiene en la iteración trece al no conseguir una mejora superior a 0,001. Los estadísticos Stress y RSQ nos indican el ajuste a la solución. Stress es un indicador de la maldad del ajuste, por lo que cuanto más próximo sea su valor a cero, mejor será el ajuste. En nuestro caso vale 0,00723 que es casi cero y mucho más pequeño que en el caso del modelo métrico. Por otro lado, RSQ es un indicador de la bondad del ajuste, por lo que cuanto más próximo sea su valor a uno, mejor será el ajuste. En nuestro caso vale 0,99962, que es casi la unidad y todavía mayor que para el modelo métrico. Por lo tanto el ajuste a la solución del procedimiento ALSCAL para el MDS no métrico es muy bueno en nuestro ejemplo y además mejora al modelo métrico. Las coordenadas de los estímulos en las dos dimensiones son los puntos que producen la representación gráfica del mapa perceptual, que como se observa en la Figura 6-22 posiciona muy bien las capitales de provincia de la Comunidad Autónoma de Castilla y León. Para hacerse una mejor idea de la situación, en la Figura 6-23 aparece el mapa perceptual rotado 180 grados.

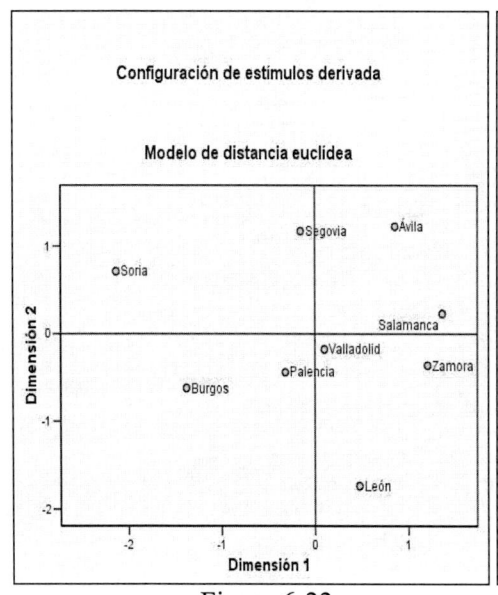

Figura 6-22

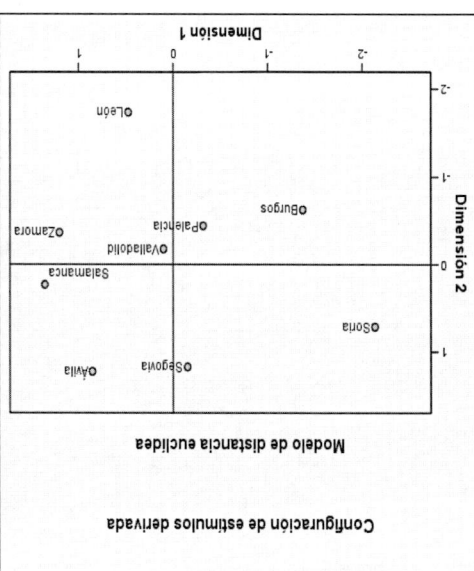

Figura 6-23

En la Figura 6-24 se observa el *gráfico de ajuste lineal* entre las disparidades derivadas a partir de nuestros datos y las distancias entre ciudades en el espacio de dos dimensiones. El ajuste parece bueno en general ya que los puntos del gráfico se ajustan muy bien a la diagonal del primer cuadrante. En este caso no se observan diferencias entre el ajuste para distancias grandes y pequeñas (porque los estadísticos de Stress y RSQ son muy buenos), aunque normalmente el ajuste suele ser mejor para distancias grandes que para pequeñas. Ello es debido a que el índice Stress busca el mejor ajuste entre disparidades y distancias al cuadrado, con lo que tiende a ajustar mejor las distancias mayores. En la Figura 6-25 se observa el *gráfico de ajuste no lineal* que se diferencia del anterior en que ahora se representan en el eje horizontal los rangos originales (y no sus transformaciones) frente a las distancias derivadas por el MDS. El ajuste es bueno, pero ahora sí se ve que es levemente mejor para rangos mayores (mejor ajuste a la diagonal en la parte superior derecha de la gráfica). La Figura 6-26 presenta el *gráfico de transformación* que representa los rangos originales de la matriz de proximidades (eje X) frente a los datos transformados (disparidades en el eje Y). Como tiene pocos tramos horizontales el ajuste es bueno.

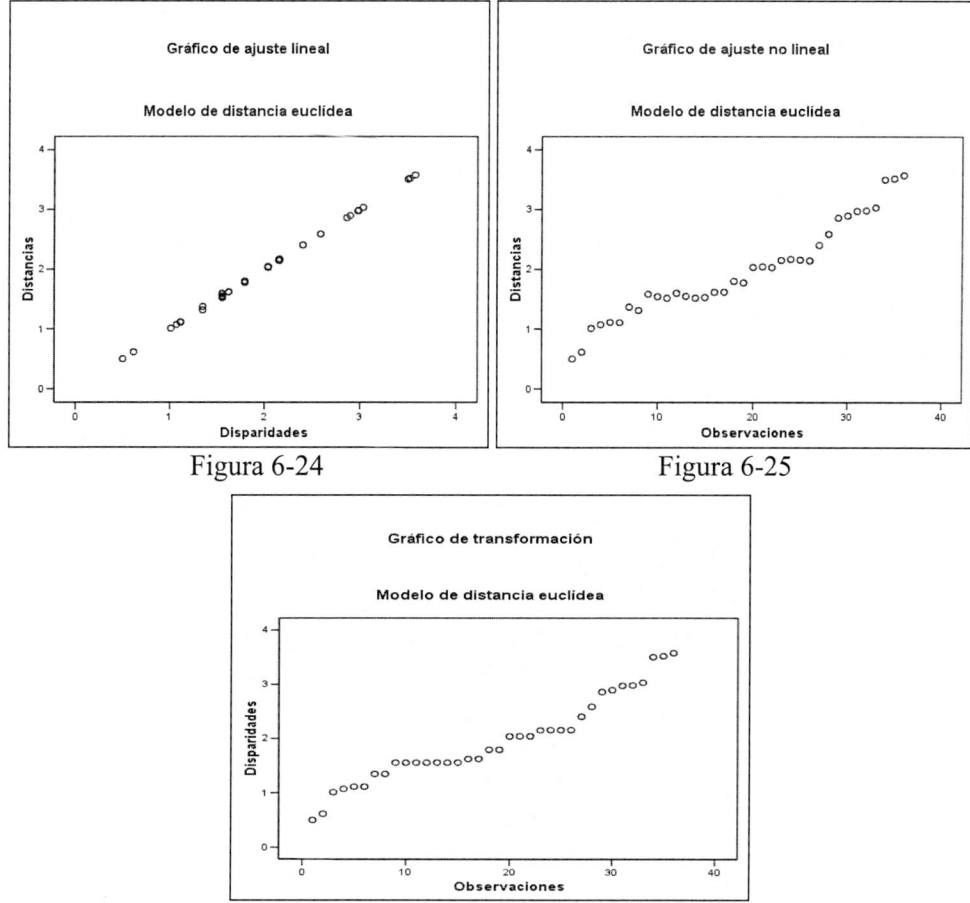

Figura 6-24   Figura 6-25

Figura 6-26

MODELO DE ESCALAMIENTO DE DIFERENCIAS INDIVIDUALES (INDSCAL)

INDSCAL supone una generalización del modelo euclídeo, de tal modo que obtiene una representación a partir de varias matrices de proximidades asumiendo que éstas difieren entre sí de forma sistemática y no aleatoria, tal y como supone un modelo replicado. Es decir, en lugar de considerar las diferencias entre matrices como sesgos en las respuestas de los sujetos, INDSCAL las contempla como diferencias porcentuales y cognitivas en el proceso de generación de las respuestas. Este modelo utiliza como entrada varias matrices de proximidades, por lo general, una por sujeto.

Cada proximidad $\partial_{ij,k}$ nos indicará la proximidad entre los estímulos i y j estimada por el sujeto k. Existen otras posibilidades, en las que las proximidades de cada matriz corresponden a una ocasión diferente, o a proximidades estimadas en diferentes condiciones o en base a atributos diferentes de los estímulos. El modelo considera que la relación entre proximidades y distancias es lineal:

$$ d_{ij,k} = \sqrt{\sum_{a=1}^{m} w_{ka}\left(x_{ia} - x_{ja}\right)^2} \quad w_{ka} = \text{peso del sujeto k-ésimo en la dimensión a-ésima.} $$

El modelo INDSCAL puede considerarse como aquel en el que las diferencias individuales entre los sujetos surgen de las diferencias en los pesos otorgados a cada una de las distintas dimensiones que componen la solución común. En la fórmula de la distancia anterior, si todos los pesos w_{ka} son iguales, la configuración de distancias entre estímulos para cada sujeto será la del grupo total, es decir, la solución común a todos los sujetos. A la configuración de distancias común a todos los sujetos se la conoce como el "espacio del grupo", y suele diferir de la configuración propia de cada sujeto. Cuando representamos las distancias entre estímulos en función del peso que cada una de las dimensiones tiene para un individuo concreto, la configuración de estímulos se verá "encogida" en aquellas dimensiones que tienen menor peso para el individuo. A esta configuración de distancias propia de este individuo se la conoce como "espacio del sujeto". Así pues, podemos resumir el modelo INDSCAL diciendo que representa las diferencias entre los juicios emitidos por los sujetos en términos de la importancia que cada uno de ellos otorga a cada una de las dimensiones que componen la solución, pero todas las dimensiones son comunes a todos los sujetos.

El procedimiento subyacente en el modelo no métrico parte, al igual que el modelo métrico, de las proximidades, que se convierten en distancias absolutas $(d_{ij,k})$ mediante una constante aditiva.

Las distancias calculadas para cada sujeto se convierten luego en productos escalares $b_{ij,k}$, tales que:

$$b_{ij,k} = \sum_{a=1}^{r} y_{ia,k} y_{ja,k} \quad \text{con} \quad y_{ia,k} = \sqrt{w_{ka}} \, x_{ia} \Rightarrow b_{ij,k} = \sum_{a=1}^{r} w_{ka} x_{ia} x_{ja}$$

Esta ecuación puede considerarse como un caso particular del modelo CANDECOMP (CANonical DECOMPosotion) para la descomposición de tablas de N-vías (3 en el caso del modelo INDSCAL). El modelo descompone una tabla de 3 vías y 3 modelos en un conjunto de parámetros para cada vía, que se combinan de forma multiplicativa para cada dimensión a, y de forma aditiva para el total de dimensiones. En el caso de INDSCAL, la segunda y tercera vías (representadas por los parámetros x_{ia} y x_{ja}) han de ser idénticas, pues se refieren al mismo conjunto de estímulos.

El uso del modelo CANDECOMP permite la estimación de los valores de los productos escalares $b_{ij,k}$ mediante regresión lineal, utilizando un algoritmo especial, el algoritmo de mínimos cuadrados alternantes (ALS, *Alternating Least Squares*). El algoritmo procede a estimar los valores de los parámetros w_{ka}, x_{ia} y x_{ja} por mínimos cuadrados, manteniendo uno de ellos fijo y los otros dos libres, de forma alternante. Cuando, transcurridas una serie de iteraciones, el ajuste entre los datos y la solución es satisfactorio, se fija el mismo valor para la segunda y tercera vías y se estima el valor de la primera vía (representada por el parámetro w_{ka}).

La salida ofrecida por el modelo presenta una primera matriz de coordenadas $X(n \times r)$, semejante a las de los modelos métrico y no métrico. Esta matriz representa el espacio de los estímulos para el total de los sujetos (espacio del grupo). La salida también ofrece una segunda matriz de pesos $W(m \times r)$, que contiene los pesos otorgados por cada uno de los m sujetos a cada una de las r dimensiones. Esta matriz representa el espacio de los sujetos. La denominación de espacio de estímulos y espacio de sujetos debe tomarse en el sentido de que son dos espacios distintos, por lo que no es posible representar ambos en un único gráfico. El espacio de sujetos tiene una serie de propiedades interesantes para la interpretación de la solución proporcionada por INDSCAL. Por ejemplo, se cumple que si elevamos al cuadrado el peso otorgado por un sujeto a una dimensión determinada, el valor obtenido se corresponde con la proporción de varianza en los datos del sujeto que es explicada por esa dimensión. También se cumple que si sumamos todos los pesos al cuadrado para un mismo sujeto, el valor obtenido es la proporción de varianza en los datos del sujeto que es explicada por la solución proporcionada por INDSCAL, es decir, este valor coincide con el del estadístico RSQ para ese sujeto.

Por otra parte, dado que sólo se permiten pesos positivos, la presencia de valores negativos en la matriz W puede indicar un mal ajuste del modelo a los datos. No obstante, si los valores son muy pequeños pueden tomarse simplemente como aproximaciones a un valor cero en el peso. En este último caso, no existe ningún problema de ajuste. Adicionalmente, A partir de las dos matrices anteriores (X y W) es posible recuperar el espacio de estímulos individual para cada uno de los sujetos (espacio del sujeto). Esto se consigue simplemente multiplicando cada coordenada del espacio de estímulos total por la raíz cuadrada del peso asignado por el sujeto a esa dimensión (ver la penúltima fórmula mostrada). Las nuevas coordenadas, $y_{ia,k}$, muestran el espacio del grupo "encogido" en aquellas dimensiones que resultan ser menos relevantes para el individuo.

Ejemplo de modelo de escalamiento en diferencias individuales INDSCAL con SPSS

Consideramos la ordenación hecha por tres periódicos distintos relativa a las calificaciones de doce tipos de programas de espectáculos diferentes de acuerdo a sus preferencias, resultando los siguientes datos:

Preferencias	Periódico1	Periódico2	Periódico3
Concursos	7	12	12
Documentales	5	3	3
Cine	1	4	7
Humor	6	11	8.
Telediarios	3	1	6
Magazines	8	6	5
Salud	9	5	4
Deportes	12	2	1
Música	2	10	9
Series	11	8	10
Debates	4	7	2
Reality-shows	10	9	11

A partir de estas preferencias (archivo *indscal.sav*) se trata de realizar un escalamiento no métrico que permita representar estos programas para poder analizarlos, clasificarlos y relacionarlos.

Comenzamos introduciendo la información en el *Editor de datos* de SPSS como 12 columnas (una por cada programa) y 3 filas (una por cada periódico), es decir situamos sobre el editor de SPSS, la transpuesta de la matriz de preferencias. A continuación se selecciona *Analizar → Escalas → Escalamiento multidimensional-ALSCAL* (Figura 6-27). Se obtiene la pantalla de entrada del procedimiento de la Figura 6-28.

Se introducen todas las variables de valoraciones de programas en el análisis, se señala el botón *Crear distancias a partir de datos* y se elige como *Medida* la *Distancia euclídea* (por defecto). En el campo *Matrices individuales* se introduce la variable *Periódico*. Con los botones *Opciones* y *Modelo* se obtienen pantallas que se rellenan como se indica en la Figuras 6-29 y 6-30 (se observa *Ordinal* en *Nivel de medida*, *Matriz* en *Condicinalidad* y *Distancia euclídea de diferencias individuales* en *Modelo de escalamiento*). Se eligen dos dimensiones para obtener las coordenadas de los estímulos y para representar el mapa perceptual.

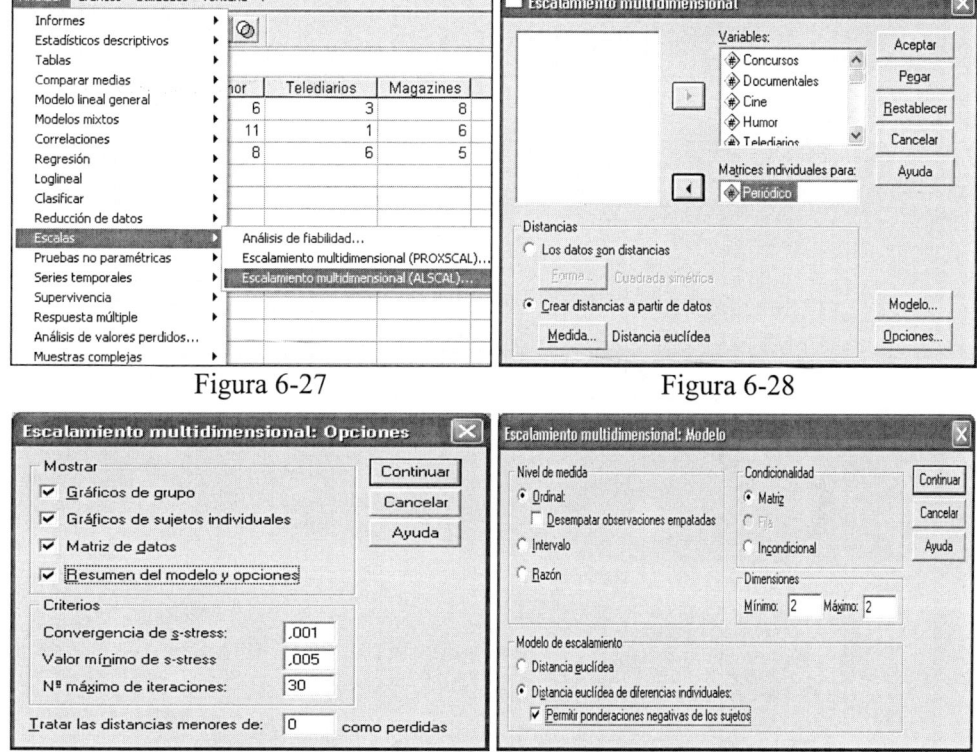

Figura 6-27   Figura 6-28

Figura 6-29   Figura 6-30

Al hacer clic en *Continuar* y *Aceptar*, se obtiene la salida textual del procedimiento ALSCAL que expresa las opciones de datos, de modelo, de salida y de algoritmo, así como el historial de iteraciones y la matriz de coordenadas normalizadas o coordenadas estímulos. Por último se obtiene el mapa perceptual (Figura 6-33).

El primer resultado que se obtiene es una tabla con el resumen del procedimiento de cálculo de las tres matrices de proximidades a partir de los datos de los perfiles originales mediante el procedimiento PROXIMITIES de SPSS (Figura 6-31). A continuación, SPSS utiliza esas matrices para llevara a cabo el análisis INDSCAL (Figura 6-32).

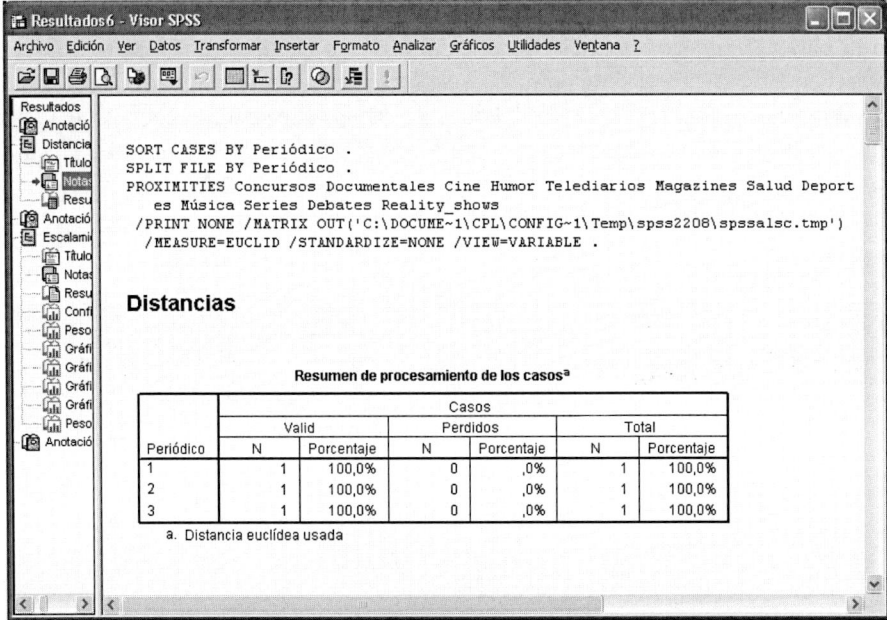

Figura 6-31

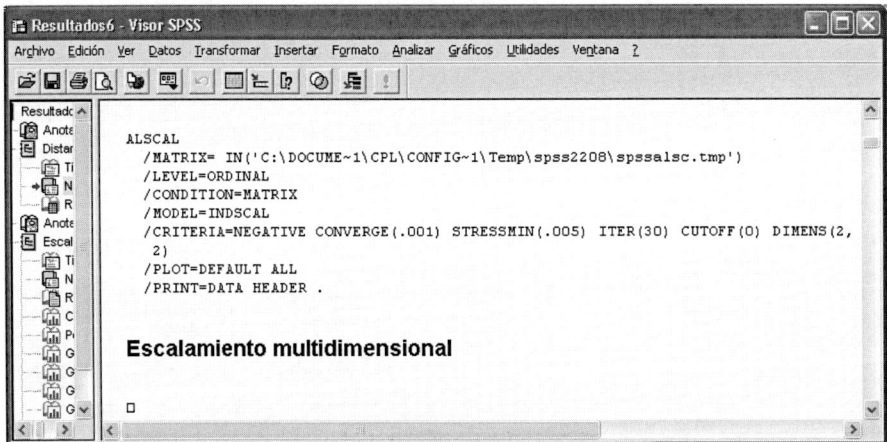

Figura 6-32

El resto de la salida corresponde al resultado de INDSCAL. Lo primero que vemos son las tres matrices de datos generadas por el procedimiento PROXIMITIES y que se han utilizado como entrada para el análisis INDSCAL. Las celdillas de cada una de estas matrices contienen la distancia euclídea entre los programas correspondentes (concursos, documentales, etc.). Se observa a través de la fórmula de Young que el proceso iterativo se detiene en la iteración cinco al no conseguir una mejora superior a 0,001. Los estadísticos Stress y RSQ nos indican el ajuste a la solución.

Stress es un indicador de la maldad del ajuste, por lo que cuanto más próximo sea su valor a cero, mejor será el ajuste. En nuestro caso vale 0,23 que es bastante bajo (más cercano a cero que a uno). Por otro lado, RSQ es un indicador de la bondad del ajuste, por lo que cuanto más próximo sea su valor a uno, mejor será el ajuste. En nuestro caso vale 0,73, que está cercano a la unidad. Por lo tanto el ajuste a la solución del procedimiento ALSCAL mediante INDSCAL para el MDS en diferencias individuales es bueno en nuestro ejemplo. Las coordenadas de los estímulos en las dos dimensiones son los puntos que producen la representación gráfica del mapa perceptual, que como se observa en la Figura 6-33 posiciona los programas. La salida textual muestra también la matriz de pesos *W* para cada uno de los periódicos en las dos dimensiones (*Subject Weights*) y que se interpretan como la importancia que tiene esa dimensión para ese periódico concreto. La columna *weirdness* (rareza) indica que rarezas próximas a cero son señal de que existe una diferencia notable entre los distintos periódicos. En nuestro caso ocurre precisamente lo contrario porque las rarezas son bastante altas. La parte final de la salida tabular nos muestra las matrices de disparidades para los tres periódicos. Si las comparamos con las matrices de proximidades brutas generadas por PROXIMITIES podemos ver el grado de transformación que ha sido necesario para que las proximidades originales cumplan las propiedades de la distancia euclídea. Por último se presenta la matriz de pesos aplanados.

```
Alscal Procedure Options

Data Options-

Number of Rows (Observations/Matrix).   12
Number of Columns (Variables) . . .     12
Number of Matrices  . . . . . .         3
Measurement Level . . . . . . .         Ordinal
Data Matrix Shape . . . . . . .         Symmetric
Type  . . . . . . . . . . .             Dissimilarity
Approach to Ties  . . . . . . .         Leave Tied
Conditionality . . . . . . .            Matrix
Data Cutoff at . . . . . . . .           ,000000

Model Options-

Model . . . . . . . . . . .             Indscal
Maximum Dimensionality  . . . .         2
Minimum Dimensionality  . . . .         2
Negative Weights  . . . . . . .         Permitted

Output Options-

Job Option Header . . . . . . .         Printed
Data Matrices . . . . . . . .           Printed
Configurations and Transformations .    Plotted
Output Dataset . . . . . . . .          Not Created
Initial Stimulus Coordinates  . . .     Computed
Initial Subject Weights . . . . .       Computed

Algorithmic Options-

Maximum Iterations  . . . . . .          30
Convergence Criterion   . . . .          ,00100
Minimum S-stress  . . . . . . .          ,00500
Missing Data Estimated by . . . .       Ulbounds
Tiestore  . . . . . . . . . .         198
```

Raw (unscaled) Data for Subject 1

	1	2	3	4	5
1	,000				
2	2,000	,000			
3	6,000	4,000	,000		
4	1,000	1,000	5,000	,000	
5	4,000	2,000	2,000	3,000	,000
6	1,000	3,000	7,000	2,000	5,000
7	2,000	4,000	8,000	3,000	6,000
8	5,000	7,000	11,000	6,000	9,000
9	5,000	3,000	1,000	4,000	1,000
10	4,000	6,000	10,000	5,000	8,000
11	3,000	1,000	3,000	2,000	1,000
12	3,000	5,000	9,000	4,000	7,000

	6	7	8	9	10
6	,000				
7	1,000	,000			
8	4,000	3,000	,000		
9	6,000	7,000	10,000	,000	
10	3,000	2,000	1,000	9,000	,000
11	4,000	5,000	8,000	2,000	7,000
12	2,000	1,000	2,000	8,000	1,000

	11	12
11	,000	
12	6,000	,000

Raw (unscaled) Data for Subject 2

	1	2	3	4	5
1	,000				
2	9,000	,000			
3	8,000	1,000	,000		
4	1,000	8,000	7,000	,000	
5	11,000	2,000	3,000	10,000	,000
6	6,000	3,000	2,000	5,000	5,000
7	7,000	2,000	1,000	6,000	4,000
8	10,000	1,000	2,000	9,000	1,000
9	2,000	7,000	6,000	1,000	9,000
10	4,000	5,000	4,000	3,000	7,000
11	5,000	4,000	3,000	4,000	6,000
12	3,000	6,000	5,000	2,000	8,000

	6	7	8	9	10
6	,000				
7	1,000	,000			
8	4,000	3,000	,000		
9	4,000	5,000	8,000	,000	
10	2,000	3,000	6,000	2,000	,000
11	1,000	2,000	5,000	3,000	1,000
12	3,000	4,000	7,000	1,000	1,000

	11	12
11	,000	
12	2,000	,000

Raw (unscaled) Data for Subject 3

	1	2	3	4	5
1	,000				
2	9,000	,000			
3	5,000	4,000	,000		
4	4,000	5,000	1,000	,000	
5	6,000	3,000	1,000	2,000	,000
6	7,000	2,000	2,000	3,000	1,000
7	8,000	1,000	3,000	4,000	2,000
8	11,000	2,000	6,000	7,000	5,000
9	3,000	6,000	2,000	1,000	3,000
10	2,000	7,000	3,000	2,000	4,000
11	10,000	1,000	5,000	6,000	4,000
12	1,000	8,000	4,000	3,000	5,000

	6	7	8	9	10
6	,000				
7	1,000	,000			
8	4,000	3,000	,000		
9	4,000	5,000	8,000	,000	
10	5,000	6,000	9,000	1,000	,000
11	3,000	2,000	1,000	7,000	8,000
12	6,000	7,000	10,000	2,000	1,000

	11	12
11	,000	
12	9,000	,000

Iteration history for the 2 dimensional solution (in squared distances)

Young's S-stress formula 1 is used.

Iteration	S-stress	Improvement
0	,33452	
1	,33696	
2	,31328	,02368
3	,30870	,00457
4	,30740	,00130
5	,30697	,00044

Iterations stopped because
S-stress improvement is less than   ,001000

Stress and squared correlation (RSQ) in distances

RSQ values are the proportion of variance of the scaled data (disparities)
in the partition (row, matrix, or entire data) which
is accounted for by their corresponding distances.
Stress values are Kruskal's stress formula 1.

Matrix	Stress	RSQ	Matrix	Stress	RSQ
1	,017	,999	2	,275	,621
3	,284	,566			

Averaged (rms) over matrices
Stress =   ,22858   RSQ = ,72857

Configuration derived in 2 dimensions
Stimulus Coordinates

Dimension

Stimulus Number	Stimulus Name	1	2
1	Concurso	1,6453	,1145
2	Document	-1,1248	-,4205
3	Cine	-,3158	-1,5848
4	Humor	1,1072	-,1443
5	Telediar	-1,0286	-1,0288
6	Magazine	-,3862	,4539
7	Salud	-,7214	,7457
8	Deportes	-1,3465	1,5928
9	Música	,9767	-1,2833
10	Series	,7869	1,2924
11	Debates	-,6640	-,7545
12	Reality_	1,0712	1,0168

Subject weights measure the importance of each dimension to each subject.
Squared weights sum to RSQ.

A subject with weights proportional to the average weights has a weirdness of zero, the minimum value.
A subject with one large weight and many low weights has a weirdness near one.
A subject with exactly one positive weight has a weirdness of one,
the maximum value for nonnegative weights.

Subject Weights

Dimension

Subject Number	Weird- ness	1	2
1	,9997	,0002	,9995
2	,7089	,7704	,1644
3	,6167	,7238	,2060
Overall importance of each dimension:		,3724	,3561

Optimally scaled data (disparities) for subject   1

	1	2	3	4	5
1	,000				
2	,577	,000			
3	1,739	1,162	,000		
4	,291	,291	1,454	,000	
5	1,162	,577	,577	,867	,000
6	,291	,867	2,034	,577	1,454
7	,577	1,162	2,324	,867	1,739
8	1,454	2,034	3,177	1,739	2,599
9	1,454	,867	,291	1,162	,291
10	1,162	1,739	2,876	1,454	2,324
11	,867	,291	,867	,577	,291
12	,867	1,454	2,599	1,162	2,034

	6	7	8	9	10
6	,000				
7	,291	,000			
8	1,162	,867	,000		
9	1,739	2,034	2,876	,000	
10	,867	,577	,291	2,599	,000
11	1,162	1,454	2,324	,577	2,034
12	,577	,291	,577	2,324	,291

	11	12
11	,000	
12	1,739	,000

Optimally scaled data (disparities) for subject   2

	1	2	3	4	5
1	,000				
2	2,176	,000			
3	2,055	,841	,000		
4	,841	2,055	1,886	,000	
5	2,392	,973	,973	2,334	,000
6	1,576	,973	,973	1,547	1,547
7	1,886	,973	,841	1,576	1,208
8	2,334	,841	,973	2,176	,841
9	,973	1,886	1,576	,841	2,176
10	1,208	1,547	1,208	,973	1,886
11	1,547	1,208	,973	1,208	1,576
12	,973	1,576	1,547	,973	2,055

	6	7	8	9	10
6	,000				
7	,841	,000			
8	1,208	,973	,000		
9	1,208	1,547	2,055	,000	
10	,973	,973	1,576	,973	,000
11	,841	,973	1,547	,973	,841
12	,973	1,208	1,886	,841	,841

	11	12
11	,000	
12	,973	,000

Optimally scaled data (disparities) for subject   3

	1	2	3	4	5
1	,000				
2	1,993	,000			
3	1,551	1,268	,000		
4	1,268	1,551	,819	,000	
5	1,698	1,070	,819	1,028	,000
6	1,766	1,028	1,028	1,070	,819
7	1,993	,819	1,070	1,268	1,028
8	2,632	1,028	1,698	1,766	1,551
9	1,070	1,698	1,028	,819	1,070
10	1,028	1,766	1,070	1,028	1,268
11	2,039	,819	1,551	1,698	1,268
12	,819	1,993	1,268	1,070	1,551

```
                    6          7          8          9         10

         6        ,000
         7        ,819       ,000
         8       1,268      1,070       ,000
         9       1,268      1,551      1,993       ,000
        10       1,551      1,698      1,993       ,819       ,000
        11       1,070      1,028       ,819      1,766      1,993
        12       1,698      1,766      2,039      1,028       ,819

                   11         12

        11        ,000
        12       1,993       ,000
```

Flattened Subject Weights

```
                           Variable
Subject    Plot        1
Number    Symbol
   1         1      -1,4125
   2         2        ,7667
   3         3        ,6458
```

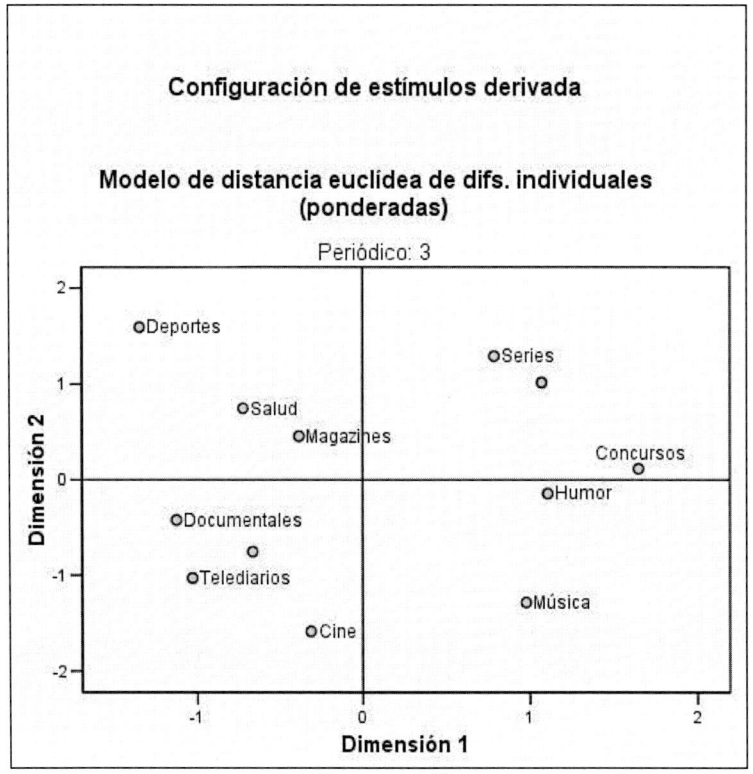

Figura 6-33

La Figura 6-33(mapa perceptual) representa en el espacio de los estímulos las dos dimensiones de la matriz de coordenadas de los estímulos. Se observa que la primera dimensión distingue a los programas más informativos, situados a la izquierda (deportes, salud, magazines, documentales, debates, telediarios y cine), de los programas no informativos, situados a la derecha (series, concursos, programas de humor y música). Por otra parte, la segunda dimensión distingue entre los programas culturales, situados abajo (cine, música, telediarios, debates, documentales) de los programas de entretenimiento, situados arriba (deporte, series, salud, magazines, concursos). Así, mientras los periódicos 2 y 3 clasifican los programas fundamentalmente en función de su grado de información, el periódico 1 los clasifica prácticamente en función de su contenido cultural.

INDSCAL ofrece algunas salidas gráficas adicionales al resto de los métodos MDS. El gráfico de la Figura 6-34 muestra el espacio de los sujetos. Se observa que la orientación de los vectores (las flechas han sido añadidas a mano) es diferente para los distintos periódicos. El periódico 1 forma un ángulo muy grande con la dimensión 2 y muy pequeño con la dimensión 1, lo que indica un mayor peso de la dimensión 1, tal y como se desprendía del análisis de la matriz de pesos W. Para los periódicos 2 y 3 ocurre lo contrario, lo que indica que toman posiciones opuestas al periódico 1.

La Figura 6-35 presenta el gráfico de ajuste lineal, que muestra el grado de ajuste lineal entre las disparidades correspondientes a los periódicos (mostradas en la parte final de la salida tabular) y las distancias para la solución INDSCAL (mostradas al principio de la salida tabular). El ajuste es tanto mejor cuanto más se acerque la nube de puntos a la diagonal del primer cuadrante. Se observa que el ajuste es algo mejor para distancias mayores debido a que Stress se calcula a partir de distancias cuadráticas, por lo que tiende a enfatizar el ajuste para distancias mayores.

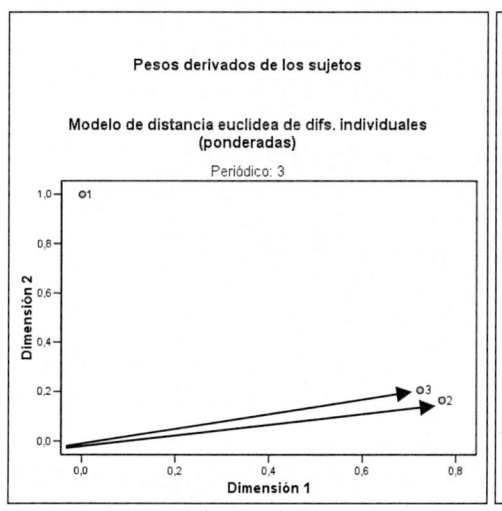

Figura 6-34

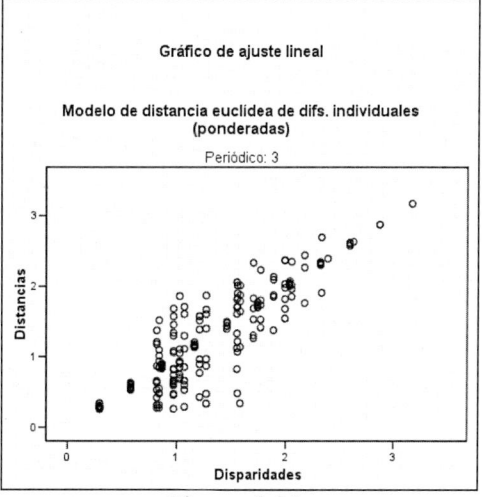

Figura 6-35

MODELO DE ESCALAMIENTO DESDOBLADO (UNFOLDING)

Existen también modelos de MDS para matrices de datos que no son cuadradas. Todos los modelos de escalamiento que hemos visto hasta ahora trabajaban con matrices cuadradas, con el mismo número de estímulos en filas y columnas. También hemos utilizado matrices cuadradas al aplicar el modelo INDSCAL, aunque las tratamos como una única matriz en tres vías y dos modos. Las matrices cuadradas (especialmente si son simétricas) constituyen el tipo de datos de entrada más común en MDS. Alternativamente, la característica fundamental de una matriz rectangular es que las entidades representadas en las filas y las columnas (generalmente sujetos y estímulos) son diferentes. Por tanto, un análisis MDS con una matriz rectangular deberá representar conjuntamente ambas entidades. Esto representa una propiedad sumamente interesante de este tipo de modelos. Recordemos que INDSCAL representa un espacio para los sujetos y otro para los estímulos, pero no ambos conjuntamente.

En los modelos de escalamiento con matriz rectangular los datos de entrada suelen ser puntuaciones de preferencia otorgados por un grupo de sujetos para un conjunto de estímulos, aunque también es posible utilizar otro tipo de puntuaciones. Suelen utilizarse dos tipos de modelos para matrices rectangulares de preferencia: el modelo vectorial y el modelo del "punto ideal" (que aquí denominamos "desdoblado" o *unfolding*). En el primero, una de las entidades (generalmente los estímulos) se representa como puntos en un espacio, mientras que la otra (generalmente los sujetos) se representa como vectores en ese mismo espacio. De este modo, la proyección de las posiciones de los estímulos sobre el vector de un sujeto (cuyo extremo indica la máxima preferencia) deberá reflejar las preferencias de ese sujeto. En el modelo desdoblado, tanto los sujetos como los estímulos se representan como puntos. Los puntos que representan a los sujetos en el espacio de la solución indican la zona donde reencontraría la máxima preferencia de cada sujeto, de tal modo que a medida que nos alejamos de uno de esos puntos en cualquier dirección, la preferencia va disminuyendo. Si alguno de los estímulos está próximo a un punto, ese estímulo es el ideal para el sujeto representado por el punto. Por esta razón se conoce a este modelo como el modelo del "punto ideal".

La matriz de entrada en el MDS desdoblado es una matriz rectangular de preferencias en dos vías y dos modos (generalmente *sujetos* × *estímulos*), donde cada entrada p_{ij} de la matriz corresponde a la preferencia expresada por el sujeto i por el estímulo j. Dado que cada fila de la matriz contiene las puntuaciones de preferencia de una fuente de datos distinta (generalmente un sujeto), es habitual suponer aquí que los datos de cada fila son condicionales.

En el MDS desdoblado, la matriz rectangular es un trozo de la diagonal de una matriz de proximidades incompleta, lo que implica que el análisis da por perdida gran cantidad de la información contenida en la matriz de proximidades completa. Luego el modelo desdoblado es el modelo más propenso a no converger o proporcionarnos soluciones degeneradas. El modelo asume que la proximidad del estímulo j al punto ideal del sujeto i (π_{ij}) es una fundición de la preferencia del sujeto i-ésimo por el estímulo j-ésimo (p_{ij}). Tenemos:

$$\pi_{ij} = f\left(p_{ij}\right) = d_{ij}^2 \quad \text{con} \quad d_{ij}^2 = \sum_{a=1}^{r}\left(y_{ia} - x_{ja}\right)^2$$

y_{ia} = coordenada del sujeto i-ésimo en la dimensión a-ésima.

x_{ja} = coordenada del estímulo j-ésimo en la dimensión a-ésima.

f puede ser lineal (caso métrico) o monotónica (caso no-métrico).

Ejemplo de modelo de escalamiento desdoblado (unfolding) con SPSS

El fichero *unfolding.sav* contiene la matriz de preferencias sobre 9 materias de la actividad educativa (docencia, centros, educación, tecnología, multicultura, estadística, evaluación, escalas, e inspección) relativa a 18 profesores. A partir de estas preferencias se trata de realizar un escalamiento desdoblado que permita representar estas materias para poder analizarlas, clasificarlas y relacionarlas.

Comenzamos abriendo en SPSS el fichero *unfolding.sav* que contiene los datos de preferencias entre materias y a continuación se selecciona *Analizar → Escalas → Escalamiento multidimensional-ALSCAL* (Figura 6-36). Se obtiene la pantalla de entrada del procedimiento de la Figura 6-37. Se introducen todas las variables de preferencias en el análisis, se señala el botón *Los datos son Distancias* y se elige como *Forma* de la matriz de datos *Rectangular* con 18 filas. Con los botones *Opciones* y *Modelo* se obtienen pantallas que se rellenan como se indica en la Figuras 6-38 y 6-39 (se observa *Ordinal* en *Nivel de medida* y *Fila* en *Condicionalidad*). Se eligen dos dimensiones para obtener las coordenadas de los estímulos y para representar el mapa perceptual.

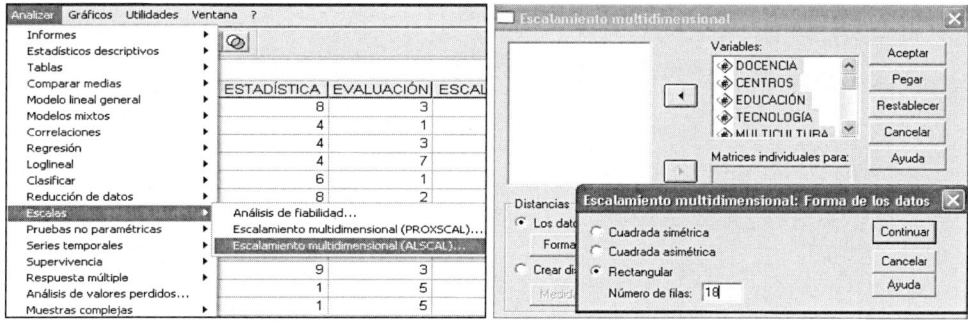

Figura 6-36   Figura 6-37

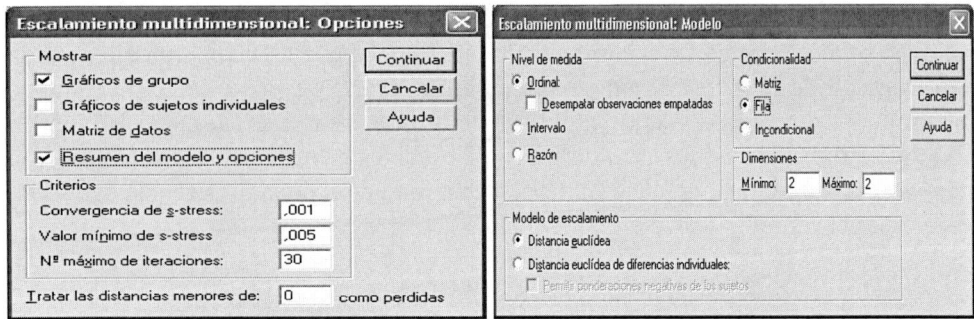

Figura 6-38   Figura 6-39

Al hacer clic en *Continuar* y *Aceptar*, se obtiene la salida textual del procedimiento ALSCAL que expresa las opciones de datos, de modelo, de salida y de algoritmo, así como el historial de iteraciones y la matriz de coordenadas normalizadas o coordenadas estímulos. Por último se obtiene el mapa perceptual (Figura 6-40).

```
Alscal Procedure Options

Data Options-

Number of Rows (Observations/Matrix).   18
Number of Columns (Variables) . . .      9
Number of Matrices   . . . . . .         1
Measurement Level . . . . . . .        Ordinal
Data Matrix Shape . . . . . . .        Rectangular
Type  . . . . . . . . . . .            Dissimilarity
Approach to Ties  . . . . . . .        Leave Tied
Conditionality . . . . . . . .         Row
Data Cutoff at . . . . . . . .          ,000000

Model Options-

Model . . . . . . . . . . .            Euclid
Maximum Dimensionality  . . . . .       2
Minimum Dimensionality  . . . . .       2
Negative Weights  . . . . . . .        Not Permitted

Output Options-

Job Option Header . . . . . . .        Printed
Data Matrices . . . . . . . .          Not Printed
Configurations and Transformations .   Plotted
Output Dataset . . . . . . . .         Not Created
Initial Stimulus Coordinates  . . .    Computed
Initial Column Stimulus Coordinates .  Computed

Algorithmic Options-

Maximum Iterations  . . . . . .          30
Convergence Criterion  . . . . .        ,00100
Minimum S-stress  . . . . . . .         ,00500
Missing Data Estimated by  . . . .     Ulbounds
Tiestore . . . . . . . . . .           729
```

Iteration history for the 2 dimensional solution (in squared distances)

```
          Young's S-stress formula 2 is used.

      Iteration     S-stress        Improvement

          1          ,37783
          2          ,22455           ,15329
          3          ,15458           ,06996
          4          ,11684           ,03774
          5          ,09358           ,02327
          6          ,07788           ,01569
          7          ,06645           ,01143
          8          ,05781           ,00864
          9          ,05110           ,00672
         10          ,04574           ,00535
         11          ,04139           ,00436
         12          ,03777           ,00362
         13          ,03469           ,00308
         14          ,03202           ,00267
         15          ,02967           ,00235
         16          ,02759           ,00208
         17          ,02573           ,00185
         18          ,02407           ,00167
         19          ,02256           ,00151
         20          ,02119           ,00137
         21          ,01993           ,00125
         22          ,01878           ,00115
         23          ,01773           ,00106
         24          ,01675           ,00097

                 Iterations stopped because
        S-stress improvement is less than    ,001000

     Stress and squared correlation (RSQ) in distances

RSQ values are the proportion of variance of the scaled data (disparities)
     in the partition (row, matrix, or entire data) which
     is accounted for by their corresponding distances.
     Stress values are Kruskal's stress formula 2.

                       Matrix    1
                   (Row Stimuli Only)
     Stimulus     Stress     RSQ   Stimulus     Stress      RSQ

         1         ,008    1,000       2         ,002     1,000
         3         ,003    1,000       4         ,032      ,999
         5         ,025     ,999       6         ,013     1,000
         7         ,043     ,998       8         ,006     1,000
         9         ,048     ,998      10         ,047      ,998
        11         ,016    1,000      12         ,031      ,999
        13         ,052     ,997      14         ,038      ,999
        15         ,018    1,000      16         ,000     1,000
        17         ,032     ,999      18         ,033      ,999

                 Averaged (rms) over stimuli
              Stress  =    ,030      RSQ =   ,999


          Configuration derived in 2 dimensions

                 Stimulus Coordinates

                     Dimension
```

```
Stimulus    Stimulus      1       2
Number      Name

Column
   1        DOCENCIA    1,3101   -,6810
   2        CENTROS     1,3178   -,6734
   3        EDUCACIÓ   -3,2012    ,8360
   4        TECNOLOG     ,9442  -1,1989
   5        MULTICUL     ,7738  -1,5508
   6        ESTADÍST     ,9856  -1,1554
   7        EVALUACI    1,0305  -1,0463
   8        ESCALAS     1,0012  -1,1323
   9        INSPECCI    1,0240  -1,1094
Row
   1                    -,7128    ,6329
   2                    -,2403    ,1805
   3                    -,2032    ,1786
   4                    -,6147    ,5514
   5                    -,5727    ,6120
   6                    -,7442    ,5661
   7                    -,2130   -,0125
   8                    -,2350    ,1501
   9                    -,8579    ,3749
  10                    -,8415    ,4051
  11                    -,2555    ,2060
  12                    -,6201    ,5397
  13                    -,7778    ,5193
  14                    -,2233    ,1206
  15                    -,8747    ,3747
  16                    3,7724    ,8389
  17                    -,4841    ,7396
  18                    -,4879    ,7338
```

Se observa a través de la fórmula de Young que el proceso iterativo se detiene en la iteración 24 al no conseguir una mejora superior a 0,001. Los estadísticos Stress y RSQ nos indican el ajuste a la solución. Stress es un indicador de la maldad del ajuste, por lo que cuanto más próximo sea su valor a cero, mejor será el ajuste. En nuestro caso vale 0,03 que es casi cero. Por otro lado, RSQ es un indicador de la bondad del ajuste, por lo que cuanto más próximo sea su valor a uno, mejor será el ajuste. En nuestro caso vale 0,999, que es casi la unidad. Por lo tanto el ajuste a la solución del procedimiento ALSCAL para el MDS desdoblado es muy bueno en nuestro ejemplo.

Las coordenadas de los estímulos (materias de la actividad educativa) en las dos dimensiones son los puntos que producen la representación gráfica del mapa perceptual, que como se observa en la Figura 6-40. En este gráfico los estímulos y los sujetos (profesores) se muestran en un espacio común. Se ve que hay buena relación entre casi todas las materias (salvo *educación*), porque aparecen juntas en la misma zona del gráfico. Lo mismo ocurre con los profesores (salvo el número 16) .

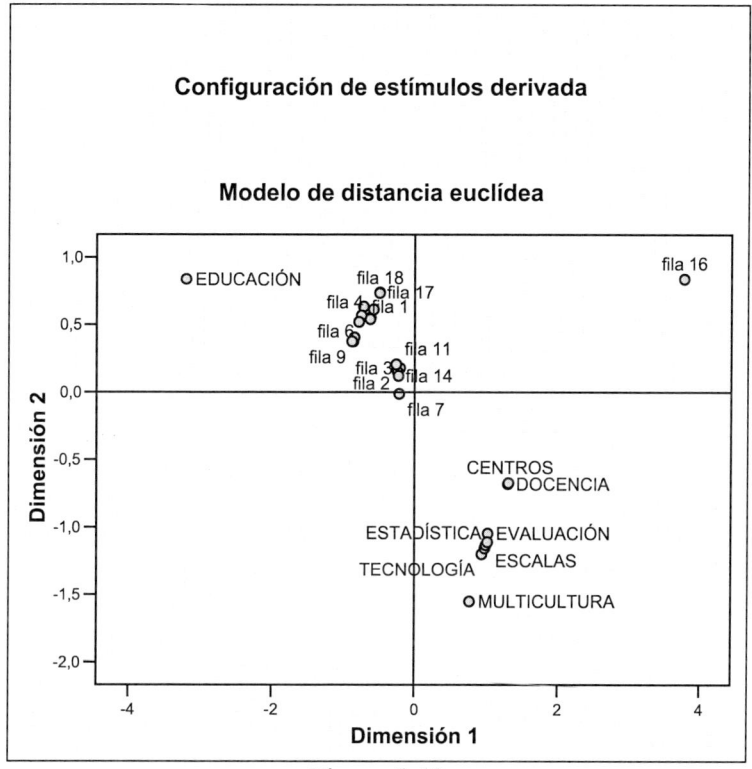

Figura 6-40

MODELO DE ESCALAMIENTO CON REPLICACIÓN

En el modelo de escalamiento con replicación se trata la matriz de entrada, que es una matriz en tres vías, como varias replicaciones de una misma matriz en dos vías. El ajuste del modelo a las m matrices se calcula mediante una variante de S-Stress basada en la media de la razón entre las sumas de cuadrados del error y las sumas de cuadrados totales para cada matriz. Tenemos:

$$S - Stress = \sqrt{\frac{1}{m}\sum_{m}\frac{\sum_{i}\sum_{j}\left(d_{ij}^{2} - \hat{d}_{ij}\right)^{2}}{\sum_{i}\sum_{j}\hat{d}_{ij}^{2}}}$$

Para mostrar el ajuste final del modelo a los datos se utilizará Stress y la medida RSQ promedio para las m matrices de datos. Adicionalmente se mostrarán también los valores de ajuste para cada matriz individual.

MODELOS GEMSCAL E IDIOSCAL

El modelo GEMSCAL (*Generalizad Euclidean Model SCALing*) propuesto por Young puede ser asimilado al más conocido modelo IDIOSCAL (*Individual Differences in Orientation SCALing*) propuesto por Carrol y Chang. El modelo expresa la existencia de diferencias entre las fuentes de datos (generalmente sujetos) permitiendo que cada fuente lleve a cabo una rotación diferente de las dimensiones del espacio de estímulos común.

Esta es la principal diferencia entre el modelo GEMSCAL y el modelo INDSCAL, donde la orientación del espacio de estímulos es única. Podemos considerar, pues, a INDSCAL como un caso particular del modelo GEMSCAL.

El modelo utiliza como entrada generalmente varias matrices de proximidades, aunque en versiones más complejas del mismo también pueden utilizarse matrices rectangulares y matrices asimétricas. La familia GEMSCAL contiene en realidad 40 modelos diferentes, 20 de los cuales son para matrices cuadradas (4 para matrices simétricas y 16 para matrices asimétricas) y otros 20 son para matrices rectangulares. Dada esta complejidad nos centraremos en el caso de varias matrices de proximidades simétricas como entrada, que es de hecho el modelo IDIOSCAL.

En el modelo IDIOSCAL, la distancia entre dos estímulos i y j para la matriz k (la k-ésima fuente de datos) viene dada por la siguiente expresión:

$$d_{ij,k} = \sqrt{\sum_{a=1}^{m} \sum_{a'=1}^{m'} \left(x_{ia} - x_{ja}\right) w_{kaa'} \left(x_{ia'} - x_{ja'}\right)}$$

Los subíndices a y a' representan las m dimensiones correspondientes, respectivamente, al espacio común de estímulos y al espacio de cada sujeto (o fuente de datos). La matriz $W_{kaa'}$ es una matriz de dimensiones $m \times m$ positiva definida o semidefinida, que contiene los pesos asociados con cada una de las k matrices correspondientes a las distintas fuentes de datos. A efectos prácticos, lo que proporciona esta matriz de pesos es una rotación ortogonal del espacio de estímulos a un nuevo sistema de coordenadas específico de cada fuente de datos. Si consideramos el caso especial donde la matriz $W_{kaa'}$ es una matriz diagonal con pesos no negativos, entonces el modelo GEMSCAL pasa a simplificarse y convertirse en el modelo INDSCAL. En efecto, si $w_{kaa'} = w_{ka'}$ entonces $a = a'$, por lo que el producto $\left(x_{ia} - x_{ja}\right)\left(x_{ia'} - x_{ja'}\right)$ se convierte en $\left(x_{ia} - x_{ja}\right)^2$, y la fórmula de la distancia pasa a ser la ya conocida del modelo INSCAL:

$$d_{ij,k} = \sqrt{\sum_{a=1}^{m} w_{ka} \left(x_{ia} - x_{ja}\right)^2}$$

La representación final es un espacio conjunto para estímulos y sujetos, donde los estímulos aparecen representados como puntos, y los sujetos como vectores. Las direcciones a las que apuntan los vectores de un sujeto en el espacio corresponden a las direcciones más importantes para ese sujeto, mientras que la longitud de los vectores corresponderá a la importancia que ese sujeto otorga cada dirección. La proyección de los estímulos sobre los vectores de un sujeto proporcionará el espacio de estímulos propio de ese sujeto, donde cada dimensión se verá "encogida" en función de la longitud del vector correspondiente.

MODELOS PARA MATRICES ASIMÉTRICAS

Es habitual en el MDS que la matriz cuadrada de proximidades sea simétrica $(\partial_{ij} = \partial_{ji})$. Pero en la práctica nos podemos encontrar con la posibilidad de que existan asimetrías en las proximidades (por ejemplo, una situación de interacciones sociales donde el sujeto A puede dirigirse al B más a menudo de lo que el sujeto B se dirige al A). En ese tipo de situaciones es posible analizar por separado cada mitad triangular de la matriz de proximidades (obtendríamos una solución para las interacciones en un sentido y otra solución para las interacciones en sentido inverso) o promediar los resultados para ambas matrices triangulares y utilizar la matriz promedio como entrada para un análisis MDS (la proximidad entre los sujetos A y B será ahora el promedio de interacciones en ambos sentidos) o incluso utilizar ambas matrices triangulares como entrada y tratarlas como replicaciones (la solución mostrará una solución común a ambas, así como el grado de acuerdo entre las presentaciones derivadas de ambas matrices). No obstante, existen modelos de MDS apropiados para trabajar con datos asimétricos. Los más importantes y utilizados son: el modelo ASCAL (*Asymmetric SCALing*) para datos en dos vías y un modo, y el modelo AINDS (*Asymmetric Individual Differences Scaling*), para datos en tres vías y dos modos.

Modelo ASCAL

Este modelo toma como entrada una matriz de proximidades asimétrica en dos vías y un modo. La distancia entre los estímulos *i* y *j* viene dada por:

$$d_{ij} = \sqrt{\sum_{a=1}^{m} v_{ia} \left(x_{ia} - x_{ja} \right)^2} \qquad v_{ia} = \text{matriz de pesos de dimensiones } n \times m$$

Las celdillas de v_{ia} indican el peso de cada uno de los *n* estímulos en cada una de las *m* dimensiones. La salida del modelo ASCAL contendrá una matriz *X* de coordenadas de los *n* estímulos en las *m* dimensiones y una matriz *V* de pesos de los *n* estímulos en las *m* dimensiones.

Modelo AINDS

Este modelo toma como entrada una matriz de proximidades asimétrica en tres vías y dos modos. Se asume que las distancia entre los estímulos i y j para la matriz k (k-ésima fuente de datos) viene dada por la siguiente expresión:

$$d_{ij,k} = \sqrt{\sum_{a=1}^{m} v_{ia} w_{ka} \left(x_{ia} - x_{ja}\right)^2}$$

v_{ia} es una matriz de pesos, de dimensiones $n \times m$ cuyas celdas indican el peso de cada uno de los n estímulos en cada una de las m dimensiones.

w_{ka} es una matriz de dimensiones $r \times m$ cuyas celdas indican el peso otorgado por cada sujeto (o fuente de datos) a cada dimensión. Esta matriz tiene una interpretación similar a la matriz correspondiente del modelo INDSCAL.

La salida del procedimiento AINDS presenta una matriz X de coordenadas de los n estímulos en las m dimensiones, una matriz V de pesos de los n estímulos en las m dimensiones y una matriz W de pesos de los r sujetos en las m dimensiones.

Ejemplo de modelo PROXCAL con SPSS

En SPSS también es posible ejecutar escalamiento multidimensional a través del procedimiento PROXSCAL. Para ello abra el fichero de datos *proxcal.sav* que contiene datos sobre 5 puntos de ventas de una empresa para el estudio de su similaridad y elija en los menús (Figura 6-41): *Analizar → Escala → Escalamiento multidimensional (proxscal).* Accederá al cuadro de diálogo *Formato de datos* (Figura 6-42). Se debe especificar en el campo *Formato de datos* si los datos son medidas de proximidad o si desea crear las proximidades a partir de los datos. En el campo *Número de fuentes,* si los datos son proximidades, debe especificar si dispone de una fuente única o de varias fuentes de medidas de proximidad. Si hay una sola fuente de proximidades, en *Una fuente*, especifique si el conjunto de datos se encuentra en un formato con las proximidades en una matriz a través de las columnas o en una única columna con dos variables diferentes para identificar la fila y la columna de cada proximidad. Si hay varias fuentes de proximidades, en *Varias fuentes*, especifique si el conjunto de datos se encuentra en un formato con las proximidades a través de las columnas en matrices apiladas, en varias columnas con una fuente por cada columna o en una única columna. El botón *Definir* nos lleva a la Figura 6-44 en la que seleccionaremos al menos tres variables que se utilizarán para crear la matriz de proximidades (o matrices, si hay varias fuentes). Si existen varias variables, seleccione una variable de fuentes (campo *Fuentes*). El número de objetos en la variable de proximidades deberá ser igual al número de filas multiplicado por el número de columnas y por el número de fuentes.

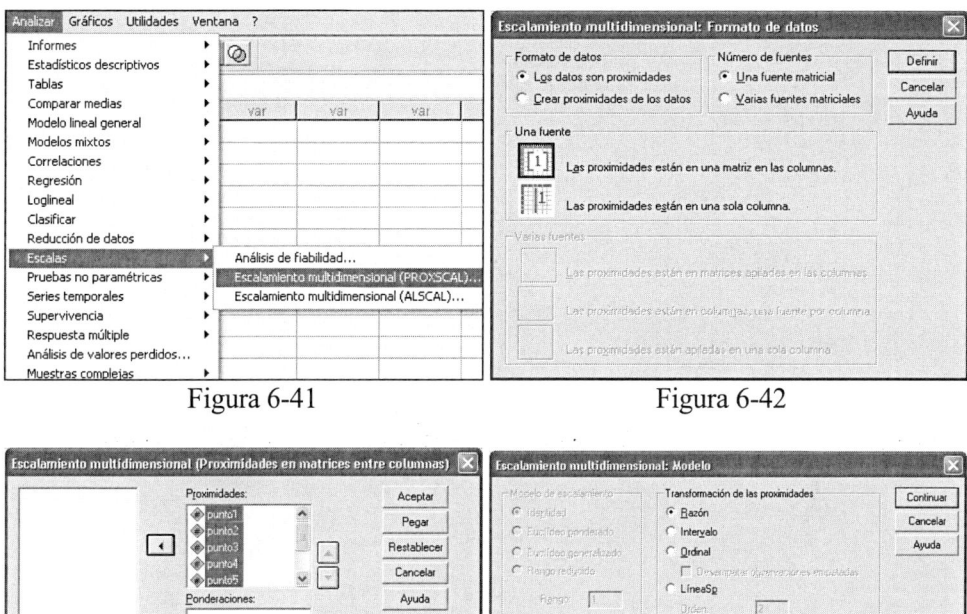

Figura 6-41

Figura 6-42

Figura 6-43

Figura 6-44

Además, puede definir un modelo para el escalamiento multidimensional, establecer restricciones en el espacio común, establecer criterios de convergencia, especificar la configuración inicial que se va a utilizar y seleccionar gráficos y resultados. El botón *Modelo* (Figura 6-44) permite seleccionar el modelo de escalamiento, la forma de la matriz de proximidades, el tipo de transformaciones que se van a aplicar a las proximidades, el número de dimensiones en la solución y si las proximidades son datos de similaridad o de disimilaridad. Si lo desea, seleccione una medida para crear proximidades. El botón *Restricciones* (Figura 6-45) permite poner restricciones a la solución, fijar algunas coordenadas o hacer que la solución sea una combinación lineal de variables independientes. El botón *Opciones* (Figura 6-46) permite elegir una configuración inicial y seleccionar los criterios de iteración. El botón *Gráficos* solicita gráficos opcionales, que incluyen stress, espacio común, espacios individuales, ponderaciones de los espacios individuales, proximidades originales respecto a las transformadas, proximidades transformadas respecto a las distancias, variables independientes transformadas y gráficos de las correlaciones entre las dimensiones y las variables (Figura 6-47). El botón *Resultados* permite especificar resultados de tabla pivote y nuevas variables que se van a guardar en archivos externos (Figura 6-48).

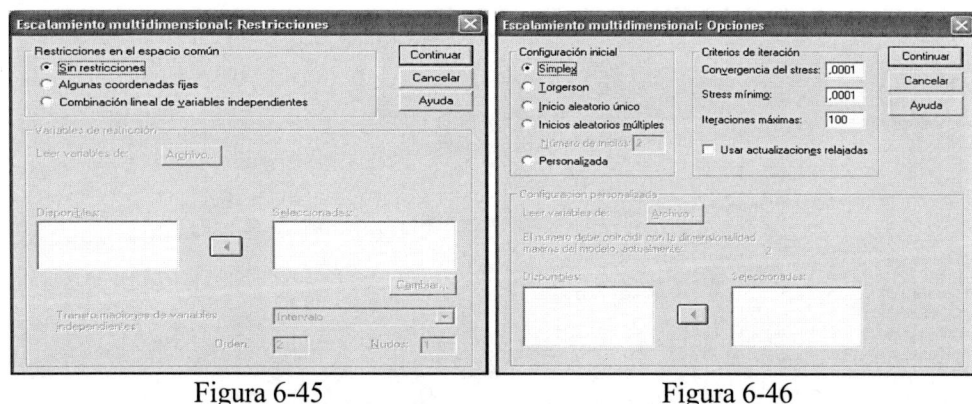

Figura 6-45   Figura 6-46

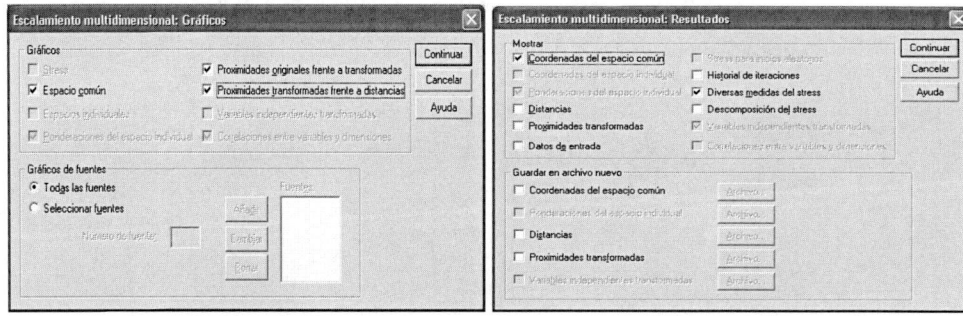

Figura 6-47   Figura 6-48

Una vez elegidas las especificaciones (que se aceptan con el botón *Continuar*), se pulsa el botón *Aceptar* en la Figura 6-43 para obtener los resultados del análisis EMD según se muestra en la Figura 6-49. En la parte izquierda de la figura podemos ir seleccionando los distintos tipos de resultados haciendo clic sobre ellos. También se ven los resultados desplazándose a lo largo de la pantalla. En las Figuras 6-50 a 6-53 se presentan salidas tabulares y gráficas de entre las múltiples que ofrece el procedimiento.

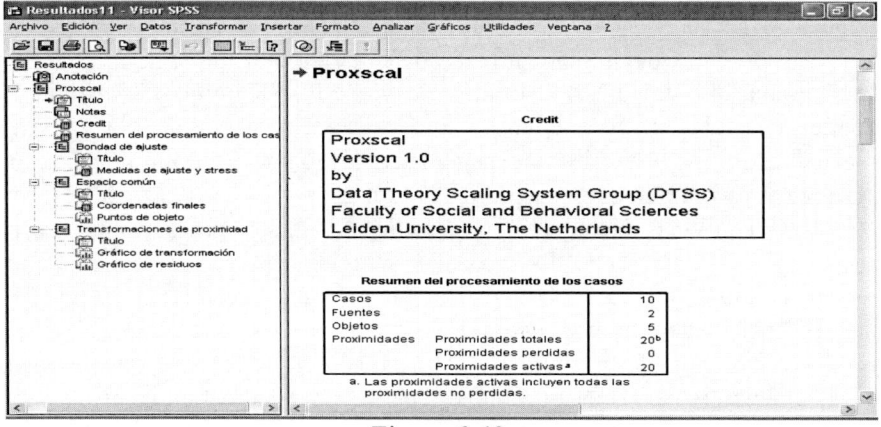

Figura 6-49

Bondad de ajuste

Medidas de ajuste y stress

Stress bruto normalizado	,07819
Stress-I	,27963[a]
Stress-II	,72171[a]
S-Stress	,07812[b]
Dispersión explicada (D. A.F.)	,92181
Coeficiente de congruencia de Tucker	,96011

PROXSCAL minimiza el stress bruto normalizado.

a. Factor para escalamiento óptimo = 1,085.

b. Factor para escalamiento óptimo = 1,051.

Figura 6-50

Espacio común

Coordenadas finales

	Dimensión	
	1	2
punto1	-,735	,252
punto2	-,572	-,178
punto3	,211	-,044
punto4	,353	-,296
punto5	,743	,266

Figura 6-51

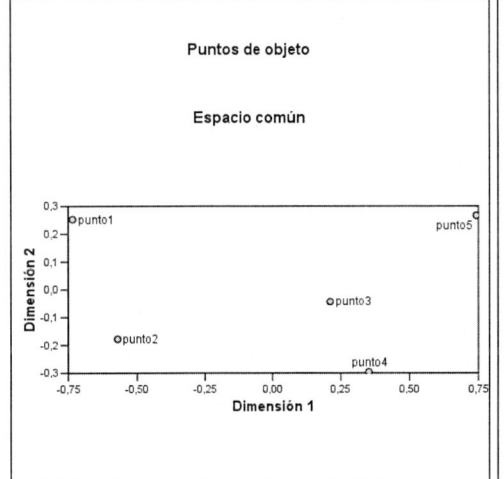

Figura 6-52

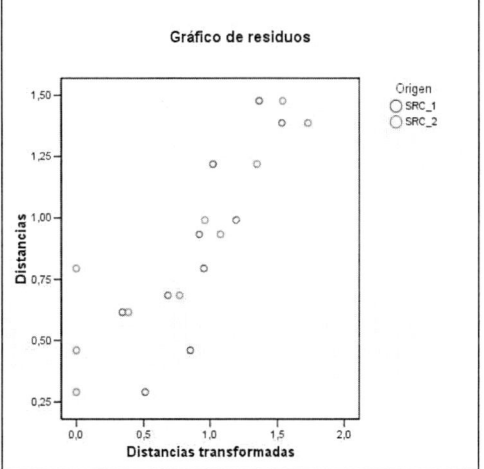

Figura 6-53

La bondad del ajuste es bastante correcta (Figura 6-50) con una medida de Stress bruto normalizado bajo (cercano a cero) y un coeficiente de congruencia de Tucker alto (cercano a 1). Las coordenadas finales en las dimensiones (Figura 6-51) y su representación gráfica en el gráfico de puntos objeto (Figura 6-52) muestran bastante disimilaridad entre los distintos puntos de venta (todos ellos están muy dispersos en el gráfico). La Figura 6-53 muestra el gráfico de distancias transformadas mediante MDS contra distancias originales. Mientras más se ajusten sus puntos a la diagonal del primer cuadrante mejor será el ajuste. En nuestro caso es aceptable.

Ejercicio 6-1. El archivo 6-1.sav contiene los datos con las valoraciones hechas por 18 estudiantes sobre la similaridad global de diferentes pares de naciones en una escala de rangos de 9 puntos que abarca desde 1 "Muy diferente" hasta 9 "Muy similar". A partir de esta matriz de datos realizar un escalamiento métrico que sitúe estas naciones sobre un mapa perceptual que identifique sus similaridades.

Comenzamos cargando el fichero *6-1.sav* que contiene los datos de las similaridades entre naciones mediante *Abrir → Datos* y a continuación se selecciona *Analizar → Escalas → Escalamiento multidimensional-ALSCAL* (Figura 6-54). Se obtiene la pantalla de entrada del procedimiento de la Figura 6-56. Se introducen todas las variables de similaridades entre naciones en el análisis, se señala el botón *Los datos son Distancias* y se elige como *Forma* de la matriz de datos *Cuadrada simétrica*. Con los botones *Opciones* y *Modelo* se obtienen pantallas que se rellenan como se indica en la Figuras 6-56 y 6-57 (se observa *Razón* en *Nivel de medida* y *Matriz* en *Condicionalidad*). Se eligen dos dimensiones para obtener las coordenadas de los estímulos y para representar el mapa perceptual.

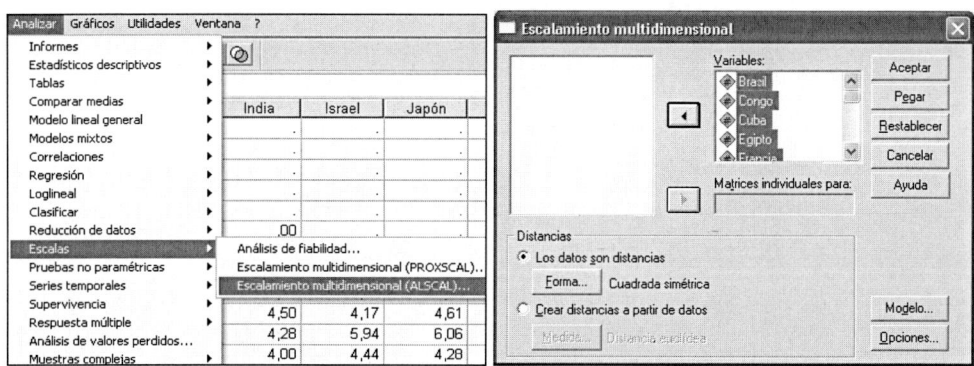

Figura 6-54   Figura 6-55

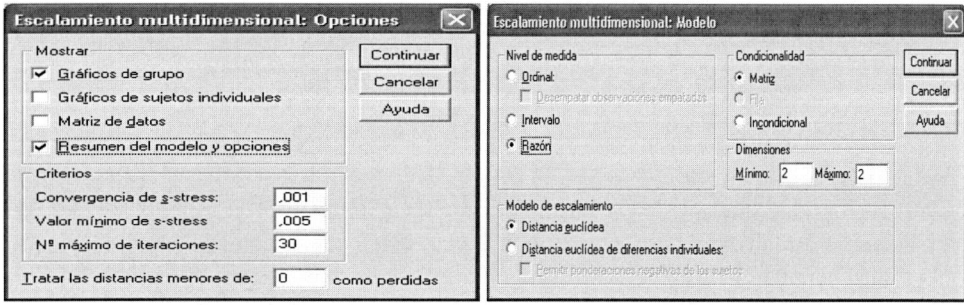

Figura 6-56   Figura 6-57

Al hacer clic en *Continuar* y *Aceptar*, se obtiene la salida textual del procedimiento ALSCAL que expresa las opciones de datos, de modelo, de salida y de algoritmo, así como el historial de iteraciones y la matriz de coordenadas normalizadas o coordenadas estímulos. Por último se obtiene el mapa perceptual (Figura 6-58).

Se observa a través de la fórmula de Young que el proceso iterativo se detiene en la tercera iteración al no conseguir una mejora superior a 0,001. Los estadísticos Stress y RSQ nos indican el ajuste a la solución. Stress vale 0,33 que es menor que bajo, pero RSQ vale 0,24 que es un valor poco cercano a 1. Por lo tanto el ajuste a la solución del procedimiento ALSCAL para el MDS puede ser algo dudoso.

Alscal Procedure Options

Data Options-

```
Number of Rows (Observations/Matrix).   12
Number of Columns (Variables) . . .     12
Number of Matrices   . . . . . .        1
Measurement Level . . . . . . .         Ratio
Data Matrix Shape . . . . . . .         Symmetric
Type  . . . . . . . . . .                Dissimilarity
Approach to Ties . . . . . .            Leave Tied
Conditionality . . . . . . .            Matrix
Data Cutoff at . . . . . . .             ,000000
```

Model Options-

```
Model . . . . . . . . . .                Euclid
Maximum Dimensionality  . . . .         2
Minimum Dimensionality  . . . .         2
Negative Weights  . . . . . .           Not Permitted
```

Output Options-

```
Job Option Header . . . . . . .         Printed
Data Matrices  . . . . . . .            Not Printed
Configurations and Transformations .    Plotted
Output Dataset . . . . . . .            Not Created
Initial Stimulus Coordinates  . . .     Computed
```

Algorithmic Options-

```
Maximum Iterations  . . . . . .             30
Convergence Criterion  . . . . .           ,00100
Minimum S-stress  . . . . . .              ,00500
Missing Data Estimated by . . . .       Ulbounds
```

Iteration history for the 2 dimensional solution (in squared distances)

Young's S-stress formula 1 is used.

Iteration	S-stress	Improvement
1	,50950	
2	,46114	,04836
3	,45585	,00529
4	,45460	,00125
5	,45421	,00039

Iterations stopped because
S-stress improvement is less than   ,001000

Stress and squared correlation (RSQ) in distances

For matrix
Stress =   ,33044   RSQ =   ,24348

Configuration derived in 2 dimensions

Stimulus Coordinates

```
                         Dimension

Stimulus    Stimulus       1         2
Number       Name

   1        Brasil        ,4388    1,3194
   2        Congo       -1,2054    -,0732
   3        Cuba          ,1328   -1,6381
   4        Egipto       -,3980    1,5437
   5        Francia       ,9662   -1,0499
   6        India         ,0701   -1,4414
   7        Israel       1,1505    -,2028
   8        Japón        1,1476     ,0234
   9        China        -,5956     ,8058
  10        Rusia        1,3241    1,0382
  11        USA         -1,6319     ,0060
  12        Servia      -1,3991    -,3311
```

Las coordenadas de los estímulos en las dos dimensiones son los puntos que producen la representación gráfica del mapa perceptual, que como se observa en la Figura 6-58 posiciona las naciones por similaridad. El gráfico de ajuste lineal de la Figura 6-59 presenta un diagrama de dispersión que relaciona las proximidades contenidas en la matriz de datos de entrada con las distancias existentes entre los países representados en la solución. Como los puntos aparecen bastante dispersos y no se ajustan a la diagonal, el ajuste no es bueno, tal y como ya conocemos a partir del valor del estadístico RSQ.

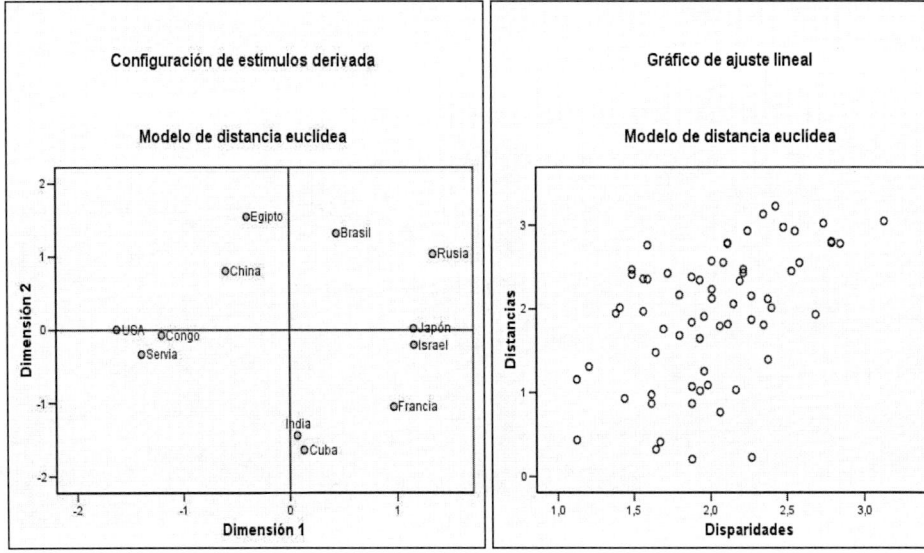

Figura 6-58   Figura 6-59

Ejercicio 6-2. Consideramos 6 marcas distintas de chocolatinas y pedimos a un encuestado que compare los 15 pares posibles de marcas asignando a cada par un rango indicativo de su parecido. El rango 1 se le asigna al par de chocolatinas más parecidas y el rango 15 al par menos parecido. A partir de esta matriz de rangos (archivo 6-2.sav), se trata de realizar un escalamiento no métrico que sitúe las chocolatinas sobre un mapa perceptual que permita analizar su similaridad.

Comenzamos cargando el fichero *6-2.sav* que contiene los rangos indicativos del parecido de las chocolatinas, y a continuación se selecciona *Analizar → Escalas → Escalamiento multidimensional-ALSCAL* (Figura 6-60). Se obtiene la pantalla de entrada del procedimiento de la Figura 6-61. Se introducen todas las variables de rangos entre chocolatinas en el análisis, se señala el botón *Los datos son Distancias* y se elige como *Forma* de la matriz de datos *Cuadrada simétrica*. Con los botones *Opciones* y *Modelo* se obtienen pantallas que se rellenan como se indica en la Figuras 6-62 y 6-63 (se observa *Ordinal* en *Nivel de medida* y *Matriz* en *Condicinalidad*). Se eligen dos dimensiones para obtener las coordenadas de los estímulos y para representar el mapa perceptual.

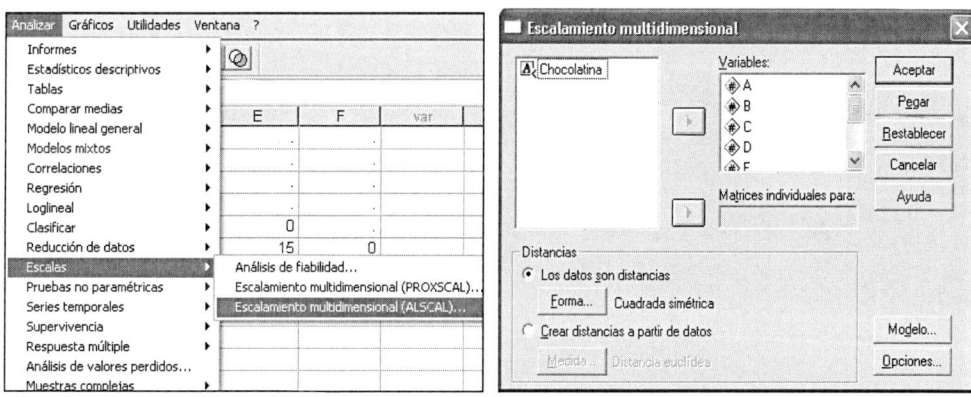

Figura 6-60   Figura 6-61

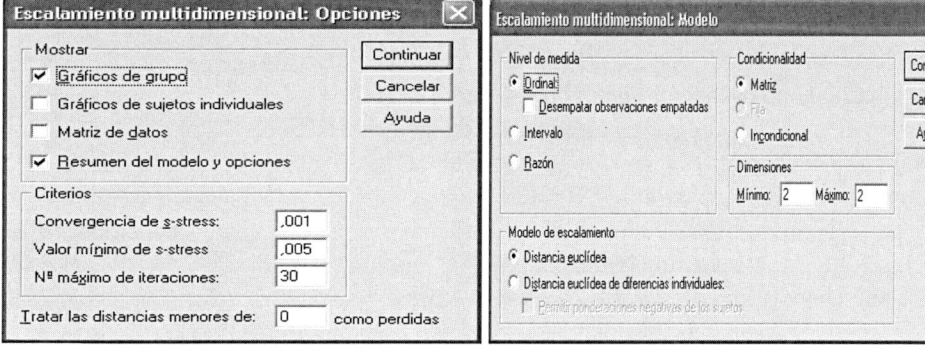

Figura 6-62   Figura 6-63

Al hacer clic en *Continuar* y *Aceptar*, se obtiene la salida textual del procedimiento ALSCAL que expresa las opciones de datos, de modelo, de salida y de algoritmo, así como el historial de iteraciones y la matriz de coordenadas normalizadas o coordenadas estímulos. Por último se obtiene el mapa perceptual (Figura 6-64).

```
Alscal Procedure Options

Iteration history for the 2 dimensional solution (in squared distances)

                 Young's S-stress formula 1 is used.

           Iteration      S-stress       Improvement

               1            ,00490

                     Iterations stopped because
                     S-stress is less than    ,005000
```

Stress and squared correlation (RSQ) in distances

```
RSQ values are the proportion of variance of the scaled data (disparities)
           in the partition (row, matrix, or entire data) which
           is accounted for by their corresponding distances.
              Stress values are Kruskal's stress formula 1.

                            For   matrix
              Stress  =  ,00366     RSQ =  ,99992
```

Configuration derived in 2 dimensions

Stimulus Coordinates

```
                       Dimension

Stimulus    Stimulus    1        2
Number      Name

    1       A         ,2063    ,9503
    2       B        -,1189    ,8071
    3       C        -,4406  -1,8678
    4       D        1,0589   -,2192
    5       E        1,2549   -,0139
    6       F       -1,9605    ,3435
```

Se observa a través de la fórmula de Young que el proceso iterativo se detiene en la iteración uno al no conseguir una mejora superior a 0,001. Los estadísticos Stress y RSQ nos indican el ajuste a la solución. Stress vale 0,00366 que es casi cero. Por otro lado, RSQ caso vale 0,99992, que es casi la unidad. Por lo tanto el ajuste a la solución del procedimiento ALSCAL para el MDS no métrico es muy bueno en nuestro ejemplo. Las coordenadas de los estímulos en las dos dimensiones son los puntos que producen la representación gráfica del mapa perceptual que se muestra en la Figura 6-65. Se observa que existen chocolatinas bastante disimilares porque los puntos del mapa perceptual aparecen muy dispersos. Las chocolatinas *A* y *B* son bastante similares y lo mismo ocurre con *D* y *E*. Sin embargo *C* y *F* son bastante disimilares entre sí y respecto de las demás.

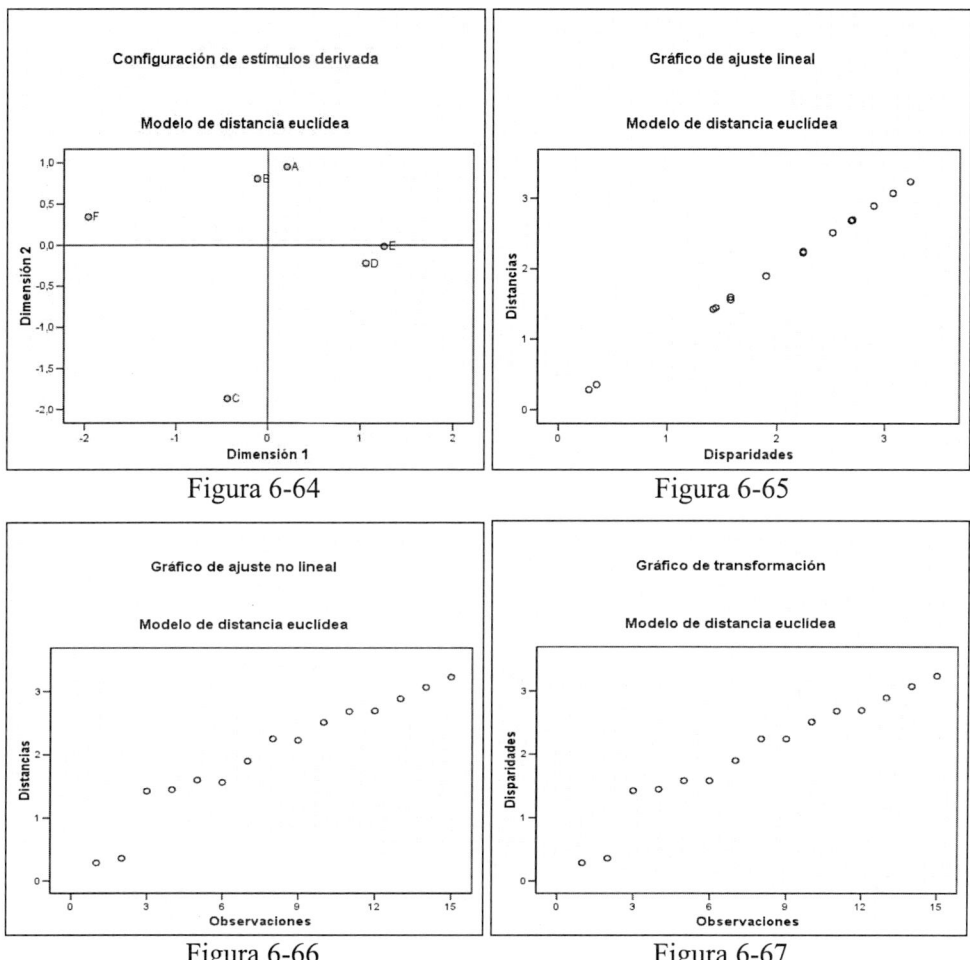

Figura 6-64

Figura 6-65

Figura 6-66

Figura 6-67

En la Figura 6-65 se observa el *gráfico de ajuste lineal* entre las disparidades derivadas a partir de nuestros datos y las distancias entre chocolatinas en el espacio de dos dimensiones. El ajuste parece bueno en general ya que los puntos del gráfico se ajustan muy bien a la diagonal del primer cuadrante. En este caso no se observan diferencias entre el ajuste para distancias grandes y pequeñas (porque los estadísticos de Stress y RSQ son muy buenos), aunque normalmente el ajuste suele ser mejor para distancias grandes que para pequeñas. En la Figura 6-66 se observa el *gráfico de ajuste no lineal* que se diferencia del anterior en que ahora se representan en el eje horizontal los rangos originales (y no sus transformaciones) frente a las distancias derivadas por el MDS. El ajuste es bueno, pero ahora sí se ve que es levemente mejor para rangos mayores (mejor ajuste a la diagonal en la parte superior derecha de la gráfica). La Figura 6-67 presenta el *gráfico de transformación* que representa los rangos originales de la matriz de proximidades (eje *X*) frente a los datos transformados (disparidades en el eje *Y*). Como tiene pocos tramos horizontales el ajuste es bueno.

Ejercicio 6-3. El archivo 6-3.sav contiene las respuestas de 67 encuestados (hombres y mujeres) a 9 ítems . Los valores de las respuestas son valoraciones de 1 a 5 que hacen los encuestados sobre una determinada pregunta según sus preferencias. A partir de estas preferencias se trata de realizar un escalamiento no métrico que permita representar las respuestas a los ítems por sexo para poder analizarlas, clasificarlas y relacionarlas.

Comenzamos abriendo el fichero de datos *6-3.sav*. A continuación se selecciona *Analizar → Escalas → Escalamiento multidimensional-ALSCAL* (Figura 6-68). Se obtiene la pantalla de entrada del procedimiento de la Figura 6-69. Se introducen todas las variables de valoraciones de programas en el análisis, se señala el botón *Crear distancias a partir de datos* y se elige como *Medida* la *Distancia euclídea* (por defecto). En el campo *Matrices individuales* se introduce la variable *Sexo*. Con los botón *Opciones* y *Modelo* se obtienen pantallas que se rellenan como se indica en la Figuras 6-70 y 6-71 (se observa *Ordinal* en *Nivel de medida, Matriz* en *Condicinalidad* y *Distancia euclídea de diferencias individuales* en *Modelo de escalamiento*). Se eligen dos dimensiones para obtener las coordenadas de los estímulos y para representar el mapa perceptual.

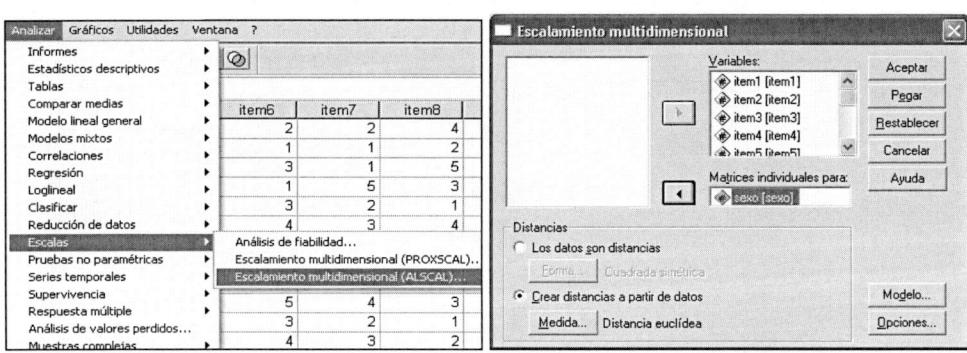

Figura 6-68   Figura 6-69

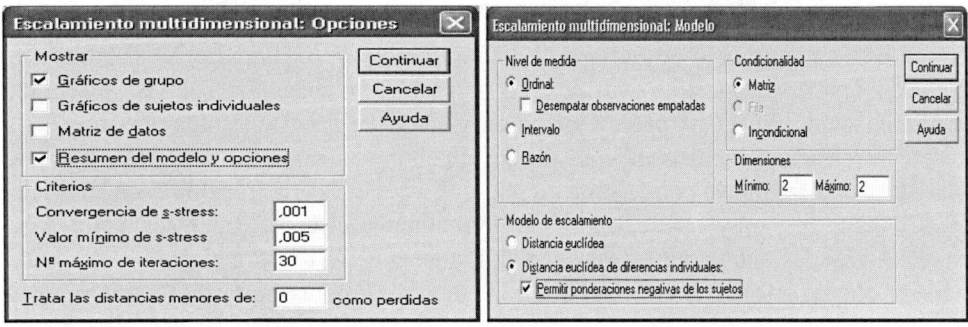

Figura 6-70   Figura 6-71

Al hacer clic en *Continuar* y *Aceptar*, se obtiene la salida textual del procedimiento ALSCAL que expresa las opciones de datos, de modelo, de salida y de algoritmo, así como el historial de iteraciones y la matriz de coordenadas normalizadas o coordenadas estímulos. Por último se obtiene el mapa perceptual.

El primer resultado que se obtiene es una tabla con el resumen del procedimiento de cálculo de las dos matrices de proximidades (por sexo) a partir de los datos de los perfiles originales mediante el procedimiento PROXIMITIES de SPSS (Figura 6-72). A continuación, SPSS utiliza esas matrices para llevara a cabo el análisis INDSCAL (Figura 6-73).

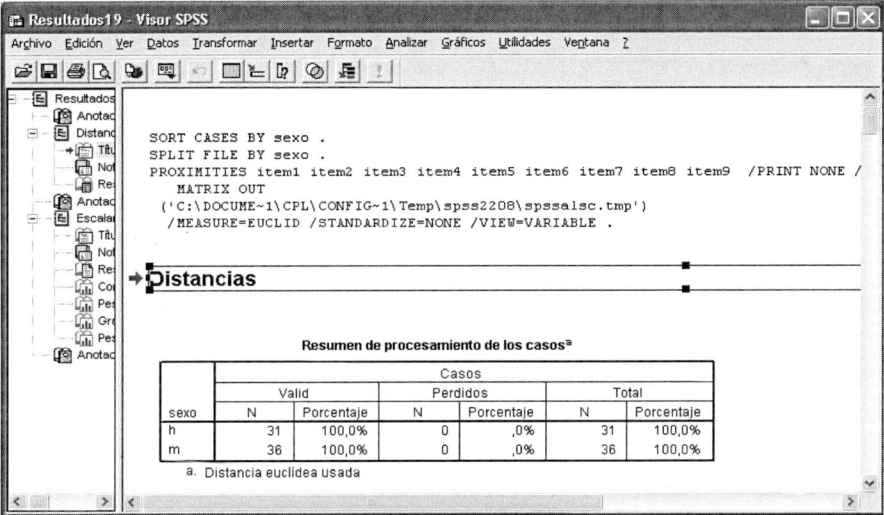

Figura 6-72

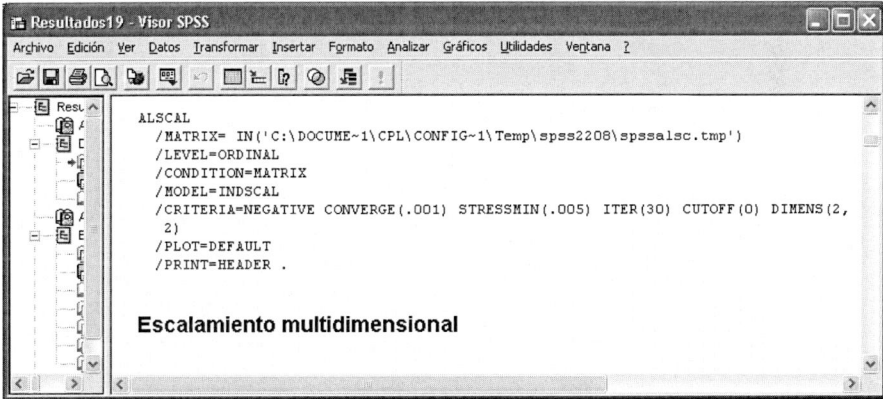

Figura 6-73

El resto de la salida corresponde al resultado de INDSCAL. Lo primero que vemos son las tres matrices de datos generadas por el procedimiento PROXIMITIES y que se han utilizado como entrada para el análisis INDSCAL. Las celdillas de cada una de estas matrices contienen la distancia euclídea entre los ítems correspondientes. Se observa a través de la fórmula de Young que el proceso iterativo se detiene en la iteración 12 al no conseguir una mejora superior a 0,001. Los estadísticos Stress y RSQ nos indican el ajuste a la solución.

Stress vale 0,24 que es bastante bajo (más cercano a cero que a uno). Por otro lado, RSQ vale 0,69, que está cercano a la unidad. Por lo tanto el ajuste a la solución del procedimiento ALSCAL mediante INDSCAL para el MDS en diferencias individuales es bueno en nuestro ejemplo. Las coordenadas de los estímulos en las dos dimensiones son los puntos que producen la representación gráfica del mapa perceptual, que como se observa en la Figura 6-74 posiciona los ítems. La salida textual muestra también la matriz de pesos *W* para cada uno de los sexos en las dos dimensiones (*Subject Weights*) y que se interpretan como la importancia que tiene esa dimensión para ese sexo concreto. La columna *weirdness* (rareza) indica que rarezas próximas a cero son señal de que existe una diferencia notable entre los dos sexos. En nuestro caso ocurre precisamente lo contrario porque las rarezas son bastante altas. La parte final de la salida tabular nos muestra las matrices de disparidades para los dos sexos. Si las comparamos con las matrices de proximidades brutas generadas por PROXIMITIES podemos ver el grado de transformación que ha sido necesario para que las proximidades originales cumplan las propiedades de la distancia euclídea. Por último se presenta la matriz de pesos aplanados.

```
        Raw (unscaled) Data for Subject 1

            1         2         3         4         5
   1      ,000
   2     9,798      ,000
   3     8,660    10,724      ,000
   4     9,644     9,220     9,899      ,000
   5    11,136     9,381     9,220     8,307      ,000
   6     8,602     9,165     7,681     8,544     8,000
   7     8,426    10,247     7,746    10,583    10,247
   8     8,000     9,899     9,000    11,000     9,381
   9     9,274     9,055     8,660     8,660     7,483

            6         7         8         9
   6      ,000
   7     9,220      ,000
   8     8,124     9,747      ,000
   9     7,348     8,775     9,798      ,000

        Raw (unscaled) Data for Subject 2

            1         2         3         4         5
   1      ,000
   2    13,000      ,000
   3    11,790    10,488      ,000
   4    11,958    10,000     9,381      ,000
   5    10,677    12,530     9,747     9,110      ,000
   6    11,790     9,487    10,000     8,832     9,950
   7    12,923    10,198    10,198    10,392    11,269
   8    12,845    11,314    12,329    10,954    12,207
   9     9,055     9,950     8,660     8,544     8,602

            6         7         8         9
   6      ,000
   7     9,899      ,000
   8    10,677    10,770      ,000
   9     9,327     9,539     9,747      ,000
Iteration history for the 2 dimensional solution (in squared distances)
```

Young's S-stress formula 1 is used.

Iteration	S-stress	Improvement
0	,40900	
1	,40740	
2	,34879	,05861
3	,33717	,01162
4	,32606	,01110
5	,31434	,01172
6	,30488	,00946
7	,29983	,00505
8	,29693	,00290
9	,29476	,00217
10	,29297	,00179
11	,29171	,00126
12	,29083	,00088

Iterations stopped because
S-stress improvement is less than   ,001000

Stress and squared correlation (RSQ) in distances

RSQ values are the proportion of variance of the scaled data (disparities)
in the partition (row, matrix, or entire data) which
is accounted for by their corresponding distances.
Stress values are Kruskal's stress formula 1.

Matrix	Stress	RSQ	Matrix	Stress	RSQ
1	,268	,629	2	,231	,770

Averaged (rms) over matrices
Stress = ,24993   RSQ = ,69923

Configuration derived in 2 dimensions
Stimulus Coordinates

Stimulus Number	Stimulus Name	Dimension 1	2
1	item1	-2,0291	-,7670
2	item2	1,3211	1,3797
3	item3	-,2361	-,9728
4	item4	-,1483	1,2933
5	item5	-,7595	,9245
6	item6	,0147	,0185
7	item7	1,0007	-1,1912
8	item8	1,1704	-1,1734
9	item9	-,3339	,4883

Subject weights measure the importance of each dimension to each subject.
Squared weights sum to RSQ.

A subject with weights proportional to the average weights has a weirdness of
zero, the minimum value.
A subject with one large weight and many low weights has a weirdness near one.
A subject with exactly one positive weight has a weirdness of one,
the maximum value for nonnegative weights.

Subject Weights

		Dimension	
Subject Number	Weird- ness	1	2
1	,7704	,1588	,7770
2	,7758	,8664	,1375

Overall importance of
each dimension: ,3879   ,3113

Optimally scaled data (disparities) for subject   1

	1	2	3	4	5
1	,000				
2	1,983	,000			
3	1,058	2,102	,000		
4	1,477	1,244	2,102	,000	
5	2,102	1,477	1,244	,996	,000
6	1,058	1,244	,726	1,058	,996
7	1,058	2,102	,726	2,102	2,102
8	,996	2,102	1,136	2,102	1,477
9	1,296	1,136	1,058	1,058	,429

	6	7	8	9
6	,000			
7	1,244	,000		
8	,996	1,477	,000	
9	,429	1,136	1,983	,000

Optimally scaled data (disparities) for subject   2

	1	2	3	4	5
1	,000				
2	3,218	,000			
3	1,772	1,267	,000		
4	1,772	1,179	,987	,000	
5	1,267	1,944	1,179	,987	,000
6	1,772	1,179	1,179	,524	1,179
7	2,904	1,179	1,179	1,267	1,479
8	2,904	1,479	1,772	1,479	1,772
9	,987	1,179	,524	,345	,428

	6	7	8	9
6	,000			
7	1,179	,000		
8	1,267	1,267	,000	
9	,987	1,179	1,179	,000

Flattened Subject Weights

		Variable
Subject Number	Plot Symbol	1
1	1	-1,0000
2	2	1,0000

La Figura 6-74 presenta el mapa perceptual que posiciona los ítems. Los ítems 3, 4, 5 y 6 se posicionan muy cerca del valor cero de la dimensión 2, luego tienen carga despreciable sobre ella. Los ítems 1, 2 y 7 puntúan muy fuerte sobre la segunda dimensión. El ítems 6 se posicionan muy cerca del valor cero de la dimensión 1, luego tienen carga despreciable sobre ella. Los restantes ítems puntúan alto sobre la primera dimensión.

La Figura 6-75 muestra el espacio de los sujetos (sexos). Se observa que la orientación de los vectores (las flechas han sido añadidas a mano) es diferente para los distintos sexos. El sexo 1 forma un ángulo muy grande con la dimensión 2 y muy pequeño con la dimensión 1, lo que indica un mayor peso de la dimensión 1, tal y como se desprendía del análisis de la matriz de pesos W. Para el sexo 2 ocurre lo contrario, lo que indica que toman posiciones opuestas al sexo 1. La Figura 6-76 presenta el gráfico de ajuste lineal, que muestra el grado de ajuste lineal entre las disparidades correspondientes a los sexos (mostradas en la parte final de la salida tabular) y las distancias para la solución INDSCAL (mostradas al principio de la salida tabular). El ajuste es tanto mejor cuanta más se acerque la nube de puntos a la diagonal del primer cuadrante. Se observa que el ajuste es algo mejor para distancias mayores debido a que Stress se calcula a partir de distancias cuadráticas, por lo que tiende a enfatizar el ajuste para distancias mayores. La Figura 6-77 muestra los pesos aplanados de los sujetos.

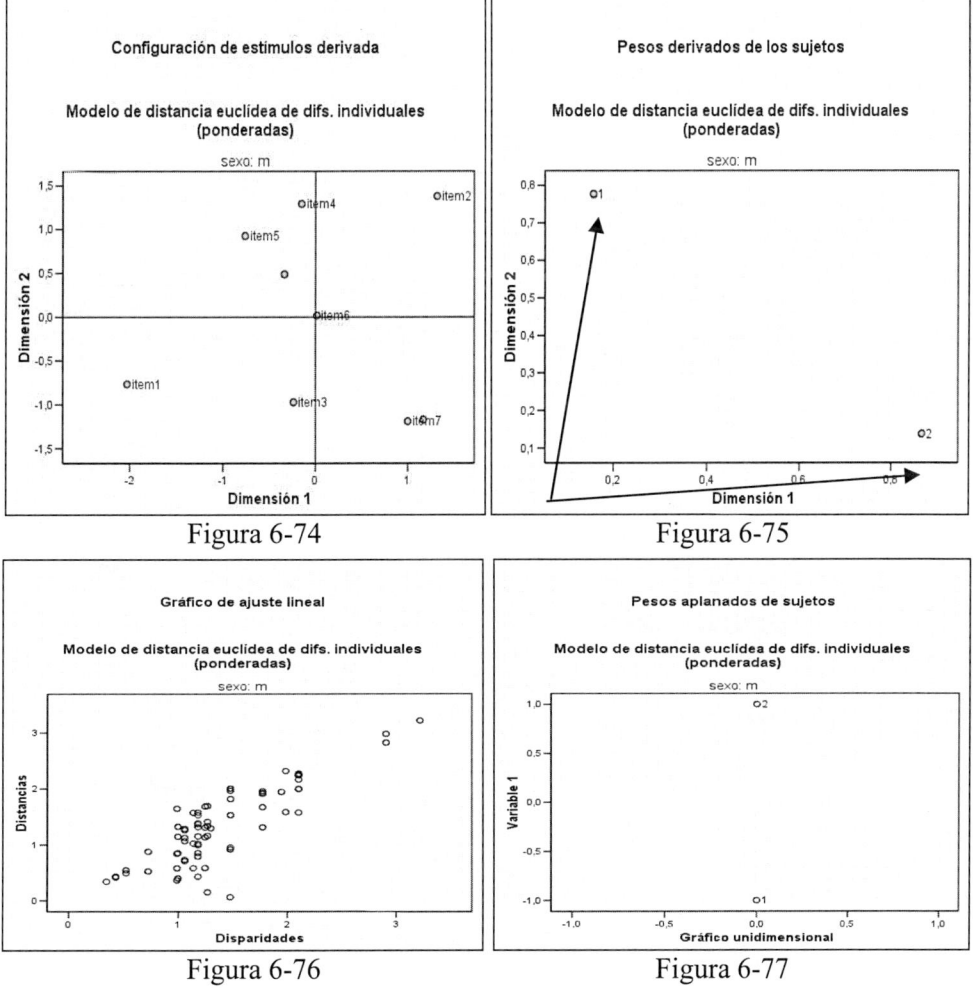

Figura 6-74

Figura 6-75

Figura 6-76

Figura 6-77

Ejercicio 6-4. El archivo 6-4.sav contiene las respuestas de 67 encuestados (hombres y mujeres) a 9 ítems . Los valores de las respuestas son valoraciones de 1 a 5 que hacen los encuestados sobre una determinada pregunta según sus preferencias. A partir de estos datos analizar la escala formada por lo 9 ítems y por el sexo. Usar el modelo de Guttman.

Para analizar la fiabilidad de la escala de medida cargamos el fichero *6-4.sav* y elegimos *Escalas → Análisis de la fiabilidad...* del menú *Analizar* (Figura 6-78). Se accede a la pantalla de *Análisis de fiabilidad* de la Figura 6-79 en cuyo botón *Modelo* seleccionamos el modelo de *Guttman* como modelo de fiabilidad. La opción *Listar etiquetas de los elementos* permite mostrar las etiquetas de las variables en los resultados. En el botón *Estadísticos* elegimos los estadísticos que deseamos relativos al análisis de la fiabilidad (Figura 6-80). Al pulsar *Continuar* y *Aceptar* se obtiene la salida del procedimiento *Análisis de fiabilidad*. En la Figura 6-81 se presentan los estadísticos de fiabilidad y de los elementos.

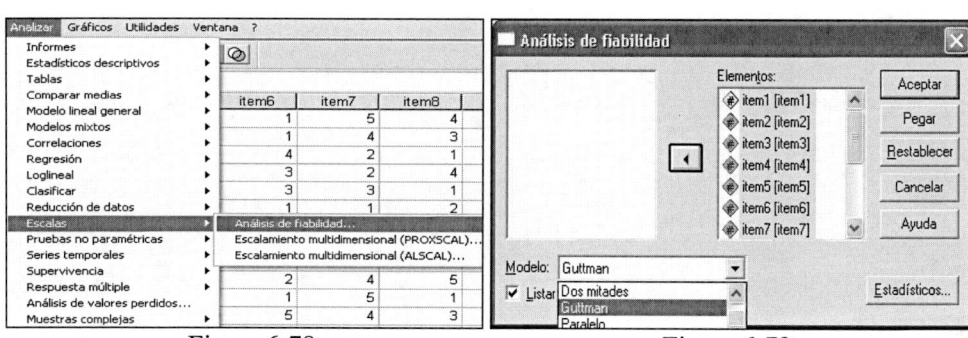

Figura 6-78   Figura 6-79

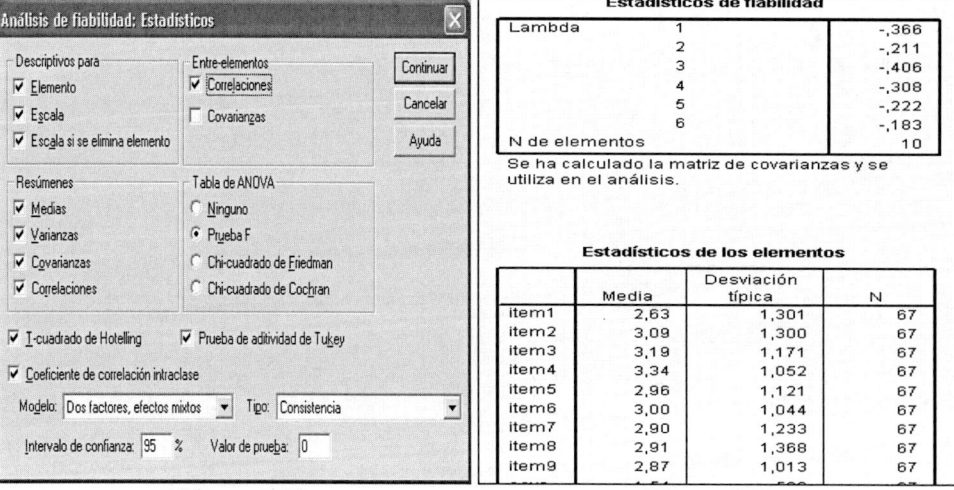

Figura 6-80   Figura 6-81

En el cuadro Estadísticos de fiabilidad de la Figura 6-81 se muestran los 6 valores de la Lambda de Guttman (el tercer valor coincide con el estadístico *Alfa de Cronbach*). Los valores están lejos de la unidad con lo que la fiabilidad de la escala no es muy alta. En esta figura también se ven media, desviación típica y total de los elementos de la escala (variables del fichero).

Matriz de correlaciones inter-elementos

	item1	item2	item3	item4	item5	item6	item7	item8	item9	sexo
item1	1,000	-,123	,048	-,093	-,188	-,112	-,100	,049	,088	-,152
item2	-,123	1,000	-,111	,021	-,257	,056	,025	,047	,009	-,005
item3	,048	-,111	1,000	-,129	-,016	,037	,172	-,065	,099	,155
item4	-,093	,021	-,129	1,000	,090	,014	-,194	-,168	,058	-,211
item5	-,188	-,257	-,016	,090	1,000	-,052	-,267	-,151	,141	-,172
item6	-,112	,056	,037	,014	-,052	1,000	-,059	,085	,000	-,029
item7	-,100	,025	,172	-,194	-,267	-,059	1,000	,057	,001	,165
item8	,049	,047	-,065	-,168	-,151	,085	,057	1,000	,002	-,127
item9	,088	,009	,099	,058	,141	,000	,001	,002	1,000	-,035
sexo	-,152	-,005	,155	-,211	-,172	-,029	,165	-,127	-,035	1,000

Figura 6-82

La Figura 6-82 muestra la matriz de correlaciones con los coeficientes de correlación de cada par de elementos de la escala que oscilan entre valores muy bajos. Parece que existen grupos con distinto grado de relación entre sus elementos, lo que no es un buen síntoma (sospecha de escala multidimensional). Además hay correlaciones negativas, lo cual podría indicar la existencia de elementos codificados en sentido inverso a los demás.

Estadísticos de resumen de los elementos

		Media	Mínimo	Máximo	Rango	Máximo/ mínimo	Varianza	N de elementos
Medias de los elementos	Parte 1	3,042	2,627	3,343	,716	1,273	,074	5[a]
	Parte 2	2,642	1,537	3,000	1,463	1,951	,384	5[b]
	Ambas partes	2,842	1,537	3,343	1,806	2,175	,248	10
Varianzas de los elementos	Parte 1	1,423	1,108	1,692	,584	1,528	,068	5[a]
	Parte 2	1,152	,252	1,871	1,618	7,412	,370	5[b]
	Ambas partes	1,288	,252	1,871	1,618	7,412	,215	10
Covarianzas inter-elementos	Parte 1	-,113	-,375	,107	,481	-,284	,023	5[a]
	Parte 2	,013	-,088	,121	,209	-1,385	,005	5[b]
	Ambas partes	-,038	-,375	,248	,623	-,661	,020	10
Correlaciones inter-elementos	Parte 1	-,076	-,257	,090	,348	-,351	,011	5[a]
	Parte 2	,006	-,127	,165	,293	-1,299	,006	5[b]
	Ambas partes	-,031	-,267	,172	,438	-,644	,013	10

Se ha calculado la matriz de covarianzas y se utiliza en el análisis.

a. Los elementos son: item1, item2, item3, item4, item5.

b. Los elementos son: item6, item7, item8, item9, sexo.

Figura 6-83

La Figura 6-83 presenta los estadísticos resumen de los elementos (medias, varianzas, covarianzas inter-elementos y correlaciones inter-elementos). Puede observarse, por ejemplo, que la correlación promedio entre los elementos es -0,31 para ambas partes, siendo -0,267 la menor y 0,172 la mayor.

No parece que las correlaciones entre los elementos sean muy homogéneas. La razón *Máximo/mínimo*, que debe de ser pequeña, es un buen indicador de la existencia de elementos anómalos en la escala. Por su parte, las varianzas indican que los elementos con variabilidad más baja son los que poseen menor capacidad para discriminar entre sujetos.

	Media de la escala si se elimina el elemento	Varianza de la escala si se elimina el elemento	Correlación elemento-tot al corregida	Correlación múltiple al cuadrado	Alfa de Cronbach si se eleimina el elemento
item1	25,79	9,228	-,189	,183	-,238a
item2	25,33	8,769	-,134	,122	-,310a
item3	25,22	7,813	,037	,088	-,532a
item4	25,07	9,676	-,207	,136	-,243a
item5	25,46	10,495	-,320	,277	-,121a
item6	25,42	8,429	-,015	,042	-,448a
item7	25,52	8,647	-,102	,168	-,352a
item8	25,51	8,102	-,070	,095	-,403a
item9	25,55	7,493	,164	,059	-,654a
sexo	26,88	9,652	-,152	,166	-,346a

Estadísticos total-elemento

a. El valor es negativo debido a una covarianza promedio entre los elementos negativa, lo cual viola los supuestos del modelo de fiabilidad. Puede que desee comprobar las codificaciones de los elementos.

Figura 6-84

La Figura 6-84 presenta los estadísticos que valoran el comportamiento de la escala total cuando se van eliminando uno a uno los elementos de la escala. Se obtiene la media, varianza y *Alfa de Cronbach* de la escala cuando se elimina cada elemento. También se obtiene la correlación entre cada elemento y la correlación múltiple al cuadrado. Una correlación baja indica que el elemento en cuestión no apunta en la misma dirección que el resto de los elementos y lo deseable sería que estas correlaciones fueran altas. Estos estadísticos son un buen indicador de la contribución particular de cada elemento. Fuertes cambios en la media y la varianza de la escala cuando se elimina cada elemento permiten delatar elementos cuyo comportamiento está muy alejado del de los restantes.

La columna de coeficientes *Alfa de Cronbach* permite averiguar si existe algún elemento que se diferencia de los demás, comparando cada uno de estos valores con la *Alfa de Cronbach* para la escala completa, que ya habíamos visto en la primera salida (*Estadísticos de fiabilidad* de la Figura 6-81) que era -0,308, es decir, el tercer valor de la Lambda de Guttman. Por ejemplo, al eliminar el último elemento de la escala (*sexo*) la fiabilidad de la escala pasa a ser -0,346 produciéndose una bajada sobre el valor de la Alfa total (-0,308). Eliminar este elemento de la escala haría disminuir la media total (26,88), pero haría mejorar la capacidad discriminativa de la escala, ya que su variabilidad aumentaría a 9,652. El cuadro *Estadísticos de la escala* presenta los estadísticos relativos a la escala total (Figura 6-85).

Estadísticos de la escala

	Media	Varianza	Desviación típica	N de elementos
Parte 1	15,21	4,865	2,206	5[a]
Parte 2	13,21	6,016	2,453	5[b]
Ambas partes	28,42	9,429	3,071	10

a. Los elementos son: item1, item2, item3, item4, item5.

b. Los elementos son: item6, item7, item8, item9, sexo.

Figura 6-85

La Figura 6-86 presenta la tabla ANOVA con el estadístico de Friedman cuyo p-valor (*Sig.*) es prácticamente nulo. Esto significa que se puede asegurar al 99,9% que no todos los elementos de la escala tienen la misma media. En la Figura 6-86 se observa también la prueba *T* cuadrado de Hotelling cuyo p-valor (*Sig.*) también es prácticamente nulo. Esto significa que no se puede asegurar al 99,9% la igualdad multidimensional de medias.

ANOVA con la prueba de Friedman y la prueba de no aditividad de Tukey[b]

				Suma de cuadrados	gl	Media cuadrática	Chi-cuadrado de Friedman	Sig.
Inter-personas				62,230	66	,943		
Intra-personas	Inter-elementos			149,469	9	16,608	12,526	,000
	Residual	No aditividad		4,470[a]	1	4,470	3,385	,066
		Equilibrio		783,062	593	1,321		
		Total		787,531	594	1,326		
	Total			937,000	603	1,554		
Total				999,230	669	1,494		

Media global = 2,84

a. Estimación de Tukey de la potencia a la que es necesario elevar las observaciones para conseguir la aditividad = -,612.

b. Se ha calculado la matriz de covarianzas y se utiliza en el análisis.

Prueba T cuadrado de Hotelling

T-cuadrado de Hotelling	F	gl1	gl2	Sig.
380,336	37,137	9	58	,000

Se ha calculado la matriz de covarianzas y se utiliza en el análisis.

Figura 6-86

La Figura 6-87 presenta los coeficientes de correlación intraclase. El coeficiente de correlación intraclase individual vale -0,03 y los límites en que se estima al 95% que estará su valor verdadero son -0,052 y 0,05. El estadístico de la *F* cuyo p-valor (*Sig.*) es muy alto permite aceptar al 95% la hipótesis de que el valor poblacional del coeficiente de correlación intraclase individual es cero.

También se observa que el coeficiente de correlación intraclase promedio vale -0,406 y los límites en que se estima al 95% que estará su valor verdadero son -0,967 y 0,047. El estadístico de la F para medidas promedio, cuyo p-valor (*Sig.*) es muy alto permite aceptar al 95% la hipótesis de que el valor poblacional del coeficiente de correlación intraclase promedio es cero.

Coeficiente de correlación intraclase

	Correlación intraclase[a]	Intervalo de confianza 95%		Prueba F con valor verdadero 0			
		Límite inferior	Límite superior	Valor	gl1	gl2	Sig.
Medidas individuales	-,030[b]	-,052	,005	,711	66,0	594	,958
Medidas promedio	-,406[c]	-,967	,047	,711	66,0	594	,958

Modelo de efectos mixtos de dos factores en el que los efectos de las personas son aleatorios y los efectos de las medidas son fijos.

a. Coeficientes de correlación intraclase de tipo C utilizando una definición de coherencia, la varianza inter-medidas se excluye de la varianza del denominador.

b. El estimador es el mismo, ya esté presente o no el efecto de interacción.

c. Esta estimación se calcula asumiendo que no está presente el efecto de interacción, ya que de otra manera no es estimable.

Figura 6-87

CAPÍTULO 7

CLASIFICACIÓN MEDIANTE ANÁLISIS DISCRIMINANTE Y ÁRBOLES DE DECISIÓN

INTRODUCCIÓN AL ANÁLISIS DISCRIMINANTE

Una técnica estadística de interés especial en el mundo de la investigación es la denominada *análisis discriminante*. Se trata de una herramienta que permite asignar, segmentar o clasificar nuevos individuos dentro de grupos previamente reconocidos o definidos (*clasificación ad-hoc*). En un ejemplo de aplicación médica, supóngase que se dispone de una muestra de pacientes y que, en todos ellos, se ha medido un conjunto de variables. Supóngase también que, por consideraciones del propio experimento, o por comprobación posterior, el investigador ha podido dividir o segmentar la muestra en dos (o más) grupos diagnósticos. Más tarde, llega un nuevo enfermo en el que son medidas las mismas variables por los valores que éstas presenten. El análisis discriminante va a permitir asignar dicho paciente al grupo de máxima probabilidad, cuantificando a la vez el valor de ella. El interés de esta prueba es evidente y se extiende a los más diversos campos de las ciencias en que la clasificación de individuos, a través de un perfil observado, constituye un frecuente problema de investigación.

El análisis parte de una tabla de datos de n individuos en que se han medido p variables cuantitativas independientes o «explicativas», como perfil de cada uno de ellos. Una variable cualitativa adicional (dependiente o «clasificativa»), con dos (o más) categorías, ha definido por otros medios el grupo a que cada individuo pertenece. Se trata, pues, de una tabla $n_x(p + 1)$ en que cada caso figura con un perfil y una asignación de grupo.

A partir de ella se obtendrá un modelo matemático discriminante contra el cual será contrastado el perfil de un nuevo individuo cuyo grupo se desconoce para, en función de un resultado numérico, ser asignado al grupo más probable. Cuanto mejor sea la información de partida más fiable será el resultado de asignaciones posteriores.

Puesto que el modelo discriminante también puede ser contrastado contra sí mismo, al igual que ocurría en la regresión lineal múltiple, mediante su aplicación a los propios individuos de la tabla ignorando momentáneamente la clasificación que en ella figura, puede decirse que la finalidad de un análisis discriminante es doble: por un lado, *explicar* la pertenencia de cada caso del fichero patrón a uno u otro grupo, en función de las variables de su perfil, para comprobar su pertenencia o no al grupo preestablecido, a la vez que cuantificar el peso de cada una de ellas en la discriminación. Y, por otro lado, *predecir* a qué grupo más probable habrá de pertenecer un nuevo individuo del que únicamente se conoce su perfil de variables. Tanto lo que explica como lo que predice es, pues, la variable categórica «grupo».

Existen dos enfoques para alcanzar este objetivo de clasificación: uno, basado en la obtención de funciones discriminantes de cálculo similar a las ecuaciones de regresión lineal múltiple; y otro, que emplea técnicas de correlación canónica y de componentes principales, denominado análisis discriminante canónico. El primero es el más común y su fundamento matemático está en conseguir, a partir de las variables explicativas, unas funciones lineales de éstas con capacidad para clasificar otros individuos. A cada nuevo caso se aplican dichas ecuaciones y la función de mayor valor define el grupo a que pertenece.

CLASIFICACIÓN CON DOS GRUPOS

Se trata de estudiar la aplicación del análisis discriminante a la clasificación de individuos en el caso de que dichos individuos se puedan asignar solamente a dos grupos a partir de k variables clasificadoras. Este problema lo resolvió Fisher analíticamente mediante su función discriminante.

La *Función Discriminante de Fisher* D se obtiene como función lineal de k variables explicativas como:

$$D = u_1 X_1 + u_2 X_2 + \cdots + u_k X_k$$

Las *puntuaciones discriminantes* son los valores que se obtienen al dar valores a $X_1, X_2, ..., X_k$ en la ecuación:

$$D = u_1 X_1 + u_2 X_2 + \cdots + u_k X_k$$

Se trata de obtener los coeficientes de ponderación u_j. Si consideramos que existen n observaciones, podemos expresar la función discriminante para ellas:

$$D_i = u_1 X_{1i} + u_2 X_{2i} + \cdots + u_k X_{ki} \quad i = 1, 2, ..., n$$

Di es la puntuación discriminante correspondiente a la observación i-ésima. Expresando las variables explicativas en desviaciones respecto a la media, Di también lo estará y la relación anterior se puede expresar en forma matricial como sigue:

$$
\begin{bmatrix} D_1 \\ D_2 \\ \vdots \\ D_n \end{bmatrix} = \begin{bmatrix} X_{11} & X_{21} & \cdots & X_{k1} \\ X_{12} & X_{22} & \cdots & X_{k2} \\ \vdots & \vdots & & \vdots \\ X_{1n} & X_{2n} & \cdots & X_{kn} \end{bmatrix} \begin{bmatrix} u_1 \\ u_2 \\ \vdots \\ u_k \end{bmatrix}
$$

En notación compacta podemos escribir:

$$ d = Xu $$

La variabilidad de la función discriminante (suma de cuadrados de las variables discriminantes en desviaciones respecto a su media) se expresa como:

$$ d'd = u'X'Xu $$

La matriz $X'X$ es una matriz simétrica expresada en desviaciones respecto a la media, por lo que puede considerarse como la matriz T de suma de cuadrados (SCPC) total de las variables (explicativas) de la matriz X. Según la teoría del análisis multivariante de la varianza, $X'X$ se puede descomponer en la suma de la matriz entre grupos F y la matriz intragrupos V (o residual). Se tiene:

$$ X'X = T = F+V $$

Por lo tanto:

$$ d'd = u'X'Xu = u'Tu = u'Fu + u'Wu $$

Los ejes discriminantes vendrán dados por los vectores propios asociados a los valores propios de la matriz $W^{-1}F$ ordenados de mayor a menor. Las puntuaciones discriminantes se corresponden con los valores obtenidos al proyectar cada punto del espacio k-dimensional de las variables originales sobre el eje discriminante.

Los *centros de gravedad o centroides* (vector de medias) son los estadísticos básicos que resumen la información sobre los grupos. Los centroides de los grupos I y II serán los siguientes:

$$\overline{x}_I = \begin{bmatrix} \overline{X}_{1,I} \\ \overline{X}_{2,I} \\ \\ \overline{X}_{k,I} \end{bmatrix} \qquad \overline{x}_{II} = \begin{bmatrix} \overline{X}_{1,II} \\ \overline{X}_{2,II} \\ \\ \overline{X}_{k,II} \end{bmatrix}$$

Con lo que, para los grupos I y II se obtiene:

$$\overline{D}_I = u_1 \overline{X}_{1,I} + u_2 \overline{X}_{2,I} + \cdots + u_k \overline{X}_{k,I}$$

$$\overline{D}_{II} = u_1 \overline{X}_{1,II} + u_2 \overline{X}_{2,II} + \cdots + u_k \overline{X}_{k,II}$$

El *punto de corte discriminante* C se calcula mediante el promedio:

$$C = \frac{\overline{D}_I + \overline{D}_{II}}{2}$$

El criterio para clasificar el individuo i es el siguiente:

Si $D_i < C$, se clasifica al individuo *i* en el grupo I
Si $D_i > C$, se clasifica al individuo *i* en el grupo II

En general, cuando se aplica el análisis discriminante se le resta el valor de C a la función discriminante, que vendrá dada por:

$$D - C = u_1 X_1 + u_2 X_2 + \cdots + u_k X_k - C$$

En este último caso, se clasifica a un individuo en el grupo I si D-C > 0, y en el grupo II en otro caso.

A veces suelen construirse funciones discriminantes para cada grupo, F_I y F_{II}, con la siguiente estructura:

$$F_I = a_{I,1} X_1 + a_{I,2} X_2 + \cdots + a_{I,k} X_k - C_I$$

$$F_{II} = a_{II,1} X_1 + a_{II,2} X_2 + \cdots + a_{II,k} X_k - C_{II}$$

Cuando se utilizan estas funciones, se clasifica un individuo en el grupo para el que la función F_j sea mayor. Este tipo de funciones clasificadoras tienen la ventaja de que se generalizan fácilmente para el caso en el que existan más de dos grupos y vienen implementadas en la mayoría del software estadístico.

Si hacemos:

$$F_{II} - F_I = (a_{II,1} - a_{I,1})X_1 + (a_{II,2} - a_{I,2})X_2 + \cdots + (a_{II,k} - a_{I,k})X_k - (C_{II} - C_I)$$

$$= u_1 X_1 + u_2 X_2 + \cdots + u_k X_k - C = D - C$$

ya se pueden obtener los coeficientes $u_1, u_2, ..., u_k$.

Existen otros criterios de clasificación, entre los que destacan el análisis de la regresión y la Distancia de Mahalanobis.

La *relación entre el análisis de la regresión y el análisis discriminante* con dos grupos es muy estrecha. Si se realiza un ajuste por mínimos cuadrados, tomando como variable dependiente la variable dependiente que define la pertenencia a uno u otro grupo y como variables explicativas a las variables clasificadoras, se obtienen unos coeficientes que guardan una estricta proporcionalidad con la Función Discriminante de Fisher.

La *distancia de Mahalanobis* es una generalización de la distancia euclídea que tiene en cuenta la matriz de covarianzas intragrupos. El cuadrado de la distancia de Mahalanobis DM_{ij}^2 entre los puntos i y j en un espacio de p dimensiones, siendo V_w la matriz de covarianzas intragrupos, viene definida por:

$$DM_{i,j}^2 = (x_i - x_j)'V_w^{-1}(x_i - x_j)$$

donde los vectores x_i y x_j representan dos puntos en el espacio p-dimensional.

La distancia euclídea es un caso particular de la distancia de Mahalanobis en la que $V_w = I$. La distancia euclídea no tiene en cuenta la dispersión de las variables y las relaciones existentes entre ellas, mientras que en la distancia de Mahalanobis sí que se descuentan estos factores al introducir la inversa de la matriz de covarianzas intragrupos. La distancia euclídea será:

$$d_{i,j}^2 = (x_i - x_j)'I(x_i - x_j) = \sum_{h=1}^{p}(X_{ih} - X_{jh})^2$$

Con el criterio de la Distancia de Mahalanobis se calculan, para el punto i, las dos distancias siguientes:

$$DM_{i,I}^2 = (x_i - x_I)'V_w^{-1}(x_i - x_I)$$

$$DM_{i,II}^2 = (x_i - x_{II})'V_w^{-1}(x_i - x_{II})$$

La aplicación de este criterio consiste en asignar cada individuo al grupo para el que la Distancia de Mahalanobis es menor.

Se observa que la Distancia de Mahalanobis se calcula en el espacio de las variables originales, mientras que en el criterio de Fisher se sintetizan todas las variables en la función discriminante, que es la utilizada para realizar la clasificación.

Con los *contrastes de significación y evaluación de la bondad del ajuste* que se realizan en el análisis discriminante con dos grupos, se trata de dar respuesta a tres tipos de cuestiones diferentes:

a) ¿Se cumple la hipótesis de homoscedasticidad del modelo?

b) ¿Se cumple la hipótesis de normalidad?

c) ¿Difieren significativamente las medias poblacionales de los dos grupos?

El análisis de normalidad en el caso multivariante se suele realizar variable a variable, dada la complejidad de hacerlo conjuntamente. Para el contraste de homoscedasticidad se puede utilizar el estadístico de Barlett-Box. El contraste de la hipótesis c), esencial en el análisis discriminante, se puede realizar específicamente mediante el estadístico T^2 de Hotelling.

CLASIFICACIÓN CON MÁS DE DOS GRUPOS

En un caso general de análisis discriminante con G grupos (G>2) llamado *análisis discriminante múltiple*, el número máximo de ejes discriminantes que se pueden obtener viene dado por *min(G-1,k)*. Por lo tanto pueden obtenerse hasta G-1 ejes discriminantes, si el número de variables explicativas *k* es mayor o igual que G-1, hecho que suele ser siempre cierto, ya que en las aplicaciones prácticas el número de variables explicativas suele ser grande.

Cada una de las funciones discriminantes D_i se obtiene como función lineal de las *k* variables explicativas X, es decir:

$$D_i = u_{i1}X_1 + u_{i2}X_2 + \cdots + u_{ik}X_k \quad i = 1,2,...,G\text{-}1$$

Los G-1 ejes discriminantes vienen definidos respectivamente por los vectores $\mathbf{u_1}, \mathbf{u_2}, ..., \mathbf{u_{G\text{-}1}}$ definidos mediante las siguientes expresiones:

$$u_1 = \begin{bmatrix} u_{11} \\ u_{12} \\ \vdots \\ u_{1k} \end{bmatrix} \qquad u_2 = \begin{bmatrix} u_{21} \\ u_{22} \\ \vdots \\ u_{2k} \end{bmatrix} \qquad \cdots \qquad u_{G-1} = \begin{bmatrix} u_{G-11} \\ u_{G-12} \\ \vdots \\ u_{G-1k} \end{bmatrix}$$

Podemos concluir que los ejes discriminantes son las componentes de los vectores propios normalizados asociados a los valores propios de la matriz $W^{-1}F$ ordenados en sentido decreciente (a mayor valor propio mejor eje discriminante).

En cuanto a los *contrastes de significación*, en el análisis discriminante múltiple se plantean contrastes específicos para determinar si cada uno de los valores λ_i que se obtienen al resolver la ecuación $W^{-1}Fu = \lambda u$ es estadísticamente significativo, es decir, para determinar si contribuye o no a la discriminación entre los diferentes grupos.

Este tipo de contrastes se realiza a partir del estadístico V de Barlett, que es una función de la Λ de Wilks y que se aproxima a una chi-cuadrado. Su expresión es la siguiente:

$$V = -\left\{ n - 1 - \frac{k+G}{2} \right\} Ln(\Lambda) \to \chi^2_{k(G-1)} \qquad\qquad \Lambda = \frac{|W|}{|T|}$$

La hipótesis nula de este contraste es $H_0 : \mu_1 = \mu_2 = \ldots \mu_G$, y ha de ser rechazada para que se pueda continuar con el análisis discriminante, porque en caso contrario las variables clasificadoras utilizadas no tendrían poder discriminante alguno.

No olvidemos que W era la matriz suma de cuadrados y productos cruzados intragrupos en el análisis de la varianza múltiple y T era la matriz suma de cuadrados y productos cruzados total.

También existe un *estadístico de Barlett para contrastación secuencial*, que se elabora como sigue:

$$\frac{1}{\Lambda} = \frac{|T|}{|W|} = |W|^{-1}|T| = |W^{-1}T| = |W^{-1}(W+F)| = |I + W^{-1}F|$$

Pero como el determinante de una matriz es igual al producto de sus valores propios, se tiene que:

$$\frac{1}{\Lambda} = (1 + \lambda_1)(1 + \lambda_2) \cdots (1 + \lambda_{G-1})$$

Esta expresión puede sustituirse en la expresión del estadístico V vista anteriormente, para obtener la expresión alternativa siguiente para el estadístico de Barlett:

$$V = -\left\{ n - 1 - \frac{k+G}{2} \right\} Ln(\Lambda) = -\left\{ n - 1 - \frac{k+G}{2} \right\} \sum_{g=1}^{G-1} Ln(1 + \lambda_g) \to \chi^2_{k(G-1)}$$

Si se rechaza la hipótesis nula de igualdad de medias, al menos uno de los ejes discriminantes es estadísticamente significativo, y será el primero, porque es el que más poder discriminante tiene.

Una vez visto que el primer eje discriminante es significativo, se pasa a analizar la significatividad del segundo eje discriminante a partir del estadístico:

$$V = -\left\{ n - 1 - \frac{k+G}{2} \right\} \sum_{g=2}^{G-1} Ln(1 + \lambda_g) \to \chi^2_{(k-1)(G-2)}$$

De la misma forma se analiza la significatividad de sucesivos ejes discriminantes, pudiendo establecerse el estadístico V de Barlett genérico para contrastación secuencial de la significatividad del eje discriminante j-ésimo como:

$$V = -\left\{ n - 1 - \frac{k+G}{2} \right\} \sum_{g=j+1}^{G-1} Ln(1 + \lambda_g) \to \chi^2_{(k-j)(G-j-1)} \qquad j = 0,1,2,\cdots,G-2$$

En este proceso secuencial se van eliminando del estadístico V las raíces características que van resultando significativas, deteniendo el proceso cuando se acepte la hipótesis nula de no significatividad de los ejes discriminantes que queden por contrastar.

Como una medida descriptiva complementaria de este contraste se suele calcular el porcentaje acumulativo de la varianza después de la incorporación de cada nueva función discriminante.

SELECCIÓN DE VARIABLES DISCRIMINANTES

A veces el análisis discriminante es utilizado sin que tengamos la certeza de que nuestras variables poseen una suficiente capacidad de discriminación. En ese caso, el investigador partiría de una lista de variables, sin que pueda precisar cuáles van a ser las variables discriminantes.

En principio, contaríamos con una serie de variables, sin que conozcamos las que resultarán más relevantes de cara a diferenciar entre los grupos, y precisamente uno de los resultados que podemos esperar del análisis discriminante es descubrir cuáles son las variables útiles para lograr ese fin. Determinadas variables habrían de ser eliminadas, dada su baja contribución a la discriminación de los grupos. Habrá otras variables que, aun siendo buenos discriminadores, aportan la misma información y resultan redundantes.

Uno de los algoritmos para seleccionar las variables útiles comúnmente usado es el denominado *método stepwise*, o *método paso a paso*, que puede considerarse desde el punto de vista de la selección hacia adelante o hacia atrás. En el *Método de selección paso a paso hacia delante* (*forward*), la primera variable que entra a formar parte del análisis es la que maximiza la separación entre grupos.

A continuación, se forman parejas entre esta variable y las restantes, de modo que encontremos la pareja que produce la mayor discriminación. La variable que contribuye a la mejor pareja es seleccionada en segundo lugar. Con ambas variables, podrían formarse triadas de variables para determinar cuál de éstas resulta más discriminante. De este modo quedaría seleccionada la tercera variable. El proceso continuaría hasta que todas las variables hayan sido seleccionadas o las variables restantes no supongan un suficiente incremento en la capacidad de discriminación. En el *Método de selección paso a paso hacia atrás* (*backward*), todas las variables son consideradas inicialmente, y van siendo excluidas una a una en cada etapa, eliminando del modelo aquéllas cuya supresión produce el menor descenso en la discriminación entre los grupos. Incluso a veces las direcciones hacia delante y hacia atrás se combinan en la aplicación del método *stepwise*. Se partiría de una selección hacia adelante de variables, aunque revisando tras cada paso el conjunto de variables resultantes, por si pudiera excluirse alguna de ellas. Esto puede ocurrir cuando la incorporación de una variable supone que alguna de las anteriormente consideradas resulta redundante.

Antes de ser sometidas a cualquier criterio de selección, las variables que van a ser consideradas en un análisis discriminante deben ser revisadas para determinar si satisfacen ciertas condiciones mínimas, sin cuyo cumplimiento habrían de ser descartadas. Del mismo modo, tras la selección de variables, podríamos revisar las que han quedado incluidas para decidir si alguna de ellas debería ser eliminada. Estas condiciones se basan en la *tolerancia de las variables discriminantes* y en los *estadísticos multivariantes parciales F* (*F de entrada y F de salida*), utilizados para garantizar que el incremento de discriminación debido a la variable supera un nivel fijado. Una variable deberá superar las condiciones impuestas en relación a la tolerancia y a F de entrada antes de que apliquemos los criterios de selección. Después de ser introducida una variable, habremos de comprobar que todas las seleccionadas hasta ese momento satisfacen la condición fijada para el estadístico F de salida. Una variable que inicialmente fue seleccionada, puede ser ahora inadecuada debido a que otras variables introducidas posteriormente aporten la misma contribución a la separación de grupos.

La **Tolerancia** es una medida del grado de asociación lineal entre las variables independientes. La tolerancia para una variable no seleccionada es 1- R^2, donde R es la correlación múltiple entre esta variable y todas las variables ya incluidas, cuando han sido obtenidas a partir de la matriz de correlaciones intragrupos. Interesan valores altos de la tolerancia.

El **Estadístico F de entrada** representa el incremento producido en la discriminación tras la incorporación de una variable respecto al total de discriminación alcanzado por las variables ya introducidas. Una F pequeña aconsejaría no seleccionar la variable, pues su aporte a la discriminación de los grupos no sería importante. El estadístico F puede ser utilizado para realizar una prueba estadística, que permita determinar la significación del incremento producido en la discriminación. El estadístico se distribuye según F con $(g-1)$ y $(n-s-g+1)$ grados de libertad, donde n es el número de individuos, g el de grupos y s el de variables discriminantes.

El **Estadístico F de salida** es un estadístico multivariante parcial, que permite valorar el descenso en la discriminación si una variable fuera extraída del conjunto de las ya seleccionadas. Aquellas variables para las cuales el valor de F es bajo, podrían ser descartadas antes de proceder a un nuevo paso en el método de selección de variables. El estadístico F permitiría llevar a cabo una prueba de significación. Los grados de libertad con que se distribuye F son en este caso de $(g-1)$ y $(n-s-g)$. Tras el último paso en la aplicación del método *stepwise*, el estadístico F de salida puede ser usado para ordenar las variables seleccionadas de acuerdo con su contribución a la separación de los grupos. Las variables a las que corresponda el valor más alto de F serían las que mayor aportación hacen a la discriminación.

Una vez que sabemos que las variables discriminantes cumplen unas condiciones mínimas para ser seleccionadas como tales, aplicaremos ya **criterios formales de selección paso a paso** sobre ellas. Hay varios criterios para la selección de variables discriminantes paso a paso. Destacan los siguientes:

Criterio basado en la minimización de la lambda de Wilks. Se selecciona en cada paso la variable que, una vez incorporada a la función discriminante, produce el valor de lambda más pequeño para el conjunto de variables incluidas en la función.

Criterio basado en la V de Rao. Criterio basado en la medida de Rao de la distancia que separa a los grupos. La V de Rao también se conoce como traza de Lawley-Hotelling, y para cada paso viene definida por la expresión:

$$V = (n-g)\sum_{i=1}^{p'}\sum_{j=1}^{p'} w_{ij} \sum_{k=1}^{g} n_k \left(\overline{X}_{ik} - \overline{X}_i\right)\left(\overline{X}_{jk} - \overline{X}_j\right)$$

Se tiene que p' es el número de variables presentes en el modelo (incluyendo la añadida o suprimida en esa etapa), n_k el tamaño de la muestra en el grupo k, el valor w_{ij} corresponde a los elementos de la matriz inversa de covarianzas intragrupos, y las medias presentes en cada uno de los factores del producto representan los valores medios de una variable dentro del grupo k y en el grupo global. Los valores n y g corresponden, como en casos anteriores, al tamaño de la muestra total y al número de grupos. Cuanto mayores sean las diferencias entre los grupos mayor será el valor de V. La contribución de una variable al modelo puede evaluarse a partir del incremento que se produce en V al ser ésta añadida al modelo. Contando con un suficiente número de cados, V se distribuye según *Chi-cuadrado* con $p'(g-1)$ grados de libertad. El cambio producido en V tras la adición o supresión de una variable sigue el mismo modelo de distribución, con un número de grados de libertad coincidente con $(g-1)$ veces el número de variables añadidas o suprimidas en cada paso.

Por tanto, tras añadir una variable, podemos contrastar la significación estadística del cambio de un modelo que maximiza las diferencias entre los grupos, pero sin atender a la cohesión interna de los mismos, la cual no se tiene en cuenta en el cálculo de V.

Criterio basado en la distancia de Mahalanobis. La distancia de Mahalanobis es una medida de la separación entre dos grupos. De acuerdo con este criterio, mediríamos la distancia de Mahalanobis al cuadrado D^2 entre todos los grupos respecto a las variables incluidas en el modelo, y determinaríamos qué pareja de grupos se encuentran más cercanos (poseen el valor más pequeño para D^2). De las variables que permanecen fuera del modelo, seleccionaríamos para ser incluida aquélla que maximiza D^2 para la pareja de grupos inicialmente más próximos. La expresión de D^2 para el caso de dos grupos a y b puede escribirse como:

$$D_{ab}^2 = (n-g)\sum_{i=1}^{p'}\sum_{j=1}^{p'} w_{ij}\left(\overline{X}_{ia} - \overline{X}_{ib}\right)\left(\overline{X}_{ja} - X_{jb}\right)$$

Los elementos incluidos en la expresión analítica tienen el mismo significado que les atribuíamos al hablar de la V de Rao, y los factores del producto son las diferencias entre las medias de las variables del modelo para ambos grupos.

Criterio basado en la F intergrupos. A partir de la distancia de Malahanobis es posible calcular un estadístico F para medir la diferencia entre dos grupos y contrastar la hipótesis nula de igualdad de medias para ambos. La expresión de este estadístico, en el caso de dos grupos a y b, es la siguiente:

$$F = \frac{(n.-1-p')n_a n_b}{p'(n.-2)(n_a + n_b)} D_{ab}^2$$

Podría ser usado también como criterio para la selección de variables. En cada paso, seleccionaríamos aquella variable que conduce al mayor valor de F en la pareja de grupos que inicialmente resultaban más próximos entre sí. La diferencia con respecto al criterio basado en la distancia de Mahalanobis al cuadrado, radica en que aquí se tienen en cuenta los tamaños de los grupos.

Criterio basado en la varianza residual. Sumando para cada pareja de grupos la varianza residual no explicada por la función discriminante, tendremos una varianza residual total expresada por:

$$R = \sum_{i=1}^{g-1} \sum_{j=i+1}^{g} \frac{4}{4 + D^2_{a_i b_j}}$$

La variable seleccionada en cada paso será aquella que minimiza el total de la varianza no explicada por la función discriminante.

INTERPRETACIÓN DE LA FUNCIÓN DISCRIMINANTE

Halladas las funciones discriminantes, y fijado el número de ellas que se retiene, es necesario interpretar el significado de las mismas. La *interpretación de la función discriminante* podrá hacerse atendiendo a las posiciones relativas que determina para los casos y los centroides de cada grupo, y estudiando la relación entre las variables y la función, de modo que podamos establecer la contribución de las distintas variables a la discriminación. Para examinar la posición relativa que ocupan los casos y los centroides de acuerdo con la función o funciones obtenidas, es necesario recurrir a las *puntuaciones discriminantes*, o valores de la función discriminante para casos específicos. Cada una de las funciones discriminantes extraídas representa un eje en el espacio discriminante y permite determinar la posición de cualquier caso a lo largo de ese eje. Tomando la función correspondiente a un eje cualquiera, el valor de la puntuación discriminante alcanzada por un caso m, perteneciente al grupo k, será la que obtenemos al sustituir en la ecuación los valores X por las puntuaciones observadas para ese caso en cada una de las variables:

$$y_{km} = u_0 + u_1 X_{1km} + u_2 X_{2km} + \cdots + u_p X_{pkm}$$

Si calculamos las puntuaciones discriminantes sobre los diferentes ejes, podremos localizar en el espacio la posición de cualquier individuo. En este cálculo, cada coeficiente no estandarizado u_i representa el cambio producido sobre la posición de un caso si en la variable X_i la puntuación observada aumentara en una unidad. Examinando sus respectivas puntuaciones discriminantes, podremos conocer si dos o más casos se sitúan próximos o quedan enfrentados a lo largo de un determinado eje. En la medida en que hayamos identificado el significado de dicho eje, la posición relativa de los casos cobrará sentido.

No obstante, para estudiar el comportamiento de los grupos, puede resultar más interesante focalizar nuestra atención en la posición de los centroides de cada grupo y no en las de los casos aislados. La puntuación correspondiente a un centroide se determinará sustituyendo las variables de la ecuación discriminante por los valores medios que alcanzan esas variables en el grupo. Las coordenadas de los centroides de diferentes grupos determinan posición de cada uno de ellos en el espacio discriminante.

Las puntuaciones discriminantes pueden representarse gráficamente mediante histogramas unigrupales, histograma total o diagramas de dispersión. Un *histograma unigrupal* situaría a lo largo del eje horizontal (eje discriminante) las puntuaciones alcanzadas por los casos, generalmente agrupados en intervalos. Denotando los casos mediante alguna marca (cruces o números, por ejemplo), en cada intervalo de puntuaciones situaríamos una columna de tantos símbolos como casos se encuentren comprendidos en el mismo. Así, la altura de la columna expresará el número de casos incluidos en el intervalo.

Utilizando un símbolo diferente para los casos de cada grupo (por ejemplo números), podemos representar sobre un mismo eje los histogramas correspondientes a los diferentes grupos. Este tipo de representación, a la que denominaríamos *histograma total de las puntuaciones discriminantes*, ofrece la posibilidad de examinar cómodamente la posición de los diferentes grupos sobre el eje discriminante y comparar el grado de cohesión dentro de cada uno de ellos.

Por otro lado, los *diagramas de dispersión* permiten representar la posición de los casos y los centroides sobre dos funciones simultáneamente. Cada una de estas funciones se hace corresponder con uno de los ejes cartesianos, situando los casos en el plano discriminante definido para ambos. Para ello se toman como coordenadas de cada punto las puntuaciones discriminantes sobre las dos funciones. La primera función discriminante suele hacerse corresponder al eje horizontal, mientras que el eje vertical representa la segunda función. En este tipo de diagramas, se suele denotar con símbolos diferentes la posición de los casos y la de los centroides. Las distancias y proximidades entre los diferentes centroides pueden ser interpretadas si conocemos el significado del espacio discriminante definido por los dos ejes.

Como las funciones no están correlacionadas, es posible que dos grupos aparezcan próximos en cuanto a la primera función, pero que muestren claras diferencias si son examinados respecto a la segunda función discriminante. Las posiciones reflejadas respecto a los dos primeros ejes discriminantes suelen ser las más significativas, dado que los dos primeros ejes son los que determinan una mayor separación entre los grupos. Si el número de funciones calculadas es alto, los dos primeros ejes, aun siendo los de mayor importancia, podrían ser insuficientes para reflejar las posiciones relativas de los centroides. Si los grupos se encuentran suficientemente separados, las funciones discriminantes consideradas deparan una representación gráfica en la que los centroides de grupo se sitúan alejados entre sí y las nubes de puntos mediante las que se representan los individuos de cada grupo no mostrarán solapamientos importantes.

Si el número de casos es elevado, en situaciones en las que o bien los grupos no son muy homogéneos o bien la separación entre ellos no es grande, puede darse un solapamiento de puntos que haga difícil la interpretación. En tales situaciones, de cara a facilitar la interpretación, será preferible la representación de los grupos en diagramas de dispersión separados, o bien reducir la representación a los centroides de cada grupo.

La *contribución absoluta de una variable* a la determinación de la puntuación discriminante permite también interpretar la función discriminante a través de los *coeficientes estandarizados o no estandarizados*. Los coeficientes u_i de la ecuación obtenida para la función discriminante son coeficientes no estandarizados. Si la función discriminante se obtiene a partir de puntuaciones que previamente han sido estandarizadas, los coeficientes u_i reciben la denominación de coeficientes estandarizados.

Los coeficientes no estandarizados pueden interpretarse como la contribución absoluta de una variable a la determinación de la puntuación discriminante. Dado que no existen restricciones sobre la unidad de medida y la variabilidad en las variables originales, estos coeficientes no son comparables. En cambio, los coeficientes estandarizados permiten conocer la importancia relativa de cada variable en la función discriminante. Examinando estos coeficientes, podemos determinar qué variables contribuyen más a las puntuaciones alcanzadas en la función. El término independiente para la ecuación de la función discriminante estandarizada será cero, pues el eje construido a partir de las variables tipificadas pasará por el origen. Ignorando el signo, la magnitud del coeficiente estandarizado indicará la importancia de la contribución que cada variable hace a la determinación de las puntuaciones discriminantes.

Otro camino para determinar la contribución de las variables a la función discriminante consiste en calcular la *correlación de Pearson entre las puntuaciones observadas en la variable y las puntuaciones discriminantes*. A estas correlaciones se las denomina también coeficientes de estructura. Un valor próximo a 1 ó -1 indicará que la variable aporta la misma función información que la función, mientras que valores próximos a 0 demuestran que ambas poseen poco en común.

Los *coeficientes de estructura* que se obtienen a partir de la correlación entre las puntuaciones correspondientes a todos los casos, también sirven para determinar la contribución de las variables a la función discriminante. Basándonos en las variables que presentan los coeficientes de estructura más elevados (en valores absolutos), podemos encontrar significado al eje que cada función representa en el espacio discriminante. Si advertimos alguna característica común a esas variables, podríamos utilizar tal característica para nombrar la función. El examen de la posición alcanzada por los centroides de grupo puede ayudar en la interpretación de los ejes. Por lo tanto, la contribución que cada variable hace a la función discriminante puede evaluarse, por tanto, a partir de los coeficientes estandarizados o a partir de los coeficientes de estructura.

CLASIFICACIÓN EN EL ANÁLISIS DISCRIMINANTE

El análisis discriminante, decíamos en las primeras páginas, puede ser utilizado con dos finalidades básicas: interpretar las diferencias existentes entre varios grupos o pronosticar la clasificación de los sujetos. En el apartado anterior hemos aludido a la interpretación que las funciones discriminantes permiten hacer, al posicionar en el espacio a los casos y los centroides de grupo o al permitir que identifiquemos el significado de las mismas, de acuerdo con la contribución de las variables a la discriminación. Sin embargo, para el investigador interesado en obtener una regla de decisión que permita clasificar nuevos casos, el número de dimensiones consideradas en el espacio discriminante y su significado posiblemente no atraigan su atención. Puede ser más interesante la utilización de las funciones discriminantes para pronosticar el grupo al que quedará adscrito un nuevo caso no contemplado al extraer las funciones.

En realidad, la clasificación de un sujeto podría hacerse a partir de sus valores en las variables discriminantes o en las funciones discriminantes. En el primer caso, no podríamos hablar propiamente de un análisis discriminante, pues no es necesario el cálculo de las funciones discriminantes, sino la utilización de funciones de clasificación. Uno y otro tipo de funciones sirven al mismo objetivo, pero la clasificación a partir de las funciones discriminantes es más cómoda y suele llevar a mejores resultados en la mayoría de los casos. Los diferentes procedimientos usados para la clasificación se basan en la comparación de un caso con los centroides de grupo, a fin de ver a cuál de ellos resulta más próximo.

Uno de los procedimientos seguidos para asignar un caso a uno de los grupos se basa en las denominadas *funciones de clasificación por grupos*. Estas funciones tienen la propiedad de que resultan más elevadas cuanto mayor sea la proximidad del caso al grupo. Examinando las puntuaciones obtenidas por un caso en cada una de las funciones de clasificación, podemos establecer a qué grupo ha de ser asignado. El caso será asignado a aquel grupo en el que se obtiene la puntuación más alta. Este procedimiento de clasificación resulta muy sensible a la violación del supuesto de igualdad de matrices de varianzas-covarianzas. Cuando no se verifica dicho supuesto, los casos tienden a ser clasificados en el grupo en el que se registra la mayor dispersión.

Un procedimiento alternativo para la clasificación de un caso se basa en el cálculo de su distancia a los centroides de cada uno de los grupos o *funciones de distancia generalizada*. El caso sería adscrito a aquel grupos con cuyo centroide existe una menor distancia. La distancia de Mahalanobis es una medida adecuada para valorar la proximidad entre casos y centroides. Un caso será clasificado en el grupo respecto al cual presenta la distancia más pequeña. Ello significaría que a ese grupo corresponde el centroide cuyo perfil sobre las variables discriminantes resulta más parecido al perfil del caso.

Otro de los procedimientos seguidos para asignar un caso a uno de los grupos es utilizar las **probabilidades de pertenencia al grupo**. Un caso se clasifica en el grupo al que su pertenencia resulta más probable. El cálculo de probabilidad de pertenencia a un grupo asume que todos los grupos tienen un tamaño similar. No se tiene en cuenta que a priori es posible anticipar una mayor probabilidad de pertenencia a un determinado grupo cuando en la población el porcentaje de sujetos que pertenece a cada grupo es muy diferente. En tal situación, conviene incorporar al cálculo las **probabilidades a priori**, con lo que se consigue mejorar la predicción final y reducir lo errores de clasificación. De acuerdo con este planteamiento, la regla de Bayes sería útil para calcular la probabilidad posterior de pertenencia del caso a un grupo (**probabilidad a posteriori**), conocida la probabilidad a priori para el mismo. Un caso será clasificado en el grupo en el que su pertenencia cuenta con una mayor probabilidad a posteriori. Podría ocurrir que dos casos que son clasificados en el mismo grupo tengan probabilidades bastante diferentes, o que las probabilidades de que un sujeto pertenezca a dos grupos distintos no sean muy diferentes entre sí, en cuyo caso, aun asignándolo a la clase en la que cuenta con mayor probabilidad, su clasificación no sería tan clara. Por ese motivo, resulta interesante conocer para cada individuo no sólo la **máxima probabilidad**, sino también las probabilidades de pertenecer a otros grupos.

En los apartados anteriores hemos clasificado los individuos basándonos en las variables discriminantes, pero también es posible la **clasificación en función de las funciones discriminantes**. El planteamiento en ese caso sería análogo al presentado hasta ahora, con la única salvedad de que en lugar de variables X_i consideramos funciones F_i. Dado que la clasificación final conseguida es generalmente idéntica, resulta preferible utilizar las funciones discriminantes, pues a la hora de realizar los cálculos trabajar con q funciones conlleva menos esfuerzo que hacerlo con p variables, tanto si se trata de calcular distancias como probabilidades. La clasificación lograda a partir de la función discriminante no coincide con la que obtendríamos a partir de las variables discriminantes, en los casos en que las matrices de covarianza en los grupos no son iguales o cuando alguna función discriminante no es considerada por resultar poco significativa. En este segundo caso, la clasificación resultante es más correcta.

En el paquete SPSS, se trabaja con las funciones discriminantes no estandarizadas, y se aplica la regla de Bayes a las puntuaciones discriminantes (D) obtenidas por cada caso para clasificarlos en algún grupo.

Un procedimiento muy útil para la representación gráfica de la clasificación de casos es el **mapa territorial**, que consiste en situar en el eje horizontal y en el vertical dos funciones discriminantes (o variables discriminantes) y separar en el plano resultante, por medio de líneas, las zonas o territorios que ocuparían los sujetos clasificados en cada grupo. Lógicamente, cuando el número de funciones es mayor que dos, el plano no es suficiente para representar todas las dimensiones del espacio discriminante. En ese caso suelen representarse únicamente las dos primeras, que son las que en mayor medida contribuyen a la separación de los grupos.

El problema del número de dimensiones en la representación se agrava cuando en la clasificación trabajamos con las variables y no con las funciones discriminantes. Es una razón más para preferir procedimientos de clasificación basados en estas últimas. No obstante, cuando sólo contamos con una función discriminante, la representación del mapa territorial se hará sobre una línea, y no en un plano. Cuando los casos o individuos están bien clasificados, su representación sobre el plano formado por las dos funciones les situaría en el territorio correspondiente al grupo. En cambio, cuando la discriminación es débil, puede haber un cierto número de sujetos que caen fuera del territorio que serían casos mal clasificados. Las líneas que constituyen las fronteras entre el territorio ocupado por los diferentes grupos se determinan a partir de la posición de los centroides. Para el caso de dos grupos, la línea divisoria sería la mediatriz del segmento que une a los dos respectivos centroides, siempre y cuando las matrices de covarianza de los grupos sean idénticas. Si no fuera así, la línea estaría más próxima al centroide correspondiente al grupo con menor varianza. Si existen más de dos grupos, el trazado de las líneas se complica.

Una forma de valorar la bondad de la clasificación de los individuos realizada es aplicar el procedimiento a los casos para los que conocemos su grupo de adscripción, y comprobar si coinciden el grupo predicho y el grupo observado. El porcentaje de casos correctamente clasificados indicaría la corrección del procedimiento. La **matriz de clasificación**, también denominada **matriz de confusión**, permite presentar para los casos observados en un grupo, cuántos de ellos se esperaban en ese grupo y cuántos en los restantes. De esta forma, resulta fácil constatar qué tipo de errores de clasificación se producen. La estructura de la matriz de clasificación sería la mostrada en la Figura 7-17, donde cada valor n_{ij} representa el número de casos del grupo i que tras aplicar las reglas de clasificación son adscritos al grupo j. Los valores situados en la diagonal descendente constituyen, por tanto, el número de casos que han sido correctamente clasificados. En la matriz de clasificación, es frecuente encontrar estos valores en forma de porcentajes. Si el porcentaje de casos correctamente clasificados es alto, cabe esperar que las funciones discriminantes también proporcionen buenos resultados a la hora de predecir el grupo al que se adscribirá cualquier nuevo sujeto perteneciente a la misma población de donde fue extraída la muestra. Este porcentaje puede ser tomado como una medida no sólo de la bondad de la clasificación, sino también de las diferencias existentes entre los grupos; si la clasificación es buena se deberá a que las variables discriminantes permiten diferenciar entre los grupos.

ANÁLISIS DISCRIMINANTE CANÓNICO

En el análisis discriminante hay dos enfoques. El primero de ellos está basado en la obtención de funciones discriminantes de cálculo similar a las ecuaciones de regresión lineal múltiple y que es el que se ha tratado hasta ahora en este capítulo. El segundo emplea técnicas de correlación canónica y de componentes principales y se denomina *análisis discriminante canónico*.

Ya sabemos que el análisis en componentes principales es una técnica multivariante que persigue *reducir la dimensión de una tabla de datos excesivamente grande* por el elevado número de variables que contiene x_1, x_2,...,x_n y quedarse con unas cuantas variables C_1, C_2,...,C_p combinación de las iniciales (componentes principales) *perfectamente calculables* y que sinteticen la mayor parte de la información contenida en sus datos. Inicialmente se tienen tantas componentes como variables:

$$C_1 = a_{11}x_1 + a_{12}x_2 + \cdots + a_{1n}x_n$$
$$\vdots$$
$$C_n = a_{n1}x_1 + a_{n2}x_2 + \cdots + a_{nn}x_n$$

Pero sólo se retienen las p componentes (componentes principales) que explican un porcentaje alto de la variabilidad de las variables iniciales (C_1, C_2,...,C_p). Se sabe que la primera componente C_1 tiene asociado el mayor valor propio de la matriz inicial de datos y que las sucesivas componentes C_2,...,C_p tienen asociados los siguientes valores propios en cuantía decreciente de su módulo. De esta forma, el análisis discriminante de dos grupos equivaldría al análisis en componentes principales con una sola componente C_1. En este caso la única función discriminante canónica sería la ecuación de la componente principal $C_1 = a_{11}x_1 + a_{12}x_2 + \cdots + a_{1n}x_n$ y el valor propia asociado sería el poder discriminante.

Para el análisis discriminante de tres grupos las funciones discriminantes canónicas serán las ecuaciones de las dos primeras componentes principales C_1 y C_2, siendo su poder discriminante los dos primeros valores propios de la matriz de datos. De este modo, las componentes principales pueden considerarse como los sucesivos ejes de discriminación. Los coeficientes de la ecuación de cada componente principal, es decir, de cada eje discriminante, muestran el peso que cada variable aporta a la discriminación. No olvidemos que estos coeficientes están afectados por las escalas de medida, lo que indica que todas las variables deben presentar unidades parecidas, lo que se consigue estandarizando las variables iniciales antes de calcular las componentes principales.

Por último, hacer notar que la *relación entre el análisis de la regresión y el análisis discriminante con dos grupos* es muy estrecha. Si se realiza un ajuste por mínimos cuadrados, tomando como variable dependiente la variable dependiente que define la pertenencia a uno u otro grupo y como variables explicativas a las variables clasificadoras, se obtienen unos coeficientes que guardan una estricta proporcionalidad con la función discriminante de Fisher.

ÁRBOLES DE DECISIÓN

Los árboles de decisión son particiones secuenciales del conjunto de datos objetivo realizadas para maximizar las diferencias observadas en estos grupos respecto de la variable dependiente en estudio o variable de interés (criterio base) que está relacionada con otras variables independientes. Conllevan, por tanto, la división de las observaciones en grupos que difieren respecto a una variable de interés. Estos métodos, se caracterizan además por desarrollar un proceso de división de forma arborescente. Mediante diferentes índices y procedimientos estadísticos se determina la división más discriminante de entre los criterios seleccionados; es decir, aquella que permite diferenciar mejor a los distintos grupos del criterio base, obteniéndose de este modo la primera segmentación. A continuación se realizan nuevas segmentaciones de cada uno de los segmentos resultantes, y así sucesivamente hasta que el proceso finaliza con alguna norma estadística preestablecida o interrumpido voluntariamente en cualquier momento por el investigador. Además, los criterios descriptores no tienen por qué aparecer en el mismo orden para todos los segmentos, y un criterio puede aparecer más de una vez para un mismo segmento. Al final, enumerando los criterios mediante los que se ha llegado a un segmento determinado se obtiene el perfil del mismo.

Por ejemplo, supongamos que deseamos conocer qué pasajeros del Titanic tuvieron más probabilidades de sobrevivir a su hundimiento, y qué características estuvieron asociadas a la supervivencia al naufragio. En este caso, la variable dependiente de interés (VD) es el grado de supervivencia. Podríamos entonces dividir a los pasajeros en grupos de edad, sexo y clase en la que viajaban (variables independientes) y observar la proporción de supervivientes de cada grupo.

Un procedimiento arborescente selecciona automáticamente los grupos homogéneos con la mayor diferencia en proporción de supervivientes entre ellos; en este caso, el sexo (hombres y mujeres). El siguiente paso es subdividir cada uno de los grupos en función de otra característica, resultando que los hombres son divididos en adultos y niños, mientras que las mujeres se dividen en grupos basados en la clase en la que viajan en el barco. Utilizar diferentes predictores en cada nivel del proceso de división supone una forma sencilla y elegante de manejar interacciones que a menudo complican en exceso los modelos lineales tradicionales. Cuando se ha completado el proceso de subdivisión el resultado es un conjunto de reglas que pueden visualizarse fácilmente mediante un árbol. Por ejemplo: si un pasajero del Titanic es hombre y es adulto, entonces tiene una probabilidad de sobrevivir del 20 por ciento. Además, la proporción de supervivencia en cada una de las subdivisiones puede utilizarse con fines predictivos para vaticinar el grado de supervivencia de los miembros de ese grupo. Un árbol de clasificación del grado de supervivencia de los pasajeros del Titanic podría ser el que se observa en la figura siguiente.

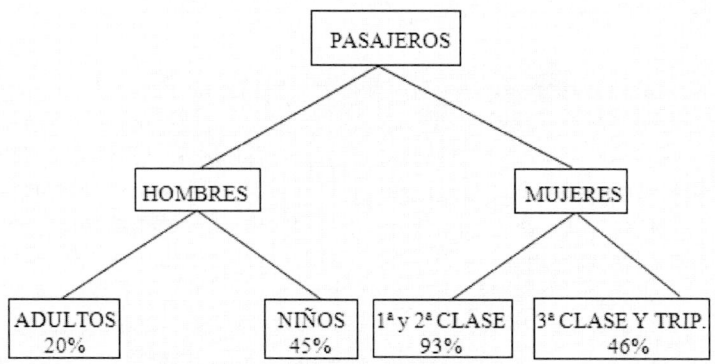

Existen tres de los procedimientos arborescentes que actualmente gozan de una mayor aceptación tanto en los ámbitos teórico como aplicado. Se trata de los árboles CHAID, CART y QUEST.

CHAID o *Chi-square Automatic Interaction Detector* representa la culminación de una serie de métodos basados en el detector Automático de Interaccione (AID) de Morgan y Sonquist (1963). CHAID es un método exploratorio de análisis de datos útil para identificar variables importantes y sus interacciones con fines de segmentación, análisis descriptivos o como paso previo a otros análisis posteriores.

La medida dependiente puede ser cualitativa (nominal u ordinal) o cuantitativa. Para variables cualitativas, el análisis lleva a cabo una serie de análisis χ^2 entre las variables dependiente y predictoras. En el caso de variables dependientes cuantitativas, se recurre a métodos de análisis de varianza, en los que los intervalos (divisiones) se determinan óptimamente para las variables independientes de forma que maximicen la capacidad para explicar la varianza de la medida dependiente.

Para dividir cada nodo, Kass (1980) comienza localizando el par de categorías permisible del predictor (el conjunto de pares permisibles viene dado por el tipo de predictor que está siendo analizado) con el menor valor de χ^2. Si el nivel de significación es menor que un cierto nivel crítico, se unen ambas categorías y se repite el proceso. Si es mayor, se convierten en dos candidatas a la división de la variable. Este proceso continúa con cada par de categorías hasta que dejan de producirse uniones y posibles divisiones. La última candidata a la división (que generalmente no suele coincidir con la división más significativa) es la que se elige para dividir al predictor. El proceso se repite de forma recursiva en cada uno de los nodos hasta que se activa cualquiera de las reglas de parada del proceso. Par mitigar el sesgo de selección de la variable, Kass recurre a un ajuste de Bonferroni.

Este enfoque original de Kass ahorra bastante tiempo de computación. Sin embargo no garantiza que sea capaz de encontrar realmente la mejor división posible en cada modo. Únicamente una búsqueda exhaustiva en cada nodo de todos los conjuntos de categorías candidatos a una división puede lograr esto. El CHAID exhaustivo, propuesto por Biggs, de Ville y Suen (1991), selecciona siempre la división más significativa de todas. Los autores encontraron también que el ajuste de Bonferroni que utiliza Kass penaliza en exceso a las varibles con muchos niveles, y aunque logra controlar el error tipo I, presenta un error tipo II demasiado alto. Por ello, CHAID exhaustivo trata a todas las variables por igual, independientemente del tipo de variable y del número de categorías. Además, permite trabajar tanto con variables dependientes categóricas como métricas. Las variables categóricas utilizan el estadístico χ^2 y dan lugar a un árbol de clasificación. Las variables métricas utilizan el estadístico F y dan lugar a lo que se conoce como árboles de regresión. También permite utilizar predictores de tipo métrico, mediante su conversión previa en variables categóricas. Tanto el CHAID clásico como el exhaustivo pueden producir divisiones de la VD en más de dos grupos (al contrario que CART, que sólo produce divisiones binarias).

CART (*Classification And Regression Trees*), también llamados C&RT en algunos programas y textos de estadística, constituyen una alternativa al CHAID exhaustivo para desarrollar árboles de clasificación. De hecho, el algoritmo fue desarrollado por Breiman, Friedman, Losen y Stone a principios de los ochenta (1984) para intentar superar algunas de las deficiencias y debilidades que por entonces mostraba la formulación original del CHAID.

Hasta la aparición de la versión exhaustiva, CHAID parecía limitado a VDs nominales y VIs categóricas, y sin embargo existía la necesidad de un método que permitiese utilizar criterios y predictores de cualquier nivel de medida. Además, CHAID tenía cierta aureola de método ad hoc y no-estadístico (CART se fortaleció con toda una estructura estadística de validación cruzada) y se percibía como excesivamente ligado al marketing y ciencias afines (CART fue adoptado en entornos médicos y de investigación).

Como su propio nombre indica, CART resulta apropiado para árboles de clasificación (VD cualitativa) o de regresión (VD cuantitativa) y, como característica diferencial, genera árboles binarios. Se construye dividiendo la muestra en subconjuntos de datos. En cada división, se evalúa cada predictor para encontrar el mejor punto de corte (con predictores cuantitativos) o las mejores agrupaciones de categorías (con predictores categóricos). A continuación se comparan también los predictores, seleccionándose el predictor y la división que produce la mayor bondad de ajuste. Por tanto, como regla de división, este programa utiliza medidas de bondad, también denominadas medidas de impureza de nodos (Breiman *et al.*, 1984; Murthy, 1998). Para variables cuantitativas, algunas de las medidas propuestas han sido la reducción del error cuadrático o la desviación media absoluta de la mediana.

Con variables cualitativas, una de las medidas más utilizadas es el coeficiente Gini, que evalúa la probabilidad de una mala clasificación para los casos de un nodo y alcanza un valor de 0 cuando la clasificación es perfecta. Otros coeficientes similares (y que, por tanto, comparten esencialmente las mismas ventajas e inconvenientes) incluyen la medida χ^2 de Bartlett, y la medida G-cuadrado, similar al χ^2 de máxima verosimilitud y del que hablaremos en el modelado de muestras finitas. Muy diferentes a los anteriores es el coeficiente *twoing*. Se trata de una medida basada en el agrupamiento de la VD en las dos mejores subclases y posterior cálculo de su varianza. *Twoing* tiende a producir árboles completamente distintos a los que se consiguen utilizando Gini. En concreto, mientras que los árboles *twoing* tienden a equilibrar más el reparto de los datos en cada una de las dos categorías, los coeficientes Gini y las medidas de entropía tienden a producir árboles que dividen los datos en subgrupos excesivamente descompensados.

¿Qué árbol es mejor? Desde el punto de vista de su precisión predictiva, puede ser que ambos tengan un comportamiento similar, aunque probablemente la mayor parte de los investigadores de mercado se decanten por el árbol *twoing*. En cualquier caso, es fundamental que los diferentes programas ofrezcan una buena selección de medidas (entre las que no debe faltar *twoing*) para que sea el investigador el que decida cuál utilizar. CART fue el primer programa que tuvo en cuenta esto, ofertando hasta nueve diferentes. Merece la pena destacar que entre los coeficientes disponibles en CART no se encuentra el que utiliza CHAID debido, según sus creadores, a la tendencia que se ha observado en la medida χ^2 a desarrollar árboles falsos positivos, es decir, árboles que muestran estructuras de los datos que no existen en la realidad.

Relacionado con esto, conviene señalar también que aunque algunos autores consideran que los árboles construidos a partir de distribuciones de probabilidad son más fiables que los construidos directamente a partir de los valores de los atributos (Shang y Breiman, 1996), otros autores han descrito varios aspectos problemáticos del hecho de utilizar tests de significación estadística como reglas de parada (Neville, 1999), opción que es la que utilizan CHAID o QUEST. Históricamente, la contribución más significativa de CART al universo de los árboles de clasificación ha sido el tratamiento del sobreajuste de los datos. Otras características novedosas de CART que con el paso del tiempo han ido incorporándose a otros programas incluyen: la incorporación a los análisis de probabilidades a priori, el uso de divisiones sucedáneas para valores missing (es decir, divisiones basadas en una segunda variable que imita a la primera cuando falla ésta), o una búsqueda heurística (no óptima) de divisiones basadas en combinaciones lineales de varibles.

El acrónimo QUEST proviene de Quick, Unbiased, Efficient, Statistical Tree (Loh y Shih, 1997). Se trata de un algoritmo de clasificación arborescente creado específicamente para solventar dos de los principales problemas que presentan métodos como CART y CHAID exhaustivo a la hora de dividir un grupo de sujetos en función de una variable independiente.

En primer lugar la *complejidad computacional*. Una variable ordinal con n valores en un nodo conlleva (n - 1) divisiones, por lo que el número de cálculos en cada nodo aumenta de forma proporcional el número de valores. En el caso de variables categóricas, el número de cálculos aumenta exponencialmente al número de categorías, siendo en general de ($2m$ -1 - 1) para una variable con m valores. En segundo lugar los *sesgos en la selección de variables*. Pero un problema más serio desde el punto de vista interpretativo y de generalización de resultados es que los métodos exhaustivos tienden a seleccionar aquellas variables que cuentan con un mayor número de categorías. Doyle (1973) fue el primero en darse cuenta de ello en el contexto de los algoritmos AID y THAID, y, más recientemente, Loh y Shih (1997) han encontrado evidencia empírica de este sesgo en los métodos exhaustivos.

El algoritmo QUEST emplea un enfoque cuyo cálculo resulta mucho más sencillo que los métodos exhaustivos. En vez de intentar seleccionar a la vez el mejor predictor y su mejor punto de corte, QUEST aborda estos dos problemas por separado. En cada nodo, calcula la asociación entre cada predictor y la VD mediante el estadístico F del ANOVA o la F de Levene (en el caso de predictores continuos y ordinales) o mediante una χ^2 de Pearson (en el caso de predictores nominales). Para asegurarse divisiones binarias de la VD, se aplica un algoritmo conglomerativo que fuerza a crear siempre dos superclases en el predictor. Finalmente, se selecciona el predictor que presenta la mayor asociación con la VD, es decir, el menor valor p dentro de los significativos (corregidos según Bonferroni para eliminar el sesgo en la selección de variables). En una segunda fase, para encontrar el mejor punto de corte se recurre a un análisis discriminante cuadrático (cuya ventaja sobre el lineal es que permite acomodar varianzas distintas). El proceso se repite de forma recursiva hasta que salta alguna de las reglas de parada. Gracias a este procedimiento de cálculo, QUEST apenas muestra sesgos de respuesta, muestra una mayor simplicidad de cálculo, permite incluir métodos de validación mediante poda y permite incorporar combinaciones lineales de variables.

Comparando QUEST con los métodos exhaustivos, se ha comprobado que cuando se utilizan divisiones univariadas no existe un ganador claro. Sin embargo, los árboles QUEST basados en divisiones que resultan de combinaciones lineales han demostrado ser más rápidos y, sobre todo, precisos que los procedimientos exhaustivos, los cuales utilizan típicamente divisiones univariadas (Loh y Shih, 1997). Una reciente comparación de los principales métodos arborescentes (Song y Yoon, 2000) ha demostrado que QUEST es el único método que no muestra sesgos serios a la hora de seleccionar una variable u otra. CHAID presenta un suave sesgo y CART está claramente sesgado hacia predictores continuos y/o con muchas categorías. Por su parte, el C5.0 de Quinlan (1993) es el que presenta el problema más serio de sesgo, dando como resultado un poder estadístico muy pobre. En líneas generales, QUEST parece ser superior a CART y éste, a su vez, superior a CHAID. Los resultados dependen en gran medida del tipo de problema concreto que se esté abordando.

SPSS Y EL ANÁLISIS DISCRIMINANTE

Como ejemplo, consideramos un estudio sobre tamaño de piezas florales en el que se trata de discriminar entre tres especies de género *Iris* (*setosa, versicolor* y *virgínica*) a partir de las medidas realizadas en 150 ejemplares de lirios. Las variables utilizadas como discriminantes son la longitud y anchura de los pétalos y sépalos de las flores cuyos valores se almacenan en el archivo *lirios.sav*. Será posible describir las diferencias entre los tres tipos de lirios y construir reglas que nos permitan clasificar lirios en alguna de las tres especies consideradas teniendo en cuenta las características de las variables discriminantes medidas sobre ellos.

Para realizar el análisis discriminante, elija en los menús *Analizar → Clasificar → Discriminante* (Figura 7-1), previa apertura del fichero 7-1*.sav* que contiene los datos y rellene la pantalla de entrada del procedimiento como se indica en la Figura 7-2. Las pantallas *Estadísticos, Método, Clasificar* y *Guardar* se rellenan como se indica en las Figuras 7-3 a 7-6. Al pulsar *Continuar* y *Aceptar* se obtiene la salida del procedimiento.

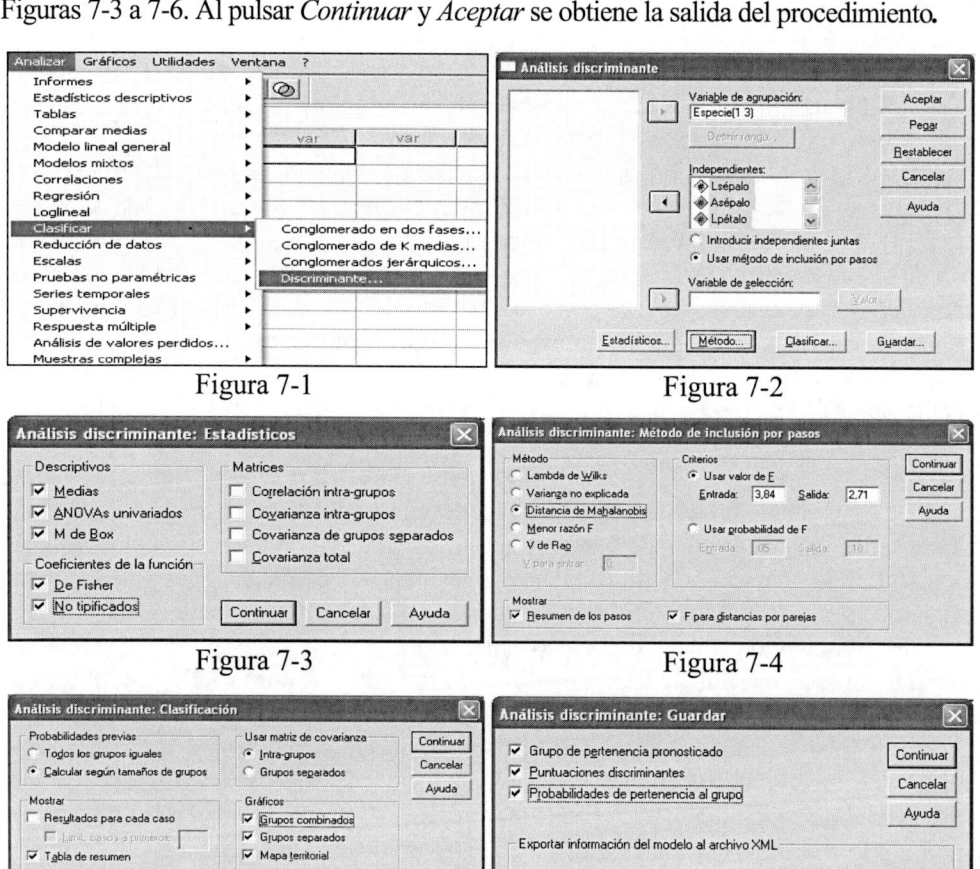

Figura 7-1   Figura 7-2

Figura 7-3   Figura 7-4

Figura 7-5   Figura 7-6

La Figura 7-7 muestra los estadísticos descriptivos para las variables discriminantes en los tres grupos de clasificación y las pruebas de contraste sobre la igualdad de medias en los grupos (los p-valores pequeños indican el rechazo de la igualdad de medias). La Figura 7-8 muestra la *prueba de Box para la igualdad de las matrices de covarianzas en los grupos* (el p-valor pequeño indica el rechazo de la homogeneidad en varianza). La Figura 7-9 muestra los estadísticos por pasos con las variables introducidas que cumplen las condiciones mínimas para la selección de variables. Las Figuras 7-10 y 7-11 muestra las variables incluidas y no incluidas en el análisis mediante el proceso de selección paso a paso. La Figura 7-12 muestra las variables introducidas en cada paso y los valores de la lambda de Wilks conseguidos con sus p-valores (al final se incluyen todas las variables en el análisis). La Figura 7-13 muestra las comparaciones de grupos por pares en cada paso. La Figura 7-14 resume las *funciones canónicas discriminantes*. Los autovalores para las dos funciones discriminantes valen 30,31 y 0,29 lo que pone de manifiesto la importancia de la primera función discriminante respecto de la segunda. La primera función es responsable del 99% de la varianza entre grupos. Además, la primera función presenta una correlación canónica mucho más alta. Está claro que la primera función discriminante representa una dimensión mucho más elevante de cara a la discrimunación de los tres tipos de lirios. La Figura 7-14 muestra también la *prueba de la lambda de Wilks de contraste para las funciones discriminantes* que permite rechazar la hipótesis nula de igualdad entre las puntuaciones alcanzadas para los grupos por ambas funciones discriminantes y que además nos dice que podemos considerar apropiado mantener las dos funciones como dimensiones relevantes para la discriminación entre los grupos, aunque teniendo presente que la mayor parte de la discriminación total corresponde a la primera de las funciones. En la Figura 7-14 se muestran también los *coeficientes estandarizados* que indican que las cuatro variables del modelo contribuyen de manera bastante similar a la segunda función (salvo la longitud del sépalo, que contribuye bastante menos). Sin embarago la contribución a la primera función discriminante es similar para las variables anchura de pétalo y sépalo, muy alta para la longitud del pétalo y más baja para la longitud del sépalo.

Estadísticos de grupo

Especie		Media	Desv. típ.	N válido (según lista) No ponderados	Ponderados
Setosa	Lsépalo	49,38	3,230	32	32,000
	Asépalo	33,44	3,242	32	32,000
	Lpétalo	14,72	1,871	32	32,000
	Apétalo	2,53	1,135	32	32,000
Versicolor	Lsépalo	56,81	5,095	42	42,000
	Asépalo	27,69	3,197	42	42,000
	Lpétalo	42,10	4,700	42	42,000
	Apétalo	13,12	1,990	42	42,000
Virgínica	Lsépalo	66,31	6,610	39	39,000
	Asépalo	29,85	3,391	39	39,000
	Lpétalo	55,77	5,806	39	39,000
	Apétalo	20,33	2,932	39	39,000
Total	Lsépalo	58,73	8,498	113	113,000
	Asépalo	30,06	3,992	113	113,000
	Lpétalo	39,06	17,043	113	113,000
	Apétalo	12,61	7,390	113	113,000

Pruebas de igualdad de las medias de los grupos

	Lambda de Wilks	F	gl1	gl2	Sig.
Lsépalo	,377	90,940	2	110	,000
Asépalo	,662	28,043	2	110	,000
Lpétalo	,071	724,596	2	110	,000
Apétalo	,086	580,921	2	110	,000

Figura 7-7

Prueba de Box sobre la igualdad de las

Logaritmo de los determinantes

Especie	Rango	Logaritmo del determinante
Setosa	4	5,325
Versicolor	4	7,255
Virgínica	4	9,867
Intra-grupos combinada	4	8,527

Los rangos y logaritmos naturales de los determinantes impresos son los de las matrices de covarianza de los grupos.

Resultados de la prueba

M de Box		100,460
F	Aprox.	4,754
	gl1	20
	gl2	38930,399
	Sig.	,000

Contrasta la hipótesis nula de que las matrices de covarianza poblacionales son iguales.

Figura 7-8

Estadísticos por pasos

Variables introducidas/eliminadas[a,b,c,d]

| | | | | Mín. D cuadrado | | | | |
| | | | | | F exacta | | | |
Paso	Introducidas	Estadístico	Entre grupos	Estadístico	gl1	gl2	Sig.
1	Apétalo	10,822	Versicolor y Virgínica	218,836	1	110,000	6,449E-28
2	Lpétalo	13,411	Versicolor y Virgínica	134,363	2	109,000	3,833E-30
3	Asépalo	16,770	Versicolor y Virgínica	110,984	3	108,000	7,407E-33
4	Lsépalo	17,580	Versicolor y Virgínica	86,451	4	107,000	1,267E-32

En cada paso se introduce la variable que maximiza la distancia de Mahalanobis entre los grupos más cercanos.

a. El número máximo de pasos es 8.
b. La F parcial mínima para entrar es 3.84.
c. La F parcial máxima para eliminar es 2.71.
d. El nivel de F, la tolerancia o el VIN son insuficientes para continuar los cálculos.

Figura 7-9

Variables en el análisis

Paso		Tolerancia	F para eliminar	Mín. D cuadrado	Entre grupos
1	Apétalo	1,000	580,921		
2	Apétalo	,768	16,837	8,962	Versicolor y Virgínica
	Lpétalo	,768	32,954	10,822	Versicolor y Virgínica
3	Apétalo	,645	27,260	9,658	Versicolor y Virgínica
	Lpétalo	,707	33,418	12,525	Versicolor y Virgínica
	Asépalo	,657	54,806	13,411	Versicolor y Virgínica
4	Apétalo	,625	19,628	11,491	Versicolor y Virgínica
	Lpétalo	,330	31,113	13,319	Versicolor y Virgínica
	Asépalo	,586	23,974	15,519	Versicolor y Virgínica
	Lsépalo	,335	4,365	16,770	Versicolor y Virgínica

Figura 7-10

Variables no incluidas en el análisis

Paso		Tolerancia	Tolerancia mín.	F para introducir	Mín. D cuadrado	Entre grupos
0	Lsépalo	1,000	1,000	90,940	2,029	Versicolor y Virgínica
	Asépalo	1,000	1,000	28,043	,432	Versicolor y Virgínica
	Lpétalo	1,000	1,000	724,596	8,962	Versicolor y Virgínica
	Apétalo	1,000	1,000	580,921	10,822	Versicolor y Virgínica
1	Lsépalo	,871	,871	,295	10,890	Versicolor y Virgínica
	Asépalo	,714	,714	54,352	12,525	Versicolor y Virgínica
	Lpétalo	,768	,768	32,954	13,411	Versicolor y Virgínica
2	Lsépalo	,375	,331	27,267	15,519	Versicolor y Virgínica
	Asépalo	,657	,645	54,806	16,770	Versicolor y Virgínica
3	Lsépalo	,335	,330	4,365	17,580	Versicolor y Virgínica

Figura 7-11

Lambda de Wilks

Paso	Número de variables	Lambda	gl1	gl2	gl3	Estadístico	gl1	gl2	Sig.
							F exacta		
1	1	,086	1	2	110	580,921	2	110,000	,000
2	2	,054	2	2	110	180,252	4	218,000	,000
3	3	,027	3	2	110	184,113	6	216,000	,000
4	4	,025	4	2	110	143,348	8	214,000	,000

Figura 7-12

Comparaciones de grupos por pares[a,b,c,d]

Paso	Especie		Setosa	Versicolor	Virgínica
1	Setosa	F		423,334	1158,249
		Sig.		,000	,000
	Versicolor	F	423,334		218,836
		Sig.	,000		,000
	Virgínica	F	1158,249	218,836	
		Sig.	,000	,000	
2	Setosa	F		367,477	866,401
		Sig.		,000	,000
	Versicolor	F	367,477		134,363
		Sig.	,000		,000
	Virgínica	F	866,401	134,363	
		Sig.	,000	,000	
3	Setosa	F		500,052	979,393
		Sig.		,000	,000
	Versicolor	F	500,052		110,984
		Sig.	,000		,000
	Virgínica	F	979,393	110,984	
		Sig.	,000	,000	
4	Setosa	F		403,924	783,346
		Sig.		,000	,000
	Versicolor	F	403,924		86,451
		Sig.	,000		,000
	Virgínica	F	783,346	86,451	
		Sig.	,000	,000	

a. 1, 110 grados de libertad para el paso 1.
b. 2, 109 grados de libertad para el paso 2.
c. 3, 108 grados de libertad para el paso 3.
d. 4, 107 grados de libertad para el paso 4.

Figura 7-13

Resumen de las funciones canónicas discriminantes

Autovalores

Función	Autovalor	% de varianza	% acumulado	Correlación canónica
1	30,313[a]	99,0	99,0	,984
2	,291[a]	1,0	100,0	,475

a. Se han empleado las 2 primeras funciones discriminantes canónicas en el análisis.

Lambda de Wilks

Contraste de las funciones	Lambda de Wilks	Chi-cuadrado	gl	Sig.
1 a la 2	,025	401,415	8	,000
2	,774	27,736	3	,000

Coeficientes estandarizados de las funciones discriminantes canónicas

	Función	
	1	2
Lsépalo	-,466	,263
Asépalo	-,665	,666
Lpétalo	1,045	-,506
Apétalo	,605	,577

Figura 7-14

La *matriz de estructura* de la Figura 7-15 recoge las correlaciones intragrupo de cada una de las variables con las funciones discriminantes. La longitud del sépalo tiene la mayor correlación con la primera función discriminante y las otras tres variables la tienen con la segunda. Luego la clasificación de los lirios en los grupos setosa, versicolor y virgínica se basa fundamentalmente en la longitud de los pétalos. La Figura 7-15 muestra también los coeficientes de las *funciones canónicas discriminantes* que nos permiten escribir sus ecuaciones como sigue:

$$Y_1 = -1,127 + 0,276 \; Ap\acute{e}talo + 0,229 \; Lp\acute{e}talo - 0,203 \; As\acute{e}palo - 0,088 \; Ls\acute{e}palo$$

$$Y_2 = -8,037 + 0,263 \; Ap\acute{e}talo - 0,111 \; Lp\acute{e}talo + 0,203 \; As\acute{e}palo + 0,050 \; Ls\acute{e}palo$$

Las funciones en los *centroides de los grupos* de la Figura 7-16 indican que las coordenadas alcanzadas por cada grupo sobre el eje correspondiente a la primera función determinan una separación entre los tipos de lirios considerablemente mayor que la registrada a lo largo del segundo eje discriminante. La Figura 7-17 muestra esta situación apreciándose que los centroides de los grupos se distancian a lo largo del primer eje y en menor medida a lo largo del segundo. En el *diagrama de dispersión* aparecen representadas todas las flores, apreciándose que las nubes de puntos que las representan en el espacio discriminante aparecen bien diferenciadas. La Figura 7-16 presenta también estadísticos de clasificación con probabilidades previas (a priori) para los grupos.

Matriz de estructura

	Función	
	1	2
Lpétalo	,659*	,290
Asépalo	-,097	,877*
Apétalo	,585	,784*
Lsépalo	,230	,419*

Correlaciones intra-grupo combinadas entre las variables discriminantes y las funciones discriminantes canónicas tipificadas
Variables ordenadas por el tamaño de la correlación con la función.

*. Mayor correlación absoluta entre cada variable y cualquier función discriminante.

Coeficientes de las funciones canónicas discriminantes

	Función	
	1	2
Lsépalo	-,088	,050
Asépalo	-,203	,203
Lpétalo	,229	-,111
Apétalo	,276	,263
(Constante)	-1,127	-8,037

Coeficientes no tipificados

Funciones en los centroides de los grupos

Especie	Función	
	1	2
Setosa	-8,208	,265
Versicolor	1,308	-,680
Virgínica	5,327	,515

Funciones discriminantes canónicas no tipificadas evaluadas en las medias de los grupos

Estadísticos de clasificación

Resumen del proceso de clasificación

Procesados		150
Excluidos	Código de grupo perdido o fuera de rango	0
	Perdida al menos una variable discriminante	37
Usados en los resultados		113

Probabilidades previas para los grupos

Especie	Previas	Casos utilizados en el análisis	
		No ponderados	Ponderados
Setosa	,283	32	32,000
Versicolor	,372	42	42,000
Virgínica	,345	39	39,000

Figura 7-15   Figura 7-16

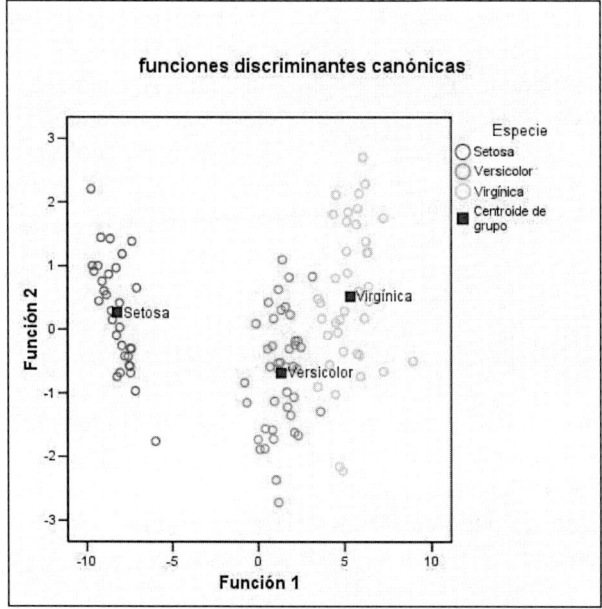

Figura 7-17

La Figura 7-18 presenta los coeficientes de la *función de clasificación de Fisher* para las tres especies. El cálculo de las puntuaciones de un nuevo caso en estas funciones permitirá asignarlo a la variedad de lirio en la que obtenga la puntuación más alta. La Figura 7-19 muestra la *matriz de confusión*, o *matriz de clasificación*, en la que se recoge el porcentaje de flores que han sido bien clasificadas en cada una de las tres variedades de lirios. Se observa que le índice de clasificación correcta ha sido del 98,2%.

Coeficientes de la función de clasificación

	Especie		
	Setosa	Versicolor	Virgínica
Lsépalo	2,625	1,736	1,441
Asépalo	3,067	,945	,373
Lpétalo	-2,269	,013	,800
Apétalo	-1,913	,463	1,886
(Constante)	-98,228	-68,448	-95,893
Funciones discriminantes lineales de Fisher			

Figura 7-18

Resultados de la clasificación[a]

		Especie	Grupo de pertenencia pronosticado			Total
			Setosa	Versicolor	Virgínica	
Original	Recuento	Setosa	32	0	0	32
		Versicolor	0	41	1	42
		Virgínica	0	1	38	39
	%	Setosa	100,0	,0	,0	100,0
		Versicolor	,0	97,6	2,4	100,0
		Virgínica	,0	2,6	97,4	100,0
a. Clasificados correctamente el 98,2% de los casos agrupados originales.						

Figura 7-19

A continuaciones presenta el *mapa territorial* que representa gráficamente los resultados de la clasificación indicando las zonas que ocuparán los sujetos que son clasificados en cada grupo. Un nuevo sujeto se clasificará en la zona que le corresponda de acuerdo a los valores que para él se obtengan en las dos funciones discriminantes. Estos dos valores determinan un punto en el plano que caerá dentro de una región determinada del mapa territorial. El número que delimite la región correspondiente y que esté más cercano al punto será la región en la que se clasifique el nuevo sujeto.

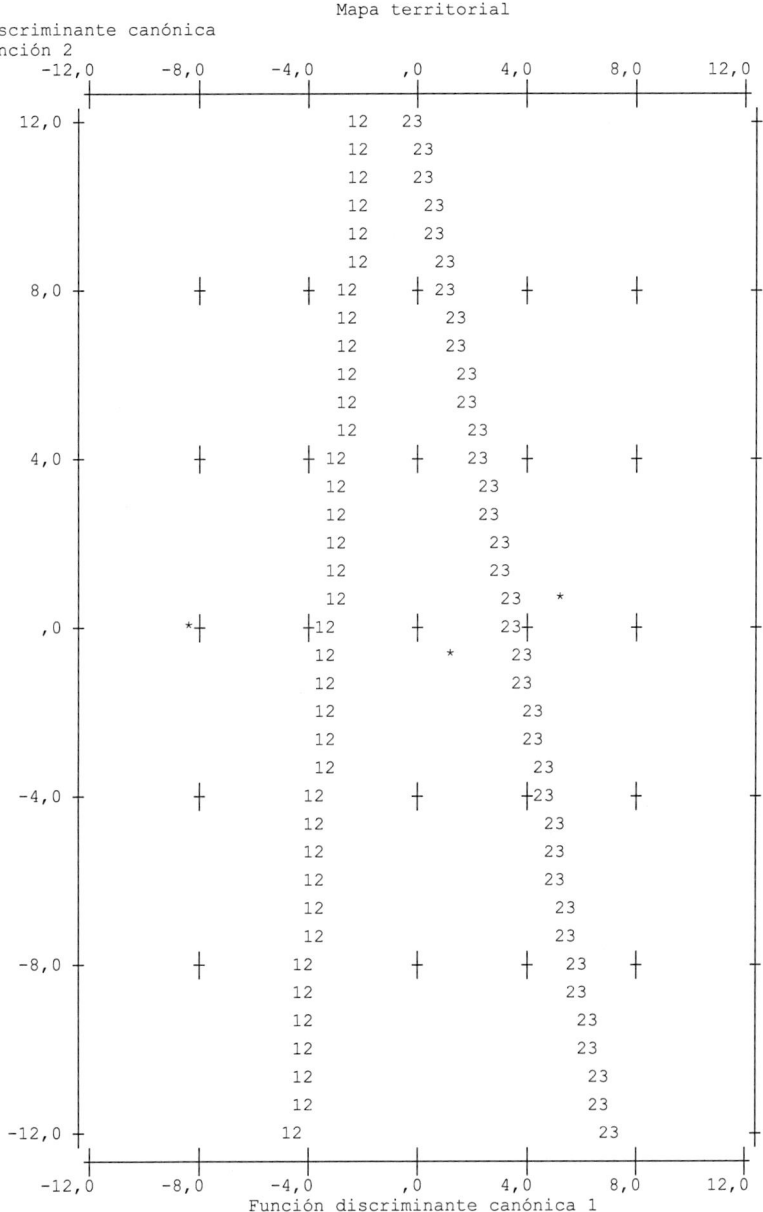

Símbolos usados en el mapa territorial

Símbol	Grupo	Etiqu
1	1	Setosa
2	2	Versicolor
3	3	Virgínica
*		Indica un centroide de grupo

SPSS Y LOS ÁRBOLES DE DECISIÓN

El procedimiento *Árbol de clasificación* crea un modelo de clasificación basado en árboles, y clasifica casos en grupos o pronostica valores de una variable (criterio) dependiente basada en valores de variables independientes (predictores). El procedimiento proporciona herramientas de validación para análisis de clasificación exploratorios y confirmatorios y puede utilizarse en múltiples técnicas que se describen a continuación:

Segmentación: Identifica individuos que pueden ser miembros de un grupo específico.

Estratificación: Asigna los casos a una categoría de entre varias, por ejemplo, grupos de alto riesgo, bajo riesgo y riesgo intermedio.

Predicción: Crea reglas y las utiliza para predecir eventos futuros, como la verosimilitud de que una persona cause mora en un crédito o el valor de reventa potencial de un vehículo o una casa.

Reducción de datos y clasificación de variables: Selecciona un subconjunto útil de predictores a partir de un gran conjunto de variables para utilizarlo en la creación de un modelo paramétrico formal.

Identificación de interacción: Identifica las relaciones que pertenecen sólo a subgrupos específicos y las especifica en un modelo paramétrico formal.

Fusión de categorías y discretización de variables continuas: Recodifica las categorías de grupo de los predictores y las variables continuas, con una pérdida mínima de información.

Como ejemplo podemos considerar un banco que desea categorizar a los solicitantes de créditos en función de si representan o no un riesgo crediticio razonable. Basándose en varios factores, incluyendo las valoraciones del crédito conocidas de clientes anteriores, se puede generar un modelo para pronosticar si es probable que los clientes futuros causen mora en sus créditos.

Un análisis basado en árboles permite identificar grupos homogéneos con alto o bajo riesgo y facilita la construcción de reglas para realizar pronósticos sobre casos individuales.

En cuanto a los datos, las variables dependientes e independientes pueden ser nominales, ordinales y de escala. Una variable puede ser tratada como nominal cuando sus valores representan categorías que no obedecen a una ordenación intrínseca. Por ejemplo, el departamento de la compañía en el que trabaja un empleado. Son ejemplos de variables nominales: la región, el código postal o la confesión religiosa. Una variable puede ser tratada como ordinal cuando sus valores representan categorías con alguna ordenación intrínseca.

Por ejemplo, los niveles de satisfacción con un servicio, que vayan desde muy insatisfecho hasta muy satisfecho. Son ejemplos de variables ordinales: las puntuaciones de actitud que representan el nivel de satisfacción o confianza y las puntuaciones de evaluación de la preferencia. Una variable puede ser tratada como de escala cuando sus valores representan categorías ordenadas con una métrica con significado, por lo que son adecuadas las comparaciones de distancia entre valores. Son ejemplos de variables de escala: la edad en años y los ingresos en dólares.

Los datos también pueden llevar asociadas ponderaciones de frecuencia Si se encuentra activada la ponderación, las ponderaciones fraccionarias se redondearán al número entero más cercano; de esta manera, a los casos con un valor de ponderación menor que 0,5 se les asignará una ponderación de 0 y, por consiguiente, se verán excluidos del análisis.

En cuanto a supuestos, este procedimiento supone que se ha asignado el nivel de medida adecuado a todas las variables del análisis; además, algunas funciones suponen que todos los valores de la variable dependiente incluidos en el análisis tienen etiquetas de valor definidas. El nivel de medida afecta a los cálculos del árbol; por lo tanto, todas las variables deben tener asignado el nivel de medida adecuado. Por defecto, SPSS supone que las variables numéricas son de escala y que las variables de cadena son nominales, lo cual podría no reflejar con exactitud el verdadero nivel de medida. Un icono situado junto a cada variable de la lista de variables identifica el tipo de variable, según se indica en la Figura 7-20. Puede cambiar de forma temporal el nivel de medida de una variable; para ello, pulse con el botón derecho del ratón en la variable en la lista de variables de origen y seleccione un nivel de medida del menú contextual. La interfaz del cuadro de diálogo para este procedimiento supone que o todos los valores no perdidos de una variable dependiente categórica (nominal, ordinal) tienen etiquetas de valor definidas o ninguno de ellos las tiene. Algunas funciones no estarán disponibles a menos que haya como mínimo dos valores no perdidos de la variable dependiente categórica que tengan etiquetas de valor. Si al menos dos valores no perdidos tienen etiquetas de valor definidas, todos los demás casos con otros valores que no tengan etiquetas de valor se excluirán del análisis.

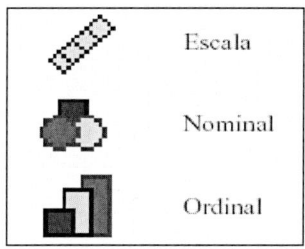

Figura 7-20

Método CHAID para la creación de árboles de decisión

Para crear un árbol de decisión, después de cargar el conjunto de datos (*tree_credit.sav*) elija en los menús *Analizar* → *Clasificar* → *Árbol* (Figura 7-21). En la pantalla de entrada seleccionamos una variable dependiente y una o más variables independientes y como método de crecimiento elegimos CHAID (define el método de construcción del árbol) tal y como se indica en la Figura 7-22. Se puede hacer clic en el botón categorías para seleccionar una o más categorías de interés fundamental en el análisis. Por ejemplo, en nuestro análisis conocer los clientes que no devuelven el crédito, por eso elegimos *Malo* como categoría objetivo (Figura 7-23) y hacemos clic en *Continuar*.

Figura 7-21

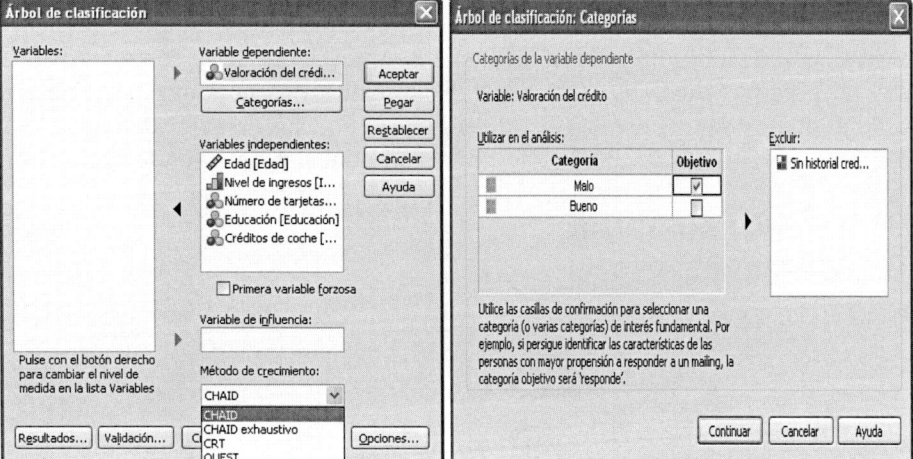

Figura 7-22   Figura 7-23

También se puede seleccionar una *Variable de influencia* que defina cuánta influencia tiene un caso en el proceso de crecimiento de un árbol. Los casos con valores de influencia inferiores tendrán menos influencia, mientras que los casos con valores superiores tendrán más. Los valores de la variable de influencia deben ser valores positivos. Si se marca la casilla *Primera variable forzosa*, se fuerza a que la primera variable en la lista de variables independientes en el modelo sea la primera variable de división.

En el botón *Resultados* de la figura 7-22 se selecciona la forma de representación del árbol (Figura 7-24), los estadísticos a obtener (Figura 7-25), los gráficos (Figura 7-26) y las reglas (Figura 7-27). Se pulsa *Continuar*.

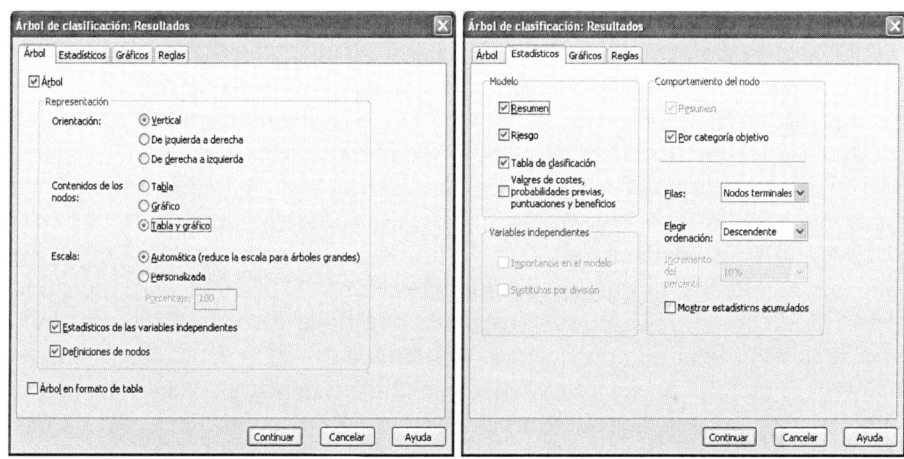

Figura 7-24   Figura 7-25

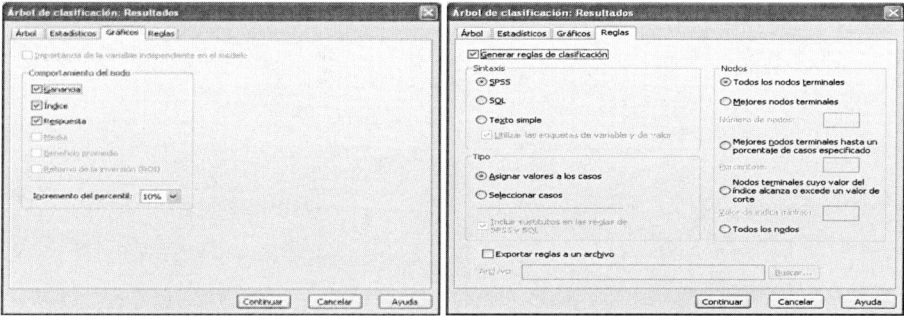

Figura 7-26   Figura 7-27

En el botón *Validación* de la Figura 7-22 se valida el árbol (Figura 7-28). La validación permite evaluar la bondad de la estructura de árbol cuando se generaliza para una mayor población. Hay dos métodos de validación disponibles: validación cruzada y validación por división muestral. La validación cruzada divide la muestra en un número de submuestras. A continuación, se generan los modelos de árbol, que no incluyen los datos de cada submuestra.

El primer árbol se basa en todos los casos excepto los correspondientes al primer pliegue de la muestra; el segundo árbol se basa en todos los casos excepto los del segundo pliegue de la muestra y así sucesivamente. Para cada árbol se calcula el riesgo de clasificación errónea aplicando el árbol a la submuestra que se excluyó al generarse éste. Se puede especificar un máximo de 25 pliegues de la muestra. Cuanto mayor sea el valor, menor será el número de casos excluidos de cada modelo de árbol. La validación cruzada genera un modelo de árbol único y final. La estimación de riesgo mediante validación cruzada para el árbol final se calcula como promedio de los riesgos de todos los árboles.

Con la validación por división muestral, el modelo se genera utilizando una muestra de entrenamiento y después pone a prueba ese modelo con una muestra de reserva. Puede especificar un tamaño de la muestra de entrenamiento, expresado como un porcentaje del tamaño muestral total, o una variable que divida la muestra en muestras de entrenamiento y de comprobación. Si utiliza una variable para definir las muestras de entrenamiento y de comprobación, los casos con un valor igual a 1 para la variable se asignarán a la muestra de entrenamiento y todos los demás casos se asignarán a la muestra de comprobación. Dicha variable no puede ser ni la variable dependiente, ni la de ponderación, ni la de influencia ni una variable independiente forzada. Los resultados se pueden mostrar tanto para la muestra de entrenamiento como para la de comprobación, o sólo para esta última. La validación por división muestral se debe utilizar con precaución en archivos de datos pequeños (archivos de datos con un número pequeño de casos). Si se utilizan muestras de entrenamiento de pequeño tamaño, pueden generarse modelos que no sean significativos, ya que es posible que no haya suficientes casos en algunas categorías para lograr un adecuado crecimiento del árbol.

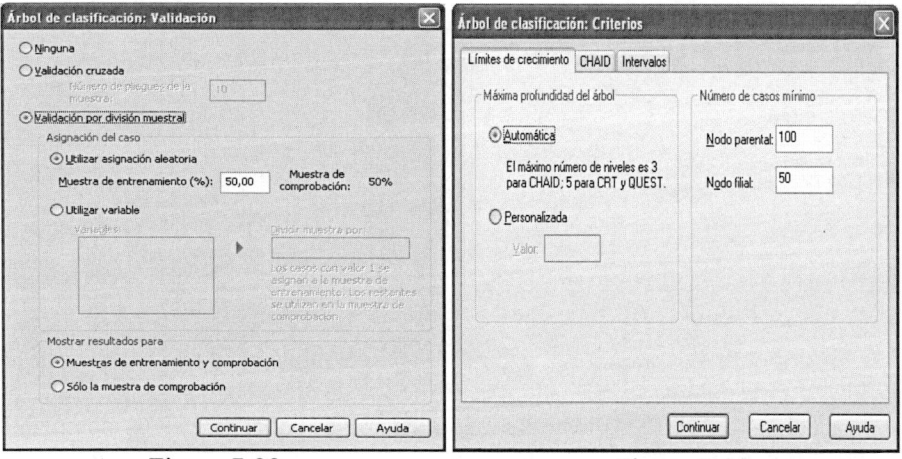

Figura 7-28   Figura 7-29

En el botón *Criterios* de la Figura 7-22 se personalizan los criterios de crecimiento del árbol. La pestaña *Límites de crecimiento* (Figura 7-29) permite limitar el número de niveles del árbol y controlar el número de casos mínimo para nodos parentales y filiales. El campo *Máxima profundidad de árbol* controla el número máximo de niveles de crecimiento por debajo del nodo raíz. El ajuste *Automática* limita el árbol a tres niveles por debajo del nodo raíz para los métodos CHAID y CHAID exhaustivo y a cinco niveles para los métodos CRT y QUEST. El campo *Número de casos mínimo* controla el número de casos mínimo para los nodos. Los nodos que no cumplen estos criterios no se dividen. El aumento de los valores mínimos tiende a generar árboles con menos nodos. La disminución de dichos valores mínimos generará árboles con más nodos. Para archivos de datos con un número pequeño de casos, es posible que, en ocasiones, los valores por defecto de 100 casos para nodos parentales y de 50 casos para nodos filiales den como resultado árboles sin ningún nodo por debajo del nodo raíz; en este caso, la disminución de los valores mínimos podría generar resultados más útiles.

En la pestaña CHAID (Figura 7-30) se puede controlar para los métodos CHAID y CHAID efectivo el *Nivel de significación* para la división de nodos y la fusión de categorías, el *Estadístico Chi-cuadrado* a utilizar (*Pearson* para cálculos rápidos y muestras grandes o *Razón de verosimilitud* si se quiere robustez o se trabaja con muestra pequeñas), el método de *Estimación del modelo* (para variables dependientes ordinales y nominales se puede especificar el *Número máximo de iteraciones,* el *Cambio mínimo en las frecuencias esperadas de las casillas*), *Corregir los valores de significación mediante el método de Bonferroni* (para comparaciones múltiples, los valores de significación para los criterios de división y fusión se corrigen utilizando el método de Bonferroni que es el método por defecto), y *Permitir nueva división de las categorías fusionadas dentro de un nodo* para que el procedimiento intente la fusión de las categorías de variables (predictoras) independientes entre sí para generar el árbol más simple posible.

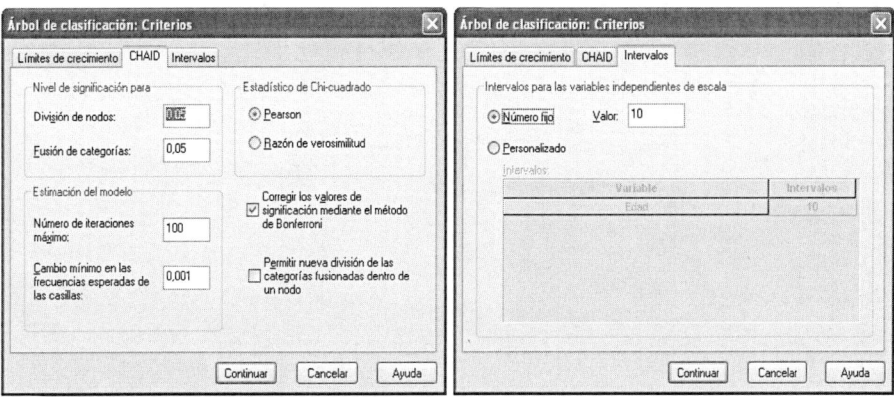

Figura 7-30   Figura 7-31

En la pestaña *Intervalos* (Figura 7-31) se fijan intervalos de escala para el análisis CHAID. En el análisis CHAID, las variables (predictoras) independientes de escala siempre se categorizan en grupos discretos (por ejemplo, 0–10, 11–20, 21–30, etc.) antes del análisis. Se puede controlar el número inicial/máximo de grupos (aunque el procedimiento puede fundir grupos contiguos después de la división inicial) mediante *Número fijo* (todas las variables independientes de escala se categorizan inicialmente en el mismo número de grupos y el valor por defecto es 10) y *Personalizado* (todas las variables independientes de escala se categorizan inicialmente en el número de grupos especificado para esta variable).

En el botón *Guardar* de la Figura 7-22 se definen las rúbricas a guardar en archivo (Figura 7-32). El botón *Opciones* de la Figura 7-22 permite fijar opciones para tratamiento de valores perdidos (Figura 7-33), definir costes de clasificación errónea (Figura 7-34 y beneficios por cada categoría (Figura 7-35). Al hacer clic en Aceptar en la Figura 7-22, se crea el árbol (Figura 7-36).

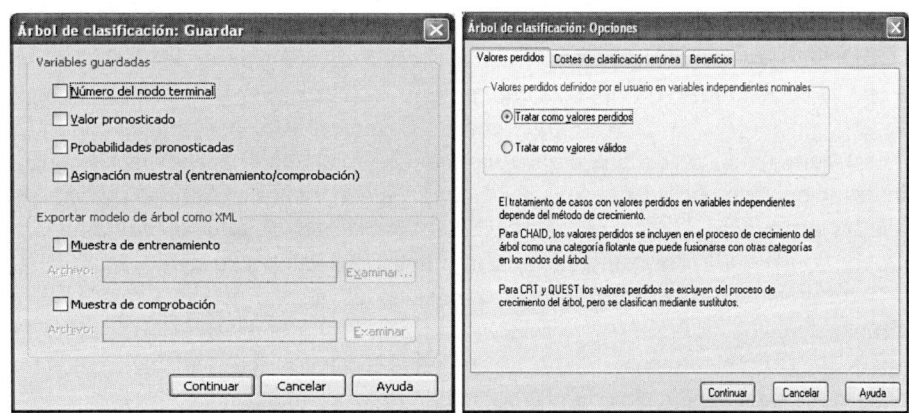

Figura 7-32   Figura 7-33

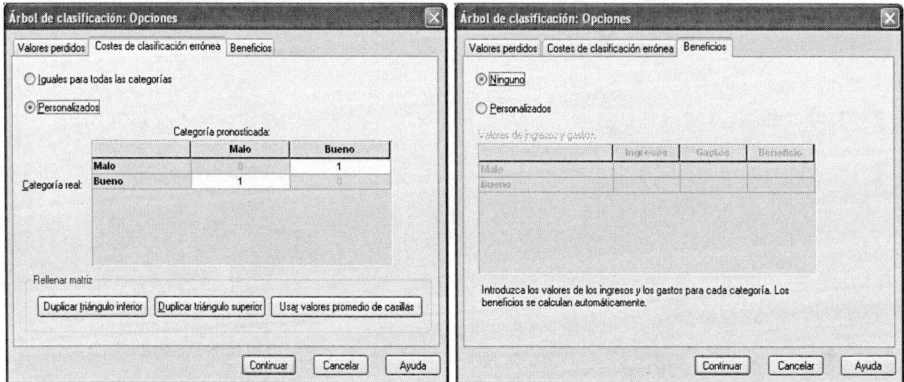

Figura 7-34   Figura 7-35

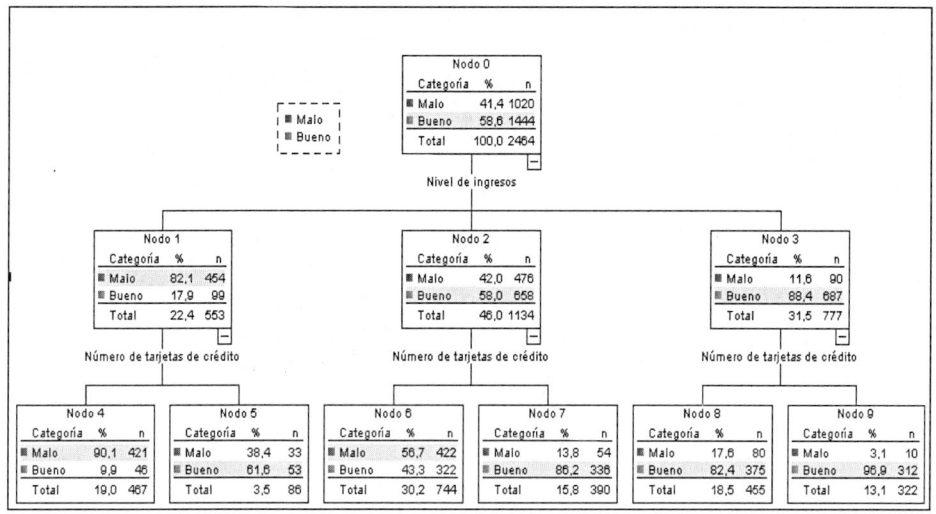

Figura 7-36

Lo primero que observamos en el árbol es que el 41,4% de los clientes presentará crédito fallido y el 58,6% presentará devolución de crédito en tiempo y forma.

A continuación se observa que el nivel de ingresos es el mejor predictor de la tasa de riesgo crediticio ya que representa el primer nivel de ramificación en el árbol. Para el nodo 1 (nivel de ingresos bajo) el 82,1% de los clientes presentan crédito fallido y el 17,9% devuelven el crédito en tiempo y forma. Para el nodo 2 (nivel de ingresos medio) el 42% de los clientes presentan crédito fallido y el 58% devuelven el crédito en tiempo y forma. Para el nodo 3 (nivel de ingresos alto) el 11,6% de los clientes presentan crédito fallido y el 88,4% devuelven el crédito en tiempo y forma.

El siguiente predictor en calidad de la tasa de riesgo crediticio es el número de tarjetas de crédito. Para clientes con nivel de ingresos bajo los que tengan un número menor de tarjetas de crédito (nodo 4) un 90,1% presentan crédito fallido y un 9,9% devuelven el crédito en tiempo y forma, sin embargo entre los que poseen un número mayor de tarjetas (nodo 5) un 38,4% presentan crédito fallido y un 61,6% devuelven el crédito en tiempo y forma. De igual manera se analizan los restantes nodos.

Métodos CRT y QUEST para la creación de árboles de decisión. Poda de árboles

Entre los métodos de crecimiento para la creación de árboles de decisión tenemos los métodos CRT y QUEST con las características siguientes:

CRT. Árboles de clasificación y regresión (*Classification and Regression Trees*). Se trata de un método que divide los datos en segmentos para que sean lo más homogéneos que sea posible respecto a la variable dependiente. Un nodo terminal en el que todos los casos toman el mismo valor en la variable dependiente es un nodo homogéneo y "puro".

QUEST. Árbol estadístico rápido, insesgado y eficiente (*Quick, Unbiased, Efficient Statistical Tree*). Se trata de un método que es rápido y que evita el sesgo que presentan otros métodos al favorecer los predictores con muchas categorías. Sólo puede especificarse QUEST si la variable dependiente es nominal.

En la tabla siguiente se comparan las características de estos dos métodos y del método CHAID.

	CHAID*	CRT	QUEST
Basado en Chi-cuadrado**	X		
Variables (predictoras) independientes sustitutas		X	X
Poda de árboles		X	X
División de nodos multinivel	X		
División de nodos binarios		X	X
Variables de influencia	X	X	
Probabilidades previas		X	X
Costes de clasificación errónea	X	X	X
Cálculo rápido	X		X

El método de crecimiento CRT (Figura 7-37) procura maximizar la homogeneidad interna de los nodos. El grado en el que un nodo no representa un subconjunto homogéneo de casos es una indicación de impureza. Por ejemplo, un nodo terminal en el que todos los casos tienen el mismo valor para la variable dependiente es un nodo homogéneo que no requiere ninguna división más ya que es "puro".

Puede seleccionar el método utilizado para medir la impureza así como la reducción mínima de la impureza necesaria para dividir nodos. En cuanto a *Medida de la impureza,* para variables dependientes de escala, se utilizará la medida de impureza de desviación cuadrática mínima (LSD). Este valor se calcula como la varianza dentro del nodo, corregida para todas las ponderaciones de frecuencia o valores de influencia.

Para variables dependientes categóricas (nominales, ordinales), puede seleccionar la medida de la impureza *Gini* (se obtienen divisiones que maximizan la homogeneidad de los nodos filiales con respecto al valor de la variable dependiente y se basa en el cuadrado de las probabilidades de pertenencia de cada categoría de la variable dependiente), *Binaria* (las categorías de la variable dependiente se agrupan en dos subclases y se obtienen las divisiones que mejor separan los dos grupos) y *Binaria ordinal* (similar a la regla binaria con la única diferencia de que sólo se pueden agrupar las categorías adyacentes). Esta medida sólo se encuentra disponible para variables dependientes ordinales. En cuanto a *Cambio mínimo en la mejora*, se trata de situar la reducción mínima de la impureza necesaria para dividir un nodo. El valor por defecto es 0,0001. Los valores superiores tienden a generar árboles con menos nodos.

Puede evitarse el sobreajuste del modelo mediante la *poda del árbol* para los métodos CRT y QUEST. El árbol crece hasta que se cumplen los criterios de parada y, a continuación, se recorta de forma automática hasta obtener el subárbol más pequeño basado en la máxima diferencia en el riesgo especificada (Figura 7-38). El valor del riesgo se expresa en errores típicos. El valor por defecto es 1. El valor debe ser no negativo. Para obtener el subárbol con el mínimo riesgo, especifique 0.

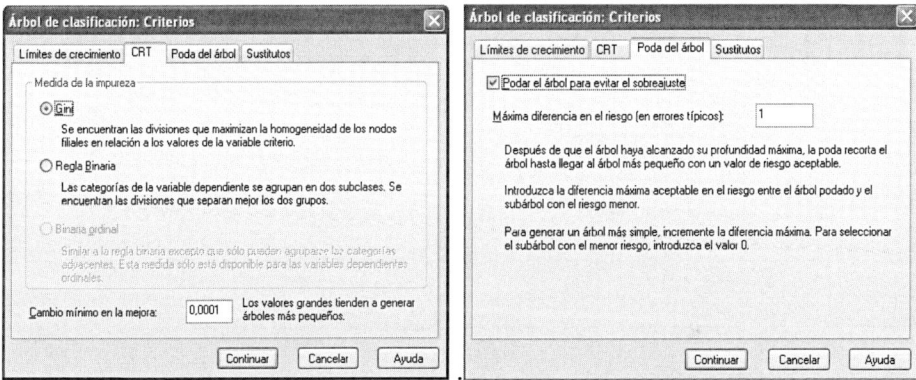

Figura 7-37   Figura 7-38

Para el método QUEST, puede especificar el nivel de significación para la división de nodos (Figura 7-39). No se puede utilizar una variable independiente para dividir nodos a menos que el nivel de significación sea menor o igual que el valor especificado. El valor debe ser mayor que 0 y menor que 1. El valor por defecto es 0,05. Los valores más pequeños tenderán a excluir más variables independientes del modelo final.

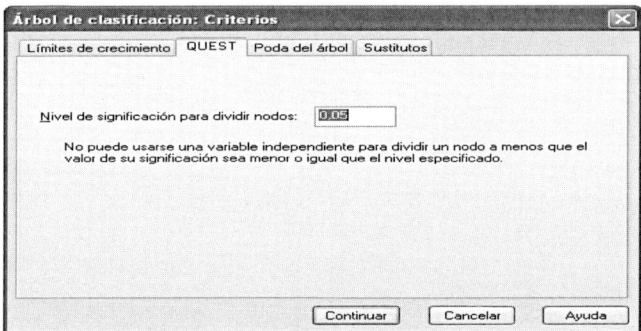

Figura 7-39

Partiendo del archivo *Tree_car.sav* que contiene datos sobre coches, vamos a construir ahora un árbol de decisión en el que el precio del vehículo dependerá de la edad en años, sexo, categoría de ingresos, nivel de estudios y estado civil del cliente. Para ello rellenamos la pantalla de entrada del procedimiento *Árbol* como se indica en la Figura 7-40. Se observa que se va a utilizar el método de crecimiento CRT. Al pulsa *Aceptar* con las opciones por defecto se obtiene un árbol muy complicado con demasiadas ramificaciones y difícil de interpretar (Figura 7-42). Para solucionar este problema se hace clic en el botón *Criterios* y se selecciona la pestaña *Poda del árbol* con las opciones por defecto (Figura 7-41). Se hace clic en *Continuar* y *Aceptar* y se obtiene el árbol ya podado que es más fácil de interpretar (Figura 7-43).

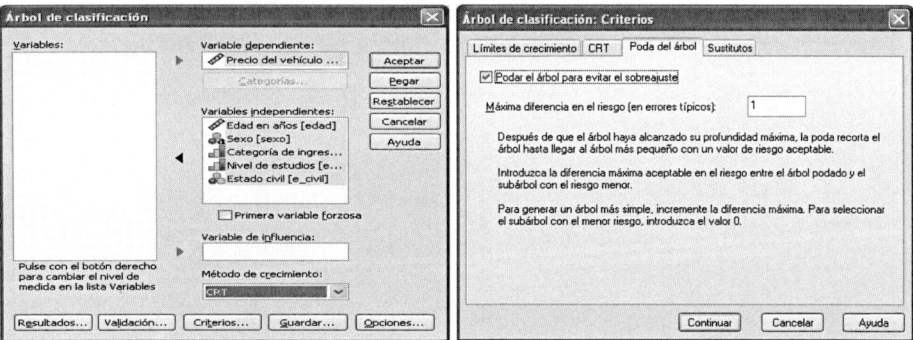

Figura 7-40   Figura 7-41

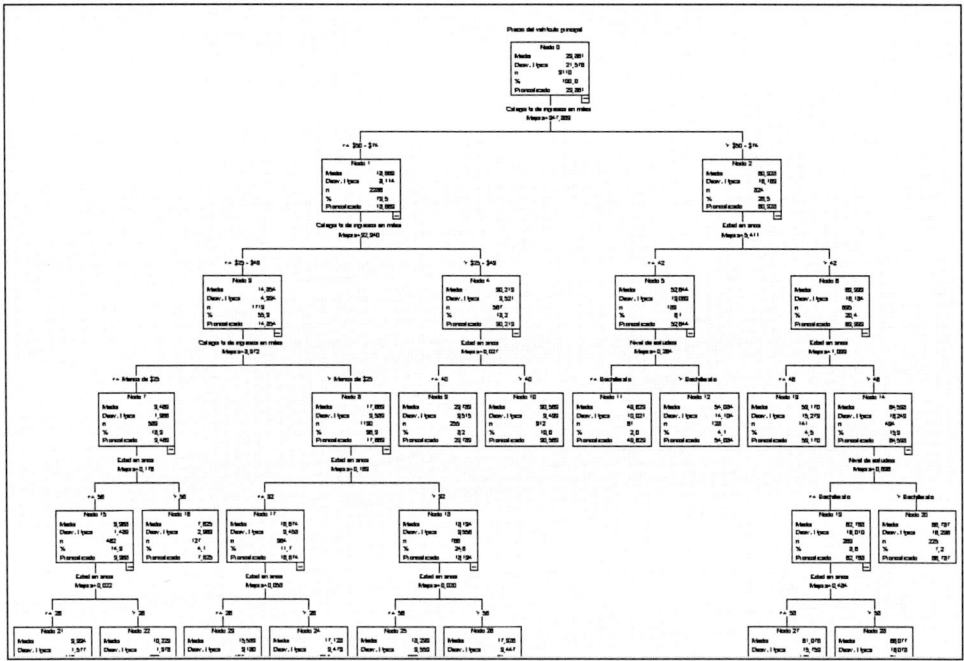

Figura 7-42

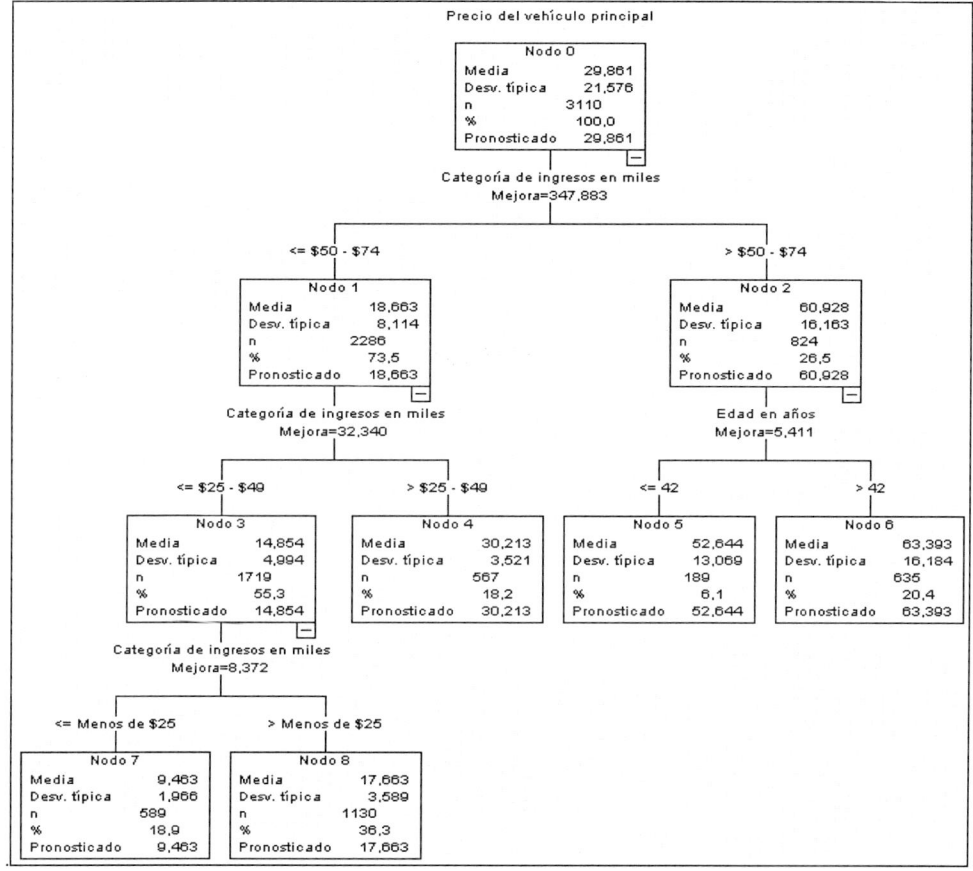

Figura 7-43

Ejercicio 7-1. Utilizando el fichero hábitos.sav realizaremos un análisis discriminante que clasifique los individuos en grupos dependiendo del tipo de cine que les guste (amor, humor, violencia o sexo) registrado en la variable tipocine, según la calificación media en los estudios (califest), el número de veces que anualmente van al cine (cine), su edad (edad), el número de libros que leen al año (lect), la paga semanal (paga), las horas semanales de televisión (tv) y el nivel de rechazo a la violencia que tienen (violen).

SPSS incorpora el procedimiento *Análisis discriminante* que permite realizar análisis discriminante múltiple de forma sencilla y bastante completa. Para realizar el análisis discriminante, elija en los menús *Analizar → Clasificar → Discriminante* (Figura 7-44), previa apertura del fichero que contienen los datos.

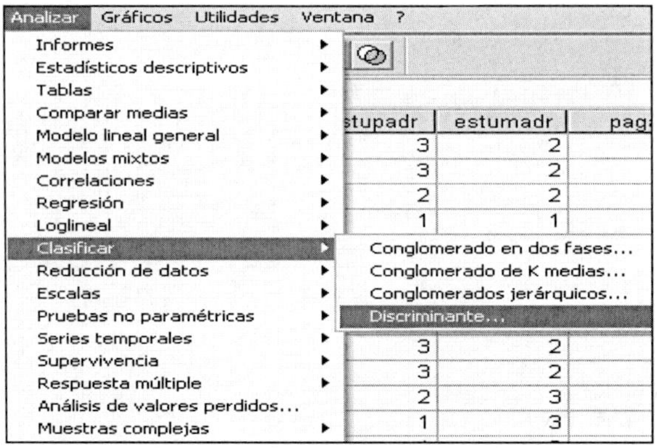

Figura 7-44

A continuación, rellenamos la pantalla de entrada del procedimiento *Análisis discriminante* como se indica en la Figura 7-45. La variable dependiente será *tipocine* y las variables independientes del modelo serán *califest, cine, edad, lect, paga, tv* y *violen*. Las pantallas *Estadísticos, Clasificar, Guardar* y *Método* se rellenan como se indica en las Figuras 7-46 a 7-49. Al pulsar *Continuar* y *Aceptar* se obtiene la salida del procedimiento. La Figura 7-50 indica que hay 165 casos válidos en el análisis y que se han excluido 10 por las diversas causas que se exponen. La Figura 7-51 muestra las pruebas de igualdad de medias de las variables independientes en los 4 grupos discriminantes (valores de la variable dependiente). Se ve que se acepta la igualdad de medias de las variables *paga, califest, lect* y *tv* en los 4 grupos (p-valores mayores que 0,05) y se rechaza la igualdad de medias para las otras tres *cine, violen* y *edad*, que son las posibles para discriminar.

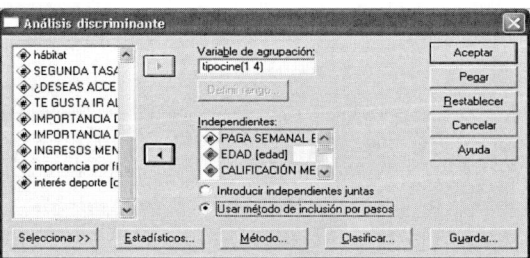

Figura 7-45

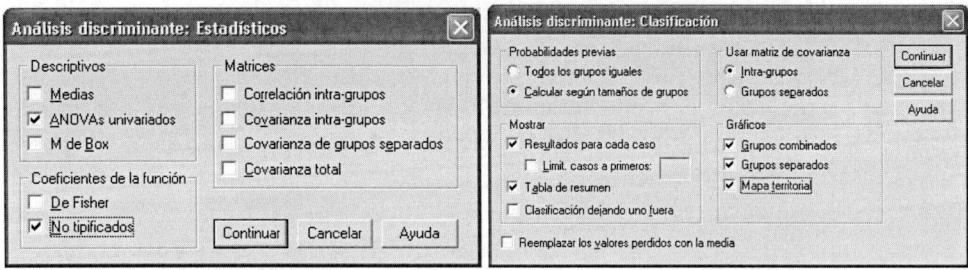

Figura 7-46   Figura 7-47

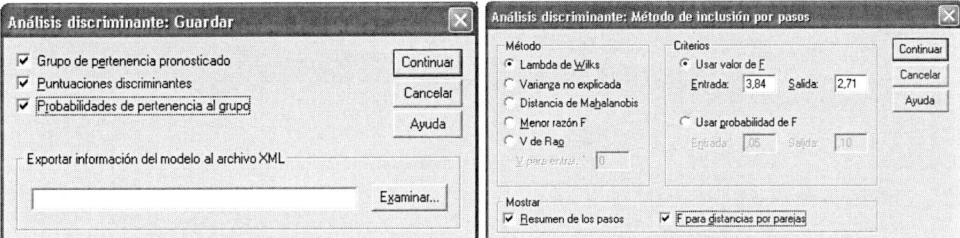

Figura 7-48   Figura 7-49

Resumen del procesamiento para el análisis de casos

Casos no ponderados		N	Porcentaje
Válidos		165	94,3
Excluidos	Códigos de grupo perdidos o fuera de rango	1	,6
	Perdida al menos una variable discriminante	8	4,6
	Perdidos o fuera de rango ambos, el código de grupo y al menos una de las variables discriminantes.	1	,6
	Total excluidos	10	5,7
Casos Totales		175	100,0

Pruebas de igualdad de las medias de los grupos

	Lambda de Wilks	F	gl1	gl2	Sig.
PAGA SEMANAL EN PTAS/100	,992	,431	3	161	,731
EDAD	,885	6,980	3	161	,000
CALIFICACIÓN MEDIA EN ESTUDIOS	,984	,882	3	161	,452
LIBROS LEÍDOS ANUALMENTE	,981	1,034	3	161	,379
ASISTENCIA ANUAL AL CINE	,944	3,195	3	161	,025
HORAS SEMANALES TV	,998	,134	3	161	,940
NIVEL DE RECHAZO A LA VIOLENCIA	,433	70,149	3	161	,000

Figura 7-50   Figura 7-51

En el proceso de análisis discriminante se buscan funciones discriminantes a partir de las variables independientes para clasificar a los individuos según los valores de la variable dependiente. Por ello, inicialmente se seleccionan las variables independientes que más discriminen (que proporcionen los centros de los grupos muy distintos entre sí y muy homogéneos dentro de sí). Las Figuras 7-52 y 7-53 nos muestran que las variables introducidas para discriminar en el modelo son definitivamente *violen* y *edad*.

En la Etapa 1 se seleccionó *violen* y en la Etapa 2 se seleccionó *edad*. Los valores de la lambda de Wilks de la Figura 7-54 (0,433 y 0,386) no son muy pequeños (no son próximos a cero) por lo que es posible que los grupos no estén claramente separados. Los p-valores de cuadro Lambda de Wilks y los estadístico F exacta (Figura 7-55) certifican la significatividad de dos ejes discriminantes, con lo que su capacidad explicativa será buena (separan bien grupos). Luego el modelo formado por las dos variables es significativo (p-valores nulos). Para describir las dos funciones discriminantes canónicas puede usarse los coeficientes estandarizados $D1=-0,011edad+1,001violen$ y $D2=-1,004edad-0,82$ *violen* (Figura 7-56) o sin estandarizar $D1=-4,272-0,006edad+3,535violen$ y $D2=-8,832+0,583edad-0,290violen$ (Figura 7-58). Se ve que *violen* contribuye más a a primera función (1,001>0,82) y *edad* a la segunda (1,004>0,011). En la matriz de estructura (Figura 7-57) se fija este resultado.

Variables en el análisis

Paso		Tolerancia	F para eliminar	Lambda de Wilks
1	NIVEL DE RECHAZO A LA VIOLENCIA	1,000	70,149	
2	NIVEL DE RECHAZO A LA VIOLENCIA	,991	68,861	,885
	EDAD	,991	6,519	,433

Coeficientes estandarizados de las funciones discriminantes canónicas

	Función	
	1	2
EDAD	-,011	1,004
NIVEL DE RECHAZO A LA VIOLENCIA	1,001	-,082

Figura 7-52   Figura 7-53

Variables introducidas/eliminadas[a,b,c,d]

Paso	Introducidas	Lambda de Wilks							
						F exacta			
		Estadístico	gl1	gl2	gl3	Estadístico	gl1	gl2	Sig.
1	NIVEL DE RECHAZO A LA VIOLENCIA	,433	1	3	161,000	70,149	3	161,000	,000
2	EDAD	,386	2	3	161,000	32,484	6	320,000	,000

En cada paso se introduce la variable que minimiza la lambda de Wilks global.

a. El número máximo de pasos es 14.

b. La F parcial mínima para entrar es 3.84.

c. La F parcial máxima para eliminar es 2.71

d. El nivel de F, la tolerancia o el VIN son insuficientes para continuar los cálculos.

Figura 7-54

Lambda de Wilks

Paso	Número de variables	Lambda	gl1	gl2	gl3	F exacta			
						Estadístico	gl1	gl2	Sig.
1	1	,433	1		3	161	70,149	3	161,000	,000
2	2	,386	2		3	161	32,484	6	320,000	,000

Figura 7-55

En la Figura 7-56 se observa que la primera función discriminante explica casi toda la variabilidad del modelo (91,5%) mientras que la segunda sólo explica el 8,5%, aunque según los p-valores de la lambda de Wilks son significativas las dos funciones discriminantes. La matriz de estructura de la Figura 7-57 muestra que las tres primeras variables tienen la mayor correlación con la primera función discriminante (sólo se emplea en el análisis *violen*) y las tres últimas están más correladas con la segunda función discriminante (sólo se emplea en el análisis *edad*).

En la Figura 7-56 se observa que los valores de la correlación canónica decrecen 0,753 > 0,330, con lo que la primera función discrimina más que la segunda. Con los autovalores ocurre lo mismo 1,307 > 1,22. La primera función es la que va a dar prácticamente la clasificación, mientras que la segunda aporta poca información, aunque ya lo hemos visto con la Lambda de Wilks que es significativa. El cuadro *Funciones en los centroides de los grupos* de la Figura 7-58 nos da una idea de cómo las funciones discriminan grupos. Si las medias de los cuatro grupos en cada función son muy parecidas la función no discrimina grupos. Se observa que la discriminación es buena para las dos funciones tal y como ya había asegurado la lambda de Wilks.

Resumen de las funciones canónicas discriminantes

Autovalores

Función	Autovalor	% de varianza	% acumulado	Correlación canónica
1	1,307[a]	91,5	91,5	,753
2	,122[a]	8,5	100,0	,330

a. Se han empleado las 2 primeras funciones discriminantes canónicas en el análisis.

Lambda de Wilks

Contraste de las funciones	Lambda de Wilks	Chi-cuadrado	gl	Sig.
1 a la 2	,386	153,163	6	,000
2	,891	18,556	2	,000

Figura 7-56

Los individuos se clasifican en los cuatro grupos de acuerdo a las probabilidades que tienen a priori de pertenecer a los mismos (Figura 7-59). Pero una vez conocidas las puntuaciones discriminantes (valores de las funciones discriminantes para cada individuo), cada individuo se clasificará en el grupo en que tenga mayor probabilidad a posteriori de pertenecer según sus puntuaciones discriminantes. La tabla *Resultados de la clasificación* o **matriz de confusión** de la Figura 7-60 muestra los casos en total que están correcta o incorrectamente clasificados (75,1% correctos). Se muestran también tantos por ciento en cada grupo y en el total junto con el número de casos que se han clasificado en cada nivel.

En la tabla de *estadísticos por casos* de la Figura 7-61 se observan el grupo real y el pronosticado (para *grupo mayor* y *segundo grupo mayor*) al que pertenece cada individuo (sólo los 30 primeros). **Un individuo se clasifica en el grupo en el que su pertenencia tiene una mayor probabilidad a posteriori.** Cuando el grupo real en que cae el individuo y el pronosticado en *grupo mayor* no coinciden, hay un error de clasificación del individuo. En la columna de *segundo grupo mayor* se observan los grupos a que pertenece cada individuo en segundo lugar en sentido probabilística (pero el importante es el *grupo mayor*). Las dos últimas columnas de la tabla de *estadísticos por casos* de la Figura 7-61 muestran las puntuaciones discriminantes de los individuos para las dos funciones discriminantes.

Los casos que tengan puntuaciones discriminantes similares se situarán próximos en los grupos de discriminación. No obstante, son más útiles las puntuaciones en los centroides de los grupos (Figura 7-58) ya que determinan su posición en el espacio discriminante. La puntuación de un centroide se determina sustituyendo las variables de la ecuación discriminante por los valores medios de estas variables en el grupo.

Una observación futura se clasificará en el grupo cuyo centroide esté más cerca de la puntuación discriminante de la observación según la función discriminante considerada. Lo ideal sería clasificar la observación en el mismo grupo según las dos funciones discriminantes.

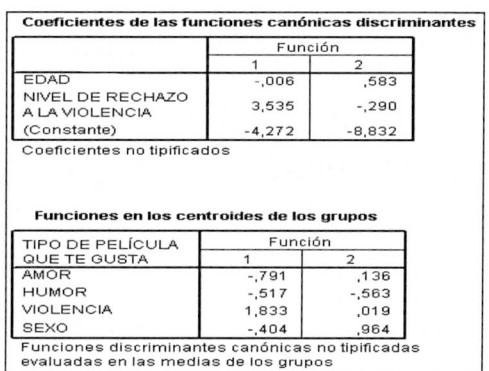

Matriz de estructura

	Función	
	1	2
NIVEL DE RECHAZO A LA VIOLENCIA	1,000*	,011
CALIFICACIÓN MEDIA EN ESTUDIOS	,099*	,073
ASISTENCIA ANUAL AL CINE	-,018*	,013
EDAD	,082	,997*
HORAS SEMANALES TV	,048	,144*
LIBROS LEÍDOS ANUALMENTE	-,082	-,106*
PAGA SEMANAL EN PTAS/100	,000	,095*

Correlaciones intra-grupo combinadas entre las variables discriminantes y las funciones discriminantes canónicas tipificadas
Variables ordenadas por el tamaño de la correlación con la función.
*. Mayor correlación absoluta entre cada variable y cualquier función discriminante.
a. Esta variable no se emplea en el análisis.

Figura 7-57

Coeficientes de las funciones canónicas discriminantes

	Función	
	1	2
EDAD	-,006	,583
NIVEL DE RECHAZO A LA VIOLENCIA	3,535	-,290
(Constante)	-4,272	-8,832

Coeficientes no tipificados

Funciones en los centroides de los grupos

TIPO DE PELÍCULA QUE TE GUSTA	Función	
	1	2
AMOR	-,791	,136
HUMOR	-,517	-,563
VIOLENCIA	1,833	,019
SEXO	-,404	,964

Funciones discriminantes canónicas no tipificadas evaluadas en las medias de los grupos

Figura 7-58

Resumen del proceso de clasificación

Procesados		175
Excluidos	Código de grupo perdido o fuera de rango	0
	Perdida al menos una variable discriminante	1
Usados en los resultados		174

Probabilidades previas para los grupos

TIPO DE PELÍCULA QUE TE GUSTA	Previas	Casos utilizados en el análisis No ponderados	Ponderados
AMOR	,473	78	78,000
HUMOR	,206	34	34,000
VIOLENCIA	,273	45	45,000
SEXO	,048	8	8,000
Total	1,000	165	165,000

Figura 7-59

Resultados de la clasificación[a]

		TIPO DE PELÍCULA QUE TE GUSTA	Grupo de pertenencia pronosticado				Total
			AMOR	HUMOR	VIOLENCIA	SEXO	
Original	Recuento	AMOR	81	1	1	0	83
		HUMOR	19	14	3	0	36
		VIOLENCIA	7	4	35	0	46
		SEXO	7	0	1	0	8
		Casos desagrupados	1	0	0	0	1
	%	AMOR	97,6	1,2	1,2	,0	100,0
		HUMOR	52,8	38,9	8,3	,0	100,0
		VIOLENCIA	15,2	8,7	76,1	,0	100,0
		SEXO	87,5	,0	12,5	,0	100,0
		Casos desagrupados	100,0	,0	,0	,0	100,0

a. Clasificados correctamente el 75,1% de los casos agrupados originales.

Figura 7-60

Estadísticos por casos

Número de casos	Grupo real	Grupo mayor					Segundo grupo mayor			Puntuaciones discriminantes	
		Grupo pronosticado	P(D>d | G=g)		P(G=g | D=d)	Distancia de Mahalanobis al cuadrado hasta el centroide	Grupo	P(G=g |D=d)	Distancia de Malalanobis al cuadrado hasta el centroide	F 1	F 2
			p	g							
2	4	1(**)	,997	2	,716	,006	2	,222	,683	-,837	,199
3	1	1	,873	2	,654	,271	2	,306	,131	-,831	-,383
4	3	3	,619	2	,988	,960	1	,006	12,256	2,692	,492
5	1	1	,545	2	,572	1,215	2	,402	,257	-,824	-,966
6	2	1(**)	,469	2	,750	1,513	4	,137	,359	-,849	1,364
7	3	3	,684	2	,988	,759	2	,006	10,560	2,698	-,091
8	3	3	,684	2	,988	,759	2	,006	10,560	2,698	-,091
9	Desagr	1	,873	2	,654	,271	2	,306	,131	-,831	-,383
10	1	1	,997	2	,716	,006	2	,222	,683	-,837	,199
11	2	3(**)	,539	2	,987	1,237	2	,008	10,389	2,704	-,673
12	2	1(**)	,469	2	,750	1,513	4	,137	,359	-,849	1,364
13	1	1	,997	2	,716	,006	2	,222	,683	-,837	,199
14	1	1	,873	2	,654	,271	2	,306	,131	-,831	-,383
15	1	1	,997	2	,716	,006	2	,222	,683	-,837	,199
16	2	1(**)	,997	2	,716	,006	2	,222	,683	-,837	,199
17	1	1	,997	2	,716	,006	2	,222	,683	-,837	,199
18	2	1(**)	,545	2	,572	1,215	2	,402	,257	-,824	-,966
19	1	1	,811	2	,749	,420	2	,155	1,915	-,843	,782
20	4	3(**)	,399	2	,987	1,840	1	,007	12,968	2,686	1,075
21	3	3	,539	2	,987	1,237	2	,008	10,389	2,704	-,673
22	2	3(**)	,619	2	,988	,960	1	,006	12,256	2,692	,492
23	3	3	,399	2	,987	1,840	1	,007	12,968	2,686	1,075
24	3	1(**)	,997	2	,716	,006	2	,222	,683	-,837	,199
25	1	1	,873	2	,654	,271	2	,306	,131	-,831	-,383
26	2	1(**)	,811	2	,749	,420	2	,155	1,915	-,843	,782
27	2	2	,280	2	,607	2,545	1	,381	5,138	-,812	-2,131
28	1	1	,997	2	,716	,006	2	,222	,683	-,837	,199
29	1	1	,811	2	,749	,420	2	,155	1,915	-,843	,782

** Caso mal clasificado

Figura 7-61

El *mapa territorial* que se muestra a continuación representa los valores de las puntuaciones en las funciones discriminantes canónicas (en abscisas se sitúan las puntuaciones en la función 1 y en ordenadas las puntuaciones en la función 2). La región del grupo 1 está delimitada por números 1 en el mapa, la del grupo 2 por el número 2, etc.

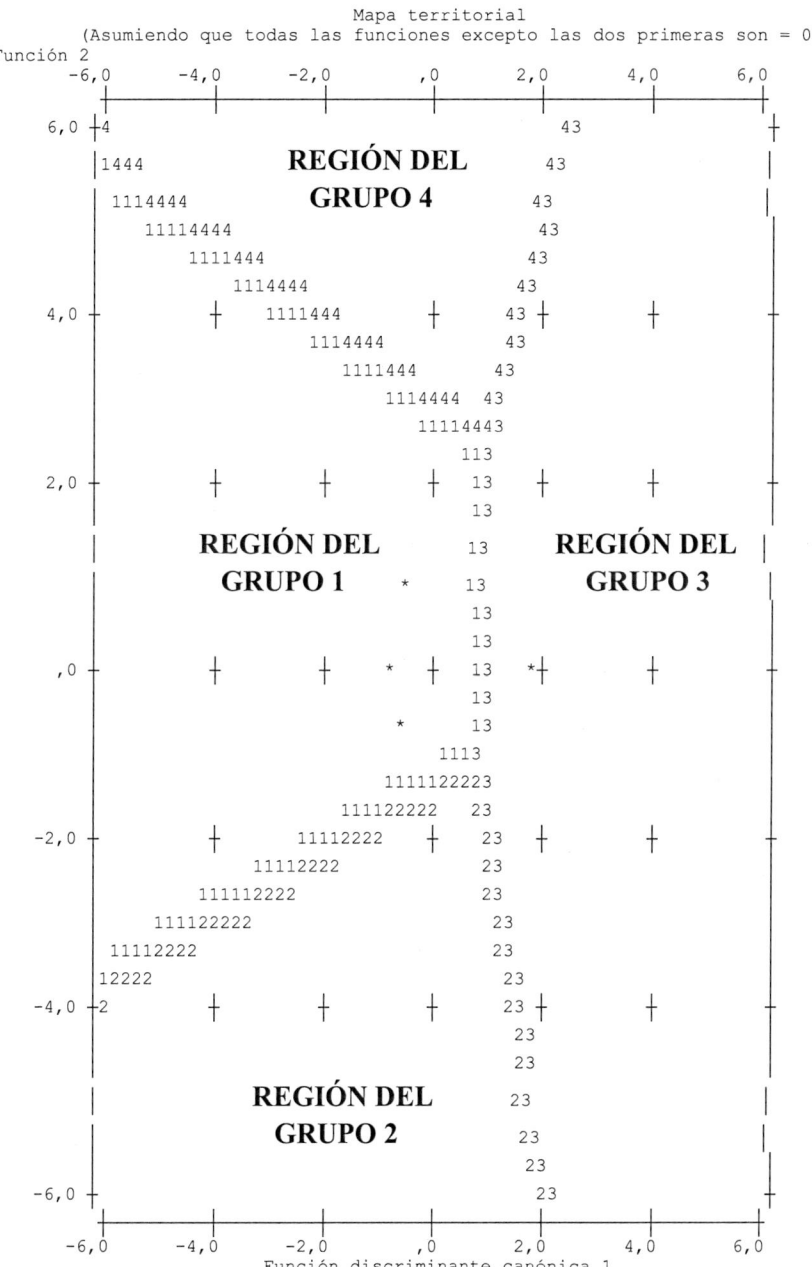

```
                            Mapa territorial
         (Asumiendo que todas las funciones excepto las dos primeras son = 0)
Función 2
       -6,0      -4,0      -2,0       ,0       2,0      4,0      6,0
        +---------+---------+---------+---------+---------+---------+
   6,0 +4                                        43                +
       |1444              REGIÓN DEL             43                |
          1114444         GRUPO 4                 43               |
            11114444                               43
              1111444                               43
                1114444                              43
   4,0 +           +     1111444       +            43 +         +         +
                       1114444                      43
                         1111444            43
                           1114444   43
                             11114443
                               113
   2,0 +         +         +         +   13 +         +         +
                                         13
            REGIÓN DEL                    13     REGIÓN DEL |
            GRUPO 1        *              13     GRUPO 3    |
                                          13
                                          13
    ,0 +         +         +     *   +    13 *+         +         +
                                          13
                            *             13
                               1113
                             1111122223
                           111122222   23
  -2,0 +         +      11112222   +    23 +         +         +
                     11112222            23
                   111112222             23
                 111122222               23
               11112222                  23
             12222                       23
  -4,0 +2         +         +         +   23 +         +         +
                                         23
                                         23
            REGIÓN DEL                    23
            GRUPO 2                        23
                                         23
  -6,0 +                                  23                +
        +---------+---------+---------+---------+---------+---------+
       -6,0      -4,0      -2,0       ,0       2,0      4,0      6,0
                       Función discriminante canónica 1
```

Símbolos usados en el mapa territorial

Símbolo	Grupo	Etiqu
1	1	AMOR
2	2	HUMOR
3	3	VIOLENCIA
4	4	SEXO
*		Indica un centroide de grupo

Cuando los casos o individuos están bien clasificados, su representación sobre el mapa territorial los sitúa en el territorio correspondiente al grupo. Cuando la discriminación es débil puede haber sujetos que caen fuera de su territorio y que estarían mal clasificados. Las líneas de números que separan una zona de otra delimitan las combinaciones de puntuaciones discriminantes en ambas funciones que conducen a la clasificación en cada grupo. *El mapa territorial también se utiliza para clasificar individuos futuros. Para ello se observan las puntuaciones del individuo en las funciones discriminantes consideradas y se observa a qué grupo corresponde la región del mapa territorial en que se sitúa el punto cuyas coordenadas son precisamente las puntuaciones discriminantes citadas.* Por ejemplo, si las puntuaciones de la primera y segunda funciones discriminantes para un nuevo individuo son 4,5 y -5 respectivamente, este individuo se clasificará en el grupo 3, que es la zona del mapa territorial en la que cae el punto de coordenadas (4,5, -5).

La Figura 7-62 muestra el diagrama de dispersión global para los cuatro grupos, que permite situar la posición de los casos y los centroides sobre las dos funciones discriminantes canónicas simultáneamente. Las coordenadas de cada caso serán sus puntuaciones discriminantes sobre las dos funciones. Como hay muchos casos, en la gráfica se han presentado también las posiciones de los centroides de grupo.

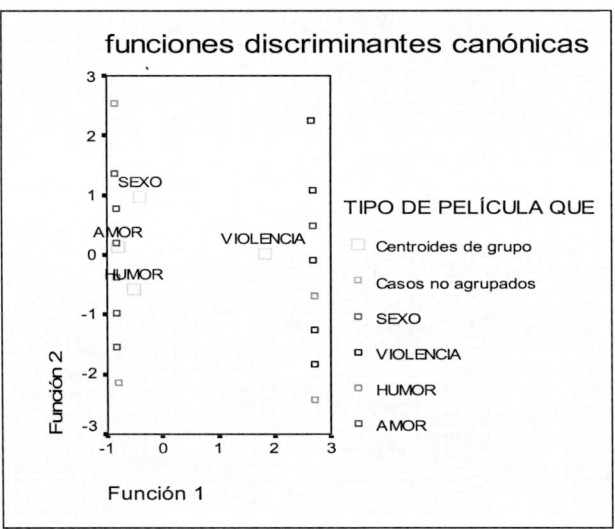

Figura 7-62

También es posible listar todos los casos con el grupo al que pertenecen, la probabilidad de pertenecer y la máxima probabilidad. Para ello usamos *Analizar →* *Informes → Resúmenes de casos* (Figura 7-63) y rellenamos la pantalla de entrada como se indica en la Figura 7-64. Al hacer clic en *Aceptar* se obtiene la tabla de resúmenes de casos de la Figura 7-65.

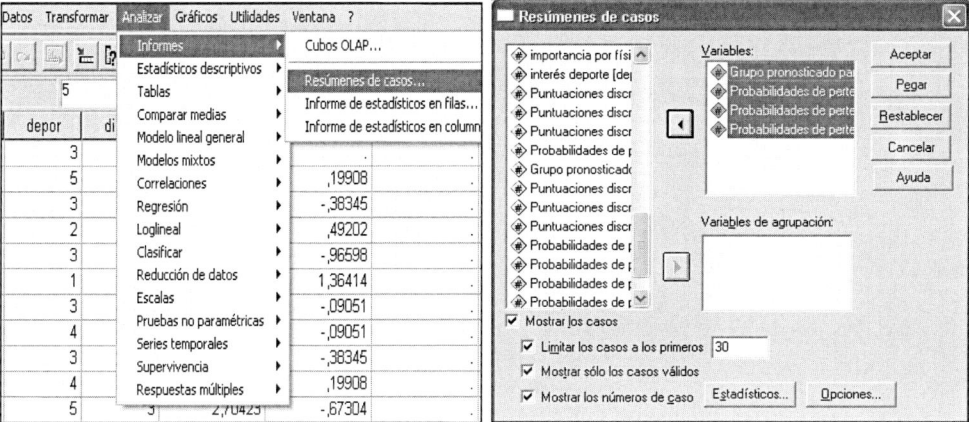

Figura 7-63   Figura 7-64

Resúmenes de casos(a)

	Número de caso	Grupo pronosticado para el análisis 1	Probabilidades de pertenencia al grupo 1 para el análisis 1	Probabilidades de pertenencia al grupo 2 para el análisis 1	Probabilidades de pertenencia al grupo 3 para el análisis 1
1	2	AMOR	,71597	,22245	,01153
2	3	AMOR	,65429	,30594	,01146
3	4	VIOLENCIA	,00603	,00402	,98784
4	5	AMOR	,57157	,40223	,01089
5	6	AMOR	,74997	,10287	,01020
6	7	VIOLENCIA	,00555	,00555	,98770
7	8	VIOLENCIA	,00555	,00555	,98770
8	9	AMOR	,65429	,30594	,01146
9	10	AMOR	,71597	,22245	,01153
10	11	VIOLENCIA	,00509	,00767	,98655
11	12	AMOR	,74997	,10287	,01020
12	13	AMOR	,71597	,22245	,01153
13	14	AMOR	,65429	,30594	,01146
14	15	AMOR	,71597	,22245	,01153
15	16	AMOR	,71597	,22245	,01153
16	17	AMOR	,71597	,22245	,01153
17	18	AMOR	,57157	,40223	,01089
18	19	AMOR	,74949	,15473	,01109
19	20	VIOLENCIA	,00656	,00290	,98684
20	21	VIOLENCIA	,00509	,00767	,98655
21	22	VIOLENCIA	,00603	,00402	,98784
22	23	VIOLENCIA	,00656	,00290	,98684
23	24	AMOR	,71597	,22245	,01153
24	25	AMOR	,65429	,30594	,01146
25	26	AMOR	,74949	,15473	,01109
26	27	HUMOR	,38070	,60682	,00859
27	28	AMOR	,71597	,22245	,01153
28	29	AMOR	,74949	,15473	,01109
29	30	VIOLENCIA	,00656	,00290	,98684
Total	N	29	29	29	29

a Limitado a los primeros 30 casos.

Figura 7-65

CAPÍTULO 8

CLASIFICACIÓN MEDIANTE ANÁLISIS CLUSTER

PRINCIPIOS DEL ANÁLISIS CLUSTER

Podríamos resumir los **principios básicos del análisis cluster** (o de conglomerados) como sigue:

- El análisis cluster es un método estadístico multivariante de clasificación automática de datos.

- Su finalidad esencial es revelar concentraciones en los datos (casos o variables) para su agrupamiento eficiente en clusters (o conglomerados) según su homogeneidad.

- El agrupamiento puede realizarse tanto para casos como variables, pudiendo utilizarse variables cualitativas o cuantitativas.

- Los grupos de casos o variables se realizan basándose en la proximidad o lejanía de unos con otras, por lo tanto es esencial el uso adecuado del concepto de distancia.

- Es fundamental que los elementos dentro de un cluster sean homogéneos y lo más diferentes posibles de los contenidas en otros clusters.

- El análisis cluster es por tanto una técnica de clasificación, conociéndose también con el nombre de *taxonomía numérica*. Otros nombres asignados al mismo concepto son análisis de *conglomerados, análisis tipológico, clasificación automática* y otros.

- El número de clusters no es conocido de antemano y los grupos se crean en función de la naturaleza de los datos. Se trata por tanto de una técnica de clasificación *post hoc*.

Podíamos definir el análisis cluster como un método estadístico multivariante de clasificación automática que a partir de una tabla de datos (casos-variables), trata de situarlos en grupos homogéneos, conglomerados o clusters, no conocidos de antemano pero sugeridos por la propia esencia de los datos, de manera que los individuos que puedan ser considerados similares sean asignados a un mismo cluster, mientras que individuos diferentes (disimilares) se localicen en clusters distintos. La diferencia esencial con el análisis discriminante estriba en que en este último es necesario especificar previamente los grupos por un camino objetivo (técnica de clasificación *ad hoc*), ajeno a la medida de las variables en los casos de la muestra. El análisis cluster define grupos tan distintos como sea posible en función de los propios datos sin especificación previa de los citados grupos (técnica de clasificación *post hoc*).

Para trabajar en análisis cluster es necesario tener presentes determinadas condiciones entre las que destacan las siguientes:

- Si las variables de aglomeración están en escalas muy diferentes será necesario estandarizar previamente las variables, o por lo menos trabajar con desviaciones respecto de la media.

- Es necesario observar también los valores atípicos y desaparecidos porque los métodos jerárquicos no tienen solución con valores perdidos y los valores atípicos deforman las distancias y producen clusters unitarios.

- También es nocivo para el análisis cluster la presencia de variables correlacionadas, de ahí la importancia del análisis previo de multicolinealidad.

- Si es necesario se realiza un análisis factorial previo y posteriormente se aglomeran las puntuaciones factoriales.

- La solución del análisis cluster no tiene porqué ser única, pero no deben encontrase soluciones contradictorias por distintos métodos.

- El número de observaciones en cada cluster debe ser relevante, ya que en caso contrario puede haber valores atípicos que difuminen la construcción de los clusters.

- Los conglomerados deben de tener sentido conceptual y no variar mucho al variar la muestra o el método de aglomeración.

- Los grupos finales serán tan distintos como permitan los datos. Con estos grupos se podrán realizar otros análisis: descriptivos, discriminante, regresión logística, diferencias…

EL PROBLEMA MATEMÁTICO

De forma más general, podemos representar la tabla de datos (casos-variables) mediante la matriz siguiente:

$$A = \left(a_{ij}\right) = \begin{bmatrix} a_{11} & a_{12} & a_{13} & \cdots & a_{1m} \\ a_{21} & a_{22} & a_{23} & \cdots & a_{2m} \\ a_{31} & a_{32} & a_{33} & \cdots & a_{3m} \\ \cdots & \cdots & \cdots & \cdots & \cdots \\ a_{n1} & a_{n2} & a_{n3} & \cdots & a_{nm} \end{bmatrix}$$

Los individuos que forman parte del estudio, y que se intentan clasificar, vendrán caracterizados o definidos por diferentes valores obtenidos al medir determinadas variables sobre ellos, es decir, cada individuo poseerá un determinado valor para cada una de las variables que se traten en el estudio. De esta manera, si se consideran n individuos que se denotan por $P_1, \cdots, P_n$, y se consideran m variables, llamadas $x_1, \cdots, x_m$, los datos que definen a toda la muestra se pueden representar en la matriz de datos $A = \left(a_{ij}\right)$, de modo que cada individuo aparece en cada una de las filas, y los valores que cada variable toma para individuo aparece en cada una de las columnas. Es decir, las puntuaciones que definen al individuo P_i serán los valores $a_{i1}, a_{i2}, \cdots, a_{im}$. Por tanto, los individuos se corresponden con las filas de la matriz y las variables con sus columnas.

Por otro lado, tendremos presente que un espacio métrico es un espacio en el que se ha definido una distancia (métrica o forma de medir). Si en un espacio métrico consideramos como sistema de ejes de coordenadas el definido por las variables objeto del estudio, se está en un espacio de tantas dimensiones como número de variables se considera, es decir, m dimensiones. Entonces, cada uno de los n individuos puede ser tomado como un punto en dicho espacio métrico dando lugar a una nube de n puntos. De este modo, cada uno de los valores a_{ij} (que representa la proporción de la variable x_j que entra a formar parte del individuo P_i), que definen a cada uno de los individuos se considerarán como las coordenadas del mismo. Simétricamente, también puede considerarse un espacio métrico con el sistema de ejes coordenados definido por los n individuos y considerar cada una de las m variables como un punto de dicho espacio métrico dando lugar a una nube de m puntos. El objetivo del análisis cluster consiste en separar de alguna forma los puntos de estas nubes, de modo que se obtengan grupos de individuos o variables relativamente parecidos. Debido a este objetivo de separar los puntos es por lo que se recurre a un espacio métrico donde se tenga definida una forma de medir (métrica) a través de una *distancia* para comprender la separación.

El concepto de distancia

Hay varias formas de considerar la distancia que separa a dos objetos y no sólo la distancia que usamos habitualmente basada en que la distancia más corta entre dos puntos es la línea recta. En Matemáticas se consideran distancias sólo las funciones definidas adecuadamente que cumplen determinadas propiedades.

Formalmente, una distancia d definida en un conjunto E es una aplicación entre el producto cartesiano $E \times E$ y los números reales no negativos $R^+ \cup \{0\} = [0, \infty)$, de modo que a cada par de elementos $(a, b) \in E \times E$ se le asigna un número real no negativo r que define la distancia entre los puntos a y b de E.

$$d : E \times E \rightarrow R^+ \cup \{0\} = [0, \infty)$$
$$(a, b) \rightarrow r \Leftrightarrow d(a, b) = r$$

La distancia d verifica las siguientes condiciones:

- $d(a, b) \geq 0$ y $d(a, a) = 0$. Toda distancia es *definida positiva*, es decir, la distancia entre dos elementos cualesquiera es mayor o igual que cero, y sólo es cero si $b = a$.

- $d(a, b) = d(b, a)$. Se trata de la *propiedad de simetría*, lo que equivale a decir que la distancia de a a b es la misma que la de b a a.

- $d(a, b) \leq d(a, c) + d(c, b)$. Se trata de la *desigualdad triangular*, es decir, la distancia entre dos puntos cualesquiera, a y b, es menor o igual que la suma de la distancia de a a un tercer punto c, más la distancia de c a b.

- Si $i \neq j$, entonces $d(i, j) > 0$.

Clasificaciones jerárquicas y disimilitudes

La finalidad básica del análisis de conglomerados es elaborar clasificaciones de los individuos objeto del estudio con una estructura jerarquizada persiguiendo el objetivo de poder decidir cuál de los diferentes niveles de la jerarquía es el más apropiado para establecer la clasificación. El planteamiento matemático dado a la clasificación numérica parte de los conceptos de *jerarquía indexada* y *distancia ultramétrica*. El primero de ellos es el que nos conduce al establecimiento de una jerarquía en la clasificación estructurada en niveles, mientras que el segundo es el que nos señala cómo determinar una distancia entre los individuos.

Consideremos el conjunto finito $F = \{1,2,\cdots,n\}$, y el conjunto de las partes de dicho conjunto, $P(F)$, es decir, el conjunto que tiene como elementos a todos los posibles subconjuntos de F:

$$P(F) = \{\emptyset, \{1\}, \{2\}, \cdots, \{n\}, \{1,2\}, \cdots, \{1,n\}, \{2,3\}, \cdots, \{n-1,n\}, \{1,2,3\}, \cdots, F\}$$

Diremos que un subconjunto H del conjunto de las partes de F, $H \subset P(F)$, es una **jerarquía** de F, o una jerarquía del conjunto de las partes de F si verifica los siguientes axiomas:

- *Axioma de la intersección*: Dados dos elementos, h y h' de H, o son disjuntos (esto es, no tienen elementos comunes) o uno de ellos está contenido en el otro, es decir, $\forall h, h' \in H, \quad h \cap h' \in \{h, h', \emptyset\}$.

- *Axioma de la reunión*: todo elemento de H es el resultado de la unión de los elementos de H que contiene, o bien no contiene ningún elemento de H, es decir, $\forall h, \in H, \quad \cup \{h': h' \in H, h' \subset h\} \in \{h, \emptyset\}$.

Si además de verificar las dos condiciones anteriores, H contiene al conjunto F completo y a todas las partes formadas por un solo elemento, es decir, si se cumple que $F \in H$, $\{i\} \in H$, $\forall i \in F$, se dice entonces que H es una **jerarquía total**. Los elementos de H (que no olvidemos son subconjuntos de F, por ser H un elemento de las partes de F) se llaman **conglomerados, clusters** o **clases**. Si $h_1, \cdots, h_p$ son elementos de la jerarquía H y verifican que F es la unión de todos ellos, es decir, si $F = h_1 \cup \cdots \cup h_p$, se dice que el conjunto formado por dichos elementos de H, $\{h_1, \cdots, h_p\}$ es una **partición** de F.

De la definición anterior de conglomerado, cluster, clase o partición, como elemento de una jerarquía, se deduce que dos clases de un mismo nivel (es decir, dos clases o dos elementos de H de modo que una no está incluida en la otra) son disjuntas (axioma de la intersección) y que una clase es la reunión de las clases comparables de nivel inferior (axioma de la reunión). Por ejemplo, si el conjunto finito estuviera formado por los cinco elementos siguientes, $F = \{1,2,3,4,5\}$, una jerarquía de F podría ser el conjunto $H = \{\{1\}, \{2\}, \{3\}, \{4\}, \{5\}, \{2,3\}, \{4,5\}, \{1,2,3\}, F\}$. Una jerarquía diferente a la anterior, pero también una jerarquía del mismo conjunto podría ser la definida por el conjunto $H' = \{\{1\}, \{2\}, \{3\}, \{4\}, \{5\}, \{1,4\}, \{2,3\}, \{1,3,4\}, F\}$.

.

Para definir una ***jerarquía indexada*** se considera en primer lugar un número real no negativo $D(h)$, llamado ***índice de jerarquía***, que permite cuantificar las diferencias entre las clases o grupos de una jerarquía H que se consideren de un mismo nivel. De este modo, se define el *índice de la jerarquía* en H a través de una función D definida como:

$$D : H \rightarrow R^+ \cup \{0\} = [0, \infty)$$

$$h \rightarrow D(h)$$

que hace corresponder a cada clase h de la jerarquía un número real no negativo $D(h)$ que es su índice de jerarquía y que verifica las siguientes propiedades:

- El índice de jerarquía de las clases formadas por un único individuo es cero, es decir, $D(\{i\}) = 0, \quad \forall i \in F$.

- Si una clase contiene a otra, el índice de jerarquía de la menor es más pequeño que el de la mayor, esto es, $h \subset h' \Rightarrow D(h) < D(h')$

Si una jerarquía está dotada de un índice de jerarquía se dice que es una *jerarquía indexada*. En el ejemplo anterior en el que considerábamos la jerarquía $H = \{\{1\}, \{2\}, \{3\}, \{4\}, \{5\}, \{2,3\}, \{4,5\}, \{1,2,3\}, F\}$, un posible índice asociado a esta jerarquía puede ser $D(\{1\}) = D(\{2\}) = D(\{3\}) = D(\{4\}) = D(\{5\}) = 0$, $D(\{2,3\}) = 0,3$, $D(\{4,5\}) = 0,5$, $D(\{1,2,3\}) = 0,8$ y $D(F) = 1$. De las expresiones anteriores, podemos afirmar que los individuos 2 y 3 son más similares que 4 y 5, puesto que su índice de jerarquía es más pequeño $D(\{2,3\}) = 0,3 < D(\{4,5\}) = 0,5$. Además al aumentar el nivel de una clase, aumenta el índice de jerarquía, es decir, disminuye la similitud entre los individuos de su clase $D(\{2,3\}) = 0,3 < D(\{1,2,3\}) = 0,8$

El análisis de conglomerados construye clasificaciones jerárquicas, en general, a partir de las similitudes determinadas entre los individuos. Sin embargo, las descripciones teóricas de los algoritmos que permiten reagrupar a los individuos y a los grupos, ya formados o por formar, se basan en el ***concepto de disimilitud*** (contrario al de similitud). Definamos, entonces el concepto de disimilitud y a partir de él su relación con el de similitud. Es claro que a medida que aumenta el nivel de una clase, aumenta el índice de jerarquía y, por tanto, disminuye la similitud entre los elementos de la clase. La noción de índice de jerarquía D que acabamos de definir se utiliza para cuantificar las diferencias entre las clases de un mismo nivel. Este índice no es exactamente una disimilitud, pero a partir de él, podemos definir una disimilitud entre individuos u objetos d en el conjunto finito F sin más que considerar que la disimilitud entre dos individuos i y j es el índice de jerarquía asociado a la menor de las clases que los contiene, es decir, $d(i, j) = D(h)$, siendo h la menor clase que contiene a los individuos i y j. De este modo, la ***disimilitud de dos elementos de una misma clase*** es el índice de jerarquía de la menor clase a la que pertenecen.

Por otro lado, la **similitud s entre dos individuos** i y j se puede definir a partir de una disimilitud d como el complemento al valor máximo de dicha disimilitud, es decir: $s(i,j) = Max_d - d(i,j)$, siendo Max_d el mayor valor de d sobre cualquier para de individuos. A partir de la definición de s se puede definir un *índice de similitud* sobre una jerarquía H, como la aplicación:

$$S : H \rightarrow [0, Max_d]$$
$$h \rightarrow S(h)$$

que hace corresponder a cada clase h de H un número real $S(h)$ comprendido entre 0 y Max_d, de modo que se verifiquen las condiciones siguienmtes:

- El índice de similitud de las clases formadas por un único individuo es máxima, es decir, $S(\{i\}) = Max_d \quad \forall i \in F$.

- Si una clase contiene a otra, el índice de similitud de la menor es más grande que el de la mayor, esto es, $h \subset h' \Rightarrow S(h) > S(h')$.

De forma análoga a como se indicó con la disimilitud d, la similitud s, permite cuantificar las similitudes o parecidos entre dos individuos u objetos, sin más que considerar que la similitud entre dos individuos es el índice de similitud de la menor clase que los contiene $s(i,j) = S(h)$, siendo h la menor clase que contiene a los individuos i y j. Por otra parte, una disimilitud permite definir una relación sobre el conjunto F de modo que, dado un número real $x \geq 0$, se define la relación binaria Rx de modo que dos individuos, i y j están relacionados por la relación Rx si y sólo si su disimilitud es menor o igual que x, es decir, $iR_x j \Leftrightarrow d(i,j) \leq x$. Esta relación es de equivalencia cumpliendo las propiedades reflexiva, simétrica y transitiva. A partir de esta relación de equivalencia, se define la **partición o cluster de nivel x** como la partición de F definida por la relación Rx. Los elementos de esta partición son las clases, conglomerados o clusters. La relación de equivalencia que se acaba de definir también podría definirse a partir del concepto de similitud, sin más que considerar como nueva definición de R_x la siguiente: $iR_x j \Leftrightarrow s(i,j) \geq x$.

Distancia ultramétrica y algoritmos de clasificación

Consideramos el conjunto finito $F = \{1,2,\cdots,n\}$. Una distancia ultramétrica sobre F es una función u que asigna a cada par de elementos (i,j) del conjunto F un número real no negativo como sigue:

$$u : F \times F \to R^+ \cup \{0\} = [0, \infty)$$
$$u(i, j) = r$$

verificando las siguientes propiedades:

- $u(i, j) \geq 0$ $u(i,i) = 0$. Es definida positiva, es decir, la distancia entre dos elementos cualesquiera es mayor o igual que cero $u(i, j) \geq 0$, y sólo es cero si $j = 1$.

- $u(i, j) = u(j,i)$. Es simétrica, lo que equivale a decir que la distancia de i a j es la misma que la de j a i:

- $u(i, j) \leq \sup\{u(i, k), u(j, k)\}$. Cumple el axioma ultramétrico, es decir, la distancia entre dos puntos cualesquiera i y j es menor o igual que el supremo de las distancias de i a un tercer punto k, y la distancia de j a k.

- Si $i \neq j$, entonces $d(i, j) > 0$.

Se observa que la diferencia entre una distancia métrica definida anteriormente y una distancia ultramétrica se establece en el diferente enunciado de la tercera propiedad. Para las distancias métricas se debe cumplir la desigualdad triangular, mientras que para las ultramétricas debe cumplirse el axioma ultramétrico. Por otra parte, la distinción entre distancias y *pseudo-distancias* que se establece, para el caso de la métricas, si no se verifica la condición 4, puede extenderse al caso de las ultramétricas. Es obvio que la propiedad ultamétrica es más fuerte que la desigualdad triangular y geométricamente es equivalente a que todos los triángulos definidos por tres puntos, $\{i, j, k\}$, de la geometría ultamética definida sobre F sean isósceles, siendo la base el lado de longitud menor.

Ya sabemos que una jerarquía indexada está formada por una sucesión de particiones (o clusters) $C_0, C_1, \cdots, C_n$ de niveles cada vez respectivamente mayores. Si sobre un conjunto finito F hay definida una distancia ultramétrica u se pueden construir dichas particiones según el llamado *algoritmo fundamental de clasificación*, que consta de los siguientes pasos:

- La partición inicial está formada por cada uno de los individuos del conjunto $F = \{1, 2, \cdots, n\}$, es decir, $C_0 : \{1\}, \{2\}, \cdots, \{n\}$

- A continuación, en un segundo paso se unen los dos individuos más próximos según la ultramétrica u, es decir, si i y j son tales que $u(i, j)$ es mínimo, se toma como segunda partición al conjunto $C_1 : \{1\}, \{2\}, \cdots, \{i, j\}, \cdots, \{n\}$ con $(n-1)$ elementos

- La partición en el paso r-ésimo es $C_{r-1} : h_1, h_2, \cdots, h_p$ y si u es una distancia ultramétrica sobre las clases de C_{r-1}, se agrupan las clases más próximas, es decir, las clases h_i y h_j tales que $u(h_i, h_j) = mínimo$.

- La partición $(r + 1)$-ésima es $C_r : h_1, h_2, \cdots, h_i \cup h_j, \cdots, h_p$ y se forma por la unión, en una misma clase, de las dos clases más próximas consideradas en el punto anterior, h_i y h_j. A continuación se define sobre las clases de Cr una ultramétrica u' de forma análoga a como se indicó anteriormente, es decir, $u'(h_k, h_m) = u(h_k, h_m)$ y $u'(h_k, h_i \cup h_j) = u(h_i, h_k) = u(h_j, h_k)$ $\forall h_k \neq h_i, h_j$.

- Se repiten los dos pasos anteriores las veces precisas hasta llegar a la partición $C_m = F$

Por construcción, el resultado de este algoritmo es una jerarquía indexada H de índice D, definido por $D(h_i \cup h_j) = u(h_i, h_j)$ si h_i y h_j son las clases más próximas en la partición C_{r-1}.

Por lo tanto, un algoritmo de clasificación consiste en transformar la disimilitud inicial para convertirla en una distancia ultramétrica y a continuación construir la jerarquía indexada. El problema es que, en general, la disimilitud no verifica las propiedades de ser una distancia ultramétrica. Así pues, el algoritmo de clasificación, en el caso de que la disimilitud no sea ultramétrica, deberá ser modificado en el sentido de que se forma la partición $(r + 1)$ $C_r : h_1, h_2, \cdots, h_i \cup h_j, \cdots, h_p$ sin poder definir una ultramétrica d' sobre las clases de C_r, tal y como se hizo anteriormente porque, en general, no será cierto que $d(h_j, h_k) = d(h_i, h_k)$.

Ahora definiremos la distancia de $h_i \cup h_j$ a h_k como una función de $d(h_i, h_k)$ y de $d(h_j, h_k)$, de modo que $d'(h_k, h_m)$ no varíe para las restantes clases cumpliendo: $d'(h_k, h_i \cup h_j) = f(d(h_i, h_k), d(h_j, h_k))$. Algunos algoritmos hacen depender d' también de $d(h_i, h_j)$. S para algún h_k se verificara que $d(h_i, h_k) = d(h_k, h_j)$, la función f verifica $f(d(h_i, h_k), d(h_j, h_k)) = d(h_i, h_k) = d(h_k, h_j)$.

Los distintos algoritmos de clasificación diferirán según sea la definición de d' al pasar de C_{r-1} a C_r. Veremos posteriormente algunos de los más utilizados, que darán lugar a los diferentes métodos de análisis de conglomerados. Para algunos de ellos se podrán utilizar diferentes medidas de disimilitud o de similitud entre los individuos.

Medidas de similitud

Según la clasificación de Sneath y Sokal existen cuatro grandes tipos de medidas de similitud.

- *Distancias*: se trata de las distintas medidas entre los puntos del espacio definido por los individuos. Se trata de las medidas inversas de las similitudes, es decir, disimilitudes. El ejemplo más clásico es la *distancia euclídea*.

- *Coeficientes de asociación*: se utilizan cuando trabajamos con datos cualitativos, aunque también se pueden aplicar a datos cuantitativos si se está dispuesto a sacrificar alguna información proporcionada por los individuos o las variables. Estas medidas son, básicamente, una forma de medir la concordancia o conformidad entre los estados de dos columnas de datos.

- *Coeficientes angulares*: se utilizan para medir la proporcionalidad e independencia entre los vectores que definen los individuos. El más común es el coeficiente de correlación aplicado a variables continuas.

- *Coeficientes de similitud probabilística*: miden la homogeneidad del sistema por particiones o subparticiones del conjunto de los individuos e incluyen información estadística. La idea de utilizar estos coeficientes se basa en relacionarlos con diferentes clasificaciones utilizando para ellas criterios de bondad o buenos ajustes estadísticos. Las principales propiedades de estos coeficientes es que son aditivos, se distribuyen como la *Chi cuadrado* y son probabilísticas. Esta última propiedad permite, en aquellos casos en que es posible, establecer una hipótesis nula y contrastarla por los métodos estadísticos tradicionales.

A continuación se presentan los ejemplos más característicos de cada uno de estos tipos de medidas de similitud.

$$Distancias \begin{cases} \text{Distancia euclídea al cuadrado } d(i,j)^2 = \sum_k \left(x_{ik} - x_{jk}\right)^2 \\[2mm] \text{Distancia euclidea } d(i,j) = \sqrt{\sum_k \left(x_{ik} - x_{jk}\right)^2} \\[2mm] \text{Distancia de Minkoswki } d_q(i,j) = \left(\sum_k \left|x_{ik} - x_{jk}\right|^q\right)^{1/q} \\[2mm] \text{Distancia City - Block o de Manjatan } d_1(i,j) = \sum_k \left|x_{ik} - x_{jk}\right| \\[2mm] \text{Distancia de Tchebichev } d_\infty(i,j) = Max_k \left(\left|x_{ik} - x_{jk}\right|\right) \\[2mm] \text{Distancia de Camberra } d_{CANB}(i,j) = \sum_k \dfrac{\left|x_{ik} - x_{jk}\right|}{\left(x_{ik} + x_{jk}\right)} \end{cases}$$

Se observa que la distancia euclídea al cuadrado entre dos individuos se define como la suma de los cuadrados de las diferencias de todas las coordenadas de los dos puntos. La distancia euclídea se define como la raíz cuadrada positiva de la distancia anterior. La distancia de Minkowski es una distancia genérica que da lugar a otras distancias en casos particulares y se define como la raíz q-ésima de la suma de las potencias q-ésimas de las diferencias, en valor absoluto, de las coordenadas de los dos puntos considerados. La distancia City-Block o distancia de Manjatan, es un caso particular de la distancia o medida de Minkowski cuando $q = 1$ y resulta ser la suma de las diferencias, en valor absoluto, de todas las coordenadas de los dos individuos cuya distancia se calcula. El valor de esta medida es cero para la similitud perfecta y aumenta a medida que los objetos son más disimilares. La distancia de Chebychev se define como el caso límite de la medida de Minkowski para q tendiendo a infinito, es decir, es el máximo de las diferencias absolutas de los valores de todas las coordenadas. La distancia Canberra es una modificación de la distancia Maniatan que es sensible a proporciones y no sólo a valores absolutos.

Los coeficientes de asociación suelen utilizarse para el caso de variables cualitativas, y en general para el caso de datos binarios (o dicotómicos), que son aquéllos que sólo pueden presentar dos opciones (blanco – negro, sí – no, hombre – mujer, verdadero – falso, etc.). En este caso existen diferentes medidas de proximidad o similitud, que se verán a continuación, partiendo de una tabla de frecuencias 2x2 en la que se representa el número de elementos de la población en los que se constata la presencia o ausencia del carácter (variable cualitativa) en estudio.

Variable 1 → Variable 2 ↓	Presencia	Ausencia
Presencia	a	b
Ausencia	c	d

$$\text{Coeficientes de asociación} \begin{cases} \textit{Jaccard - Sneath } S_J = \dfrac{a}{(a+u)} = \dfrac{a}{(a+b+c)} \\[2ex] \textit{Coeficiente de emparejamiento simple} \\[1ex] S_{SM} = \dfrac{m}{(m+u)} = \dfrac{m}{n} = \dfrac{(a+d)}{(a+b+c+d)} \\[2ex] \textit{Coeficiente de Yule } S_Y = \dfrac{(ad-bc)}{(ad+bc)} \end{cases}$$

El *coeficiente de Jaccard - Sneath* es uno de los coeficientes más sencillos, que no tiene en cuenta los emparejamientos negativos, y se define como el número de emparejamientos positivos entre la suma de los emparejamientos positivos y los desacuerdos. A partir de su expresión se deduce que S_J tiende a cero cuando a/u tiende a cero, esto es, S_J es cero cuando el número de emparejamientos positivos coincide con el de desacuerdos. también S_J tiende a uno cuando u tiende a cero, es decir, S_J vale uno cuando no hay desacuerdos. El coeficiente de Yule varía entre +1 y -1. El *coeficiente de emparejamiento simple* se define como el cociente entre el número de emparejamientos y el número total de casos considerados. De su expresión se deduce:

$$S_{SM} \to 0 \quad si \quad \frac{m}{u} \to 0 \quad y\ S_J \to 1 \quad si \quad \frac{u}{m} \to 1.$$

En el caso de los *coeficientes angulares* su campo de variación está entre -1 y +1. Los valores cercanos a 0 indican disimilitud entre los individuos y los valores que se acercan a +1 o a -1 indican similitud positiva o negativa respectivamente. El cálculo de este coeficiente entre los individuos i y j se realiza en función de X_i y X_j que son las medias correspondientes a los individuos i y j.

$$\text{Coeficientes angulares} \begin{cases} \textit{Coeficiente de correlación } r_{ij} = \dfrac{\sum_k (x_{ij} - X_i)(x_{jk} - X_j)}{\left(\sum_k (x_{ik} - X_i)^2 \sum_k (x_{jk} - X_j)^2\right)^{1/2}} \\[3ex] \textit{Distancia del coseno } \cos\alpha_{ij} = \dfrac{\left(\sum_k x_{ik} x_{jk}\right)}{\left(\sum_k (x_{ik})^2 \sum_k (x_{jk})^2\right)^{1/2}} \end{cases}$$

Los *coeficientes de similitud probabilística* calculan la probabilidad acumulada de que un par de individuos i y j, sean tan similares, o más, que lo que empíricamente se puede afirmar sobre la base de la distribución observada.

Para el caso de variables cualitativas y en general para el caso de datos binarios o dicotómicos existen varias medidas de similaridad adicionales que se muestran en la tabla siguiente:

Russel y Rao	$RR_{xy} = \dfrac{a}{a+b+c}$	*Sokal y Sneath*	$SS_{xy} = \dfrac{2(a+d)}{2(a+d)+b+c}$
Parejas simples	$PS_{xy} = \dfrac{a+d}{a+b+c+d}$	*Rogers y Tanimoto*	$RT_{xy} = \dfrac{a+d}{a+d+2(b+c)}$
Jaccard	$J_{xy} = \dfrac{a}{a+b+c}$	*Sokal y Sneath(2)*	$SS2_{xy} = \dfrac{a}{a+2(b+c)}$
Dice y Soren sen	$D_{xy} = \dfrac{2a}{2a+b+c}$	*Kulczynski*	$K_{xy} = \dfrac{a}{b+c}$

Hay otro grupo de medidas denominadas medidas de similaridad para probabilidades condicionales, entre las que destacan las siguientes:

Kulczynski (medida 2)	$K2_{xy} = \dfrac{a/(a+b)+a/(a+c)}{2}$
Sokal y Sneath (medida 4)	$SS4_{xy} = \dfrac{a/(a+b)+a/(a+c)+d/(b+d)+d/(c+d)}{4}$
Hamann	$H_{xy} = \dfrac{(a+d)-(b+c)}{a+b+c+d}$

También suele considerarse un subgrupo de medidas denominadas de predición entre las que se encuentran la D_{xy} de Anderberg, la Y_{xy} de Yule y la Q_{xy} de Yule, que se definen como sigue:

$$D_{xy} = \frac{max(a,b)+max(c,d)+max(a,c)+max(b,d)-max(a+c,b+d)-max(a+b,c+d)}{2(a+b+c+d)}$$

$$Y_{xy} = \frac{\sqrt{ad}-\sqrt{bc}}{\sqrt{ad}+\sqrt{bc}} \qquad Q_{xy} = \frac{ad-bc}{ad+bc}$$

Por último, se usan otras medidas binarias, entre las que destacan las siguientes:

Ochiai	$O_{xy} = \sqrt{\dfrac{a}{a+b} \cdot \dfrac{a}{a+c}}$	*Sokal y Sneath (5)*	$SSS_{xy} = \dfrac{ad}{\sqrt{(a+b)(a+c)(b+d)(c+d)}}$
Sokal y Sneath (3)	$SS3_{xy} = \dfrac{a+d}{b+c}$	*Correlación phi*	$\phi_{xy} = \dfrac{ad-bc}{(a+b)(a+c)(b+c)(c+d)}$
Euclídea binaria	$EB_{xy} = \sqrt{b+c}$	*Diferencia de forma*	$DF_{xy} = \dfrac{(a+b+c+d)(b+c)-(b-c)^2}{(a+b+c+d)^2}$
Euclídea binaria^2	$EB_{xy}^2 = b+c$	*Varianza disimilar*	$V_{xy} = \dfrac{b+c}{4(a+b+c+d)}$
Dispersión	$D_{xy} = \dfrac{ad-bc}{(a+b+c+d)^2}$	*Diferencia de tamaño*	$T_{xy} = \dfrac{(b-c)^2}{(a+b+c+d)^2}$
Lance y Wiliams	$LW_{xy} = \dfrac{b+c}{2a+b+c}$	*Diferencia de patrón*	$P_{xy} = \dfrac{bc}{(a+b+c+d)^2}$

PROCEDIMIENTOS Y TÉCNICAS EN EL ANÁLISIS DE CONGLOMERADOS

Ya sabemos que el análisis de conglomerados o análisis cluster es un conjunto de métodos y técnicas estadísticas que permiten describir y reconocer diferentes agrupaciones que subyacen en un conjunto de datos, es decir, permiten clasificar, o dividir en grupos más o menos homogéneos, un conjunto de individuos que están definidos por diferentes variables. El objetivo principal del análisis de conglomerados consiste, por tanto, en conseguir una o más particiones de un conjunto de individuos en base a determinadas características de los mismos. Estas características estarán definidas por las puntuaciones que cada uno de ellos tiene con relación a diferentes variables. Así, se podrá decir que dos individuos son similares si pertenecen a la misma clase, grupo, conglomerado o cluster. Si se consigue este objetivo, se tendrá que todos los individuos que están contenidos en el mismo conglomerado se parecerán entre sí, y serán diferentes de los individuos que pertenecen a otro conglomerado. Por tanto, los miembros de un conglomerado gozarán de unas características comunes que los diferencian de los miembros de otros conglomerados. Estas características deberán, por la definición del objetivo a conseguir, ser genéricas, y es claro que difícilmente una única característica podrá definir un conglomerado.

El método para ejecutar un análisis de conglomerados comienza con la selección de los individuos objeto del estudio, incluyendo en algunas casos su codificación a partir de las variables o caracteres que los definen y su transformación adecuada para someterlos al análisis si es necesario (tipificación de variables, desviaciones respecto de la media, etc.). A continuación se determina la matriz de disimilitudes definiendo las distancias, similitudes o disimilitudes de los individuos. Una vez determinadas las disimilitudes de los individuos, se procede a ejecutar el algoritmo que formará las diferentes agrupaciones o conglomerados de individuos. Determinada ya la clasificación, el paso siguiente consiste en obtener una representación gráfica de los conglomerados obtenidos, de modo que se puedan visualizar los resultados alcanzados. Este proceso se lleva a cabo mediante un dendrograma. Conseguido el propósito de la clasificación, la última fase a llevar a cabo es la interpretación de los resultados obtenidos.

Los diferentes métodos de análisis de conglomerados surgen de las diferentes formas de llevar a cabo la agrupación de los individuos, es decir, dependiendo del algoritmo que se utilice para llevar a cabo la agrupación de individuos o grupos de individuos, se obtienen diferentes métodos de análisis de conglomerados. Una clasificación de los métodos de análisis de conglomerados basada en los algoritmos de agrupación de individuos podría ser la siguiente:

- *Métodos Aglomerativos-Divisivos*: un método es aglomerativo si considera tantos grupos como individuos y sucesivamente va fusionando los dos grupos más similares, hasta llegar a una clasificación determinada; mientras que un método es divisivo si parte de un solo grupo formado por todos los individuos, de modo que en cada etapa va separando individuos de los grupos establecidos anteriormente, formándose así nuevos grupos.

- *Métodos Jerárquicos-No jerárquicos*: un método es jerárquico si consiste en una secuencia de $g+1$ clusters: $G_0, ..., G_g$ en la que G_0 es la partición disjunta de todos los individuos y G_g es el conjunto partición. El número de partes de cada una de las particiones disminuye progresivamente, lo que hace que éstas sean cada vez más amplias y menos homogéneas. Por el contrario, un método se dice no jerárquico cuando se forman grupos homogéneos sin establecer relaciones de orden o jerárquicas entre dichos grupos.

- *Métodos Solapados-Exclusivos*: un método es solapado si admite que un individuo pueda pertenecer a dos grupos simultáneamente en alguna de las etapas de clasificación, mientras que se dice exclusivo si ningún individuo puede pertenecer simultáneamente a dos grupos en la misma etapa.

- Método *Secuenciales-Simultáneos*: un método es secuencial si a cada grupo se le aplica el mismo algoritmo en forma recursiva, mientras que los métodos simultáneos son aquellos en los que la clasificación se logra por una simple y no reiterada operación sobre los individuos.

- *Métodos Monotéticos-Politéticos*: un método se dice monotético si está basado en una característica única de los objetos a clasificar; mientras que es politético si se basa en varias características de los mismos, sin exigir que todos los objetos las posean, aunque sí las suficientes como para poder justificar la analogía entre los miembros de una misma clase.

- *Métodos Directos-Iterativos*: un método es directo si utiliza algoritmos en los que una vez asignado un individuo a un grupo ya no se saca del mismo, mientras que los métodos iterativos corrigen las asignaciones previas volviendo a comprobar en posteriores iteraciones si la asignación de un individuo a un conglomerado es óptima, llevando a cabo un nuevo reagrupamiento de los individuos si es necesario.

- *Métodos Ponderados-No ponderados*: los métodos no ponderados son aquellos que establecen el mismo peso a todas las características de los individuos a clasificar; mientras que los ponderados hacen recaer mayor peso en determinadas características.

- *Métodos Adaptativos-No adaptativos*: Los métodos no adaptativos son aquellos para los que el algoritmo utilizado se dirige hacia una solución en la que el método de formación de conglomerados es fijo y está predeterminado, mientras que los adaptativos (menos utilizados) son aquellos que de alguna manera aprenden durante el proceso de formación de los grupos y modifican el criterio de optimización o la medida de similitud a utilizar.

CONGLOMERADOS JERÁRQUICOS, SECUENCIALES, AGLOMERATIVOS Y EXCLUSIVOS (S.A.H.N.)

Los *métodos de análisis de conglomerados* que más se usan son los que son a la vez secuenciales, aglomerativos, jerárquicos y exclusivos, y que reciben el acrónimo, en lengua inglesa, de S.A.H.N. (*Sequential, Agglomerative, Hierarchic* y *Nonoverlaping*). En todos los *métodos de tipo S.A.H.N.* se siguen dos pasos fundamentales en el proceso de elaboración de los conglomerados. El primero de ellos es que los coeficientes de similitud o disimilitud entre los nuevos conglomerados establecidos y los candidatos potenciales a ser admitidos se recalcula en cada etapa, y el otro es el criterio de admisión de nuevos miembros a un conglomerado ya establecido. En los párrafos siguientes se estudian los diferentes métodos de análisis de conglomerados de tipo S.A.H.N.

Método de unión simple (Single Linkage Clustering), entorno o vecino más cercano (Nearest Neighbour) o método del mínimo (Minimum Method)

Este método relaciona un elemento con un grupo si tiene la mayor similitud con cualquiera de los elementos individuales de ese grupo. Este tipo de unión permite que se pueda realizar con sólo inspeccionar la matriz de similitudes. Los dos primeros casos que se combinan son aquellos cuya distancia es la menor o cuya similitud es máxima. La distancia entre el nuevo conglomerado y un caso individual se calcula como la mínima distancia entre el caso individual y un caso del conglomerado. La distancia entre dos casos que no han sido unidos no cambia. En cada caso, la distancia entre dos conglomerados se toma como la distancia entre dos puntos más cercanos. Este método utiliza la distancia:

$$d'\left(h_k, h_i \cup h_j\right) = Min\left(d\left(h_i, h_k\right), d\left(h_j, h_k\right)\right)$$

Método de la distancia máxima o método del máximo (Complete Linkage Clustering, Furthest Neighbour o Maximum Method)

En este método la similitud de un elemento con un grupo se calcula como la similitud de dicho elemento con el individuo más alejado de ese grupo. La distancia entre dos clusters se calcula como la distancia entre sus dos puntos más alejados. Este método se define mediante la distancia siguiente:

$$d'\left(h_k, h_i \cup h_j\right) = Max\left(d\left(h_i, h_k\right), d\left(h_j, h_k\right)\right)$$

Método de la media o de la distancia promedio no ponderado (Weighted Pair Groups Method Using Arithmetic Averages WPGMW)

Este método pondera los nuevos miembros admitidos en un conglomerado con el mismo peso que los existentes hasta entonces. El método combina conglomerados de modo que la distancia media entre todos los casos en el conglomerado resultante sea la menor posible. Así, la distancia entre dos conglomerados se toma como la media de las distancias entre todos los posibles pares de casos en el conglomerado resultante. Este método usa la distancia:

$$d'\left(h_k, h_i \cup h_j\right) = \left(\frac{1}{2}\right) d\left(h_i, h_k\right) + \left(\frac{1}{2}\right) d\left(h_j, h_k\right)$$

Método de la media ponderada o de la distancia Promedio Ponderado (Group Average o Unweighted Pair Groups Method Using Arithmetic Averages UPGMA)

En este método, similar al de la media, la distancia entre dos conglomerados se define como la media de las distancias entre todos los pares de casos en los que un miembro del par es de cada uno de los conglomerados. La distancia se define ponderando respecto a n_i y n_j; es decir, ponderando con respecto al número de individuos de h_i y $de\ h_j$ de la siguiente forma:

$$d'\left(h_k, h_i \cup h_j\right) = \left(\frac{n_i}{(n_i + n_j)}\right) d\left(h_i, h_k\right) + \left(\frac{n_j}{(n_i + n_j)}\right) d\left(h_j, h_k\right)$$

Método de la mediana o de la distancia mediana (Weighted Pair Group Centroid Method WPGMC)

En este método los dos conglomerados que están siendo combinados pesan lo mismo en el cálculo del centroide y es indiferente el número de casos de cada uno. Esto permite que conglomerados pequeños tengan igual efecto en la caracterización que los conglomerados grandes con los que están siendo mezclados. Este método utiliza sólo la distancia euclídea al cuadrado definiéndose su distancia como sigue.

$$d'\left(h_k, h_i \cup h_j\right) = \left(\frac{1}{2}\right) d\left(h_i, h_k\right) + \left(\frac{1}{2}\right) d\left(h_j, h_k\right) - \left(\frac{1}{4}\right) d\left(h_i, h_j\right)$$

Método del Centroide o de la Distancia Prototipo (Unweighted Pair Group Centroid Method UPGMC)

Este método calcula la distancia entre dos conglomerados como la distancia entre sus medias para todas las variables.

Una desventaja del método es que la distancia con la que los conglomerados se combinan disminuye de un paso al siguiente. Es una propiedad no deseable pues los conglomerados mezclados en etapas posteriores son menos similares que los mezclados en etapas anteriores. El centroide de un conglomerado mezclado es una combinación ponderada de los centroides de los dos conglomerados individuales, donde los pesos son proporcionales a los tamaños de los conglomerados. Este método es similar al anterior, pero en él se hace intervenir el número de individuos de h_i y de h_j, que son n_i y n_j respectivamente. La distancia que se define es la siguiente:

$$d'\left(h_k, h_i \cup h_j\right) = \left(\frac{n_i}{\left(n_i + n_j\right)}\right) d\left(h_i, h_k\right) + \left(\frac{n_j}{\left(n_i + n_j\right)}\right) d\left(h_j, h_k\right) - \left(\frac{n_i n_j}{\left(n_i + n_j\right)^2}\right) d\left(h_i, h_j\right)$$

Método de Ward o de mínima varianza

Para este método se considera la distancia euclídea al cuadrado como medida de disimilitud. Llamando $d\left(x_i, x_j\right)^2 = \left\| x_i - x_j \right\|^2$ a la distancia entre los puntos x_i y x_j, la varianza total (o inercia) del conjunto de puntos es la cantidad dada por la expresión $I = \sum_i m_i \left\| x_i - G \right\|^2$, siendo G el centro de gravedad de los puntos dados, con masas respectiva m_i. Si existe una partición del conjunto de individuos en q conglomerados, el q-ésimo conglomerado tiene como centro de gravedad a G_q y masa m_q. Entonces la inercia se puede descomponer como la suma de la varianza que existe dentro de los conglomerados y la que hay entre unos conglomerados y otros, de la forma $I = \sum_q m_q \left\| G_q - G \right\|^2 + \sum_q \sum_{i \in q} m_i \left\| x_i - G_q \right\|^2$. Si x_i y x_j son dos elementos de masas m_i y m_j respectivamente, que se unen en un elemento x de masa $m = m_i + m_j$, con $x = \left(m_i x_i + m_j x_j\right)/\left(m_i + m\right)$, podemos descomponer la varianza I_{ij} de x_i y x_j con respecto a G por la ecuación $I_{ij} = m_i \left\| x_i - x \right\|^2 + m_j \left\| x_j - x \right\|^2 + m \left\| x - G \right\|^2$. El último término es el único que permanece constante si se cambian x_i y x_j por su centro de gravedad x. La reducción en la varianza es $\Delta I_{ij} = m_i \left\| x_i - x \right\|^2 + m_j \left\| x_j - x \right\|^2$. Reemplazando x por su valor como función de x_i y x_j, tenemos:

$$\Delta I_{ij} = \left(\frac{\left(m_i m_j\right)}{\left(m_i + m_j\right)}\right) \left\| x_i - x \right\|^2 = \left(\frac{\left(m_i m_j\right)}{\left(m_i + m_j\right)}\right) d\left(x_j - x_j\right)^2$$

El método que se sigue para hacer conglomerados con este método consiste en encontrar los individuos x_i y x_j con la condición de que hagan mínima ΔI_{ij}, en lugar de ser los individuos más cercanos. Por tanto, puede considerarse a ΔI_{ij} como un nuevo índice de disimilitud.

Por medio de este método, los individuos con menor peso son los que más pronto se unen. El cuadrado de la distancia de un punto z a un centro de conglomerados x, se puede escribir en función de las distancias a los puntos x_i y x_j:

$$d(x-z)^2 = \left(\frac{1}{\left(m_i + m_j\right)\left(m_i d(x_i, z)^2\right)}\right) + m_j d(x_j, z)^2 - \left(\frac{\left(m_i m_j\right)}{\left(m_i + m_j\right)}\right) d(x_i, x_j)^2$$

Fórmula de Lance y Williams para la distancia entre grupos

Matemáticamente, Lance y Williams desarrollaron una fórmula general que puede ser utilizada para describir los distintos tipos de enlaces de los métodos jerárquicos aglomerativos. La *fórmula de Lance y Williams para la distancia entre grupos* es la siguiente:

$$D_{k(i,j)} = \alpha_i D_{ki} + \alpha_j D_{kj} + \beta D_{ij} + \gamma |D_{ki} - D_{kj}|$$

donde D_{ij} es la distancia entre los grupos i y j, y α, β y γ son los tres parámetros del modelo. Se observa lo siguiente:

$\alpha_i = \alpha_j = 1/2$, $\beta = 0$ y $\gamma = -1/2 \Rightarrow$ enlace simple

$\alpha_i = \alpha_j = 1/2$, $\beta = 0$ y $\gamma = 1/2 \Rightarrow$ enlace completo

$\alpha_i = \alpha_j = 1/2$, $\beta = -1/4$ y $\gamma = 0 \Rightarrow$ método de la mediana

$\alpha_i = \dfrac{n_i}{n_i + n_j}$, $\alpha_j = \dfrac{n_j}{n_i + n_j}$, $\beta = -\alpha_i \alpha_j$ y $\gamma = 0 \Rightarrow$ enlace centroide

$\alpha_i = \dfrac{n_i}{n_i + n_j}$, $\alpha_j = \dfrac{n_j}{n_i + n_j}$, $\beta = \gamma = 0 \Rightarrow$ enlace promedio

$\alpha_i = \dfrac{n_k + n_i}{n_k + n_i + n_j}$, $\alpha_j = \dfrac{n_k + n_j}{n_k + n_i + n_j}$, $\beta = \dfrac{-n_k}{n_k + n_i + n_j}$ y $\gamma = 0 \Rightarrow$ Ward

$\alpha_i + \alpha_j + \beta = 1$, $\alpha_i = \alpha_j$, $\beta < 1$ y $\gamma = 0 \Rightarrow$ método flexible (cuádruple restricción)

El último método (**cuádruple restricción**) consiste en utilizar la forma de Lance y Williams variando los coeficientes según las necesidades del clasificador, pero respetando las cuatro restricciones impuestas.

Los métodos de clusters jerárquicos, por la laboriosidad de los cálculos, no resultan prácticos para procesar grandes ficheros de datos. En estos casos, puede ser aconsejable realizar un análisis previo no jerárquico, que proporcione un número preliminar razonable de clusters (en lugar de individuos) que servirán luego de partida para su posterior clasificación jerárquica.

Como resumen, los métodos jerárquicos producen resultados más ricos que los no jerárquicos. Con un solo análisis se obtiene una configuración de grupos en cada nivel de clasificación. Los mismos indicadores que en clasificación no jerárquica valoraban la adecuación del número de clusters (Criterio cúbico de clusters, Pseudo F, etc.) permiten detectar aquí el nivel jerárquico en que la separación de los grupos formados es más ostensible.

REPRESENTACIÓN GRÁFICA: DENDOGRAMA

Es habitual en la investigación la necesidad de clasificar los datos en grupos con estructura arborescente de dependencia, de acuerdo con diferentes niveles de jerarquía. Partiendo de tantos grupos iniciales como individuos se estudian, se trata de conseguir agrupaciones sucesivas entre ellos de forma que progresivamente se vayan integrando en clusters los cuales, a su vez, se unirán entre sí en un nivel superior formando grupos mayores que más tarde se juntarán hasta llegar al cluster final que contiene todos los casos analizados. La representación gráfica de estas etapas de formación de grupos, a modo de árbol invertido, se denomina *dendograma* y se representa a continuación:

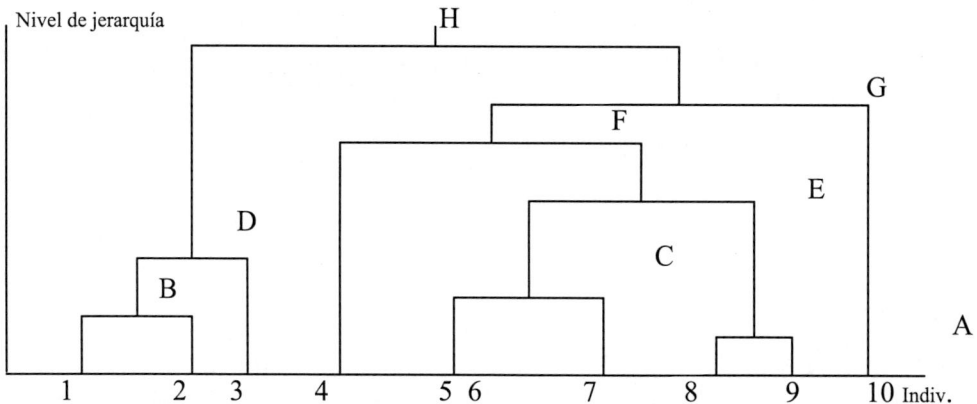

La figura, que corresponde a un estudio de los individuos, muestra cómo el 8 y el 9 se agrupan en un primer cluster (A). En un nivel inmediatamente superior, se unen los individuos 1 y 2 (cluster B); y enseguida los 5, 6, y 7 (C). Un paso siguiente engloba el cluster B con el individuo 3 (D); y así sucesivamente hasta que todos ellos quedan estructurados al conseguir, en el nivel más alto, el cluster total (H) que reúne los 10 casos.

CONGLOMERADOS NO JERÁRQUICOS

La clasificación de todos los casos de una tabla de datos en grupos separados que configura el propio análisis proporciona clusters no jerárquicos. Esta denominación alude a la no existencia de una estructura vertical de dependencia entre los grupos formados y, por consiguiente, éstos no se presentan en distintos niveles de jerarquía. El análisis precisa que el investigador fije de antemano el número de clusters en que quiere agrupar sus datos.

Como puede no existir un número definido de grupos o, si existe, generalmente no se conoce, la prueba debe ser repetida con diferente número a fin de tantear la clasificación que mejor se ajuste al objetivo del problema, o la de más clara interpretación.

Los métodos no jerárquicos, también se conocen como *métodos partitivos* o de optimización, dado que, como hemos visto, tienen por objetivo realizar una sola partición de los individuos en *K* grupos. Esto implica que el investigador debe especificar a priori los grupos que deben ser formados. Ésta es, posiblemente, la principal diferencia respecto de los métodos jerárquicos. La asignación de individuos a los grupos se hace mediante algún proceso que optimice el criterio de selección. Otra diferencia está en que estos métodos trabajan con la matriz de datos original y no requieren su conversión en una matriz de proximidades. Pedret agrupa los métodos no jerárquicos en las cuatro familias siguientes: *reasignación, búsqueda de la densidad, directos y reducción de dimensiones.*

Los *métodos de reasignación* permiten que un individuo asignado a un grupo en un determinado paso del proceso sea reasignado a otro grupo en un paso posterior si esto optimiza el criterio de selección. El proceso termina cuando no quedan individuos cuya reasignación permita optimizar el resultado que se ha conseguido. Algunos de los algoritmos más conocidos dentro de estos métodos son el *método K-means (o K-medias)* de McQueen (1967), el *Quick Cluster Analysis* y el *método de Forgy*, los cuales se suelen agrupar bajo el nombre de *métodos centroides o centros de gravedad*. Por otra parte está el *método de las nubes dinámicas*, debido a Diday.

Los *métodos de búsqueda de la densidad* presentan una aproximación tipológica y una aproximación probabilística. En la primera aproximación, los grupos se forman buscando las zonas en las cuales se da una mayor concentración de individuos. Entre los algoritmos más conocidos dentro de estos métodos están el *análisis modal de Wishart*, el *método de Taxmap de Carmichael y Sneath*, y el *método de Fortin*. En la segunda aproximación, se parte del postulado de que las variables siguen una ley de probabilidad según la cual los parámetros varían de un grupo a otro. Se trata de encontrar los individuos que pertenecen a la misma distribución. Destaca en esta aproximación el *método de las combinaciones de Wolf.*

Los *métodos directos* permiten clasificar simultáneamente a los individuos y a las variables. Las entidades agrupadas, ya no son los individuos o las variables, sino que son las observaciones, es decir, los cruces que configuran la matriz de datos.

Los *métodos de reducción de dimensiones*, como el análisis factorial de tipo Q, guardan relación con el análisis cluster. Este método consiste en buscar factores en el espacio de los individuos, correspondiendo cada factor a un grupo. La interpretación de los grupos puede ser compleja dado que cada individuo puede corresponder a varios factores diferentes.

Resulta muy intuitivo suponer que una clasificación correcta debe ser aquélla en que la dispersión dentro de cada grupo formado sea la menor posible. Esta condición se denomina *criterio de varianza,* y lleva a seleccionar una configuración cuando la suma de las varianzas dentro de cada grupo (varianza residual) sea mínima.

Se han propuesto diversos algoritmos de clasificación no jerárquica, basados en minimizar progresivamente esta varianza, que difieren en la elección de los clusters provisionales que necesita el arranque del proceso y en el método de asignación de individuos a los grupos. Aquí se describen los dos más utilizados.

El *algoritmo de las H-medias* parte de una primera configuración arbitraria de grupos con su correspondiente media, eligiendo un primer individuo de arranque de cada grupo y asignando posteriormente cada caso al grupo cuya media es más cercana. Una vez que todos los casos han sido ubicados, calcula de nuevo las medias o centroides y las toma en lugar de los primeros individuos como una mejor aproximación de los mismos, repitiendo el proceso mientras la varianza residual vaya disminuyendo. La partición de arranque define el número de clusters que, lógicamente, puede disminuir si ningún caso es asignado a alguno de ellos.

El *algoritmo de las K-medias*, el más importante desde los puntos de vista conceptual y práctico, parte también de unas medias arbitrarias y, mediante pruebas sucesivas, contrasta el efecto que sobre la varianza residual tiene la asignación de cada uno de los casos a cada uno de los grupos. El valor mínimo de varianza determina una configuración de nuevos grupos con sus respectivas medias. Se asignan otra vez todos los casos a estos nuevos centroides en un proceso que se repite hasta que ninguna transferencia puede ya disminuir la varianza residual; o se alcance otro criterio de parada: un número limitado de pasos de iteración o, simplemente, que la diferencia obtenida entre los centroides de dos pasos consecutivos sea menor que un valor prefijado. El procedimiento configura los grupos maximizando, a su vez, la distancia entre sus centros de gravedad. Como la varianza total es fija, minimizar la residual hace máxima la factorial o intergrupos. Y puesto que minimizar la varianza residual equivale a conseguir que sea mínima la suma de distancias al cuadrado desde los casos a la media del cluster al que van a ser asignados, es esta distancia euclídea al cuadrado la usada por el método.

Como se comprueban los casos secuencialmente para ver su influencia individual, el cálculo puede verse afectado por el orden de los mismos en la tabla; pese a lo cual es el algoritmo que mejores resultados produce. Otras variantes propuestas a este método llevan a clasificaciones muy similares.

Como cualquier otro método de clasificación no jerárquica, proporciona una solución final única para el número de clusters elegido, a la que se llegará con menor número de iteraciones cuanto más cerca estén las "medias" de arranque de las que van a ser finalmente obtenidas. Los programas automáticos seleccionan generalmente estos primeros valores, tantos como grupos se pretenda formar, entre los puntos más separados de la nube.

Los clusters no jerárquicos están indicados para grandes tablas de datos, y son también útiles para la detección de casos atípicos: Si se elige previamente un número elevado de grupos, superior al deseado, aquéllos que contengan muy escaso número de individuos servirían para detectar casos extremos que podrían distorsionar la configuración. Es aconsejable realizar el análisis definitivo sin ellos, ya con el número deseado de grupos para después, opcionalmente, asignar los atípicos al cluster adecuado que habrá sido formado sin su influencia distorsionante. Un problema importante que tiene el investigador para clasificar sus datos en grupos es, como se ha dicho, la elección de un número adecuado de clusters. Puesto que siempre será conveniente efectuar varios tanteos, la selección del más apropiado al fenómeno que se estudia ha de basarse en criterios tanto matemáticos como de interpretabilidad. Entre los primeros, se han definido numerosos indicadores de adecuación como el Criterio cúbico de clusters y la Pseudo F que se describen en el ejemplo de aplicación práctica. El uso inteligente de estos criterios, combinado con la interpretabilidad práctica de los grupos, constituye el arte de la decisión en la clasificación multivariante de datos.

Matemáticamente, un método de clasificación no jerarquizado consiste en formar un número prefijado K de clases homogéneas excluyentes, pero con máxima divergencia entre las clases. Las K clases o clusters forman una única partición (*clustering*) y no están organizadas jerárquicamente ni relacionadas entre sí. La clasificación no jerárquica o de reagrupamiento tiene una estructura matemática menos precisa que la clasificación jerárquica. El número de métodos existentes ha crecido excesivamente en los últimos años y algunos problemas derivados de su utilización todavía no han sido resueltos.

Supongamos que N es el número de sujetos a clasificar formando K grupos, respecto a n variables $X_1,...,X_n$. Sean W, B y T las matrices de dispersión dentro grupos, entre grupos y total respectivamente. Como $T = B + W$ y T no depende de la forma en que han sido agrupados los sujetos, un criterio razonable de clasificación consiste en construir K grupos de forma que B sea máxima o W sea mínima, siguiendo algún criterio apropiado. Algunos de estos criterios son:

a) Minimizar *Traza(W)*

b) Minimizar *Determinate(W)*

c) Minimizar *Det(W)/Det(T)*

d) Maximizar *Traza(W⁻¹B)*

e) Minimizar $\displaystyle\sum_{i=1}^{K}\sum_{h=1}^{N_i}(X_{ih} - \overline{X}_i)'S_i^{-1}(X_{ih} - \overline{X}_i)$

Los criterios a) y b) se justifican porque tratan de minimizar la magnitud de la matriz W. El criterio e) es llamado *criterio de Wilks* y es equivalente a b) porque *det(T)* es constante. El caso d) es el llamado *criterio de Hotelling* y el criterio e) representa la suma de las distancias de Mahalanobis de cada sujeto al centroide del grupo al que es asignado.

Como el número de formas de agrupar N sujetos en K grupos es del orden de $k^N*k!$, una vez elegido el criterio de optimización, es necesario seguir algún algoritmo adecuado de clasificación para evitar un número tan elevado de agrupamientos.

El método ISODATA, introducido por Ball y Hall (1967), es uno de los más conocidos. Esencialmente consiste en partir de K clases (construidas por ejemplo aleatoriamente) y reasignar un sujeto de una clase i a una clase j si se mejora el criterio elegido de optimización. Para un seguimiento matemático de estos métodos véase Gnanadesikan (1977) y Escudero (1977).

ANÁLISIS CLUSTER EN DOS FASES

El *Análisis de conglomerados en dos fases* permite la selección automática del número más apropiado de conglomerados y medidas para la selección de los distintos modelos de conglomerados. Además, y como valor añadido fundamental respecto de otras técnicas de análisis de conglomerados, admite la posibilidad de crear modelos de conglomerados basados al mismo tiempo en variables categóricas y continuas.

El *Análisis de conglomerados en dos fases* puede analizar archivos de datos grandes y además, su implementación en el software suele ofrecer la posibilidad de guardar el modelo de conglomerados en un archivo XML externo y, a continuación, leer el archivo y actualizar el modelo de conglomerados con datos más recientes. El algoritmo que emplea este procedimiento incluye varias funciones atractivas que lo hacen diferente de las técnicas de conglomeración tradicionales. Por ejemplo:

- *Tratamiento de variables categóricas y continuas:* Al suponer que las variables son independientes, es posible aplicar una distribución normal multinomial conjunta en las variables continuas y categóricas.

- *Selección automática del número de conglomerados:* Mediante la comparación de los valores de un criterio de selección del modelo para diferentes soluciones de conglomeración, el procedimiento puede determinar automáticamente el número óptimo de conglomerados.

- *Escalabilidad:* Mediante la construcción de un árbol de características de conglomerados (CF) que resume los registros, el algoritmo en dos fases puede analizar archivos de datos de gran tamaño.

ANÁLISIS CLUSTER JERÁRQUICO CON SPSS

Vamos a considerar el fichero *aficiones.sav* que contiene variables relativas a las aficiones de los jóvenes, como el número de veces que van anualmente al fútbol, la paga semanal que reciben y el número de horas semanales que ven la televisión. Se trata de agrupar a los jóvenes con aficiones similares en conglomerados jerárquicos.

Comenzamos cargando en memoria el fichero mediante *Archivo* → *Abrir* → *Datos.* Dado que las tres variables están en escalas muy diferentes, es necesario tipificar las variables, ya que, al trabajar con distancias, todas las variables han de venir medidas en las mismas unidades. Comenzamos entonces tipificando las variables afectadas (*fútbol, paga2* y *tv*) rellenando la pantalla de entrada del procedimiento *Descriptivos* como se indica en la Figura 8-1 y su botón *Opciones* como se indica en la Figura 8-2. En la salida (Figura 8-3) se observa que la variación y el rango (según máximo y mínimo) de las tres variables es completa-mente distinto por lo que no hay comparabilidad posible de desviaciones típicas. Como en la Figura 8-1 se ha marcado la casilla *Guardar valores tipificados como variables*, al ejecutar el procedimiento se han obtenido tres nuevas variables tipificadas (*zfútbol, zpaga2* y *ztv*).

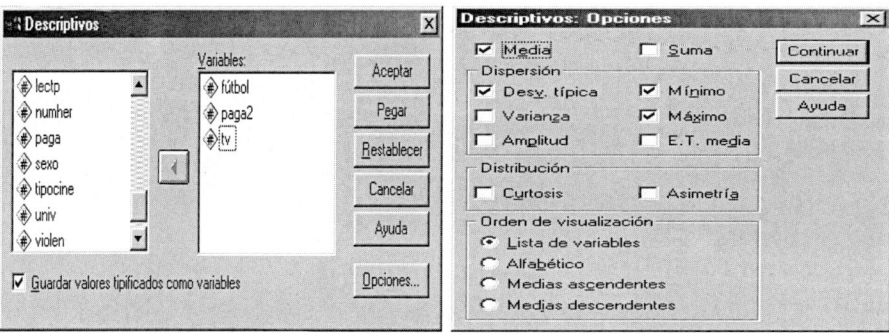

Figura 8-1   Figura 8-2

Estadísticos descriptivos

	N	Mínimo	Máximo	Media	Desv. típ.
ASISTENCIA ANUAL AL FUTBOL	14	0	8	3,71	3,43
PAGA SEMANAL EN PTAS	14	1000	2500	1557,14	730,35
HORAS SEMANALES TV	14	5	22	15,86	5,05
N válido (según lista)	14				

Figura 8-3

Si ahora volvemos a ejecutar el procedimiento *Descriptivos* con las variables tipificadas (Figura 8-4) se obtiene la salida de la Figura 8-5, que ya presenta rangos comparables para las tres variables.

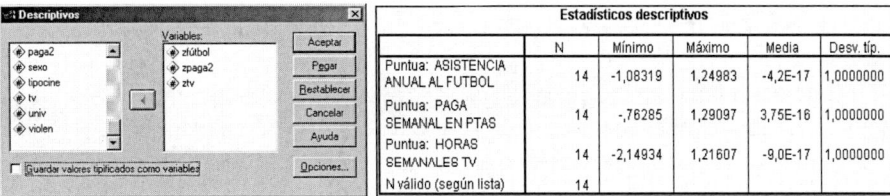

Figura 8-4   Figura 8-5

Otro paso interesante antes de realizar un análisis cluster es realizar un gráfico de dispersión en tres dimensiones para las tres variables tipificadas con el objeto de atisbar los grupos que podrían formarse. Para ello elegimos *Gráficos* → *Dispersión*, seleccionamos 3-D (Figura 8-6) y rellenamos la pantalla de entrada del procedimiento *Diagramas de dispersión* como se indica en la Figura 8-7. Al pulsar *Aceptar* se obtiene el gráfico de dispersión para las variables tipificadas de la Figura 8-8, en el cual se intuye que podríamos agrupar a los individuos en tres conglomerados, ya que se observa una separación clara en tres grupos de puntos.

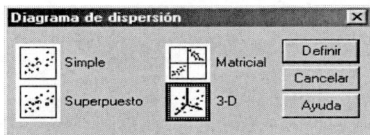

Figura 8-6

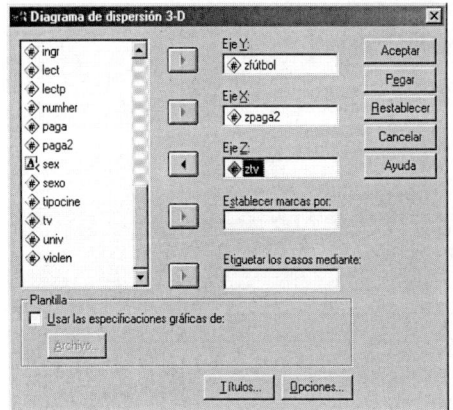

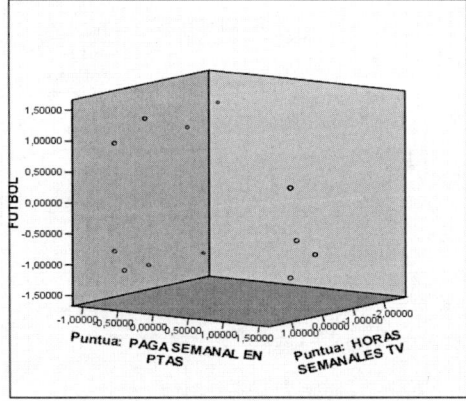

Figura 8-7   Figura 8-8

Para realizar un análisis cluster jerárquico, elija en los menús *Analizar* → *Clasificar* → *Conglomerados jerárquicos* (Figura 8-9) y seleccione las variables y las especificaciones para el análisis (Figura 8-10). El botón *Gráficos* nos lleva a la pantalla de la Figura 8-11 cuya opción *Dendrograma* realiza el dendrograma correspondiente. Los dendrogramas pueden emplearse para evaluar la cohesión de los conglomerados que se han formado y proporcionar información sobre el número adecuado de conglomerados que deben conservarse.

El dendrograma constituye la representación visual de los pasos de una solución de conglomeración jerárquica que muestra, para cada paso, los conglomerados que se combinan y los valores de los coeficientes de distancia. Las líneas verticales conectadas designan casos combinados. El dendrograma re-escala las distancias reales a valores entre 0 y 25, preservando la razón de las distancias entre los pasos. El cuadro *Témpanos* de la Figura 8-11 muestra un diagrama de témpanos, que incluye todos los conglomerados o un rango especificado de conglomerados. Los diagramas de témpanos muestran información sobre cómo se combinan los casos en los conglomerados, en cada iteración del análisis. La orientación permite seleccionar un diagrama vertical u horizontal: Diagrama de témpanos (Conglomerados). En la base de este diagrama (la derecha en los gráficos horizontales) no hay casos unidos todavía y a medida que se recorre hacia arriba el diagrama (o de derecha a izquierda en los horizontales), los casos que se unen se marcan con una X o una barra en la columna situada entre ellos, mientras que los conglomerados separados se indican con un espacio en blanco entre ellos.

El botón *Método* de la Figura 8-10 nos lleva a la Figura 8-12, cuya opción *Método de conglomeración* permite elegir dicho método. Las opciones disponibles son: *Vinculación inter-grupos, Vinculación intra-grupos, Vecino más próximo, Vecino más lejano, Agrupación de centroides, Agrupación de medianas* y *Método de Ward*. El cuadro *Medida* de la Figura 8-13 permite especificar la medida de distancia o similaridad que será empleada en la aglomeración. Seleccione el tipo de datos y la medida de distancia o similaridad adecuada. En la opción *Intervalo* (Figura 8-14) las opciones disponibles son: *Distancia euclídea, Distancia euclídea al cuadrado, Coseno, Correlación de Pearson, Chebychev, Bloque, Minkowski* y *Personalizada*. En la opción *Datos de frecuencias* (Figura 8-15) las opciones disponibles son: *Medida de Chi-cuadrado* y *Medida de Phi-cuadrado*. En la opción *Datos binarios* (Figura 8-16) las opciones disponibles son: *Distancia euclídea, Distancia euclídea al cuadrado, Diferencia de tamaño, Diferencia de configuración, Varianza, Dispersión, Forma, Concordancia simple, Correlación Phi de 4 puntos, Lambda, D de Anderberg, Dice, Hamann, Jaccard, Kulczynski 1, Kulczynski 2, Lance y Williams, Ochiai, Rogers y Tanimoto, Russel y Rao, Sokal y Sneath 1, Sokal y Sneath 2, Sokal y Sneath 3, Sokal y Sneath 4, Sokal y Sneath 5, Y de Yule* y *Q de Yule*. El cuadro *Transformar valores* permite estandarizar los valores de los datos, para los casos o las variables, antes de calcular las proximidades (no está disponible para datos binarios). Los métodos disponibles de estandarización (Figura 8-16) son: *Puntuaciones Z, Rango –1 a 1, Rango 0 a 1, Magnitud máxima de 1, Media de 1* y *Desviación típica 1*. El cuadro *Transformar medidas* permite transformar los valores generados por la medida de distancia. Las opciones disponibles son: *Valores absolutos, Cambiar el signo* y *Cambiar la escala al rango 0-1*.

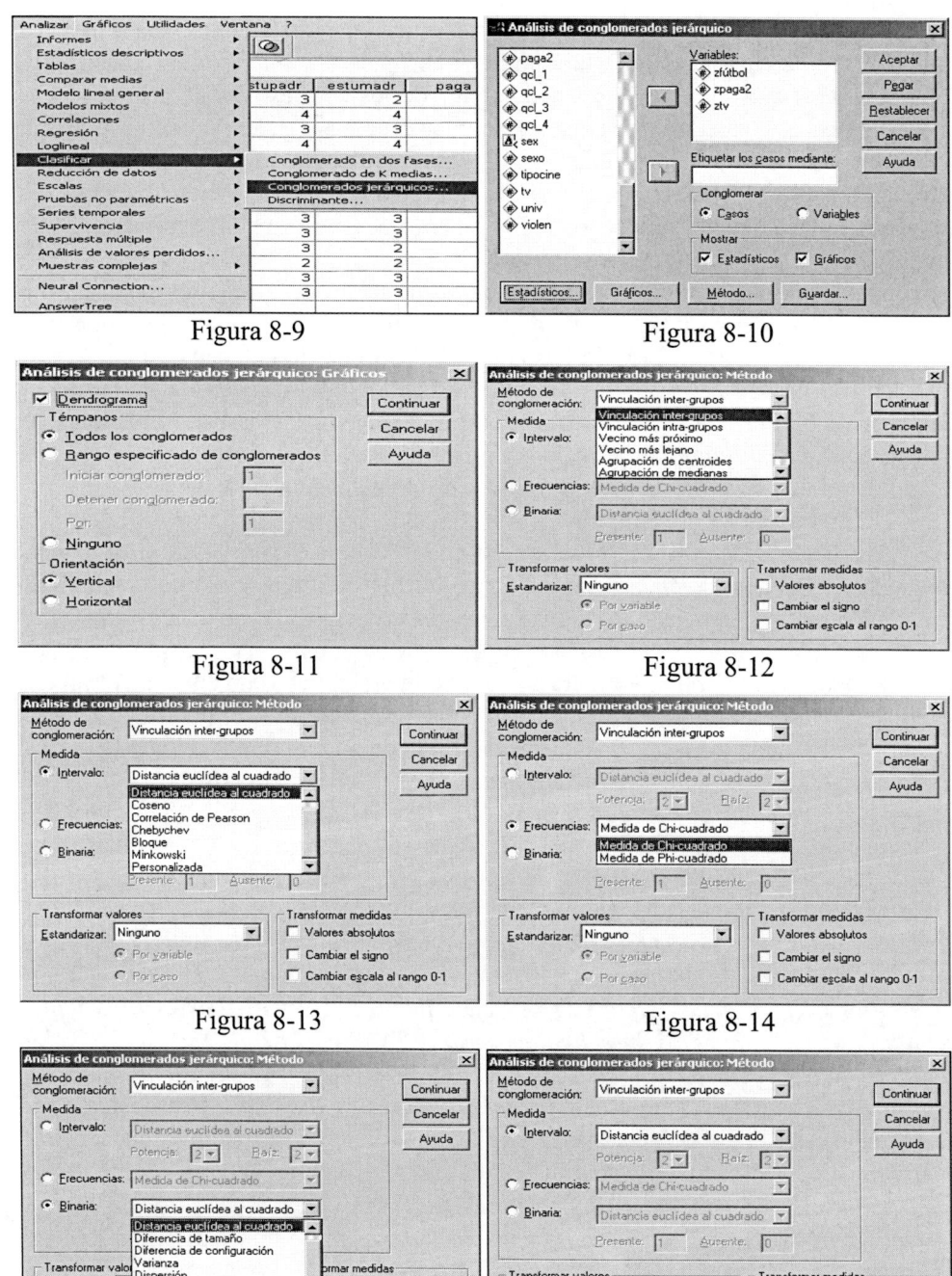

Figura 8-9

Figura 8-10

Figura 8-11

Figura 8-12

Figura 8-13

Figura 8-14

Figura 8-15

Figura 8-16

El botón *Estadísticos* de la Figura 8-10 nos lleva a la pantalla de la Figura 8-17, cuya opción *Historial de conglomeración* muestra los casos o conglomerados combinados en cada etapa, las distancias entre los casos o los conglomerados que se combinan, así como el último nivel del proceso de aglomeración en el que cada caso (o variable) se unió a su conglomerado correspondiente. La opción *Matriz de distancias* proporciona las distancias o similaridades entre los elementos. El campo *Conglomerado de pertenencia* muestra el conglomerado al cual se asigna cada caso en una o varias etapas de la combinación de los conglomerados. Las opciones disponibles son: *Solución única* y *Rango de soluciones*.

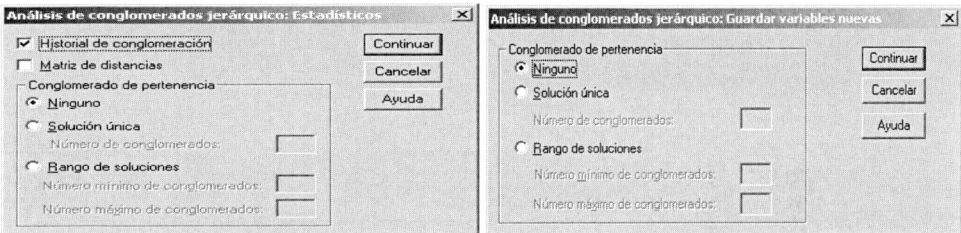

Figura 8-17	Figura 8-18

El botón *Guardar* de la Figura 8-10 permite guardar información sobre la solución como nuevas variables para que puedan ser utilizadas en análisis subsiguientes (Figura 8-18). Estas variables se refieren al *Conglomerado de pertenencia*, que permite guardar los conglomerados de pertenencia para una solución única o un rango de soluciones. Las variables guardadas pueden emplearse en análisis posteriores para explorar otras diferencias entre los grupos.

En todas las Figuras el botón *Restablecer* permite restablecer todas las opciones por defecto del sistema y elimina del cuadro de diálogo todas las asignaciones hechas con las variables. Una vez elegidas las especificaciones, se pulsa el botón *Aceptar* en la Figura 8-10 para obtener los resultados del análisis cluster jerárquico según se muestra en la Figura 8-19. En la parte izquierda de la Figura podemos ir seleccionando los distintos tipos de resultados haciendo clic sobre ellos. También se ven los resultados desplazándose a lo largo de la pantalla. A continuación se presentan el historial de conglomeración (Figura 8-20), el diagrama de témpanos (Figura 8-21) y el dendograma (Figura 8-22).

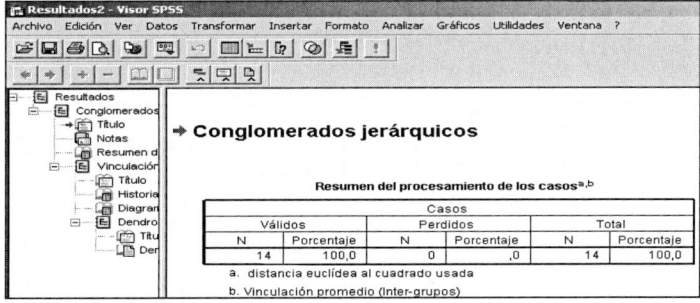

Figura 8-19

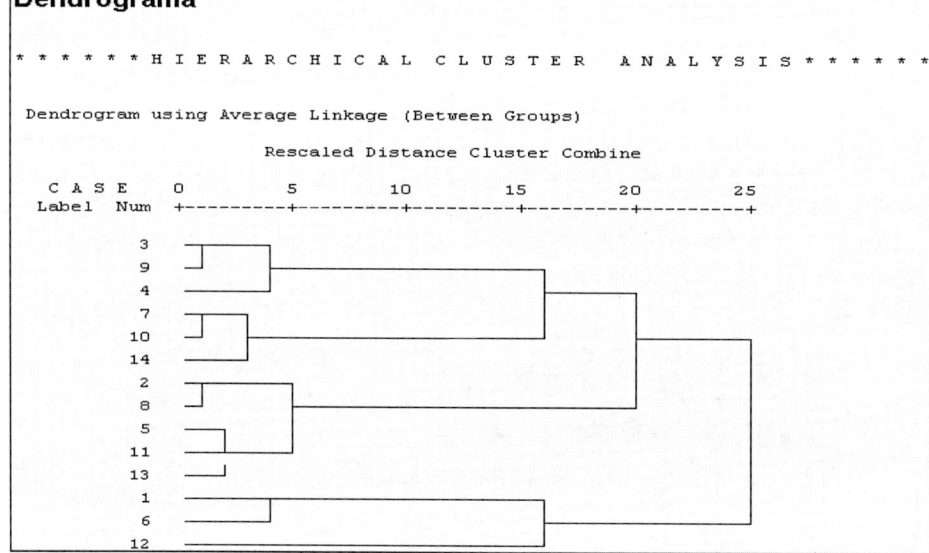

Vinculación promedio (Inter-grupos)

Historial de conglomeración

Etapa	Conglomerado que se combina: Conglomerado 1	Conglomerado que se combina: Conglomerado 2	Coeficientes	Etapa en la que el conglomerado aparece por primera vez: Conglomerado 1	Etapa en la que el conglomerado aparece por primera vez: Conglomerado 2	Próxima etapa
1	3	9	,000	0	0	8
2	2	8	,000	0	0	9
3	7	10	,104	0	0	6
4	5	11	,379	0	0	5
5	5	13	,575	4	0	9
6	7	14	,679	3	0	10
7	1	6	1,065	0	0	11
8	3	4	1,065	1	0	10
9	2	5	1,640	2	5	12
10	3	7	5,138	8	6	12
11	1	12	5,157	7	0	13
12	2	3	6,565	9	10	13
13	1	2	8,378	11	12	0

Figura 8-20

Diagrama de témpanos vertical

Número de conglomerados	Caso: 14		10		7		4		9		3		13		11		5		8		2		12		6		1
1	X	X	X	X	X	X	X	X	X	X	X	X	X	X	X	X	X	X	X	X	X	X	X	X	X	X	X
2	X	X	X	X	X	X	X	X	X	X	X	X	X	X	X	X	X	X	X	X	X		X	X	X	X	X
3	X	X	X	X	X	X	X	X	X	X	X		X	X	X	X	X	X	X	X	X		X	X	X	X	X
4	X	X	X	X	X	X	X	X	X	X	X		X	X	X	X	X	X	X	X	X		X		X	X	X
5	X	X	X	X	X		X	X	X	X	X		X	X	X	X	X	X	X	X	X		X		X	X	X
6	X	X	X	X	X		X	X	X	X	X		X	X	X	X	X		X	X	X		X		X	X	X
7	X	X	X	X	X		X		X	X	X		X	X	X	X	X		X	X	X		X		X	X	X
8	X	X	X	X	X		X		X	X	X		X	X	X	X	X		X	X	X		X		X		X
9	X		X	X	X		X		X	X	X		X	X	X	X	X		X	X	X		X		X		X
10	X		X	X	X		X		X	X	X		X		X	X	X		X	X	X		X		X		X
11	X		X	X	X		X		X	X	X		X		X		X		X	X	X		X		X		X
12	X		X		X		X		X	X	X		X		X		X		X	X	X		X		X		X
13	X		X		X		X		X	X	X		X		X		X		X		X		X		X		X

Figura 8-21

Figura 8-22

El dendograma sugiere los conglomerados {3,9,4}, {7,10,14}, {2,8,5,11,13} y {1,6,12}.

ANÁLISIS CLUSTER NO JERÁRQUICO CON SPSS

SPSS trata el análisis cluster no jerárquico mediante el método k-medias. Para ello incorpora un procedimiento que intenta identificar grupos de casos relativamente homogéneos basándose en las características seleccionadas y utilizando un algoritmo que puede gestionar un gran número de casos. Sin embargo, el algoritmo requiere que el usuario especifique el número de conglomerados. Es posible especificar los centros iniciales de los conglomerados si se conoce de antemano dicha información. Es posible elegir uno de los dos métodos disponibles para clasificar los casos: la actualización de los centros de los conglomerados de forma iterativa o sólo la clasificación. Asimismo, se puede guardar la pertenencia a los conglomerados, información de la distancia y los centros de los conglomerados finales. También es posible especificar una variable cuyos valores sean utilizados para etiquetar los resultados por casos. También se puede solicitar los estadísticos F de los análisis de varianza. Aunque estos estadísticos son oportunistas (ya que el procedimiento trata de formar grupos que de hecho difieran), el tamaño relativo de los estadísticos proporciona información acerca de la contribución de cada variable a la separación de los grupos. Para la solución completa se obtendrán los centros iniciales de los conglomerados y la tabla de ANOVA. Para cada caso se obtendrá información del conglomerado y la distancia desde el centro del conglomerado.

Para realizar un análisis cluster no jerárquico de k-medias, elija en los menús *Analizar → Clasificar → Conglomerado de k medias* (Figura 8-23) y seleccione las variables y las especificaciones para el análisis (Figura 12-24). Elegimos tres conglomerados porque la representación gráfica del gráfico de dispersión tridimensional detectó tres grupos posibles (Figura 8-8). Previamente es necesario cargar en memoria el fichero de nombre *aficiones.sav* mediante *Archivo → Abrir → Datos* con la finalidad de realizar el análisis cluster no jerárquico para el mismo ejemplo utilizado previamente en el análisis jerárquico. De esta forma podremos comparar resultados. En cuanto a los datos, las variables deben ser cuantitativas en el nivel de intervalo o de razón. Si las variables son binarias o recuentos, utilice el procedimiento *Análisis de conglomerados jerárquicos*.

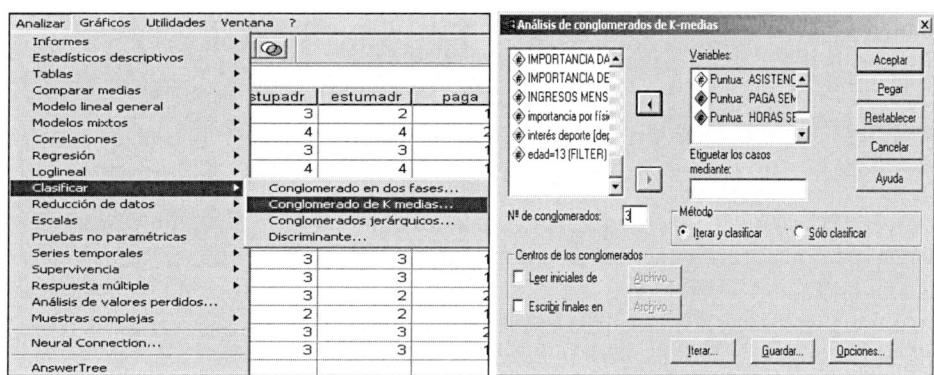

Figura 8-23   Figura 8-24

Las distancias se calculan utilizando la distancia euclídea simple. Si desea utilizar otra medida de distancia o de similaridad, utilice el procedimiento *Análisis de conglomerados jerárquicos*. El escalamiento de las variables es una consideración importante. Si las variables utilizan diferentes escalas (por ejemplo, una variable se expresa en dólares y otra en años), los resultados podrían ser equívocos. En estos casos, debería considerar la estandarización de las variables antes de realizar el análisis de conglomerados de k-medias (esto se puede hacer en el procedimiento *Descriptivos*). Este procedimiento supone que ha seleccionado el número apropiado de conglomerados y que ha incluido todas las variables relevantes. Si ha seleccionado un número inapropiado de conglomerados o ha omitido variables relevantes, los resultados podrían ser equívocos.

El botón *Opciones* de la Figura 8-24 nos lleva a la pantalla de la Figura 8-25, en cuyo cuadro *Estadísticos* se establecen los estadísticos más relevantes relativos a las variables que ofrecerá el análisis, que son: centros de conglomerados iniciales, tabla ANOVA e información del conglomerado para cada caso. En el cuadro *Valores perdidos* se elige la forma de su exclusión. Las opciones disponibles son: excluir casos según lista o excluir casos según pareja.

El botón *Iterar* (sólo disponible si se ha seleccionado el método *Iterar y clasificar* en el cuadro de diálogo principal de la Figura 8-3) nos lleva a la pantalla de la Figura 8-26 cuya opción *N° máximo de iteraciones* limita el número de iteraciones en el algoritmo k-medias, de modo que el proceso iterativo se detiene después de este número de iteraciones, incluso si no se ha satisfecho el criterio de convergencia. Este número debe estar entre el 1 y el 999. Para reproducir el algoritmo utilizado por el comando Quick Cluster en las versiones previas a la 5.0, establezca a 1 el número máximo de iteraciones. La opción *Criterio de convergencia* determina cuándo cesa la iteración y representa una proporción de la distancia mínima entre los centros iniciales de los conglomerados, por lo que debe ser mayor que 0 pero no mayor que 1. Por ejemplo, si el criterio es igual a 0,02, la iteración cesará si una iteración completa no mueve ninguno de los centros de los conglomerados en una distancia superior al dos por ciento de la distancia menor entre cualquiera de los centros iniciales.

La opción *Usar medias actualizadas* permite solicitar la actualización de los centros de los conglomerados tras la asignación de cada caso. Si no selecciona esta opción, los nuevos centros de los conglomerados se calcularán después de la asignación de todos los casos.

El botón *Guardar* permite guardar información sobre la solución como nuevas variables para que puedan ser utilizadas en análisis subsiguientes. Estas variables son: *Conglomerado de pertenencia*, que crea una nueva variable que indica el conglomerado final al que pertenece cada caso (los valores de la nueva variable van desde el 1 hasta el número de conglomerados) y *Distancia desde centro del conglomerado*, que indica la distancia euclídea entre cada caso y su centro de clasificación.

El botón *Centros* permite al usuario especificar sus propios centros iniciales para los conglomerados (*Leer iniciales de*) o guardar los centros finales para análisis subsiguientes (*Guardar finales en*).

El botón *Pegar* genera la sintaxis del comando a partir de las selecciones del cuadro de diálogo y pega dicha sintaxis en la ventana de sintaxis designada. Para poder pulsar en *Pegar*, debe seleccionar al menos una variable.

Figura 8-25   Figura 8-26

En todas las Figuras el botón *Restablecer* permite restablecer todas las opciones por defecto del sistema y elimina del cuadro de diálogo todas las asignaciones hechas con las variables. Una vez elegidas las especificaciones, se pulsa el botón *Aceptar* en la Figura 8-24 para obtener los resultados del análisis cluster de k-medias según se muestra en la Figura 8-27. En la parte izquierda de la Figura podemos ir seleccionando los distintos tipos de resultados haciendo clic sobre ellos. También se ven los resultados desplazándose a lo largo de la pantalla. La primera parte de la salida que se observa en la Figura 8-27 son los centros iniciales de los conglomerados y el historial de iteraciones. En la Figura 8-28 se presentan los centros de los conglomerados finales y el número de casos en cada conglomerado.

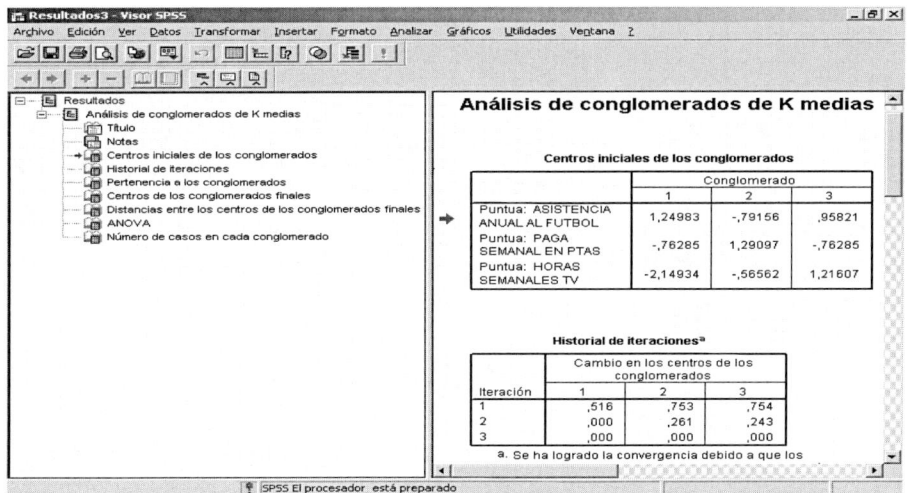

Figura 8-27

Pertenencia a los conglomerados

Número de caso	Conglomerado	Distancia
1	1	,516
2	2	,984
3	3	1,281
4	3	,990
5	2	,828
6	1	,516
7	3	,990
8	2	,984
9	3	1,281
10	3	1,258
11	2	,397
12	2	2,070
13	2	,591
14	3	1,216

Centros de los conglomerados finales

	Conglomerado		
	1	2	3
Puntua: ASISTENCIA ANUAL AL FUTBOL	1,10402	-,45133	,08332
Puntua: PAGA SEMANAL EN PTAS	-,76285	,97149	-,71721
Puntua: HORAS SEMANALES TV	-1,65443	-,20268	,75415

Figura 8-28

Distancias entre los centros de los conglomerados finales

Conglomerado	1	2	3
1		2.745	2.818
2	2.745		2.013
3	2.818	2.013	

ANOVA

	Conglomerado		Error			
	Media cuadrática	gl	Media cuadrática	gl	F	Sig.
Puntua: ASISTENCIA ANUAL AL FUTBOL	1,851	2	,845	11	2,189	,158
Puntua: PAGA SEMANAL EN PTAS	4,956	2	,281	11	17,661	,000
Puntua: HORAS SEMANALES TV	4,567	2	,352	11	12,991	,001

Las pruebas F sólo se deben utilizar con una finalidad descriptiva puesto que los conglomerados han sido elegidos para maximizar las diferencias entre los casos en diferentes conglomerados. Los niveles críticos no son corregidos, por lo que no pueden interpretarse como pruebas de la hipótesis de que los centros de los conglomerados son iguales.

Número de casos en cada conglomerado

Conglomerado	1	2,000
	2	6,000
	3	6,000
Válidos		14,000
Perdidos		,000

Figura 8-29

En la Figura 8-27 se presentan los centros iniciales de los conglomerados. Para el comienzo del método iterativo, en un principio se seleccionan tantos individuos como conglomerados hayamos solicitado de modo que estos individuos iniciales tengan distancia máxima entre ellos y que al estar separados lo suficiente produzcan los centros iniciales. Una vez estimados los centroides iniciales se calcula la distancia de cada punto a cada uno de ellos y en función de la mínima distancia obtenida se irán clasificando los individuos en los tres grupos de conglomerados. Realizados los tres grupos, se calculan los tres centros y se repite el mismo proceso para hacer otra agrupación, y así sucesivamente hasta agotar las iteraciones o hasta que se cumpla el criterio de parada. En el historial de iteraciones de la Figura 8-27 aparece el número de iteraciones realizadas y los cambios producidos en los centroides. En la Figura 8-28 se presentan los centros de los conglomerados obtenidos al final del proceso iterativo y la lista de pertenencia de cada individuo a su conglomerado con la distancia de cada uno al centro de su grupo.

En la Figura 8-29 se presenta una tabla ANOVA para los conglomerados cuyas pruebas F sólo se deben utilizar con una finalidad descriptiva, puesto que los conglomerados han sido elegidos para maximizar las diferencias entre los casos en diferentes conglomerados. Los niveles críticos no son corregidos, por lo que no pueden interpretarse como pruebas de la hipótesis de que los centros de los conglomerados son iguales. Lo relevante son los valores F, que no deben ser muy pequeños (lo más alejados posible del valor 1) para que las variables sean realmente efectivas en la identificación de clusters.

La tabla de pertenencia a los conglomerados de la Figura 8-29 permite realizar los siguientes clusters o conglomerados {1,6}, {2, 5, 8, 11, 12, 13} y {3, 4, 7, 9, 10, 14}, que no están muy lejos de los conglomerados obtenidos por el método jerárquico (si unimos los dos primeros).

ANÁLISIS CLUSTER EN DOS FASES CON SPSS

SPSS incorpora el procedimiento *Análisis de conglomerados en dos fases*. Se trata de una herramienta de exploración diseñada para descubrir las agrupaciones naturales (o conglomerados) de un conjunto de datos que, de otra manera, no sería posible detectar. El algoritmo que emplea este procedimiento permite el tratamiento simultáneo de variables categóricas y continuas, la selección automática de conglomerados y puede analizar archivos de datos de gran tamaño.

Como ejemplo, mediante análisis de conglomerados se trata de clasificar automóviles (Fichero *autos.sav*) de acuerdo a sus precios y a sus propiedades físicas utilzando el análisis cluster en dos fases.

Comenzamos eligiendo *Analizar* → *Clasificar* → *Conglomerados en dos fases* (Figura 8-30) y rellenando la pantalla *Análisis de conglomerados en dos fases* como se indica en la Figura 8-31. Como variable categórica se utiliza el tipo de vehículo (*Vehicle type*) y como variables continuas se usan desde *Price in thousands* hasta *Fuel efficiency*. Hacemos clic en *Gráficos*, rellenamos la pantalla como se indica en la Figura 8-32 y pulsamos *Continuar*. Hacemos clic en *Resultados*, rellenamos la pantalla como se indica en la Figura 8-33 y pulsamos *Continuar*. Hacemos clic en *Opciones* para fijar el tratamiento de valores atípicos, la tipificación de variables y la asignación de memoria (Figura 8-34). Pulsamos *Continuar* y *Aceptar* y ya obtenemos las salida del análisis cluster en dos fases.

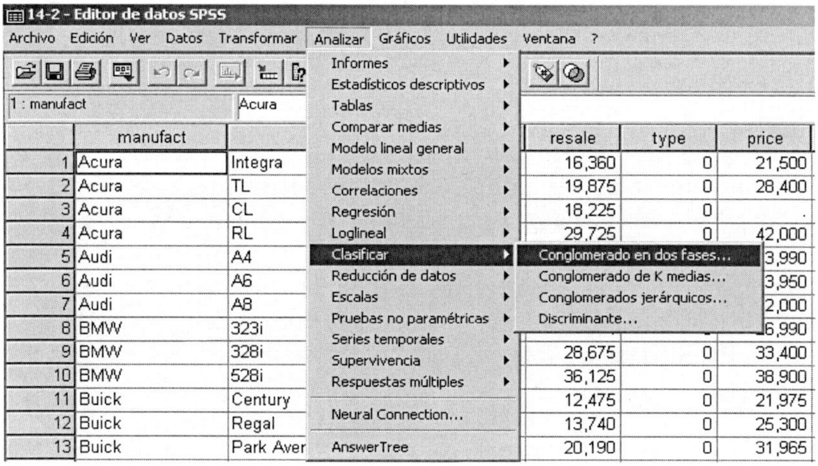

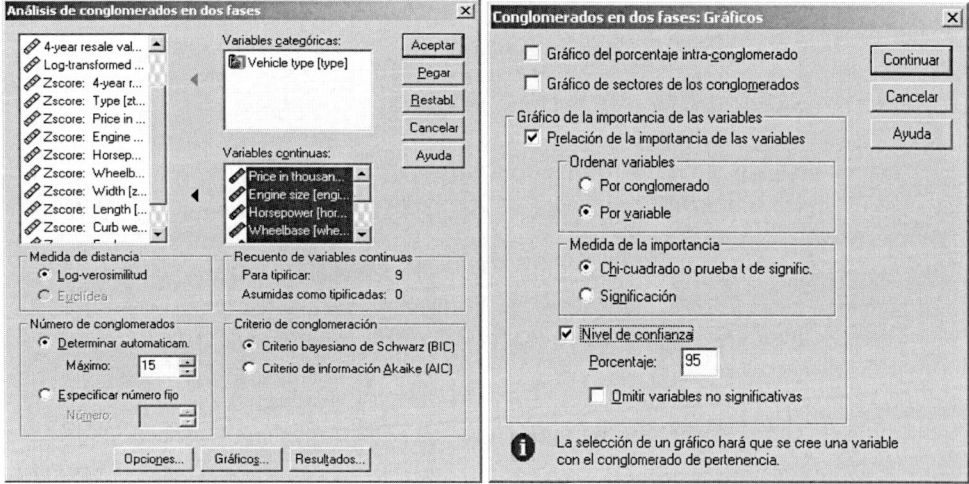

Figura 8-30

Figura 8-31   Figura 8-32

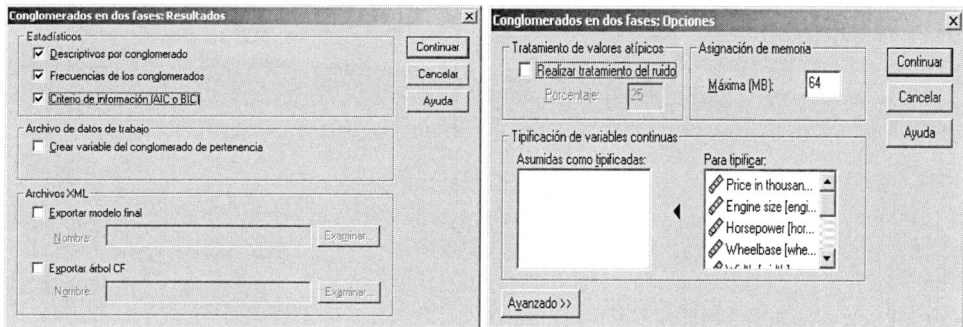

Figura 8-33   Figura 8-34

La primera parte de la salida es un informe sobre las posibles agrupaciones en conglomerados. Inicialmente el número de conglomerados adecuado es aquél que tiene un mayor BIC, pero como hay tramos de BIC decreciente creciendo el número de conglomerados, será necesario considerar la tasa de cambio (no unitaria) del BIC simultáneamente con el propio BIC y eligiendo como número de conglomerados el correspondiente a los mayores de BIC y su tasa de cambio simultáneamente. Por tanto, se formarán tres conglomerados, cuya distribución de observaciones se muestra en la parte siguiente de la salida.

Conglomerados en dos fases

Agrupación automática

Número de conglomerados	Criterio bayesiano de Schwarz (BIC)	Cambio en BIC(a)	Razón de cambios en BIC(b)	Razón de medidas de distancia(c)
1	1214,377			
2	974,051	-240,326	1,000	1,829
3	885,924	-88,128	,367	2,190
4	897,559	11,635	-,048	1,368
5	931,760	34,201	-,142	1,036
6	968,073	36,313	-,151	1,576
7	1026,000	57,927	-,241	1,083
8	1086,815	60,815	-,253	1,687
9	1161,740	74,926	-,312	1,020
10	1237,063	75,323	-,313	1,239
11	1316,271	79,207	-,330	1,046
12	1396,192	79,921	-,333	1,075
13	1477,199	81,008	-,337	1,076
14	1559,230	82,030	-,341	1,301
15	1644,366	85,136	-,354	1,044

a Los cambios proceden del número anterior de conglomerados de la tabla.
b Las razones de los cambios están relacionadas con el cambio para la solución de los dos conglomerados.
c Las razones de las medidas de la distancia se basan en el número actual de conglomerados frente al número de conglomerados anterior.

Distribución de conglomerados

		N	% de combinados	% del total
Conglomerado	1	62	40,8%	39,5%
	2	39	25,7%	24,8%
	3	51	33,6%	32,5%
	Combinados	152	100,0%	96,8%
Casos excluidos		5		3,2%
Total		157		100,0%

Se observa que de los 157 casos totales, 5 se excluyeron del análisis debido al efecto de los valores perdidos. De los 152 casos asignados a los clusters, 62 (40,8%) se asignaron al primer cluster, 39 al segundo (25,7%) y 51 al tercero (33,6%). La última columna presenta los porcentajes respecto al número total de casos (sin desaparecidos).

La tabla de frecuencias por tipo de vehículo (automóviles o camiones) clarifica las propiedades de los clusters según los valores de la variable cualitativa considerada. Por ejemplo, el segundo cluster está formado exclusivamente por camiones y el tercero exclusivamente por automóviles, mientras que el primero tiene un alto porcentaje de automóviles y un sólo coche (2,5% del total).

Vehicle type

		Automobile		Truck	
		Frecuencia	Porcentaje	Frecuencia	Porcentaje
Conglomerado	1	61	54,5%	1	2,5%
	2	0	,0%	39	97,5%
	3	51	45,5%	0	,0%
	Combinados	112	100,0%	40	100,0%

Los gráficos por variables producen un gráfico separado por cada cluster. Las variables se sitúan en el eje de ordenadas con valores decrecientes en cuanto a su importancia en la formación de los clusters. Las líneas verticales con guiones muestran los valores críticos para determinar la significatividad de cada variable en la formación del cluster. Una variable es significativa si el estadístico T de Student excede la línea de guiones positiva o negativa. Las variables que resulten significativas contribuyen a la formación del cluster. Un valor negativo de la T indica que la variable toma valor en el cluster inferior a su media y un valor positivo indica lo contrario. Para el cluster 1 la variable *Fuell efficiency* toma valores mayores que su valor medio (Figura 8-35) y el resto de las variables toma valores menores y todas las variables tiene importancia en la formación del cluster. Para el cluster 2 ocurre el complementario (Figura 8-36) salvo que las variables *Width*, *Length*, *Horsepower* y *Price in thousands* no tienen importancia en al formación del cluster porque no alcanzan la línea discontinua de la T. Para el tercer conglomerado se mantiene la misma tónica, pero las variables que no alcanzan la línea de guiones son *Whelbase* y *Fuell capacity* (Figura 8-37).

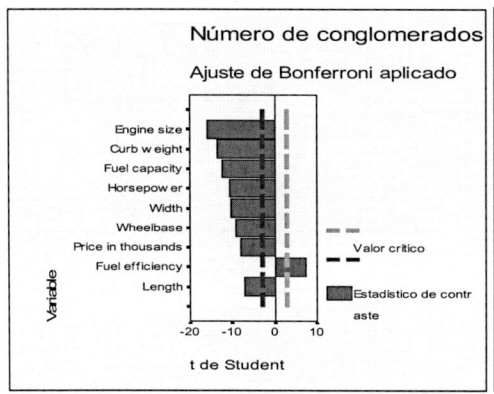

Figura 8-35

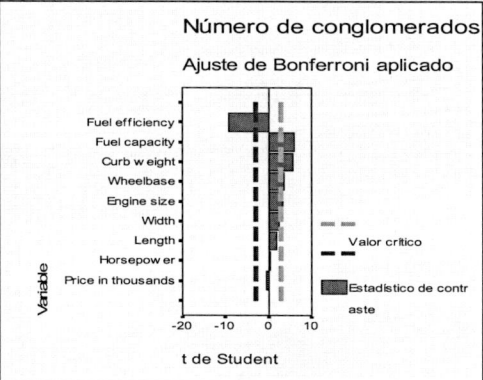

Figura 8-36

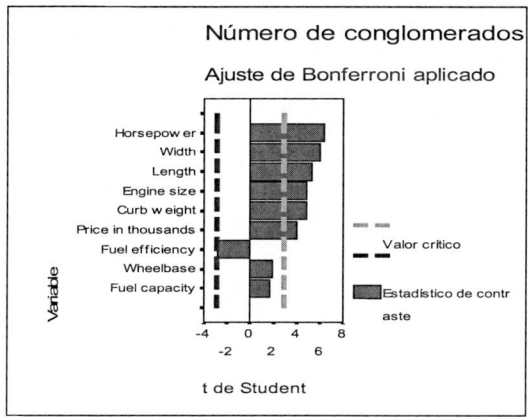

Figura 8-37

También se obtienen intervalos de confianza al 95% para las medias de las variables cuantitativas en los tres conglomerados, divididos por una línea que indica la pertenencia o no a cada una de las dos clases de la variable categórica. Las Figuras 8-38 a 8-43 representan estos intervalos de confianza para algunas de las variables cuantitativas consideradas.

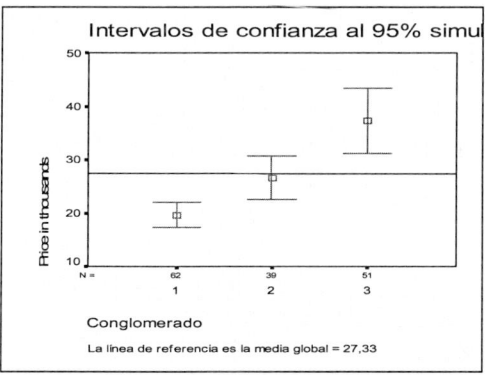

Figura 8-38

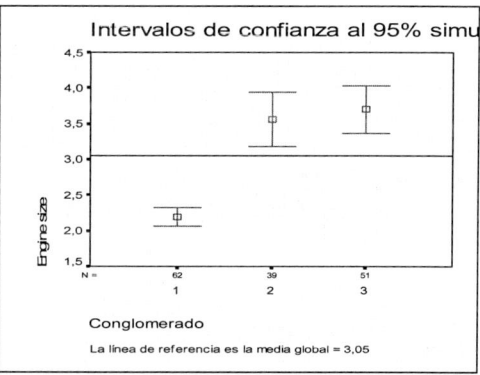

Figura 8-39

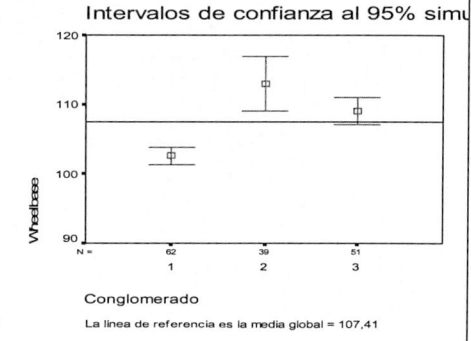

Figura 8-40   Figura 8-41

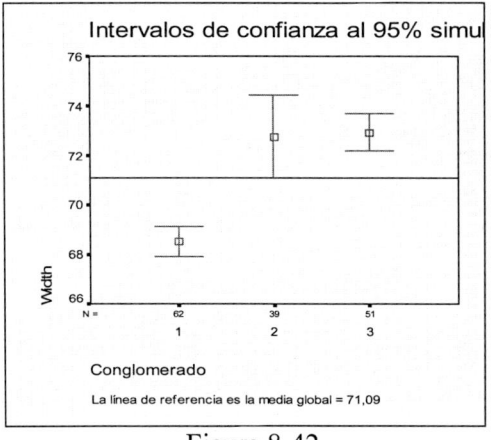

Figura 8-42

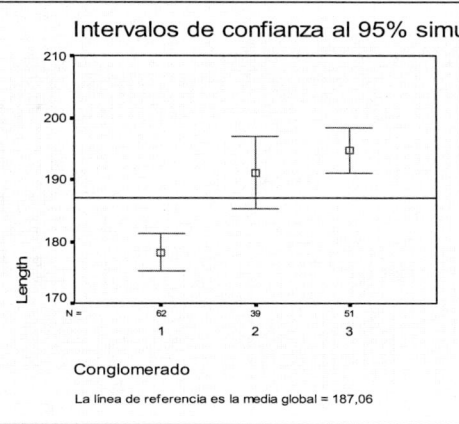

Figura 8-43

Las comprobaciones empíricas internas indican que este procedimiento es bastante robusto frente a las violaciones tanto del supuesto de independencia como de las distribuciones, pero aún así es preciso tener en cuenta hasta qué punto se cumplen estos supuestos. La medida de la distancia de la verosimilitud supone que las variables del modelo de conglomerados son independientes. Además, se supone que cada variable continua tiene una distribución normal (de Gauss) y que cada variable categórica tiene una distribución multinomial.

Por lo tanto, será conveniente utilizar el procedimiento *Correlaciones bivariadas* para comprobar la independencia de variables continuas y el procedimiento *Tablas de contingencia* para comprobar la independencia de dos variables categóricas. Utilice el procedimiento *Medias* para comprobar la independencia existente entre una variable continua y otra categórica. Utilice el procedimiento *Explorar* para comprobar la normalidad de una variable continua. Utilice el procedimiento *Prueba de chi-cuadrado* para comprobar si una variable categórica tiene una determinada distribución multinomial.

Ejercicio 8-1. Clasificar los automóviles del fichero coches.sav en grupos homogéneos de peso y cilindrada utilizando un método de clasificación erárquico.

Comenzamos cargando en memoria el fichero mediante *Archivo → Abrir → Datos.* Dado que las dos variables están en escalas diferentes, es necesario tipificarlas. Para ello rellenamos la pantalla de entrada del procedimiento *Descriptivos* como se indica en la Figura 8-44 señalando la opción *Guardar valores tipificados como variables.* Al ejecutar el procedimiento se han obtenido dos nuevas variables tipificadas *zmotor* y *zpeso* en el *Editor de datos* (Figura 8-45).

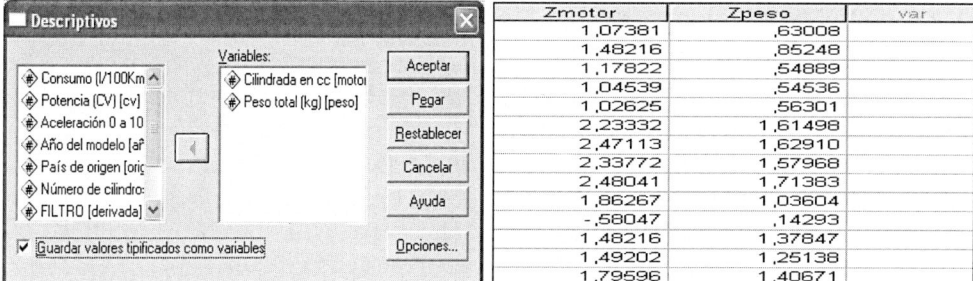

Zmotor	Zpeso	var
1,07381	,63008	
1,48216	,85248	
1,17822	,54889	
1,04539	,54536	
1,02625	,56301	
2,23332	1,61498	
2,47113	1,62910	
2,33772	1,57968	
2,48041	1,71383	
1,86267	1,03604	
-,58047	,14293	
1,48216	1,37847	
1,49202	1,25138	
1,79596	1,40671	

Figura 8-44   Figura 8-45

A continuación, antes de ejecutar un análisis cluster, se realiza un gráfico de dispersión para las dos variables tipificadas con el objeto de atisbar los grupos que podrían formarse. Para ello elegimos *Gráficos → Dispersión*, seleccionamos *Simple* (Figura 8-46) y rellenamos la pantalla de entrada del procedimiento *Diagramas de dispersión* como se indica en la Figura 8-47. Al pulsar *Aceptar* se obtiene el gráfico de dispersión para las variables tipificadas de la Figura 8-48, en el cual se intuye que podríamos agrupar a los individuos en dos conglomerados, ya que se observa una separación entre el grupo concentrado de puntos con valores bajos para las dos variables y el resto de los puntos que formarían un grupo más disperso.

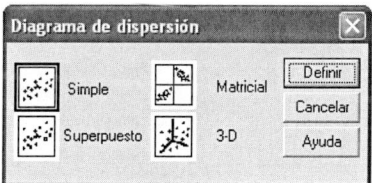

Figura 8-46

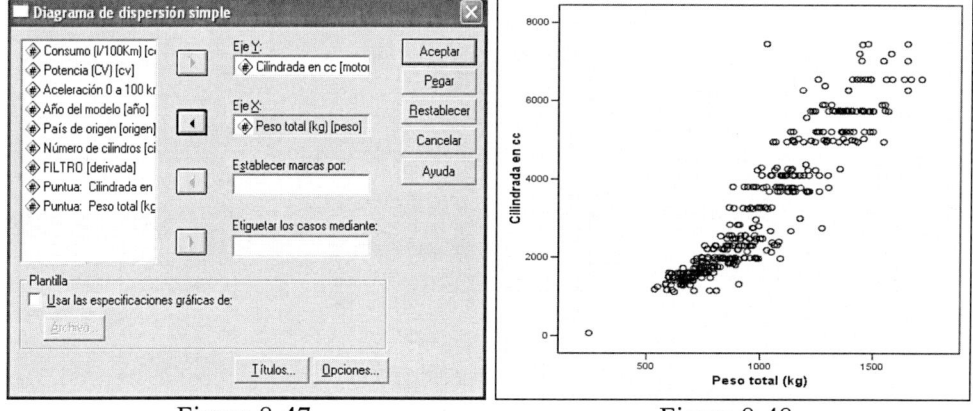

Figura 8-47   Figura 8-48

Dado que la nube de puntos es muy elevada, elegimos una muestra del 10% de los datos mediante *Datos→Seleccionar casos→ Muestra* (Figura 8-49). Al hacer clic en *Continuar* se genera la muestra del 10% (Figura 8-50).

Para realizar el análisis cluster jerárquico, elija en los menús *Analizar → Clasificar → Conglomerados jerárquicos* (Figura 8-51) y seleccione las variables y las especificaciones para el análisis (Figura 8-52). El botón *Gráficos* nos lleva a la pantalla de la Figura 8-53 cuya opción *Dendrograma* realiza el dendrograma correspondiente. Los dendrogramas pueden emplearse para evaluar la cohesión de los conglomerados que se han formado y proporcionar información sobre el número adecuado de conglomerados que deben conservarse. La pantalla resultante al seleccionar el botón *Método* se rellena según se indica en la Figura 8-54

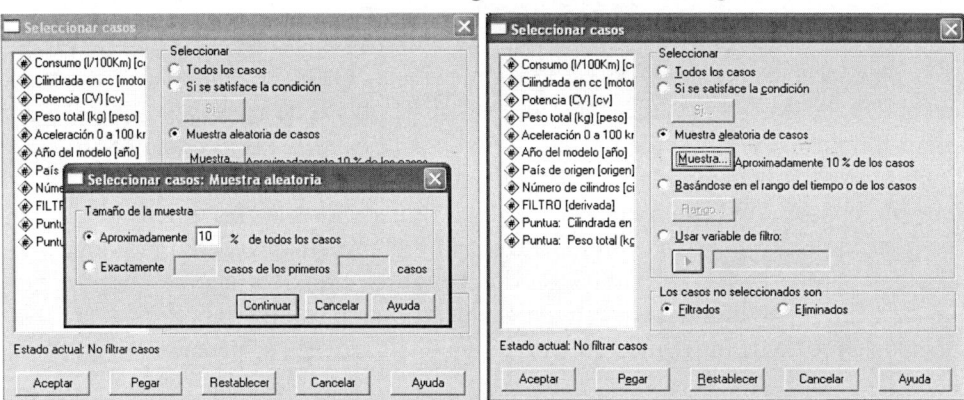

Figura 8-49 Figura 8-50

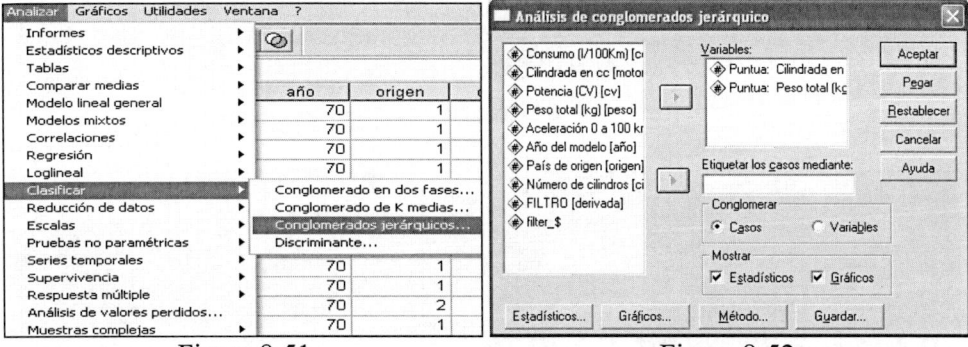

Figura 8-51 Figura 8-52

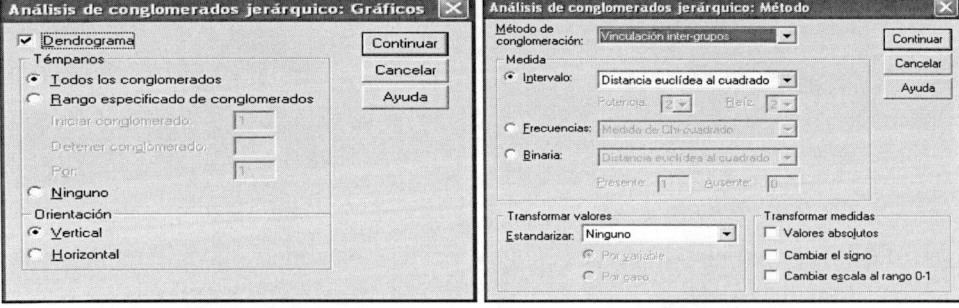

Figura 8-53 Figura 8-54

Al hacer clic en *Continuar* y *Aceptar* se obtienen el historial de conglomeración de la Figura 8-55, el diagrama de témpanos (Figura 8-56) y el dendograma de la Figura 8-57.

Historial de conglomeración

Etapa	Conglomerado que se combina		Coeficientes	Etapa en la que el conglomerado aparece por primera vez		Próxima etapa
	Conglomerado 1	Conglomerado 2		Conglomerado 1	Conglomerado 2	
1	25	287	,000	0	0	7
2	310	387	,001	0	0	4
3	264	324	,003	0	0	15
4	225	310	,004	0	2	5
5	225	390	,006	4	0	7
6	144	195	,009	0	0	10
7	25	225	,011	1	5	11
8	304	376	,013	0	0	14
9	10	19	,020	0	0	25
10	49	144	,031	0	6	19
11	25	69	,041	7	0	16
12	43	285	,048	0	0	15
13	267	395	,055	0	0	22
14	214	304	,060	0	8	20
15	43	264	,062	12	3	22
16	25	64	,088	11	0	23
17	93	220	,110	0	0	19
18	113	164	,145	0	0	24
19	49	93	,203	10	17	25
20	214	251	,208	14	0	23
21	8	102	,248	0	0	24
22	43	267	,347	15	13	26
23	25	214	,423	16	20	28
24	8	113	,450	21	18	27
25	10	49	,706	9	19	27
26	4	43	,801	0	22	28
27	8	10	1,059	24	25	29
28	4	25	2,906	26	23	29

Figura 8-55

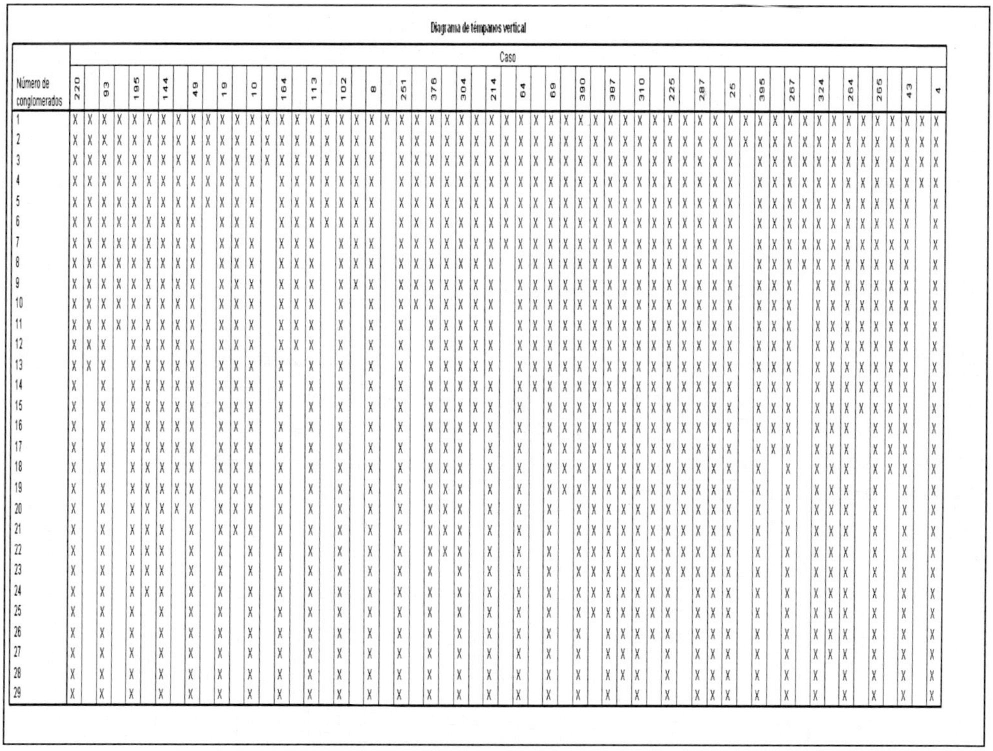

Diagrama de témpanos vertical

Caso: 220, 93, 195, 144, 49, 19, 10, 164, 113, 102, 8, 251, 376, 304, 214, 64, 69, 390, 387, 310, 225, 287, 25, 395, 267, 324, 264, 265, 43, 4

(Número de conglomerados: filas 1 a 29, con marcas X según el agrupamiento)

Figura 8-56

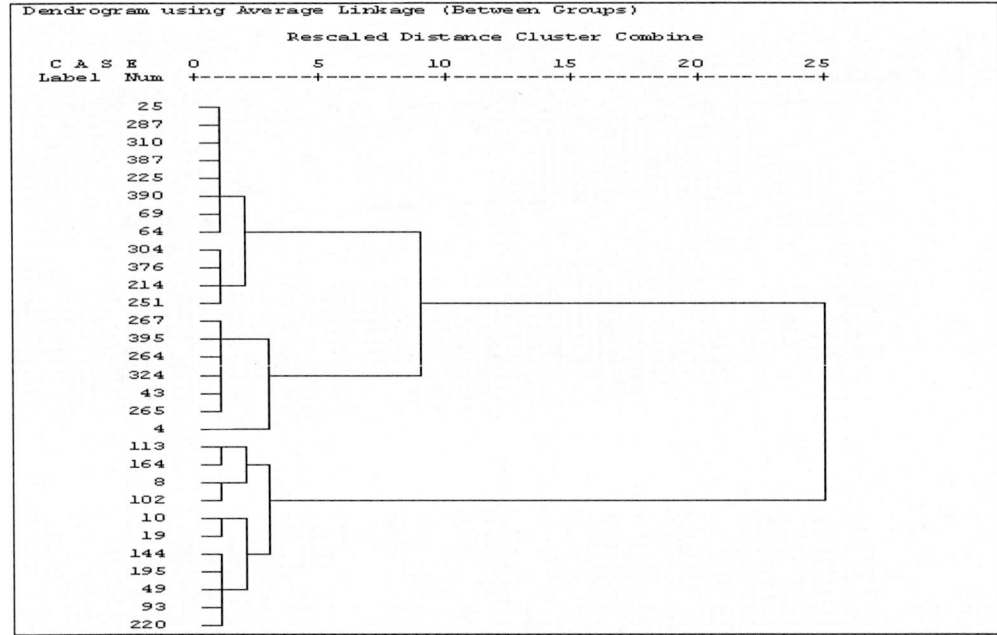

Figura 8-57

Se observa la presencia de los coglomerados {25, 287, 310, 387, 225, 390, 69, 64}, {304, 376, 214, 251}, {113, 164, 8, 110, 2} y {10, 19 144, 195, 49, 93, 220}. Se observa que lo primeros conglomerados incluyen valores altos de número de observación y los demás incluyen los valores bajos, lo cual concuerda con lo visto en el diagrama de dispersión.

Ejercicio 8-2. Realizar el problema anterior utilizando un método de clasificación no jerárquico.

Comenzamos cargando en memoria el fichero de nombre *coches.sav* mediante *Archivo → Abrir → Datos* con la finalidad de realizar el análisis cluster no jerárquico para el mismo ejemplo utilizado previamente en el análisis jerárquico. De esta forma podremos comparar resultados entre los dos métodos. En cuanto a los datos, las variables deben ser cuantitativas en el nivel de intervalo o de razón. Si las variables son binarias o recuentos, utilice el procedimiento *Análisis de conglomerados jerárquicos*. Para realizar un análisis cluster no jerárquico de k-medias, elija en los menús *Analizar → Clasificar → Conglomerado de k medias* (Figura 8-58) y seleccione las variables y las especificaciones para el análisis (Figura 8-59). Se observa que SPSS toma por defecto dos conglomerados como número de conglomeradso a construir, pero nosotros introducimos el valor 4 (Figura 8-60) ya que el método jerárquico detectó cuatro conglomerados. El botón *Opciones* se rellena según se indica en la Figura 8-61. Al pulsar *Contnuar* y *Aceptar* se obtiene la salida del procedimiento con la construcción de 4 conglomerados (Figuras 8-62 y 8-63).

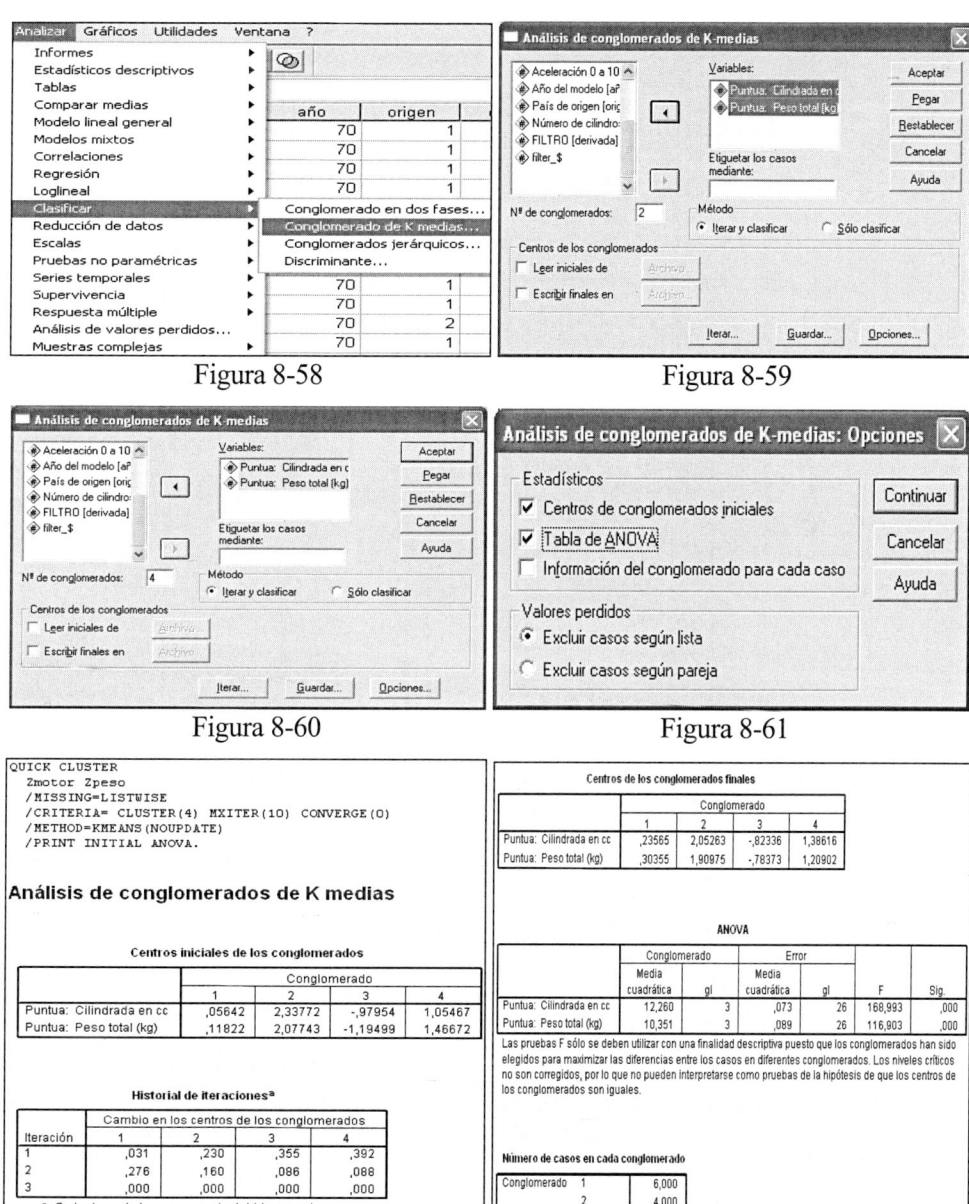

Figura 8-58

Figura 8-59

Figura 8-60

Figura 8-61

Figura 8-62

Figura 8-63

Si el botón *Opciones* se rellena señalando la casilla *Información del conglomerado* para cada caso (Figura 8-64) se obtienen los casos distribuidos por conglomerados en la tabla *Pertenecia a los conglomerados* (Figura 8-65).

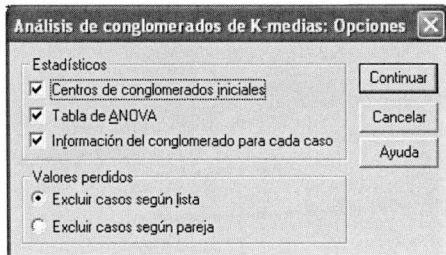

Figura 8-64

Pertenencia a los conglomerados

Número de caso	Conglom erado	Distancia
4	4	,746
8	2	,436
10	4	,507
19	4	,636
25	3	,226
43	1	,319
49	4	,238
64	3	,440
69	3	,165
93	4	,154
102	2	,331
113	2	,481
144	4	,398
164	2	,131
195	4	,420
214	3	,437
220	4	,462
225	3	,178
251	3	,554
264	1	,245
265	1	,127
267	1	,258
287	3	,219
304	3	,451
310	3	,183
324	1	,191
376	3	,357
387	3	,211
390	3	,115
395	1	,491

Figura 8-65

Se observa que los 4 conglomerados están formados por las siguientes observaciones {43, 265, 265, 267,324,396}, {8,102, 113, 164}, {25, 64, 69, 214, 225, 251, 287, 304, 310, 376, 387, 390}, y {4, 10, 19, 49, 93, 144, 195, 220}. Se observa que la filosofía de formación de los conglomerados es la misma que en el problema anterior. Hay conglomerados con la mayoría de sus observaciones ocupando un lugar alto y otros con sobservaciones situadas al principio del conjunto de datos.

Ejercicio 8-3. A partir del fichero aficiones.sav utilizado anteriormente en este capítulo, realizar un análisis jerárquico de conglomerados por variables considerando cine, conciert, edad, futbol, lect, lectp, numher, paga2, califest y tv como variables a conglomerar.

Para realizar el análisis cluster jerárquico, elija en los menús *Analizar → Clasificar → Conglomerados jerárquicos* (Figura 8-66) y seleccione las variables y las especificaciones para el análisis (Figura 8-67). Observar que en el campo *Conglomerar* de la Figura 8-67 se elige *Variables*. El botón *Gráficos* nos lleva a la pantalla de la Figura 8-68 cuya opción *Dendrograma* realiza el dendrograma correspondiente. La pantalla resultante al seleccionar el botón *Método* se rellena según se indica en la Figura 8-69.

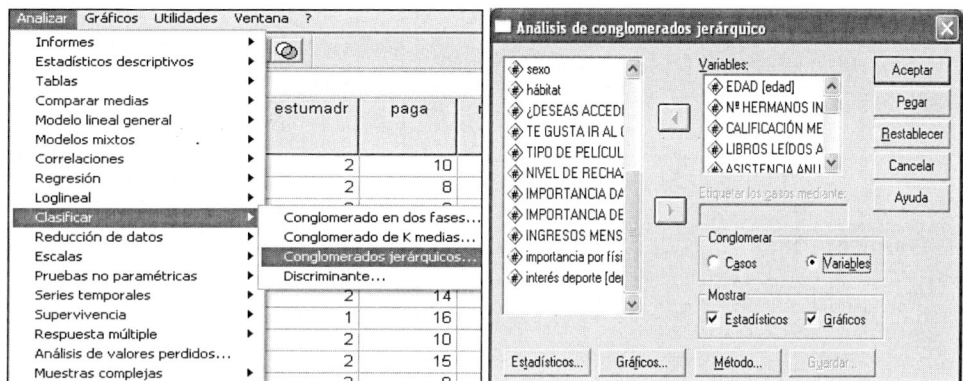

Figura 8-66   Figura 8-67

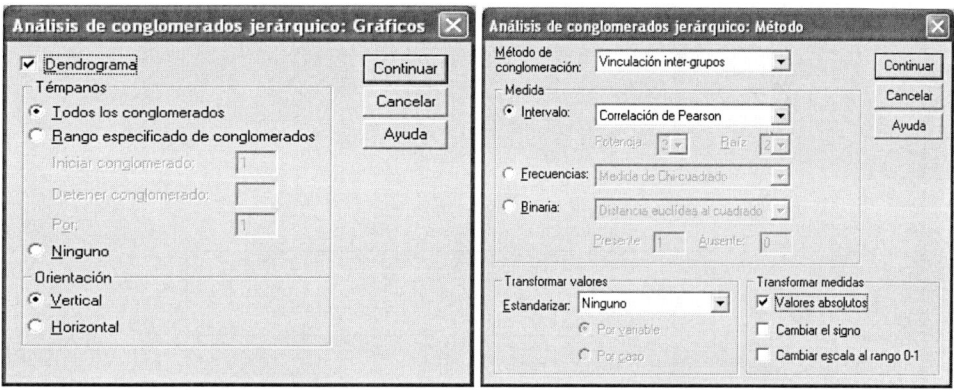

Figura 8-68   Figura 8-69

Al hacer clic en *Continuar* y *Aceptar* se obtienen el historial de conglomeración de la Figura 8-70, el diagrama de témpanos (Figura 8-71) y el dendograma de la Figura 8-72.

Observando el dendograma sería lógico formar los tres conglomerados definidos como {*lect, lectp, tv, numher, califest, edad*}, {*cine, paga2*} y {*conciert, futbol*} que coincide con lo especificado en la etapa 7 del historial de conglomerados.

Conglomerados jerárquicos

Vinculación promedio (Inter-grupos)

Historial de conglomeración

Etapa	Conglomerado que se combina		Coeficientes	Etapa en la que el conglomerado aparece por primera vez		Próxima etapa
	Conglom erado 1	Conglom erado 2		Conglom erado 1	Conglom erado 2	
1	4	10	,889	0	0	2
2	4	9	,796	1	0	5
3	5	8	,465	0	0	8
4	2	3	,407	0	0	5
5	2	4	,233	4	2	7
6	6	7	,197	0	0	9
7	1	2	,171	0	5	8
8	1	5	,110	7	3	9
9	1	6	,107	8	6	0

Figura 8-70

Diagrama de témpanos vertical

Número de conglomerados	ASISTENCIA ANUAL CONCIERTOS	ASISTENCIA ANUAL AL FUTBOL	PAGA SEMANAL EN PTAS	ASISTENCIA ANUAL AL CINE	HORAS SEMANALES TV	SEGUNDA TASA DE LECTURA	LIBROS LEÍDOS ANUALMENTE	CALIFICACIÓN MEDIA EN ESTUDIOS	Nº HERMANOS INCLUIDO SUJETO	EDAD
1	X X X	X X X	X X X	X X X	X X X	X X X	X X X	X X X	X X X	X
2	X X X	X X X	X X	X X X	X X X	X X X	X X X	X X X	X X X	X
3	X X X	X X X	X	X X X	X X X	X X X	X X X	X X X	X X X	X
4	X X X	X X	X	X X X	X X X	X X X	X X X	X X X	X X	X
5	X	X X	X	X X X	X X X	X X X	X X X	X X X	X X	X
6	X	X X	X	X X X	X X	X X X	X X X	X X	X	X
7	X	X X	X	X X X	X X	X X X	X X	X	X	X
8	X	X X	X	X X	X X	X X	X X	X	X	X
9	X	X	X	X X	X	X	X X	X	X	X

Figura 8-71

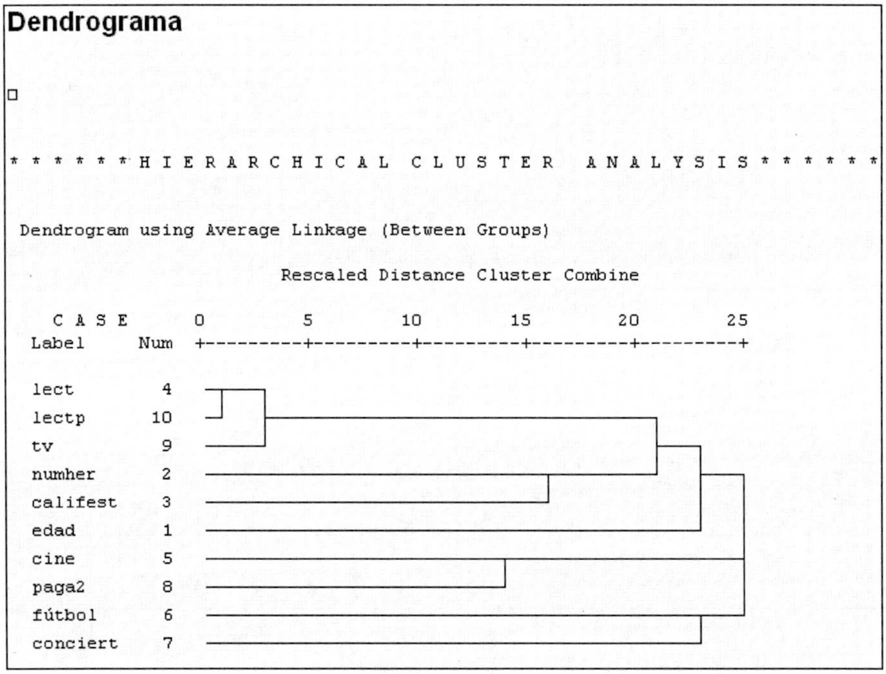

Dendrograma

```
* * * * * * H I E R A R C H I C A L   C L U S T E R   A N A L Y S I S * * * * * *


Dendrogram using Average Linkage (Between Groups)

                    Rescaled Distance Cluster Combine

     C A S E        0         5        10        15        20        25
     Label    Num  +---------+---------+---------+---------+---------+

     lect       4  ─┐
     lectp     10  ─┤
     tv         9  ─┘
     numher     2
     califest   3
     edad       1
     cine       5
     paga2      8
     fútbol     6
     conciert   7
```

Figura 8-72